洱海
的保护与管理

许映苏　尚榆民　王欣泽　主编

上海交通大学出版社
SHANGHAI JIAO TONG UNIVERSITY PRESS

内容提要

　　本书对高原湖泊洱海的保护与管理历程进行了总结和分析,主要内容包括湖泊系统概况、保护与治理历程、水污染治理与环境管理、相关科学研究、国家水体污染控制与治理科技重大专项、洱海治理的规划与立法,以及宣传教育和管理机构介绍等。本书可供洱海治理相关制度与政策的制定者、管理人员和工作人员参考,也可供生态环境领域相关工作者及关心洱海发展的相关人士参考。

图书在版编目(CIP)数据

　　洱海的保护与管理/许映苏,尚榆民,王欣泽主编
. —上海:上海交通大学出版社,2024.9
　　ISBN 978 - 7 - 313 - 30824 - 5

　　Ⅰ.①洱… Ⅱ.①许…②尚…③王… Ⅲ.①洱海—
生态环境保护②洱海—环境管理 Ⅳ.①X321.274

　　中国国家版本馆 CIP 数据核字(2024)第 106823 号

洱海的保护与管理
ERHAI DE BAOHU YU GUANLI

主　　编:许映苏　尚榆民　王欣泽
出版发行:上海交通大学出版社　　　　　　地　　址:上海市番禺路 951 号
邮政编码:200030　　　　　　　　　　　　电　　话:021 - 64071208
印　　制:苏州市越洋印刷有限公司　　　　经　　销:全国新华书店
开　　本:710mm×1000mm　1/16　　　　印　　张:24.75
字　　数:402 千字
版　　次:2024 年 9 月第 1 版　　　　　　印　　次:2024 年 9 月第 1 次印刷
书　　号:ISBN 978 - 7 - 313 - 30824 - 5
定　　价:160.00 元

本书编委会

主编：许映苏　尚榆民　王欣泽

编委（按姓名拼音排序）：

陈卫兴　段　彪　李泽红　刘　滨　倪喜云

孙　明　王荣会　王思颖　熊仲华　闫文玲

张月生　朱　江　字建婷

前言

　　洱海是大理的母亲湖,是大理州世代发展的根基,确保了周边上百万居民的饮水安全,维持了高原湖泊中生物的多样性,支撑了滇西秀美的自然风光。本书的主要编撰人员大多在大理州环境保护行业工作了数十年,在多个岗位围绕湖泊保护进行一线的实践工作,围绕洱海保护目标,在识别高原湖泊的特征,解决高原湖泊存在的污染问题,以及宣传发动更多的人参与湖泊保护方面有比较多的体会。本书的编撰主要是将这些年工作的经验进行总结,并初步按照时间线对管理、科研、规划、发展等相关的重大事件进行了梳理。限于作者参与工作的时间和经历,本书着重围绕2016年之前的洱海保护工作进行总结,在这之后洱海又开展了"七大行动""八大攻坚战",人们对洱海的认识更加深入,这部分工作有待相关专家学者做进一步的延伸和完善。

　　本书共9章,由许映苏、尚榆民和王欣泽统筹、协调,具体章节的负责人如下:第1章、第2章由尚榆民、熊仲华、赵永儒负责,第3章由王欣泽负责,第4章由刘滨负责,第5章由孙明负责,第6章由李宁波负责,第7章由张月生负责,第8章和第9章由许映苏、吴芳、梁袁华负责。陈卫兴为全书图片的整理收集做了大量的工作,国内有关大专院校、科研单位、州市相关部门和单位提供了详细的资料,在此表示诚挚的谢意。在全书的编写过程中,上海交通大学云南(大理)研究院的老师参与了编写及文字校对,这里对他们的辛勤工作表示感谢。

由于时间仓促,作者水平有限,书中疏漏和不足之处,敬请各位读者批评指正。

编　者

2023 年 12 月

目录

第 1 章

洱海流域湖泊系统概况

洱海是云南省的重要湖泊,也是国家重点关注的保护修复湖泊。现有研究表明,洱海在地球上已经存在 300 多万年了。对洱海的保护必然需要对洱海有全面的认识,而对洱海认识的不断深化将使对洱海的保护措施更加精准科学。本章着重从自然的演替过程、流域的人类社会发展过程,以及目前的资源现状对洱海进行刻画。

1.1 洱海流域自然环境

洱海汉代时称为叶榆泽、昆明(滇)池、洱河、西洱河和西二河。白语曰"洱稿"(下边的海子)、"色油阁"(叶榆海)或"歹来阁"(大理海)。因湖形似人耳,汉语遂称其为洱海。洱海位于云南省大理白族自治州境内,地理坐标为东经 99°32′~100°27′,北纬 25°25′~26°16′。洱海是大理市饮用水源地,也是苍山洱海国家级自然保护区和风景名胜区的核心,具有饮水源、农灌、养殖、航运和发电等多种功能。

洱海被誉为高原明珠,地处澜沧江、金沙江和元江三大水系的分水岭地带,属澜沧江-湄公河水系,流域面积为 2 565 km²,湖泊南北长为 42 km,东西宽为 3~9 km,平均宽度为 6.3 km,湖周长为 129.14 km,岛屿面积为 0.748 km²,最大水深为 21.3 m,平均水深为 10.8 m,属中等深度湖泊。当最低运行水位为 1 964.3 m 时,湖面积为 244.5 km²,湖容量为 25.34 亿米³;当最高运行水位为 1 966.00 m 时,湖面积为 252.1 km²,湖容量为 29.59 亿米³。

1.1.1　地形地貌

洱海大地构造位置处于金沙江-哀牢山深大断裂带以东的扬子准地台（Ⅰ级）西部的丽江台缘褶皱带（Ⅱ级）中的鹤庆-洱海台褶来（Ⅲ级）的西南部，其西为以洱海断裂（金沙江断裂的南延部分）为界的点苍山-哀牢山断褶东（Ⅲ级）北部的点苍山断块（Ⅳ级）。图1-1为大理盆地第四系及洱海等深线图。

洱海地区的总体地质构造线方向与云南省西部的构造线方向一致，均为北北西向。洱海是一个典型的内陆断陷盆地，湖中有三岛，湖岸曲折多弯。

洱海地区的重要断裂为洱海断裂和西洱河断裂两条。其中洱海断裂呈北北西向纵贯全区，南延称红河断裂。断层东盘为古生界，西盘为中生界，沿该断裂带形成断陷盆地，盆地中各类第四堆积物发育，累计最大厚度已逾1 000 m。

西洱河断裂呈近东西向延伸，西段渐趋北西向，与漾江断裂交汇；东段趋北东向延伸，止于洱海断裂，平面形态略成弧形；其北盘为下元古界（苍山岩群）；其南盘以中生界为主，紧靠断裂带，在下关塘子铺（现凤凰温泉度假区）有高温热泉涌出。在与洱海断裂交汇处的红山库子一带为地热异常区。

洱海周边的火成岩具有多期次、多阶段、多旋回的特点。岩类复杂，集中分布于九顶山-乌龙坝区，以华力西期基性、喜马拉雅期碱性火山喷发为主。此外，尚有华力西期超基性/基性和燕山期酸性岩浆侵入，喜马拉雅期则发育小型碱性、中酸性、酸性侵入体。

1.1.2　洱海的形成

洱海和其他世间事物一样，经历着形成—成熟—消亡的演变过程。演变是在一定的地质、地理作用下进行的流域自然因素和人类社会活动共同作用的结果。

1）洱海的雏形

洱海地区受燕山构造运动影响强烈，燕山晚期（距今约6 500万年）构造运动奠定了洱海的原始形态。大约距今5 500万年的第三纪始新世，印度板块从南方的冈瓦纳古陆分离出来，向北漂移，与欧亚大陆发生碰撞，并向大陆下俯冲，引起地壳抬升，喜马拉雅山就此诞生。作为这一山脉东南端点的大理苍山，因洱海断裂的分割，脱离扬子准地台洱海断裂向西逆冲并以"飞来峰"的姿态

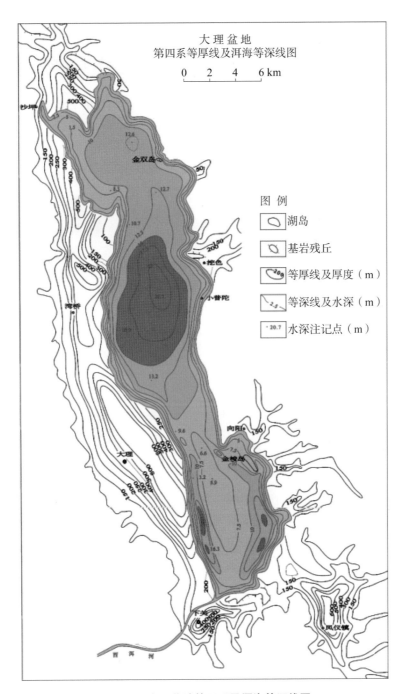

图1-1　大理盆地第四系及洱海等深线图

雄踞于海西相对较中轻的地质体而崛起。

在苍山抬升的同时,东侧地壳相对下降,这一升和一降的演化机制造就了洱海山间盆地,但此时的大理盆地与其他山间盆地一样处于常年无水的状态。图1-2为苍山-洱海地质构造模式剖面图。

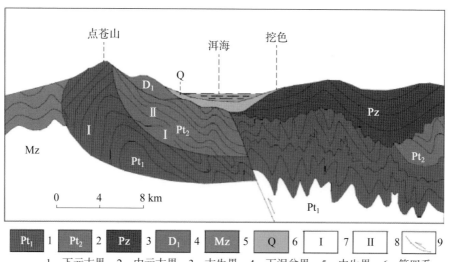

1—下元古界;2—中元古界;3—古生界;4—下泥盆界;5—中生界;6—第四系;7—喜马拉雅早期推覆体;8—喜马拉雅中期推覆体;9—逆冲断裂。

图1-2　苍山-洱海地质构造模式剖面图

2)洱海的成长

大约在第三纪晚期的上新世(距今约350万年),洱海断裂再次复活,使部分地壳进一步下陷,并开始局部积水。

在长达350万年的地质历史中,大理地区经历了早更新世、中更新世、晚更新世和全新世早期(距今约1万年)的多次冰期和间冰期(统称大理冰期)的冷暖交替,特别是间冰期的冰川退缩,使洱海进入由小到大的演化,大约在中更新(距今约70万年)才逐渐丰满成型。滇西谷地由于受特殊的径向构造控制,均形成近南北向的断陷盆地。而在众多的断陷盆地中,仅在少数盆地形成以洱海为代表的湖泊(沼),在形成过程中,总体北高南低地势的洱海深大断裂起着关键性作用。洱海深大断裂贯穿深藏于地壳中的元古界地层,古老的地层(结晶基底)顺洱海断裂的西逆冲形成点苍山。而且由于断层的多次复活,使得苍山不断抬升,盆地相对下降,并在断层之东的地块接受古生代沉积,形成湖盆。东缘屏障同时处于洱海南端的近东西向派生断裂——西洱河断裂,使南盘地层推覆于北盘元古界之上,高出湖盆,形成东西向的"挡块",造就了相对封闭的湖盆,大理冰期的消退使水源有了保障,沿洱海西断裂破碎带这一薄弱环节夺路西去。

3) 洱海的消亡

从洱海的现状看,在疏浚西洱河出水口修建节制闸前后,其水位控制海拔高程为 1 966 m。而据《蛮书》《新唐书·南诏传》载:"砖窑林西系船处""佛前村西南鱼台"均系当时洱海水域地带,其高程在 2 040 m 左右。经考证,上述两地在今太和之北的凤阳邑、大锦盘一带,而统一六诏的蒙舍诏主皮逻阁在唐开元二十七年(公元 739 年)由巍山迁都太和城。从以上推算,在历史记载的 1 300 年左右,洱海水自然下降了 70 m 左右,其下降速率为 54 mm/a。相应可以佐证的是,在喜洲大理二中的两棵大榕树下揭开一层很薄的冲积层便可见到水生螺蛳壳层,而且这里海拔已在 2 000 m 以上。

按照湖泊演化规律,湖泊的形成接受泥沙沉积、化学沉积和生物沉积,湖水变浅。植物残体形成泥灰、泥炭,进一步增厚形成草煤,甚至褐煤(如属更新世早期松毛褐煤)。湖水进一步变浅、湖面缩小,营养水平逐渐上升,最后水面消失,水草丛生,沦为沼泽。

纵观洱海的兴衰演变,首先是洱海深大断裂使西(苍山)升东(盆地)降的山盆耦合机制造就南北向的狭长谷地,而沿西洱河断裂的逆冲在盆地南筑成"堤坝"。这北高南低半封闭式的盆地为洱海的储水提供了必要的条件。

第四纪的大理冰期、间冰期和大气降水为湖盆提供了忽多(间冰期)忽少(冰期)的水源。直到距今 20 万~1 万年,冰盖和冰川退缩为 2 500 m 以上的海拔,这是洱海水域最大的扩大期,水面最高可达 2 160 m,特别是距今 2 万年前后,水淹宝林村,使洱海水位达到鼎盛。距今 1 万年前后,随着大理冰期的消亡,洱海水沿宝林村—荷花村—大展屯—小关邑日渐退缩,成为现在的洱海。

洱海水域涉及 117 条大小溪流,来水水源以一河二江(弥苴河、罗时江、永安江)和苍山十八溪为主,而天然出水口仅西洱河一条。在洱海的形成与成长期间,西洱河从漾濞的平坡大致以西至东开始溯源侵蚀,并一路袭夺苍山西坡和南坡的河流,最终在江风寺(天生桥)与洱海贯通,从此西洱河水浩浩荡荡一路向西奔去,并不断地深切河道,使湖水从龙打洞高于天生桥 10 m 下降至距今的天生桥下约 10 m。西洱河不断下切对洱海的演变和消亡起着决定性的作用。

1.1.3　洱海的边缘

自然界或宇宙间的事物大都是互相关联、互相制约的。因此研究洱海的远古情况,了解其周边的地域和相关的地质构造,以及古气候等十分必要。

1) 特提斯地槽

特提斯是古希腊神话中的一个女海神名。1888 年奥地利著名地质学家 E. 徐士(E. Suess)在其所著《地球外貌》中以特提斯命名古地中海。特提斯海是泥盆纪末期(有人认为是元古代晚期)发育在劳亚古大陆(北方)和冈瓦纳古陆(南方)之间略呈东西走向的海域,其后逐渐成长而形成地槽。地槽由南欧的北利中斯山、亚平宁山、阿尔卑斯山,经北非、喀尔巴阡山、帕米尔、喜马拉雅山转向云南,过缅甸和中南半岛而向马来半岛、东印度群岛方向延伸,与环太平洋海域相连。地槽经历漫长的地质年代,堆积有厚的沉积岩。地槽的造山期为老第三纪及其前后期间(喜马拉雅山运动),新第三纪以后,地槽急剧上升,上新纪及其后发生大规模隆起,形成现代的阿尔卑斯-喜马拉雅山系。

始新世中期,欧亚板块与印度板块相碰撞,印度板块俯冲入欧亚板块之下,喜马拉雅山脉急剧升起。古地中海迅速变窄,东部上升为陆,现今的地中海、黑海、里海等是当年特提斯海的残留部分。大理,特别是洱海及以西地区则处于特提斯海演化史上,地质构造由近东西向转为南北向的重要部位,曾经是特提斯海的漫浸之地。

2) 洱海断裂和西洱河断裂

洱海断裂多为浮土覆盖,仅在红山、狮岗村、松毛坡等处见其露头。卫星照片和航拍照片影像显示,其为洱海中一偏东的北北西向断裂构造。

断裂为深大断裂性质,南延称红河断裂,北延则踪迹不太清晰,其去向有两种可能:一是沿洱海中轴继续以北北西向,经邓川洱源与北北东向鹤庆断裂相接,二是断裂到洱海中部后,转而向北西,从茫涌溪一带穿过,在乔后以北与剑川断裂汇合,继而造就了茈碧湖、剑湖等断裂湖泊,后一种可能性较大。

洱海断裂东盘为古生界,西盘为中生界(苍山断块除外),区内第四系下更新统松毛坡组(Qps)受其切割,并局部动力变质。治断层附近岩石破碎,有钙质角砾岩、碎裂岩、断层泥分布,断层产状倾向角度为 50°~60°。断裂规模大,活动时间长,洱海断陷盆地的形成受到其严格控制,洱海盆地的发展演变也一直深受其影响。

西洱河断裂沿西洱河呈近东西向延伸,西段渐趋北西向与漾江断裂交汇,东段渐趋北东向延伸,止于洱海断裂,平面形状略呈向南凸的弧形。北盘为下元古界,并有较强的动力变质叠加,常见千糜岩、糜棱岩带;南盘为中生界,具有不同程度的动力变质,主要为变质砂岩、板岩、千枚岩等。该断裂具河谷地貌及断层崖,为河流溯源侵蚀所致,在下关塘子铺(今凤凰温泉度假区)有高温热泉涌出。

西洱河断裂是洱海深断裂的派生次一级构造,在燕山晚期-喜马拉雅早期,西洱河断裂面向北呈缓倾斜状态,使元古界向南逆冲,这与杨子准地台的结晶基底沿洱海断裂向西逆冲几乎同时。但到喜马拉雅中晚期,地壳继续抬升,断裂面产生扭曲甚至南倾,形成洱海盆地的南缘堤坝。

3) 大理冰期

苍山分布着一套冰蚀地貌及冰碛地貌,形态清晰,保存完好。1937 年首先由成斯曼把这次冰川活动取名为大理冰期。其后,李四光在《冰期之庐山》一书中,认为我国西部的大理冰期可能晚于东部的庐山冰期,可与欧洲阿尔卑斯区的玉木冰期对比。此后,有关文献中就常把大理冰期作为我国晚冰期的通用名称。

云南省地矿局在 20 世纪末进行的 1:5 区域地质调查中,对大理冰期做了比较详细、深入的研究。以第四纪地层研究为基础,结合地貌、古气候、环境等,对大理第四纪冰川活动的类型、特征、期次、时限做了归纳,从老到新划分为松毛坡冰期、间冰期,洱海冰期、间冰期,下关冰期、间冰期,大理冰期、间冰期。自此以后,进入全新世间冰期,气候转暖,雪线高度急剧上升至 5 000 m 左右,为现代生物繁衍、洱海水源提供了良好的自然环境。表 1-1 和表 1-2 分别为大理地区第四纪冰川划分表和大理地区第四纪冰川活动特征简表。

表 1-1 大理地区第四纪冰川划分表

地质年代	冰期及间冰期名称	冰川类型	地貌特征	推测雪线高度/m	主要堆积物			距今时限/万年
					类型	生物依据	代号	
全新世	现代间冰期		冲洪扇、阶地、湖泊、盆地	4 500~5 000	洪积、冲积、湖积、残积	石器、铜器、现代生物	Q4pl、al Q4l、el	1
晚更新世	大理第二副冰期	山岳冰川	角峰、冰舌、冰斗、冰川谷	3 800~4 000	冰碛泥质砾石层	杜鹃花及针叶植物孢粉	Q3d391	1.5
	大理副间冰期				湖泊黏土夹泥炭层	螺、植物碎片与孢粉	Q3d21	4
	大理第一副冰期	山岳冰川	角峰、冰舌、冰斗、冰川谷	3 500~3 800	冰碛泥质砾石层	针叶植物孢粉	Q3d191	7
	下关间冰期				湖泊黏土夹泥炭	阔叶及针叶植物孢粉	Q3x21	10
	下关冰期	山岳冰川	冰川谷	≤3 000	冰碛泥质砾石层	针叶植物孢粉	Q3x191	20
中更新世	洱海间冰期				洞穴堆积、河湖沉积	哺乳动物、鱼骨植物孢粉	Q2e2ac Q2e2al	73
	洱海冰期	大陆冰盖	难恢复	≤2 500	冰碛含泥质砂砾层（半成岩）	针叶植物孢粉	Q2e191	100
早更新世	松毛坡间冰期				湖积泥岩、褐煤、含砾砂岩	哺乳动物及植物化石	Q1s21	248
	松毛坡冰期	大陆冰盖	难恢复	≤2 200	冰碛砂砾岩	针叶植物孢粉	Q1s191	350

表1-2　大理地区第四纪冰川活动特征简表

地质年代	距今时限/万年	地层名称	代号	冰期划分
全新世	1	Q4	Q4pl、Q4al、Q41、Q4el	冰后期、洪积、冲积、湖积、残积(金梭岛文化层)
晚更新世	1.5	大理组 (Q3d)	Q3d391	大理第二副冰期
	4		Q3d21	大理副间冰期
	7		Q3d191	大理第一副冰期
	10	下关组 (Q3x)	Q3x21	下关间冰期
	20		Q3x191	下关冰期
中更新世	73	洱海组 (Q2e)	Q2e2nl、Q2e2ac	洱海间冰期
	100		Q2e191	洱海冰期
早更新世	248	松毛坡组 (Q1s)	Q1s21	松毛坡间冰期
	350		Q1s191	松毛坡冰期

4)苍山

苍山,又称点苍山,山峰南北绵延,形成一道巨大的天然屏障。东侧山体树木较低,东西两侧山脉向南北两侧展开,中间为洱海、盆地、农田和村镇,地势平坦开阔,土质肥沃。

苍山十九峰由北向南为云弄峰(3 600 m)、沧浪峰(3 546 m)、五台峰(3 755 m)、莲花峰(3 958 m)、白云峰(3 790 m)、鹤云峰(3 920 m)、三阳峰(4 039 m)、兰峰(3 955 m)、雪人峰(3 944 m)、应乐峰(4 011 m)、小岑峰(4 092 m)、中和峰(4 092 m)、龙泉峰(4 088 m)、玉局峰(4 097 m)、马龙峰(4 122 m)、圣应峰(3 666 m)、佛顶峰(3 615 m)、马耳峰(3 285 m)、斜阳峰(3 074 m)。

地质调查表明,苍山由古老的(元古代)变质杂岩组成。苍山以大理古城西的点苍山为主体,北至洱源的罗坪山,东以洱海断裂,西以大合江断裂,南以西洱河断裂为界。该区经历了多回旋的长期构造活动,现今所见以晚期构造形迹为主,区域构造线呈北西或北北西向,与周围中、古生界呈断层接触关系,是一巨大的推覆体雄踞于洱海之西。

点苍山东坡岩石片理以东倾为主,西坡以向西倾斜为主,倾角一般为50°～60°,区内褶皱发育,多为变期次构造运动形成的揉皱。以北北西向为主,北东东向次之。

点苍山断裂呈北北西向,从苍山十九峰以东穿过东盘为中元古界苍山岩群,西盘为下元古界沟头箐岩群。从地貌上看,该断裂将苍山东坡划分为二元结构:断裂之西较完整地保存了大理冰期的角峰、刃脊、冰斗等地貌景观;而断裂之东地形相对较为平缓,由于长期的剥蚀,冰川地貌多已不存在,较厚的风化残坡积层为植物的生长提供了良好的基础。

大理断裂走向北北西,位于点苍山东麓,主要切割中元古界茫涌溪组地层,在断层以东主要为冰碛、洪积和冲积物所覆盖,堆积最大夏季可达 800 m 以上(见图 1-1 大理盆地第四系及洱海等深线图)。

苍山在地质学上有两个显著的特点:一是其形成时间开始于第三纪早期(距今约 6 000 万年)的喜马拉雅运动,至第三纪中晚期(距今 1 000 万年)基本定型,因此从地质年代上讲,它是年轻的;二是组成苍山的岩石是原深埋于洱海断裂之东杨子准地台的前寒载纪(距今 10 亿~25 亿年)的结晶基底,其沿洱海断裂往西逆冲,以断层接触方式置于中、古生界之上的巨型"飞来峰"(老地层以断层接触方式置于新地层之上)。因此,其组成岩石是极其古老的。

5)喜洲海舌

湖泊消亡的过程,也就是湖盆不断地接受来自湖岸的泥沙,湖区动植物遗体的堆积,磷、氮等元素富集而高度营养化沼泽化的过程。

在喜洲之东近湖岸有一伸入洱海呈北东向的舌形半岛,称为"大鹳鹏洲",俗称"海舌"。海舌由冲积的泥沙和螺壳堆积而成。半岛北西坡和南东坡相对较陡,伸入洱海约 1.5 km,为大理市重点风景游览区。海舌的形成是物理、化学作用的结果。供给海舌的泥沙来自其西的万花溪,万花溪流程较短,且河道降坡比大,因而在雨季携带大量的泥沙直接冲入洱海,除部分因重力作用堆积于河口三角洲之外,其余以悬浊液形式继续往湖内深入,与原有湖水接触汇合,而原有的湖水和新入的悬浊液,其 Eh 值(氧化还原电位)、pH 值、盐度、矿化度均有差异,在离湖岸口远处逐渐堆积成条状,并与陆地相连,形成长状半岛,加上海舌两侧湖水较浅,营养物质供应充足,导致附着性植物大量繁衍,更加速了海舌的成长。随着时间的推移,此作用还在继续,海舌不断在加长、加宽,使洱海容积变小。这种沉积机制实际在各河(溪)口均有发生,只是目前还未露出水面而已,它们也在加速洱海的消亡。

大理除海拔 3 000 m 以上地段保留有众多典型的冰川地貌外,因年代久远,风化剥蚀的影响,其地貌特征大多已消失,但仍有迹可寻。

大理第四纪冰川中松毛坡冰期是较早的一次冰川活动。冰碛物地表高度为 2 120 m,深部钻探中,分布高程为 1 100～1 300 m,据此推测雪线高度不大于 2 200 m,为大陆冰盖类型,在凤仪镇东南有馒头状冲碛保存。松毛坡间冰期中的松毛坡阻湖积物分布高程为 1 300～2 100 m,其古生物化石与孢粉组合代表了亚热带潮湿沉积,反映出冰期向间冰期演化。

洱海冰期的洱海组下段冰碛层标志着中更新世的开始,热带生物被淘汰,古气候环境由暖变寒。冰碛物露头高度为 2 060 m,呈馒头状低迁残存于凤仪镇东南部盆缘区,以冰川堆积为主,在大理盆地深部只有冰水沉积相,分布高程为 1 500 m。据此推测雪线高度小于 2 500 m,为大陆冰盖类型,后期有演变为山麓冰川的可能。洱海间冰期以洱海组上段河湖沉积物为代表,分布高度为 1 700～1 880 m,属中更新世晚期,古气候环境温凉,在河湖中鱼类生物发育的同时,在湖岸繁衍哺乳动物,其以金梭岛洞穴堆积物中的四川竹为依据。

下关冰期的下关组下段冰碛层代表本区晚更新世早期冰期的开始,分布高度为 1 800～1 900 m,属古冰川槽谷缘消融前产物,并见漂砾杂于其中。下关冰期的下关组上段湖积物分布高度为 1 820～1 920 m(仅为钻孔可见),埋深于盆区内部,孢粉组合为针、阔叶林混生植物相系,温凉气候环境。

大理冰期可以明确地划分为早晚两次副冰期,与我国东部沿海相似。大理第一副冰期以大理组下段冰碛泥砾层为标志,代表了晚更新世晚期冰川活动的开始。冰碛砾残存于下关红土坡、上村、蛇骨塔及太和村西等处,露头高度为 2 050～2 100 m,在盆缘形成冰碛迁、冰碛垄等微地貌景观。钻探证实,在 1 860～1 950 m 有冰水相沉积。景观上在点苍山 3 000～3 500 m 有保存完好的角峰、刃脊、冰川悬谷、幽谷、冰窖及冰斗等。大理第一副冰期活动时限距今 4 万～7 万年。

大理副冰期以大理组中段湖积物为标志,分布高度为 1 930～2 150 m,代表了温凉的古气候环境,上下两个泥炭层^{14}C 年龄控制时限为 1 594～35 000 年。

大理第二副冰期以大理组上段冰碛砾为代表,分布高度为 2 150～2 200 m,为冰碛相产物,仅见部分漂砾。本期冰蚀地形分布高度为 3 500～4 000 m,全为山岳冰川景观,尤以刃脊、角峰、冰窖、冰斗等保存完好。苍山之巅的黄龙潭、洗马潭、黑龙潭等由冰川腐蚀作用形成的冰斗湖如碧玉般镶嵌在万山丛中,其时限为 1 万～115 万年。

大理观音塘内的大石庵就建在一块直径大于 10 m 的巨大冰川漂砾之上（高程 2 060 m），将军洞（高程 2 146 m）、江风寺（高程 2 000 m）等处的冰溜面、冰川擦痕等清晰可见，保存完好。

大理冰期晚期的冰川活动历时较短，但为冰蚀地形保存较好的最后一次古冰川活动。自此以后，进入全新世现代世间冰期，气温较暖，雪线高度急剧上升至 4 000 m 以上。

1.1.4　洱海的出水

洱海是云南省第二大淡水湖，从它形成之日就有入水口，也有出水口。对于入水口，则"一河二江"、苍山十八溪、海南波罗江、海东海潮河等均无异议，而其出水道，则众说纷纭。除目前向西注入西洱河的既定事实外，还有金沙江流域说、红河水系说、金沙江-澜沧江水系并存说三种说法。

1）金沙江流域说

金沙江水在远古时期是经洱海向南流的，后来金沙江水撞开天堑虎跳峡后夺路先向北后向东去，大理坝高低洼盆地便逐渐成为湖泊，这就是今天的洱海。

这里的"金沙江水向南流淌"承袭了三江并流的金沙江一路从北向南浩浩荡荡流淌，但到丽江的石鼓后突然来了个 180°的大转弯向北，然后转东流去，成为长江的上游，留下千古绝唱的石鼓"长江第一湾"和鬼斧神工的虎跳峡。在"长江第一湾"之南确实存在南北向的古河道，这可能是上述说的"远古"时期的金沙江古河道，后来地质构造运动使这一部分抬升，使金沙江另辟出路而向北奔去。因此，洱海原来不是海，而只是金沙江的河道之一段，但这里并未说清"经洱海向南流"是如何向南，出口在哪里。

这一观点还可以从云南省规划的"滇中引水工程"中得到佐证。就是在"长江第一湾"筑坝拦截金沙江水，分流部分江水使其向南流，分流的水在枯水季节需提升设备，而雨水季节可自流，洱海则在这中间起着调节的作用，并可增加约 4 亿米³ 的水量。后来为使分流水常年可自流而将出水口上溯至德钦县的奔子栏。

2）红河水系说

洱海及其原始水系可能经凤仪、弥渡，进入红河系统，后受喜马拉雅晚期构造运动的影响，地壳局部升降变迁，阻断向红河水系的通道，海水另找出口，沿点苍山南部近东西向的张性构造断裂带，穿过天生桥，形成年轻的西洱河，注入澜沧江水系。

此说法是洱海沿南的破碎带经凤仪后穿过定西岭经弥渡县流入礼社江,成为红河水系,后来改道西洱河成澜沧江水系。该学说除受"喜马拉雅晚期构造的影响"外,无其他地质依据。

3)金沙江-澜沧江水系并存说

此依据大理地区从第三纪以来至第四纪全新世的沉积记载探讨洱海的发生和发展。

洱海盆地从老第三纪始新世末期开始接受沉积,新第三纪强烈的喜马拉雅运动使洱海断裂以东的地区剧烈上升,河流湖源侵蚀作用强烈,洱海内陆河经鹤庆大王庙袭夺点经落漏河流入金沙江,成为外流湖。第四纪早更新世,上述地区上升缓慢、河流溯源侵蚀基本停止,大王庙等河流袭夺地段塞洱海又恢复为内陆湖泊;中更新世,全区强烈上升,河流湖源侵蚀加剧,在下山口、大王庙等河流袭夺地段下切的作用更加显著,三营、洱海两盆地沟通,水系仍经大王庙亦向东流入金沙江;晚更新世,大理冰期来临,气候寒冷、山岳冰川的刨蚀作用强烈,河道阻塞。虽处冰期,但气温也有升降变化,当温度上升,洱海水泛滥时,通过大王庙和天生桥之北的龙打洞两个溢口,分别泄入金沙江和澜沧江;当温度降低,洱海水量减少时,选择近道龙打洞向西流入澜沧江;距今11 700年的全新世时,大理冰期结束,气候转暖,河岸湖边洪冲积物发育,苍山山麓地带形成洪积扇,此时洱海中如今的团山、金梭岛露出水面,湖面缩小,进入老年期。

1.2　社会经济的发展变化

洱海流域位于大理州境内。大理白族自治州(以下简称大理州)是中国西南边疆开发最早的地区之一,是以苍山洱海为依托发展起来的国家级历史文化名城和国家级风景名胜区,也是云南省省级旅游度假区。唐宋时期,这里曾先后建立了"南诏国""大理国",历时五百多年,成为当时云南政治、经济和文化的中心。大理拥有众多的名胜古迹和宝贵的民族文化遗产,素有"文献名邦"之称。各具特色的名胜景点遍布苍山洱海之间,以优美的民间故事神话传说为点缀,以丰富多彩的民俗风情为特色,蕴含着丰富的民族文化内涵,代表着以洱海为中心的洱海文化的多样性。

1.2.1　历史变迁

洱海地区是云南文明的发祥地之一,早在新石器时代,洱海地区就有人类的先民繁衍生息,苍洱一带已有居民从事农耕、狩猎等活动。1973 年在宾川白羊村出土了约 4 000 年前的原始社会稻作部落聚落遗迹,近年三次考古发掘的剑川海门口遗址是目前全国已经发现的最大"干栏式"建筑遗迹之一,说明大理是云南青铜文化发源地之一。

西汉武帝时(公元前 140—前 87 年),大理地区设叶榆、云南、邪龙、比苏 4 县,属益州郡。东汉永平十年(公元 67 年)置西部都尉,蜀汉建兴三年(公元 225 年)设云南郡,隋代大理属昆州,唐初大理隶属于剑南道。

7 世纪中叶,洱海地区出现 6 个较大的民族部落。8 世纪 30 年代,南诏统一洱海地区,建立南诏国,置十睑区、六节度区和二都督区。902 年,南诏国亡,建"大长和国";928 年建"大天兴国";929 年建"大义宁国";937 年建大理国,行政区划设八府、四郡、三十七部。1253 年,忽必烈灭大理国,设云南行省,设路、府、州、县。明代大理府统领 4 州、3 县、1 长官司。20 世纪 40 年代后期,云南省政府在大理、蒙化、鹤庆设置督察专员公署。

1950 年,大理专员公署成立。1956 年经国务院批准,撤销大理专区,建立大理白族自治州,现辖一市、8 县、3 自治县,首府驻大理市。

1.2.2　经济发展

4 000 多年前的洱海周围居民已能从事农耕、渔猎、制陶及编织等生产活动。战国时期,大理地区的矿冶技术已比较发达。公元前 2 世纪,各地商人直接或间接地把四川出产的铁质工具及各种手工业品运入大理,然后转运永昌或印度,极大地促进了大理地区商业手工业及交通运输业的发展。公元 7 世纪中期,大量的汉人来到大理地区,带来了先进的生产技术。南诏时期,手工业、矿冶、锻造技术比较发达,曾以"郁刃""浪剑"闻名全国。纺织业兴旺,农户几乎家家有织机,以"红布"闻名,远销外地,并以精细的纺织品"叠毛"为贡品,崇圣寺大钟和雨铜观音等大型铸件流芳后世。明清时期,大理地区的能工巧匠遍及省内外,三塔、大理城等多座古塔、古城、古镇及民居形成了独特风格的白族地区建筑。南诏政权所辖疆域,以洱海地区为中心,东接今贵州西部和越南北部,南括西双版纳,西抵今缅甸北部,西北与吐蕃的神州(今丽江以北)为邻,东北达四川西南部戎州,历二百余年。这一时期,大理地区的农业生产技术达到了较高水平,如"犁田以一牛三夫""然专于农,无贵贱皆耕""蛮治山田,殊以精好";除六畜养殖外,南诏在息龙山设有养鹿场,要则取之;渔业也很兴旺,"蒙舍池鲫鱼大者重五斤""冬月、鱼鹰、丰雉、水扎鸟遍于野中水际";"大理马"驰名中原。大理国历时三百多年,与宋王朝始终保持了密切关系,促进了洱海地区与内地的经济交往。

　　元朝忽必烈率军灭大理国后,云南实行屯田制。明代,建立了一套"兵自为食"的屯田制度,还实行"商屯"。明清两代在云南大理屡设铸炉造铜币。另外,纸、墨、笔、席、毡、雕漆器、鹿皮鞋、大理石制品等已远近闻名。集市增多,一些坐商开始向"商帮"发展壮大。截至 19 世纪 50 年代,洱海地区仍以农业为主,为封建土地所有制,耕作上均沿用了锄耕和犁耕并用的方式。各地农户以农田种植为主,农闲时或根据家中劳动力状况及村庄家庭的传统习惯兼营一种或几种手工业。城镇以坐商和专职手工业者居住为主,商帮聚集下关、喜州等集镇。第一次世界大战期间,下关先后建立了茶厂、猪鬃厂、火柴厂等。抗日战争期间,滇缅公路通车后,洱海周围成为重要的物资集散地。以"锡庆祥"为首的商号此时已成为资金雄厚、经营业务遍及国内外的大商行,中小商行也迅速发展至一千五百多家,经营粮食、食盐、皮张、山货、药材、绸缎、百货、茶叶、纸烟、肥皂、火柴、金银首饰、食馆、旅店、茶社等五十多种行业。其中喜洲商帮有行商三百户,一百八十户经营产品,有"四大家""八中家""十二小家"之称,在我国和东南亚各大城市均设有商号,一百多户参与进出口贸易。最兴盛时,下关地区有十六家银行,并建立了万花溪、天生桥水电站,设立了汽车运输和维修管理机构。

　　1950—1984 年的 35 年内,洱海地区社会经济发展较快,粮食总产量增长 1.77 倍。建成各种农田水利工程 18 443 个,有效灌溉面积 155.5 万亩[①],控制利用水量 9.89 亿米^3。"桂潮二号"和"滇榆一号"良种,创造了亩产吨粮的全国历史最高纪录,拥有农业机械总动力 3.76×10^5 kW。1984 年,全州共有工业企业 1 008 家,职工 3.178 万人,拥有固定资产总值 2.92 亿元,工业总产值 3.568 亿元。全州国营机构 1 524 个,职工 43 951 人。城镇集体商业企业和农村供销合作网点遍及城乡山村,集市贸易活跃,农副产品购进 22 087 万元,比 1952 年增长 22.1 倍,社会商品零售额 51 611 万元,增长 13 倍。1984 年财政收

---

① 为遵从行业习惯,本书对于较大面积采用了"市制"单位"亩",1 亩 = 666.67 米^2。

入 11 025 万元,比 1953 年增长 8 倍,财政支出 16 281 万元,增长 25 倍。

洱海地区历来为滇西中心区域、重要的物资集散地及交通枢纽。1995 年,昆明至大理铁路、高速公路通车,大理民用航空机场建成通航,洱海流域社会经济发展进入了快车道。

大理市是大理白族自治州的政治、经济、教育、文化和商贸中心。2015 年全市生产总值为 337.98 亿元,年均增长 6.7%,其中第一产业增加值为 22.56 亿元,年均增长 6.5%;第二产业增加值为 156.16 亿元,年均增长 2.4%;第三产业增加值为 159.26 亿元,年均增长 11.4%。生产总值中一、二、三产业的比重分别为 6.7%、46.2%、47.1%,工业总产值为 300.97 亿元,增幅 22.84%。

洱源县 2015 年的全县生产总值完成 54.08 亿元,年均增长 11.5%。其中第一产业增加值为 17.50 亿元,年均增长 5.7%;第二产业增加值为 18.29 亿元,年均增长 5.7%;第三产业增加值为 18.29 亿元,年均增长 24.9%。生产总值中一、二、三产业的比重分别为 32.4%、33.8%、33.8%,工业总产值为 81.56 亿元,增幅 10.14%。

大理市为中国优秀旅游城市、国家重点风景名胜区。2015 年洱海流域接待海内外旅游 1 223 万人次,比 2006 年的 563 万人次增长了 117%。城镇化率 42.21%,其中大理市为 64.33%,洱源县为 32.92%。旅游业收入在洱海流域第三产业占比逐渐超过 50%。

1.2.3　行政区划

洱海流域地跨大理市和洱源县,共 16 个镇/乡(下关镇、大理镇、银桥镇、湾桥镇、喜洲镇、上关镇、双廊镇、挖色镇、海东镇、凤仪镇、右所镇、邓川镇、凤羽镇、三营镇、茈碧湖镇、牛街乡),两区一委(国家级经济开发区、省级旅游度假区、海东开发管理委员会),辖 167 个行政村(大理市 104 个,洱源县 63 个)与 854 个自然村(大理 449 个,洱源县 405 个)。

1.2.4　民族及人口

洱海流域的人口增长较快,城镇化进程显著提高。2015 年总人口为 84.43 万人,其中农业人口为 51.56 万人,城镇人口为 33.87 万人。流域面积为 2 565 km²,人口密度为 329 人/千米²,比 2004 年 311 人/千米² 增加了 18 人/千米²。洱海流域居住着白、汉、彝、回等 25 个民族,其中白族人口为 54.93 万人,占总人口的 65.9%，汉族人口为 23.10 万人，占总人口的 27.7%。

1.3　自然资源的演替

洱海流域地处云贵高原，其特殊的地质、地理、地貌造就了山水相映，风、花、雪、月、石共存的自然景观组合，自然资源丰富。

1.3.1　土壤资源

洱海流域内的地带性土壤为红壤，随着海拔的变化，由低到高依次为红壤、黄红壤、黄棕壤、暗棕壤、亚高山草甸土及高山草甸土，另外还镶嵌分布有紫色土、漂灰土、石灰土和沼泽土。垂直分布的大致情况如下：海拔 2 600 m 以下为红壤、紫色土和部分冲积土；2 600～2 800 m 为红棕壤；2 800～3 300 m 为棕壤和暗棕壤；3 300～3 900 m 为亚高山草甸土；3 900 m 以上为高山草甸土。

1.3.2　土地资源

洱海流域总耕地面积约为 38.4 万亩，耕地大部分分布在北部片区和西部片区，其中北部片区耕地为 22.2 万亩，西部片区耕地面积为 10.1 万亩。

流域林业用地面积为 147 308.0 hm²，有林地面积为 89 049.8 hm²，疏林地面积为 1 381.5 hm²，灌木林地面积为 46 675.2 hm²，未成林造林地面积为 2 718.2 hm²，苗圃地面积为 26.1 hm²，无立木林地面积为 4 904.7 hm²，宜林地面积为 2 526.8 hm²。流域区活立木总蓄积 361.9 万米³，森林覆盖率为 37.0%，林木绿化率为 51.3%。

流域强度侵蚀面积为 96.53 km²，占流域陆地总面积的 4.16%；中度侵蚀面积为 378.52 km²，占流域陆地总面积的 16.31%；轻度与微度侵蚀面积为 1 845.09 km²，占流域陆地总面积的 79.53%。强度侵蚀区主要分布在东北部永安江流域及东部向阳湾面山区域。按照规范及指标确定流域内不同区域的侵蚀模式，采用土壤侵蚀公式计算流域内土壤侵蚀量，计算的流域土壤侵蚀总量为每年 326.0 万吨。

1.3.3　水资源

洱海流域境内有弥苴河、永安江、罗时江、波罗江、西洱河及苍山十八溪等大小河溪 117 条;有洱海、茈碧湖、海西海、西湖等湖泊与水库。洱海来水主要为降水和融雪,多年平均入湖水量为 7.93 亿米³。洱海唯一的天然出湖河流为西洱河,该河长为 23 km,至漾濞平坡入黑惠江向澜沧江。20 世纪 90 年代初,在南岸打通引洱(洱海)入宾(宾川)隧洞,每年引洱海水量约为 7 300 万米³。

1.3.3.1　湖泊水系

1) 弥苴河水系

弥苴河是洱海最大的入湖河流,水系径流面积为 1 026.43 km²(包括剑川上关甸的 22.55 km²),水系全长为 75.08 km,沿途汇集海西海、茈碧湖及三营河、黑石涧、白沙河、南河涧、青石江、白石江、铁甲河等入河支流 40 条,山溪111 条,全河纵灌邓川坝。

弥苴河流域区间水系由一主二支两湖组成,即主干道弥苴河、弥次河与凤羽河两条支流、海西海与茈碧湖两个湖泊。

弥苴河在 2002 年前水质总体为Ⅲ类,2003 年后由于总氮(TN)浓度上升,水质下降为Ⅳ类,2005 年、2009 年水质有所改善,水质达到了Ⅲ类,2010 年后水质基本保持Ⅳ～Ⅲ类,TN 值是主要超标因子。

2) 罗时江水系

罗时江发源于洱源县右所镇绿玉池,上游属洱源县,下游属大理市。径流面积为 122.75 km²,全长为 18.29 km(其中西湖长为 3.3 km),是洱源县及大理市上关镇农田灌溉、排洪的多功能河道。

罗时江流域涉及洱源县右所镇、邓川镇和大理市的上关镇 16 个村委会,全流域耕地面积约为 2.85 万亩。罗时江河道团结村公所段为人工修砌的农灌渠,堤岸上有少数灌木生长,邓川镇段为硬质堤岸,堤岸上植物物种主要以少量的苦楝、红柳、滇杨为主;其余河段河道均为土质堤岸,堤岸上树种丰富,植被生态较好。

2001—2004 年,罗时江水质为Ⅳ类;2005 年后由于 TN 值急剧上升,水质下降为Ⅴ类;2008 年 TN 值明显降低,水质上升为Ⅳ类。2009 年后水质有所下降,降到Ⅴ类,TN 值是主要的超标因子。

3) 永安江水系

永安江北起下山口,自北向南贯通东湖湖区后至江尾镇白马登村入洱海。永安江河道全长为 18.35 km,径流面积为 110.25 km²。永安江是洱海重要的补给水源之一。

永安江河道下山口至中所段为人工修砌的农灌渠,宽为 1～3 m,水深为

0.5～1.5 m。青索村公所至入湖口段为硬质堤岸,河道宽为 6～8 m,水深为 2 m,堤岸上仅有少量灌木生长。其余河段均为土质堤岸,堤岸上植被以蓝桉、红桉、柳树和灌木为主,植被覆盖率不高。

永安江水质指标以 TN 值为主要超标因子,由于其值高居不下,永安江在 2004—2007 年一直处于劣 V 类水质,2008 年和 2009 年由于 TN 浓度下降,水质上升为 V 类;之后有所好转,2010 年、2011 年水质达到 IV 类,但从 2012 年开始,永安江水质又由于 TN 值上升而开始恶化,水质降为劣 V 类。

4) 波罗江水系

波罗江位于大理市凤仪镇辖区,发源于定西岭后山区,距凤仪镇 11 km,全长为 17.5 km(由三哨水库至满江入湖口),流域总面积为 291.3 km²,流经江西、丰乐、乐和、芝华、凤鸣、庄科、石龙、满江等 21 个村镇。

波罗江河道在小江西村至千户营村段和白塔河千户营村段为硬质堤岸,沿河堤岸植被稀少,其余河段均为土质堤岸,堤岸植物物种以桉树、灌木和草被为主。

2002 年前,波罗江水质尚处于 II～III 类;2003 年之后,由于 TN 值的升高,波罗江的水质下降为 V 类;2007 年达到峰值,水质为劣 V 类,TN 是主要超标因子,总磷(TP)较"北三江"河流高;2008 年水质有所好转,达到 IV 类;2009—2013 年随着 TN 值的升高,水质基本下降为 V～劣 V 类。

5) 苍山十八溪

苍山十九峰,每两峰之间都有一条溪水,下泻东流,这就是著名的苍山十八溪,由北向南依次为霞移、万花、阳溪、茫涌、锦溪、灵泉、白石、双鸳、隐仙、梅溪、桃溪、中和溪、白鹤溪、黑龙溪、清碧、莫残、葶蓂、阳南。苍山十八溪是洱海主要水源之一,流经大理坝子,灌溉着肥沃的土地,最后注入洱海。苍山十八溪流域总面积为 357.12 km²,其水质对洱海水域的生态环境有重要的影响。

2009 年调查结果表明,在十八溪中有 5 条为 II 类,3 条为 III 类,4 条为 IV 类,1 条为 V 类,5 条为劣 V 类。白鹤溪为水质较差的代表,2011—2014 年,基本在 V 类至劣 V 类之间波动;白石溪与万花溪为水质较好的代表,但在 2011—2015 年,也基本在 IV 至 V 类间波动。十八溪主要超标因子为 TN 值和 TP 值[1]。

---

① 洱海流域水质评价很长时间都是按照国家地表水环境质量标准(湖库标准)进行的,其中入湖河流参照的是国家地表水环境质量标准 III 类要求,所以存在总氮超标的问题。

十八溪水质上游普遍较好,中游逐渐变差,下游最差。从入湖口污染情况来看,污染情况较重的河流包括阳南溪、莫残溪、隐仙溪、桃溪、黑龙溪、中和溪,水质均为劣 V 类。

1.3.3.2　湖泊水资源

洱海来水主要为降水和融雪,洱海多年平均入湖水量为 8.25 亿米³,包括地表径流和湖面降水。1955—2000 年,洱海入湖水量最多的年份出现在 1966 年,入湖量为 20.29 亿米³,最低年份出现在 1982 年,入湖水量只有 4.83 亿米³。洱海入湖水资源量出现较为明显的丰水期、枯水期。最大丰水年出现在 1966 年,最小枯水年出现在 1982 年、1988 年,其余年份或偏丰或偏枯在水平线附近不同程度波动。洱海月水量平衡差正好与干湿季节对应,雨季为湖泊补充水量季节。

未来随着洱海流域社会经济的发展,城市生活、发电、工业用水日益增加,2020 年洱海流域在灌溉设计保证率等于 80% 的情况下,缺水约 1.2 亿米³,缺水率达 34.7%,洱海流域供水量缺口增大,供需矛盾突出,洱海“生态用水”的需求逐渐突显。

1.3.3.3　流域内其他湖泊

1）茈碧湖

弥苴河水系的茈碧湖位于弥苴河中上游,洱源县城东北部的黑谷山下,距洱源县城约 3 km。茈碧湖为吞吐湖,地处东经 99°56′ 与北纬 26°05′ 的交叉点。该湖呈现南北狭长、北深阔、南浅窄的特征,南北长为 6.1 km,东西宽最大为 2.5 km,最小为 0.75 km,属于天然淡水湖泊,主要接纳凤羽河、弥茨河及附近山水地下水。总库容为 9 322.4 万米³,灌溉库容为 1 877 万米³,汇水面积为 690.122 km²,平均水深为 11 m,最深为 32 m,湖岸线长为 17 km,湖面高程为 2 056.2 m,水面面积为 8.462 24 km²,主要功能是饮用水和农业灌溉水源。

2）海西海

海西海属弥苴河水系,位于弥苴河上游,洱源县东北部牛街乡的龙门坝,地处东经 99°59′、北纬 26°17′,距县城 24 km,海西海是由断陷溶蚀洼地形成的天然淡水湖泊,南海北坝,群山怀抱。径流面积为 224 km²,枯水期湖面面积为 1.72 km²,湖面海拔为 2 116 m,南北平均长为 3.6 km,东西平均宽为 1.5 km,湖岸线约为 10 km。湖泊最深水深为 16 m,平均水深为 10 m,总库容为

6 518万米³,主要功能是农田灌溉、发电与供水。

3）西湖

洱源西湖位于大理白族自治州洱源县右所西部的佛钟山麓,为高原平坝淡水湖,是省级风景名胜区,是洱海水源的重要源头,地理坐标位于东经100°0′4″～100°4′56″,北纬25°59′43″～26°2′10″,西湖属于罗时江流域的一个小湖泊,属断陷成因的淡水湖。西接山麓洪积扇,东、西为平坝,南部是浅湖出口区域。湖泊面积为3.322 4 km²,南北长3 km,东西宽最大为2.5 km,最小为0.25 km,汇水面积为119.224 km²,蓄水量为590万米³,湖面高程为1 967 m,最深为8.3 m,平均水深为1.8 m,湖周长为10.3 km。

1.3.4　动植物资源

以洱海为代表的滇西地区是我国生物多样性保护的重要区域,高山峡谷间相对封闭的地理特征及垂直立体气候造就的多样地貌吸引了多方面的研究人员来到洱海流域开展动植物资源研究。

1.3.4.1　陆生及水生植物

1）陆生植被

洱海流域水平地带性植被主要为半湿润常绿阔叶林和云南松林,目前分布较广的是与半湿润常绿阔叶林紧密联系的云南松林,成为本地带植被的重要标志。同样,洱海流域植被类型和分布直接受地形和气候的影响,形成典型而明显的植物垂直分布带谱,独具特色。从洱海湖区往上,随海拔高度的变化,植被和植物种类的分布极为明显,层次清晰,保存着许多从南亚热带过渡到高山寒漠带的各种植被类型。植被垂直分布带谱以苍山东坡为例,有水生植物群落(海拔1 945～1 966 m)、农田耕作带(海拔1 966～2 100 m)、云南松林(海拔2 100～2 500 m)、华山松林与栎类林(海拔2 500～2 900 m)、针阔混交林带(海拔2 900～3 200 m)、箭竹冷杉林(海拔3 200～3 500 m)、杜鹃冷杉林(海拔3 500～3 800 m)、高山杜鹃草甸(海拔3 800～4 000 m)、高山荒漠(海拔4 000 m以上)。

流域森林层次丰富多样,以云南松、华山松等灌木林地为主,全流域森林覆盖率大于43％,其中苍山森林覆盖率达95％以上。流域西部的主要植被划分为9个植被型,13个植被亚型,21个群系。

洱海流域东部的植被单调且已受到严重破坏,以云南松、车桑子、灌木林为主,植被覆盖率小于 10％,原生型植被现已十分稀少,土壤十分贫瘠,表面裸露,环境严重干旱化。

当北部海拔为 2 100～3 700 m 时,植被类型以华山松林和落叶阔叶林为主;当海拔为 2 000～2 200 m 时,多为湖盆农业与居住区高原湖盆地貌为主,多开垦为农地或城镇村庄,森林覆盖率低。

流域地区是农业生产区,土壤肥沃,盛产水稻、小麦、蚕豆、油菜、玉米等农作物,近年来广植柳树、杨树、桉树、杉树等,延洱海边形成宽为 20～30 m 的环湖林带及湖滨绿化带。

2) 湿生植物

洱海边带内有混交林和纯林分布,植被类型主要是乔木和草木,灌丛基本没有。其中,云南柳比例达到 80.94％,为绝对优势乔木,其他主要伴生乔木为水杉、池杉、大青树、加拿大杨、山杨、滇杨和垂丝海棠,它们为偶见乔木,数量很少。

草本层共有 14 科 42 个种类,其中优势种为空心莲子草、马塘和水蓼,但是由云南柳为主的纯林下面只生长空心莲子草,可以推断,空心莲子草比马唐、水蓼以及其他草本植物更适合生存。

乔灌木带宽少则 30 m,多则 100 m。其中大多数乔灌木带宽集中在 50 m 左右,在各个调查样地中,大多数样地健康乔木的数量达到 70％以上,生长状况较为良好。少数样地的病态乔木较多,枯枝多,倾斜严重。枯枝多的样地主要是人工林,可能原因为种植间距太小,乔木不能很好地得到阳光照射,倾斜严重的乔木主要分布在湖边,可能也是由于争夺阳光而导致生长异常。

洱海周边乔木盖度大部分在 40％左右,这种盖度使乔木有良好的生境,同时又使乔木得到充分的阳光照射。一般离湖越近,乔木盖度越高,这与靠近湖边、水分充足同时又可以得到较多的阳光照射有关。在洱海流域海拔 1 965.1 m 以上,均有大量乔木存在,其中海拔为 1 965.1～1 965.5 m 的地方,乔木分布最为密集。

2015 年,以云南柳为主的乔木种占据着重要的地位,是洱海的乔木优势种,其次为水杉和池杉。北岸主要分布在大沟尾-张家村和上关村,其乔木带宽分别为 75 m 和 55 m,盖度均为 80％,其林下地被层湿生植物主要有空心莲子草和狗牙根等,植被盖度为 75％,东岸乔木主要集中在南村、塔村-南七场和下河村,其乔木带宽分别为 75 m、55 m 及 30 m,盖度均为 70％～75％,湿生植物多为空心莲子草、艾蒿和马唐等,盖度为 60%～75%。南岸云南柳较多的地区是石房子—下庄村附近,其乔木带宽为 100 m,盖度为 80%,伴有的湿生植物为香蒲、水蓼等,盖度为 20%。西岸云南柳分布的区域较多,有海舌、周城村、仁里邑村及龙龛码头,盖度为 65%～70%,空心莲子草、马唐及艾蒿等为地被层的主要湿生植物。

根据 2013 年和 2015 年的调查结果,近几年陆生、湿生植物种类和分布变化不大,云南柳一直为当地的优势乔木,主要伴生乔木为水杉、池杉,其他 5 种乔木为偶见乔木,数量很少。大多数乔灌木带宽集中在 50 m 左右,健康乔木的数量比例为 70%以上,生长状况较为良好,一般距湖越近,乔木盖度越高。洱海缓冲带内的云南柳以中年树种为主,胸径在 10～20 cm 范围的云南柳数量最多,反映了云南柳种群是稳定的;洱海缓冲带内的水杉以幼年树种为主,胸径为 5～10 cm 的水杉数量最多。

3)挺水植物

2013 年洱海全湖共布置 80 个挺水植物调查样地点,每个样点布置 3～5 个植物调查样方,统计每个样方内挺水植物的种类、株高、密度、生物量等生长指标。调查中共发现挺水植物 11 种,包括茭草、宽叶香蒲、长苞香蒲、芦苇、水葱、莲花、菖蒲、纸莎草、梭鱼草、喜旱莲子草和野慈姑。在挺水植物群落中,茭草所占比例最大(62.5%),其次为芦苇、香蒲。

4)沉水植物

2013 年调查共发现沉水植物 19 种,分布面积较大的有微齿眼子菜、马来眼子菜、金鱼藻、苦草等。

洱海岸边带沉水植物生物量随基底高程的下降呈现先缓慢上升后快速下降的趋势,4 个岸边带沉水植物平均生物量在基底高程 1 961～1 963 m 的范围达到最大值,根据洱海 2015 年平均水位(1 965.89 m),即在 2.85～4.85 m 水深范围内达到峰值。不同岸边带峰值差异较大,表现为北岸>西岸>东岸>南岸。洱海西岸、南岸、东岸的近岸区有明显沉水植物贫瘠区(1～2 m 水深),而北岸没有。北岸区沉水植物盖度基本达到 100%,南岸平均盖度小于 30%,呈斑块式生长,并且在基底高程 1 962～1 961 m 处和 1 960 m 处未出现沉水植物。近岸是风浪作用的主要区域,风浪可以通过对株直径、叶的牵拉作用以及对幼苗、繁殖体的移除作用直接影响沉水植物生长,风浪对近岸沉水植物的作用同时受到植被消浪作用的影响,也因而受到坡度的影响,所以北岸较缓的坡度上分布较宽的沉水植物带,对风浪的削减能力明显强于其他岸边带。

目前,沉水植物的最大分布水深为 6.2 m,分布区面积仅占 7.7%,全湖最大生物量为 $1.60×10^5$ t。可以看出,近几十年来,尤其是 2003 年水华暴发造成洱海沉水植物分布的剧烈变化。自 20 世纪 50 年代以来,沉水植物分布总体呈现先扩增后退缩再逐步恢复的趋势,总体上经历了四个阶段。第一个阶段是 20 世纪 50 年代至 20 世纪 80 年代的扩增阶段,1957 年水深高于 3 m 处基本无水草,1977 年在水深 6~7 m 之处水草已屡见不鲜。1983 年在水深 10 m 的湖底也有苦草定居。此阶段西洱河电站及西洱河疏浚导致洱海水位下降,从而导致湖心平台大面积恢复。第二个阶段是相对稳定阶段,从 20 世纪 80 年代到 2003 年前。1988 年水生植物的最大分布水深也达 9 m,沉水植物生物量呈波动性变化。第三阶段是 2003 年巨变。2003 年鱼腥藻水华暴发,沉水植物大幅退缩,南部湖心平台沉水植物消失,导致此原因主要是上阶段洱海湖滨鱼塘的兴建等人类活动加剧,20 世纪 90 年代洱海已达到中营养状态向富营养状态的过渡时期,浮游植物生物量逐渐增加,沉水植物因水体透明度逐渐下降而退缩。第四阶段是 2003 年以后,及时采取了治理措施,2004 年之后洱海水体有所好转,沉水植物虽然呈恢复态势,但目前沉水植物仍保持较低的分布面积和较小的生物量,总生物量仅为 20 世纪 80 年代的 20%。

1.3.4.2　浮游植物及动物

1）浮游植物

近年来,洱海浮游植物群落结构发生了很大的变化,尤以近 50 年的变化剧烈。总的趋势是种类减少,而密度和生物量增加,近几年蓝藻已占据绝对的优势。

20 世纪 50 年代,洱海藻类优势种类有单角盘星藻、水华束丝藻和小环藻,常见种类包括云南飞燕角甲藻、暗丝藻、湖生鞘丝藻和球空星藻等。

到 20 世纪 80 年代中期,清水种类云南飞燕角甲藻、暗丝藻消失,蓝隐藻和直链硅藻成为常见种,小环藻、水华束丝藻在这段时期也成为优势种属。

20 世纪 90 年代中期以来,常见种类包括蓝藻门的色球藻、微囊藻和水华束丝藻,隐藻门的隐藻和蓝隐藻,硅藻门的小环藻、直链硅藻、脆杆藻和星杆藻,水华蓝藻种类分为微囊藻、水华束丝藻和螺旋鱼腥藻等。20 世纪 90 年代末发生了鱼腥藻水华,蓝藻门构成藻类群落总细胞数的 79%~98%。

从 20 世纪 90 年代初由隐藻门、硅藻门占优势演变成为 2009—2010 年以蓝藻门(微囊藻属、鱼腥藻属和水华束丝藻等)、硅藻门(直链藻属、梅尼小环藻、针杆藻属等)及绿藻门(暗丝藻、胶网藻属)为优势种的中富营养类型的群落结构。

2003 年 7—11 月,洱海出现水华灾变,水体透明度由 6 月的 1.67 m 下降为 9 月的 0.88 m,很多湖湾区域出现了多草多藻的草藻共生现象,主要优势种为铜绿微囊藻。2006 年 7 月,螺旋鱼腥藻又在洱海水域大量出现,且于 8—10 月形成水华。

总之,目前洱海浮游植物群落的演替规律为硅藻—蓝藻—绿藻,种类变化复杂,且硅藻、蓝藻和绿藻在各月都占有较大的比例。蓝绿藻优势明显,洱海逐渐向蓝绿藻型湖泊过渡。

2)浮游动物

洱海水体中共发现浮游动物 4 大类 82 种,其中轮虫 18 属 31 种,枝角类 6 属 8 种;桡足类 8 属 9 种,原生动物 25 属 34 种。优势种多以广希种、温带种为主,底栖型和附着型浮游动物种类较少,而臂尾轮虫、网纹蚤、剑水蚤等富营养化水体的标示种多有出现。

3)底栖动物

2013 年和 2015 年,18 个采样点的 8 次采样中,共鉴定洱海底栖动物有 41 个分类单元,其中寡毛类 13 种(占物种总数的 31.7%),水生昆虫 12 种(占物种总数的 29.3%),软体动物 7 种(占物种总数的 17.1%),甲壳纲 7 种(占物种总数的 17.1%),此外还采集到涡虫和水蛭各 1 种(分别占物种总数的 2.4%)。

近年来大型底栖物种螺蛳等数量明显减少,外来耐污种福寿螺等入侵,在无水区,耐有机污染的水蚯蚓、摇蚊幼虫的数量有所增加。

4)鱼类

洱海鱼类群落结构从 20 世纪 50 年代到目前发生了显著的变化。50 年代,以土著鱼类为主,共有 17 种,特有鱼类 7 种,包括敞水区的大理裂腹鱼、大理鲤、杞麓鲤、春鲤、大眼鲤以及沿岸带的洱海四须把、油四须等;60 年代,开始人工投放"四大家鱼",洱海鱼类区系组成发生了巨大的变化,鱼类种类增加到 30 种。

20 世纪 70 年代洱海水位较低,促进了水生植物大量生长,导致鲤、鲫种群不断扩大。产量占总产量的 65%~80%,而云南裂腹鱼、光唇裂腹鱼、灰裂腹鱼、洱海鲤、大理鲤等土著鱼类处于濒危状态。80 年代,鲫鱼总产量占鱼获量的 70% 以上,之后随着太湖新银鱼移植成功,银鱼很快成为主要的优势种群,土著鱼类和特有鱼类进一步减少,面临濒危甚至消失的风险。90 年代到现在,洱海鱼类组成以银鱼为主,捕捞产量占总产量的 25%~35%,而特有鱼类则处于濒危或消失状态。

2013 年的调查中发现的鱼类共有 24 种,土著鱼类包括鲫、黄鳝、泥鳅和侧纹云南鳅 4 种,新增外来种包括餐条、乌鳢、大鳞副泥鳅、食蚊鱼、革胡子鲇、圆尾斗鱼和池沼公鱼共 7 种,与历史记录相比,本次调查仅发现鲫、黄鳝、泥鳅和侧纹云南鳅这 4 种土著鱼类,没有发现大眼鲤、洱海鲤、大理裂腹鱼等洱海特有鱼类。

5)水禽

洱海共有涉禽、游禽 8 目 15 科 88 种。优势种为小鸊鹈、凤头鸊鹈、赤麻鸭、赤膀鸭、赤颈鸭、绿翅鸭、红头潜鸭、凤头潜鸭、黑水鸭、骨顶鸡、牛背鹭、白鹭、红嘴鸥和海鸥。常见种为苍鹭、黑冠夜鹭、斑嘴鸭、白眼潜鸭、凤头麦鸡、紫水鸡、扇尾沙锥、棕头鸥;少见种为鹬、鸻类水鸟,如黑翅长脚鹬、肉垂麦鸡等。罕见种为斑头秋沙鸭、蓝胸秧鸡、金眶鸻等。无国家Ⅰ级重点保护鸟类物种分布的记录,国家Ⅱ级重点保护种有棕背田鸡、鸳鸯 2 种,列入世界自然保护联盟(IUCN)国际鸟类红皮书的易危种有栗树鸭、螺纹鸭和花脸鸭,近危种有白潜鸭。

第 2 章

洱海的保护与治理

洱海地区早在 5 000 多年前就有人类活动,大理的先民们围绕湖边而聚居,围绕湖泊而发展。随着洱海水位的下降,盆地的形成经历了以采集活动为主的渔猎时代、以种植养殖为主的农耕时代和以规模生产制造为主的初期工业时代。古往今来,生长在洱海周边的人民开发利用苍山洱海的资源,依苍山,伴洱海,孕育了灿烂的洱海文化。同时,为了生存和发展,一代接一代地进行洱海保护与治理活动,不断深化对洱海的认识,从单纯索取到保护治理、从传统习俗到改革创新、从农业文明到生态文明,经过了漫长的历史长河。

几十年来,洱海的保护治理一直是政府和相关职能部门的一项重要的工作职责,保护治理与环境管理工作体现了不同时期的重点和特点。1995 年以前,保护治理的主要工作放在了洱海流域的工业污染治理和工业发展布局上。1986 年至 1995 年,全州工业污染治理共完成 66 项,投入治理资金 2 628 余万元,污染治理项目主要集中在大理市,对下关城区的部分工业企业进行了关停或迁建,在云南全省首批实施了水污染物排放许可证制度。在工业发展布局上,编制了西洱河工业走廊和黑惠江工业走廊规划,规定了洱海上游不再新建、改建和扩建污染严重的工业项目。由于不合理的开发利用洱海水面和水生资源,加剧了洱海的污染和生态破坏,1996 年洱海发生大面积蓝藻暴发,至 2001 年,洱海保护治理的重点放在了湖区及湖岸沿线不合理开发的整治方面。2000 年以来,洱海的保护治理全面进入流域环保基础设施建设和农业面源污染控制阶段,推进流域生态文明建设。

2.1 洱海保护治理的历程

洱海保护起步较早，从 1973 年全国第一次环保大会召开至今，洱海经历了传统的水污染防治、保护与治理、生态文明建设三个阶段。

2.1.1 传统的水污染防治阶段（2002 年前）

该阶段的工作是以水质系统监测、污染源调查和治理为重点，以"双取消""三退三还"为标志，明确提出了"像保护眼睛一样保护洱海"。该阶段全湖水质较好，保持在 Ⅱ 类以上，部分指标 Ⅰ 类，沉水植物丰富，全湖覆盖度达到 20％～30％，藻类生物量低。自全国第一次环保大会召开后，大理州成立了"三废"治理领导小组及其办公室，1973 年和 1976 年大理州卫生防疫站组织开展了洱海水系调查，同期对云南人纤厂、大理造纸厂、下关红旗纸厂、大理州氮肥厂、大理州三电厂等重点工业污染企业排放的废水进行采样分析。1980 年大理州环境监测站监测楼建成后，由州环保部门组织开展了洱海水质监测，通过优化布点，保持了洱海来水、湖体、出水三部分监测的大框架。洱海湖体监测包括三个断面，水质采样点为上下两层，同时包括底泥、水草和水生生物分析，1980 年进行了综合的分析评价。至此，洱海坚持每年定时定点的水质常规监测，并被纳入中国环境监测国控点，之后开展了一系列的水质类别评价、有机污染评价、毒物污染评价、水环境质量评价、富营养化监测评价和水质预测预报。

1980 年，大理州开展了全面的工业废水的调查和治理，7 月对云南人纤厂等工矿企业进行"三废"监测，首批对 8 家重点污染厂家实行排污收费，以后逐年扩大。环境管理部门重点是督促企业配套污染治理设施，如大理造纸厂碱回收、滇纺厂印染废水处理、云南人纤厂蒸煮废水处理、大理啤酒厂污水处理、大理州三电厂镀铬污水处理、大理针织厂印染废水处理等 18 家企业的限期治理项目，自治州人大常委会明确规定洱海周围不得新建污染严重的厂矿及事业单位。

20 世纪 80 年代后期，大理州开始开展城镇生活污染的系统治理。1986—1989 年投资 320 万元建成下关排污干管，集中收集下关城区和部分企业排放的污水。1996 年争取到意大利政府 450 万美元贷款，投资 9 500 万元建成日处理 5.4 万米³ 的大理市大渔田污水处理厂。"九五"期间，洱海保护进入系统规划阶段,有计划有步骤地实施相关举措。1996—1997 年实施"双取消",取消网箱养鱼 11 184 箱,涉及农户 2 966 户,拔除竹竿和木杆约 12 万根,取缔对渔业资源破坏较大的上千个"迷魂阵",取消洱海机动渔船动力设施 2 576 台(套);开展排污许可证制度,洱海流域申报登记 1 108 户,其中水污染 935 户,噪声 173 户,对 6 家污染大户进行污染物削减,到 2000 年底,洱海流域列入省重点考核企业的 29 家全部达标。1997 年,大理市开工建设大理古城至下关截污管,管道全长 14 km,截流下关北区、大丽路以西沿线的工业废水和生活污水。2000 年,大理州组织编制了《洱海流域水污染防治"十五"规划》,年底开工污染底泥试挖工程,灯笼河口和沙村湾两处共疏浚 30 万米³ 的污染底泥。2000—2001 年,采用国际先进的 GPS 定位、双频超声波测深、数字成图三位一体,编绘了水下 1∶5 000 和湖周 1∶500 的数字化地形图,测绘面积近 260 km²,更新了洱海 1942 年测绘的面积、容积、水下地形、水草分布等基础数据。修建弥苴河、永安江等河道拦污设施,用格栅拦住入湖河道漂浮物,利用人工打捞后外运至垃圾处理场。2001 年大理州还投资 1 300 万元实施"三退三还",共退塘还湖 4 324.9 亩,退耕还林 7 274.5 亩,退还湿地 616.8 亩。

2.1.2　保护治理阶段(2003—2008 年)

该阶段重点是以控源、生态修复与管理相结合,以实施"六大工程"为标志,提出了"洱海清,大理兴"。该阶段水质由Ⅱ类下降到Ⅲ类,沉水植被大面积消失,留存面积仅为 5%～8%,藻类生物量增加。

2003 年,中共大理州委、州人民政府将原大理州洱海水污染综合防治领导组和办公室改为人理州洱海保护治理领导组及办公室,充实人员,固定编制,负责洱海保护治理的组织领导、指挥、协调工作,组织编制了《洱海流域保护治理规划(2003—2020)》,实施"六大工程"年度计划,并落实工程监督管理。

此外,加强各部门监测的合作,完善云南省水文分局大理站布点监测,基本形成快速的水文、水质流域监测及视频监控系统,建成国家气象局洱海湖内自动观测台 1 座。每月按时向社会公布洱海水环境质量状况,增设流域乡镇洱海管理所或环保工作站,聘请了河道管理员、滩地协管员、农村垃圾收集员 1 366 名,加强了日常管护工作。

2.1.3　生态文明建设阶段(2009 年后)

该阶段重点提出转变流域发展模式,以加快流域生态文明建设为标志,提出了"美丽洱海、幸福大理"。该阶段水质在Ⅱ～Ⅲ类范围内波动,藻类生物量显著增加,局部湖湾与沿岸水域藻类水华时有发生,浮游动物小型化,鱼类群落结构变化显著,水生植物退化严重,湖泊富营养化特征明显。该阶段的重要工作包括实施生态修复、建设生态屏障和绿色流域"四治一网"。

2008年,中共大理州委、州人民政府决定洱源县为州生态文明试点县,提出了生态文明建设的总体思路、基本原则、建设目标。以科学发展观为指导,提出全面加强水污染防治、积极发展生态农业,稳步发展生态工业,大力发展生态旅游业,加强生态屏障建设,生态文化建设为主要任务的生态文明建设体系。成立以州长为组长的洱源生态文明示范县建设领导组,明确了有别于其他县党政领导考核的指标体系。2009年3月下发了洱源县生态文明建设工作意见,环境保护部确定洱源县为全国第二批生态文明试点县之一。2012年9月,大理州提出了开启生态文明建设新征程,加快建设美丽幸福新大理,着力实施以Ⅱ类水质为目标,用三年时间投资30亿元,实施了治理200个村落污水垃圾、建设三万亩湿地、保亿方清水入湖的"2333"行动计划。2015年按照"依法治湖、科学治湖、工程治湖、全民治湖"的新思路,在流域实行更为严格的网格化管理的"四治一网"措施。把洱海保护作为大理州生态文明建设的重中之重,把洱海保护提升到事关地方跨越发展,事关幸福大理建设的高度统筹部署。

2.2　洱海保护的三个飞跃与转变

洱海保护的三个飞跃与转变分别为观念及思想认识的转变,法规及政策措施的不断更新,以及保护与发展空间的飞跃。

2.2.1　观念及思想认识的转变

千百年来,大理的先民们生在洱海边,依靠洱海捕获渔食、灌溉农田,过着自给自足的自然经济生活。20世纪70年代,随着西洱河电站的建设,下关、大理、凤仪三城区面积不断扩大,城镇化快速发展,大理市从小城镇演化为中等规模城市,并向大城市发展,人们对洱海的依赖性随之增大,造成洱海水污染加重,同时水资源过度开发,水位下降,引起了一系列的生态问题。1996年洱海蓝藻暴发,2003年湖面内大面积藻华出现,2013年洱海蓝藻水华再次暴发,水环境质量从20世纪80年代的Ⅱ类降到Ⅲ类,部分月份下降至Ⅳ类,洱海水生生态遇到严重危机,给人民群众敲响了警钟,人们开始认识到洱海的环境承载力是有限的。洱海是一个多功能的天然高原湖泊,具有饮水、农灌、养殖、航运、工农业用水和发电等功能,而洱海资源的开发利用必须建立在洱海生态安全的基础之上,没有洱海就没有大理。洱海不仅是大理的,也是世界的。湖泊不能单纯开发利用,更需要精心呵护,保护治理责任重大。广大干部和群众逐步认识到洱海具有的"三性"(复杂性、艰巨性、长期性),坚定了"三心"(信心、决心和恒心),先后提出了"像保护眼睛一样保护洱海""洱海清,大理兴""美丽洱海、幸福大理"的口号,深化了洱海是白族人民的摇篮和"母亲湖"的认识。保护洱海是大理发展的基础和前提,"洱海决不能成为第二个滇池"等理念逐渐形成共识,保护洱海逐渐成为整个流域干部群众共同的责任和义务。

2.2.2　法规及政策措施的不断更新

早在 1982 年,大理州就制定了《洱海管理暂行条例》,因法律手续不完备,以政府行政规章下发执行。1988 年 3 月《云南省大理白族自治州洱海管理条例(草案)》(以下简称《条例》)经大理州第七届人民代表大会第七次会议审议通过,1988 年 12 月云南省第七届人民代表大会常务委员会第三次会议批准,于 1989 年 3 月 1 日起执行。

1997 年成立《条例》修改领导组和工作班子,对《条例》的一些不能完全反映变化的客观实际和发展需要的条款开展调查研究并进行修改,经大理州第十届人民政府第 34 次常务会于 1998 年 3 月提出议案,报请州人大常委会审议后,经大理州第十届人民代表大会第一次会议于 1998 年 7 月通过,1998 年 7 月 31 日云南省第九届人民代表大会常务委员会第四次会议批准,于 1998 年 10 月 1 日起执行。

2003 年针对洱海保护治理面临的新情况和新问题,对《条例》进行第二次修正。12 月州人大常委会第八次会议通过,2004 年 1 月州十一届人民代表大会第二次会议修正,3 月省十届人大常委会第八次会议批准,于 2004 年 6 月 1 日起施行。2014 年 2 月州十三届人民代表大会第四次修订,3 月省十二届常委会第八次会议批准,自 2014 年 4 月 30 日起施行,名称改为《云南省大理白族自治州洱海保护管理条例(修订)》。

《条例》实施以来,随着湖泊在自治州的作用不断提升,以及人们对湖泊自然地理特征认识的不断深化,大理州人大及时调整法规所涉及的各方关系和利益,有效管理洱海,相继出台了《大理州洱海滩地保护管理办法》等 8 个行政性文件。1999 年,大理州重新制定和修改了《大理州洱海水政管理实施办法》《大理州洱海油政管理实施办法》《大理州洱海水污染防治实施办法》《大理州洱海航务管理实施办法》。2003 年又相继下发了《大理州洱海滩地管理实施办法》《关于加强洱海径流内农药化肥使用管理通告》和《洱海流域村镇、入湖河道垃圾污染物处置管理办法》等 7 个规范性政府文件。《条例》对保护管理的原则、水位调整、管理范围及机构设置、法律责任作了明确规定,用单行条例的形式,从国家整体利益出发,维护了社会主义法制的统一,并且突出了地方的立法特色,解决了洱海及其流域保护管理的重大问题,体现了民族地区的自治权和"一湖一条例"的立法原则。《条例》经政府起草、州人大常委会审议、中共云南省委批复、州人民代表大会审查表决、省人大常委会批准、报全国人大办公厅备案、州人大常委会公布施行等程序,具有较强的权威性。

湖泊水污染防治阶段的重点是湖内,洱海先后开展了水质监测和工业点源专项治理、农业面源调查、新污染控制、城镇污水集中建设污水处理场、垃圾收集清运填埋处理等鼓励政策和支持措施。

保护治理阶段实现湖内治理向流域保护治理,专项治理向综合治理,由专业部门管理向基层、各有关部门管理相结合等三个方面的转变,实行内源和外源治理相结合、工程(生物)措施和管理措施有机结合。生态文明建设阶段则重点把洱海之源建成生态环境优美、生存环境优良、生态经济发达、城乡结合合理、人民富裕安康、可持续发展能力较强、生态文明观念牢固树立、社会全面进步的生态文明示范县。树立"在发展中保护,在保护中发展,以发展促环保"的生态文明建设理念,洱海流域生态文明建设全面开启,被纳入幸福大理的重要内容之一,统筹安排,系统推进。

2.2.3 保护与发展空间的飞跃

随着洱海保护认识的深入,洱海保护所考虑的空间也实现了巨大飞跃。从最初的湖内 252 km² 扩大到 2 565 km² 的流域,其后又扩大到约"1 + 6"城镇群的 15 348 km²。水污染治理首先从湖内开始,监测设点分喜州至康朗、龙龛至塔村、小关邑至石房子 3 个断面,点源控制重点从大理州氮肥厂、大理造纸厂等湖周工矿企业排放的废水、废气、废渣,逐步扩大到流域对内源、点源、面源的控制和治理。先后开展了沙村和团山口湖区的污染底泥疏浚,10 万亩农田控氮减磷施放有机肥,58 km 的西岸南岸湖滨带建设,流域城镇污水处理厂、垃圾收集及处置、入湖河道治理等着眼于流域的项目。在协调发展层面上,优化土地空间利用格局,提出了两保护两开发(保护洱海、保护海西、开发凤仪、开发海东)的战略。随着发展的需要,人们深深感到,流域的空间有限,特别是产业结构调整仅在流域内做文章是不行的,必须扩大到流域外,以调整结构、改变发展模式,寻求更大的空间和机会,建设滇西中心城市,打破行政区划限制,以大理市为核心城区,把周边的宾川、弥渡、祥云、巍山、漾濞、洱源六个县的相关区域纳入滇西中心城市的规划范围,形成"1＋6"的规划格局。一是统筹进行生产力布局和城市功能分区,空间结构、交通、供排水等规划建设,把洱海保护治理放到"1＋6"的空间考虑安排,拓展了思路,扩大了发展空间。二是统筹洱海水资源利用和调度,引洱海水入宾川隧洞于 1994 年打通,正常年放水 5 000 万米³,后增至 7 300 万米³;规划打通下关至巍山隧洞引入巍山盆地 2 000 万米³。三是在大理周边县建设卫星城镇,分流洱海流域人口,改善下关至周边六县的半小时通达交通条件,减轻大理市人口增长对环境的巨大压力。四是统筹乳业发展,洱海流域饲养奶牛历史悠久,为中国奶牛重点发展区,但带来的环境污染日益严重,成为流域污染大户,把奶牛饲养移至流域外,出台鼓励措施,建设周边新的养殖基地,洱海边调整为繁殖基地,提升改造乳业加工。五是逐步把污染较大的蔬菜生产移至流域外,建设周边新的蔬菜生产基地,腾出洱海沿湖土地发展花卉、蓝莓等生态农业,为种养殖结构调整控污提供了较大的空间,为保护洱海、保护海西基本农田和田园风光,以及洱海地区可持续发展探索一条新路子。长期坚持"让湖泊休养生息、建设绿色流域、生态文明流域"的出发点,以改善重点水体环境质量、维护人民群众身体健康、提高幸福指数为目标,将湖泊水资源有效利用,水污染防治与全流域的社会经济发展、流域生态系统建设以及人们生态文明生产生活行为融为一体。通过以清洁家园、清洁田园、清洁水源"三清洁"为主题的系列活动提高全民生态文明意识,构建以各类专业合作社为纽带的农村产业结构调整生态农业系统,以中国水环境集团为骨干的环洱海截污治污回用系统,以顺丰有机肥厂为龙头企业的畜禽粪便收集利用系统,以三峰垃圾焚烧发电厂为主体的垃圾收集资源化系统,以海东新区为突破口的健康水循环流域系统。

层层创建,夯实生态文明建设新基础。加强生态文明制度建设,完善生态文明考核评价和生态补偿机制。广泛开展生态州、生态县(市)、村、绿色社区、农村环保学校的创建活动。

2.3 ## "双取消"

20 世纪 80 年代中期开始,网箱养鱼和机动渔船在洱海发展迅猛,造成湖区水环境和生态日益恶化,1996 年洱海大面积蓝藻暴发。大理州人民政府于 1996 年 9 月 22 日作出《关于取消洱海机动渔船动力设施和网箱养鱼的决定》,成立了以副州长为组长,大理、洱源两县市分管领导为副组长,州城乡建设环境保护局、州水利电力局、州交通局、州洱海管理局、州洱海公安分局等单位领导参加的"双取消"领导组,办公室设在州洱海管理局,工作人员从州交通、水利、城建环保、洱海管理局等部门抽调。大理州人民政府发布了《关于取消洱海机动渔船动力设施和网箱养鱼设施的通告》,决定从 1997 年 1 月 1 日起到 1997 年 6 月 30 日,取消在洱海上从事捕捞活动的机动渔船动力设施,取消洱海水域内以及西湖水域内设置的网箱养鱼设施。同时制定了"双取消"的相关政策,即:列入取消范围的机动渔船动力设施对船主给予经济补偿,机动渔船动力设施功率超过 8 820 W 及以上者,最高补偿限额为 2 000 元,8 820 W 以下者,最高补偿限额为 1 000 元。未经审批擅自建造的机动渔船不予补偿;对洱海水域内和洱源西湖内设置的一切网箱养鱼设施,取消后不对养鱼户实施经济补偿;还明确"双取消"工作按属地管理,分块负责的原则进行;对新增、改造船舶的审批权,收归州人民政府,从严控制洱海船舶总量,综合整治旅游、运输船舶,不准向洱海直接排放粪便、生活废水、废油、垃圾等污染物,并提高其管理费的收费标准。

1996 年 10 月 13 日至 15 日,州政府召集大理、洱源两县市、州级有关部门、沿湖乡镇、村公所领导以及网箱养鱼协会代表近 200 人参加了"双取消"工作会议。两县市、乡、村相继成立"双取消"领导组和办公室,层层签订了"双取消"目标责任书,要求从速开展宣传活动、等级核实,澄清底子等工作。

为加大"双取消"宣传力度,除州、市、县新闻媒体多次播放"双取消"通告、加强采访、报道,乡村利用广播、黑板报、大幅标语、张贴公告外,各村委、渔业社(农业社)、党支部、党小组还挨家挨户进行多次宣传、座谈和发放通知等进行深入细致的思想工作,把宣传工作贯穿于"双取消"工作的全过程。同时,为配合"双取消"工作,在州政府支持下,由州洱海管理局牵头,州环保局、大理日报、大理市报、大理广播电视台等部门联办"保护洱海,爱我家园"有奖征文活动。从 1996 年 11 月 1 日起,至 1997 年 4 月底止,历时半年,共组稿刊登 181 篇,每周发稿一篇,播放稿件 87 篇。此外,中央电视台对洱海"双取消"工作做了专题采访。

洱海"双取消"工作经过准备和实施两个阶段,在组织实施过程中,按难易程度采取先取消网养鱼设施,后取消机动渔船动力设施两大步骤进行。从时间划分上,1996 年 12 月底之前为宣传、发动、澄清底子的准备阶段,1997 年 3 月 1 日前为取消网箱养鱼设施时限,6 月 30 日前为取消机动渔船动力设施时限。在实施中,大理州人民政府根据云南省人民政府第六次环境保护会议精神和州洱海现场办公会议的要求,结合前期准备阶段工作进展情况,再次明确取消洱海网箱养鱼的时限由 1997 年 4 月 15 日提前到 3 月 1 日。收缴的动力设施皮带轮、传动轴和螺旋桨必须完好配套,运转正常。对在封湖禁渔期间偷捕的机动船舶,坚决没收船舶动力设施,超时限的网箱养鱼设施亦强制取缔。

2.3.1　取消网箱养鱼设施

取消网箱养鱼首先进行了宣传、登记、核实工作,根据先易后难的总体部署,在 1996 年 11 月 1 日率先对影响饮用水的洱海团山取水附近和桃源码头附近的 31 户养殖户共计 308 个网箱,要求在大理州庆前提前 7 天全部从洱海撤除。3 月 15 日沙村、上关最后一批网箱养鱼设施全部撤除。

洱源县涉及 5 个自然村、23 个农业社、738 户养殖户,在取消网箱养鱼设施过程中的主要做法如下:在县政府、人大主持下,组成县公、检、法、乡、村、社 40 多人的工作班子,对一度被视为老大难的西湖网箱养鱼户通过串家访户、座谈对话等方式深入细致地做思想工作,对 1 580 个网箱养鱼设施同时进行清除,做到网箱、竹竿、窝棚三个彻底清除,从而推动双廊、江尾两乡洱海水面网箱的清除工作。

两县、市共取消网箱养鱼设施 16 202 箱,涉及 2 966 户。其中:洱海水域为 9 507 箱,隶属大理市 4 489 箱,计 704 户;洱源县 5 018 箱,计 1 500 户;西湖、茈碧湖水域计 1 677 箱,涉及 762 户。此外,在撤除网箱设施的同时,还取缔严重破坏渔业资源的"迷魂阵"上千个。

2.3.2　取消燃油机动渔船动力设施

在实施"双取消"措施之前,为防治机动船舶污染洱海,抑制"造船热",1995

年4月3日大理州人民政府成立了州洱海船舶综合整治领导组及办公室,由副州长任领导组组长,大理、洱源两县、市领导和洱海管理局领导任副组长,组员由州城建环保局、州交通、州旅游局、州洱海公安分局领导组成,办公室设在州洱海管理局内,大理州人民政府发布了《关于严格控制洱海船舶盲目增长有关规定的公告》。根据农业部、公安部、交通部、国家工商行政管理总局、海关总署联发的《关于清理、取缔"三无"船舶的通告》,结合洱海船舶未经审批擅自造船的现状,依法清理、查处、规范造船业主和船主,通过船舶普查、澄清了底子。为保护洱海水域环境,办公室会同旅游局、环保局、船务处等部门对大、中型旅游船舶的废弃物收集、倾倒、油水分离器等设施回收、粪便回收以及对游客的环保宣传、卫生监督岗的设置等方面作了全面监督检查,并制定了《关于征收洱海机动船舶管理费的规定》等文件,为洱海取消燃油机动船舶动力设施奠定了基础。

经1995年洱海船舶普查登记,湖内有各类船只5 488只(艘),平均每百亩高达1.52艘,为全省湖泊之最,就全国湖泊而言也属罕见,如此庞大的船舶发展密度,船只队伍,再加上沿湖众多的专业渔民,给洱海取消机动船舶动力设施带来难度和复杂性。针对取消机动渔船动力设施行动迟缓,船舶流动性大等问题,经州洱海"双取消"领导组同意,于1997年6月3日由州"双取消"领导组办公室发布《关于立即组织实施取消洱海机动渔船动力设施的通知》,进一步明确取消工作的各相关部门、乡镇的职责,对过期不返回其辖区的机动渔船将采取切实措施予以强制扣留。在洱海渔政、公安、航务与沿湖各乡村的密切配合下,取消机动渔船动力设施工作于6月中旬全面铺开,并于6月10日、6月18日分别对大庄、才村等在外停靠的渔船采取"大行动",以便促使机动渔船返回其辖地参加取消工作。7月11日,举行了洱海"双取消"工作新闻发布会。7月14日,洱海管理局在州、市公安部门和银桥乡政府配合下,组织上百人将停靠在蟠溪的机动渔船转至下关予以没收动力设施。此外,州洱海航务管理处在统一部署下对小旅游船、运输船作出停业整顿,严禁参与捕捞。这次取消工作自5月20日由大理市市郊乡率先拉开帷幕后,到6月中旬沿湖各乡、村全面铺开,至7月25日挖色乡的最后一批挂桨运完,宣告历时10个月的洱海"双取消"工作全面完成。经统计,洱海取消机动渔船动力设施为2 574台(套),其中:机动渔船动力设施功率超过8 820 W及其以上者1 123台(套);4 410~7 350 W及其以上者1 452台(套),支出补偿金369万余元。

大理州人民政府通报嘉奖洱海"双取消"工作先进集体:大理市、喜洲镇、挖色乡、洱源县、江尾乡分别授予一等奖；大理市海东、湾桥、银桥、七里桥四乡，洱源县双廊、右所两乡分别授予二等奖；大理市城邑、市郊、凤仪三个乡镇分别授予三等奖，同时，对大理市经济开发区天井办事处、洱源县茈碧乡给予鼓励奖；四是对保障"双取消"任务完成做了大量组织领导和协调服务工作的州、市、县"双取消"领导组及办公室给予特别表彰。

2.3.3　巩固"双取消"

为巩固洱海"双取消"成果，对封存的渔船动力设施小挂桨，洱海管理局会同州监察、财政、水电等部门成立销毁挂桨监督领导小组和相应的工作班子，对销毁挂桨过程中每一环节层层把关。运往昆明销毁前，首先对挂桨的传动轴切割分成二节，并对皮带轮、螺旋桨等主要部件进行毁坏，押运到昆明轧钢厂，回炉前再进行钢、铁切割分类：钢料送省第一监狱，铁料送昆明钢铁总公司团山钢厂回炉，于 1998 年年底前 1 811 台挂桨全部销毁，其总质量达 103. 22 t，销毁收入约 6 万元。

对"双取消"后部分渔民生活困难问题，各级政府和有关职能部门十分关注。经大理州人民政府决定，自 1997 年起，施行州洱海管理局对洱海专业渔民财务免征两年渔业资源增殖保护费（即捕捞费）政策，同时，洱源县人民政府还对双廊乡大建旁村公所渔业社 42 户专业渔民 176 人，于 1998 年办理农转非手续。

"双取消"工作结束后，洱海机动捕捞船和暗滩机动拉网出现死灰复燃情况，7 月 24 日州人民政府在喜洲海心亭召开机动捕捞专项整治会议，副州长在会上做了依法取缔洱海机动捕捞设施，巩固发展"双取消"成果的讲话，指出洱海机动捕捞回潮严重性，对依法取缔和坚决打击洱海机动捕捞船和岸滩机动拉网，必须坚持有法必依、违法必究、执法必严的原则；坚持专门机关和群众路线相结合；坚持全面清理与重点整治相结合；坚持教育与打击相结合；坚持法律面前人人平等 5 个原则，目标明确，方法步骤统一，加强领导，各部门密切配合搞好整治工作。2000 年 7 月 28 日，大理州人民政府颁发施行《洱海机动捕捞整治方案》的通知，在中共大理州委、州人民政府统一领导下，成立了洱海机动捕捞专项整治协调组，由州政府分管领导任组长，以州委办、州政府办、州水电局、州城建环保局、州公安局、州监察局、州工商局、州洱海管理局、州农牧局、州法制局 10 个部门领导为成员，在洱海管理局设立办公室。大理市、洱源县及洱海沿湖乡镇人民政府也相应成立领导组及办公室。

根据整治方案,洱海机动捕捞整治工作分为三个阶段:第一阶段宣传教育(7月18日—31日)。洱海机动捕捞专项整治工作会议召开后,除大理、洱源两市、县、乡镇成立相应领导组,村、社干部总动员外,洱海管理局于25日进行总动员,抽调渔政、公安分局干警共108人组成6个驻村工作组、1个沿湖宣传组、3个海上执法组、1个协调组和1个保障组,各组从速就位开展宣传工作。到7月底共动员群众自行拆除渔船动力设施692艘、岸滩机动设施371套(台)、岸滩拉网4个、"迷魂阵"34个、机动辅助设施3台、临海窝棚75个,群众自行拆除率高达95%。第二阶段执法取缔(8月1日—10日)。洱海管理局集中全部工作组,在当地乡村和公安派出所的配合下,依法对拒不执行取消的机动捕捞船、岸滩机动拉网、岸滩辅助设施实施强制取缔,依法予以没收。从8月1日到8月7日,共依法取缔机动渔船1艘、采油机31台、挂桨4个、牙箱18个、卷筒141个、机架5个、岸滩拉网5个、"迷魂阵"107个,拆除1974 m临海窝棚55个。第三阶段验收总结(8月11日—15日)。由督查组对整治工作逐乡进行检查验收,验收合格的给予表彰奖励,不合格的限期整治。

洱海机动捕捞专项整治工作完成后,州人民政府于2000年8月21日和8月31日先后两次召开专题会议进行研究,并形成州人民政府第五期会议纪要,决定对沿湖渔业队渔民给予粮食价差补助。补助范围为大理、洱源县两县市沿湖渔业队渔民和洱源专业运输船取消后原从事洱海专业运输人员。经核定,1999年年末补助对象为5 171人,其中:大理市5 012人、洱源县159人。补助标准结合洱海管理工作的实施,在每年封湖期间执行,给予环湖渔业队、运输队每人100元粮差补助。资金来源为每年州财政从洱海水费中安排60%,由民政经费中安排40%,从民政按原资金渠道列支,在1个月内将资金下达到县市财政,做到专款专用,不得挪作他用,确保资金发到群众手中。规定从2001年1月1日起实行,一期3年。

2.4 "三退三还"

继"双取消"后,针对洱海滩地被擅自侵占,沿岸大面积的湖滨带生态功能遭到破坏的严重情况,1999年洱海管理局向大理州人民政府汇报了洱海滩地的状况,州政府同意由州洱海管理局牵头,州农委办、州国土资源局配合,对洱海滩地被侵占情况进行调查,经查洱海1974m内被侵占滩地面积为1.2万亩,约占洱海滩地总面积2.1万亩的57%,用途为造田、盖房、造鱼塘、码头、砂场等。大面积的滩地被侵占,缩小了湖区面积,破坏了湖滨带的生态结构与功能,对洱海生态环境造成严重破坏。对此,州委、州政府高度重视,结合贯彻省政府九大高原湖泊水污染防治现场办公会议精神,州政府决定对洱海1974m(海防高程)以内的滩地进行清理整治,实施退塘还湖、退耕还林、退房还湿地的滩地恢复工作。

2001年7月16日,中共大理州委、州人大常委会、州政府、州纪委联席会议听取了州洱海管理局关于洱海湖滨带建设中滩地恢复保护的情况汇报。

2001年9月17日,中共大理州委办公室、大理州人民政府办公室联合发文《关于成立洱海湖滨带建设中滩地恢复保护工作领导小组的通知》,成立领导小组,成员由州委办公室、州政府办公室、大理市、洱源县、州法院、州公安、州监察局、州委宣传、州农委办、州城建环保局、州土地局、州水利局、州财政局、州农牧局、州洱海管理局、州信访局、州法制局等部门领导组成。领导小组办公室设在州洱海管理局。

2001年10月7日,大理州政府发布《关于洱海滩地恢复保护的通告》,对擅自占用洱海滩地建房、建鱼塘、建沙场、建码头、造田等违法行为进行清理整治,开展退塘还湖、退房还湖、退田还湖的"三退三还"工作。未经批准擅自占用洱海滩地建房、建鱼塘、建砂场、建码头、造田等均属违法行为,属清理范围,当事人在限期内自觉退出占用滩地。滩地恢复保护工作坚持条块结合,以块为主,属地管理,分级负责的原则。沿湖各级政府根据州人民政府安排部署宣传政策,核实面积,落实保护措施,兑现政策性补偿。占用滩地建鱼塘,一律退塘还海。处理办法如下:1989年2月28日以前占用滩地建鱼塘的,对当事人给予每亩2400元工程补偿费;1989年3月1日—1998年9月30日期间,经乡镇以上人民政府和主管部门批准占用滩地建塘的,对当事人给予每亩1800元工程补偿费。未经批准擅自占滩建塘的,一律拆除,不做任何补偿;1998年10月以后占滩建塘的,一律清退还海,并根据《洱海管理条例》第三十条之规定,对当事人并处2000元以上10000元以下罚款;鼓励户主自行拆除鱼塘,对不自行拆除的由乡镇人民政府统一组织依法拆除。占滩建房处理办法如下。

1998年10月1日前占用1974m(海防高程)内国有土地建房的:①经县、市以上人民政府或土地行政主管部门批准办理了征地手续并持有《国有土地使用证》的,予以认可;②经乡镇以上人民政府和部门批准建房的,当事人提出申请,由县市土地行政主管部门补办国有土地划拨手续并核发《国有土地使用证》,对原持有的《宅基地使用证》由土地管理部门收回注销;③经乡镇以上人民政府和部门批准但现未建盖成型的,一律自行拆除。当事人重新申请宅基地用地手续的,由当地乡、镇政府在洱海管理区域外,从年内指标中优先解决建房用地;④少批多占且已建房成型的,未经主管部门处理的,多占部分原则上予以收回或罚款处理;少批多占但未建房成型的,多占部分一律自行拆除,清退还海;⑤未经批准占滩建房的,一律自行拆除,清退还海;⑥在规定期限内自行拆除的,视实际工程量给予一定补偿。逾期不自行拆除的,由土地主管部门申请人民法院强制执行。费用由建房者自行承担。

1998年10月1日以后占滩建房且未经人民政府批准的,一律无效。已动工建盖的,一律依法拆除。

占用滩地建码头、建砂场处理办法如下:1998年10月1日前占滩建码头、建砂场且符合州人民政府批准的总体规划的,予以保留,但需补办理相关手续,征收规费,纳入洱海滩地规范管理,其余清退还海;1998年10月1日前占滩建码头、建砂场且未经州人民政府批准的,一律清退还海。

占用滩地造田处理办法按《洱海管理条例》规定,洱海海防高程1974 m以下的滩地水面均属国有,在此范围内的所有土地一律收归国家管理。涉及承包田的,一律解除承包合同,由农业社根据实际情况从机动田中予以调整,重新签订土地承包合同。对已退田还海的农户,县市、乡镇人民政府凭退田还湖证明减免农业税、统筹提留和其他相关费用。滩地恢复后,根据《洱海管理条例》第十五条,在界桩内5 m、界桩外15 m的岸滩营造洱海环湖林带,由洱海管理局会同大理市、洱源县人民政府所属的有关乡镇组织营造管护。

2001年10月9日,大理州人民政府印发《洱海湖滨带建设滩地恢复保护实施方案》的通知。2001年10月10日,州委、州人民政府召开洱海湖滨带建设中滩地恢复保护工作动员大会,专题部署洱海滩地恢复工作。副州长在会上做了动员讲话,并与大理市、洱源县人民政府签订了《大理白族自治州洱海滩地恢复保护责任状》。州政府代州长在会议上要求各级党委、政府和各部门切实提高洱海滩地恢复保护工作重要性的认识,增强搞好工作的紧迫感、责任感,以主人翁的姿态高度自觉地抓好这项工作。各级各部门要切实加强领导,按照"统一领导、统一政策、统一标准、条块结合、以块为主、分级负责、属地管理、限期完成"的原则,精心组织、严格执法、敢于碰硬、讲究方法、扎实工作,高质量地在规定时间内完成好这项工作。同时,针对如何搞好滩地恢复工作,要求州人民政府督查机构予以跟踪督查。

2001 年 10 月 18 日,州洱海管理局、州农委办、州土地局在下关国土宾馆举办了"洱海滩地恢复保护工作"业务培训班,大理、洱源两县、市、沿湖 11 个乡镇、48 个村公所和州、市有关职能部门计 109 人参加了培训。在培训班上,州政府洱海滩地恢复保护领导组办公室主任做了动员讲话,进一步阐明了开展此项工作的目的意义,州法制局局长主持了相关法律讲座,强调要运用法律武器规范人们的行为,以保证对洱海所涉及的各种社会关系进行有效调整;州土地局、州农经局、州洱海管理局的有关业务负责人分别就如何处理占用 1974 m 内滩地建房造田建鱼塘问题进行了专题辅导。

2001 年 12 月 4 日—6 日,大理州洱海管理局组织沿湖的大理、洱源两县市 72 名村、社干部和部分农(渔)户赴滇池实地考察滇池污染状况,开展滇池污染警示教育活动。12 日,州政府印发《关于洱海滩地恢复保护工作有关问题的补充通知》。

2002 年 1 月 29 日,州政府在洱源县江尾镇召开"三退三还"工作会议,就完成洱海滩地恢复整治工作,进一步明确了相关政策:在鱼塘清退工程中,州政府对附属设施和按规定拆除塘埂补助大理市 100 万元,洱源县 30 万元,鱼塘清退后符合洱海湖滨带建设规划有关退耕还林还湖还湿地要求的,按有关规定验收后可享受国家退耕还林政策。针对占滩建房问题,州财政一次性补助大理市 95 万元,洱源县 102 万元,由市县、乡镇根据实际情况对农户酌情进行补偿。农户拆除 1974 m 以内宅基地后,土地部门优先安排宅基地使用指标,部分渔业社建房户在拆除 1974 m 以内的宅基地后,本社又没有土地的,由乡村组织在该社就近征用,州人民政府给予每户一次性宅基地补偿费 1 万元。鉴于 1974 m 以内国有土地的一部分农田属于自留地和承包地,州政府决定对农户的承包地和自留地享受国家退耕还林政策,每退耕还林一亩补助 150 kg 原粮,20 元现金,在一次性补助苗款 50 元的基础上,州政府每年每亩再补助 100 kg 原粮,8 年不变。"三退三还"工作要抓好节令,先行造林,栽种结束后,经林业部门检查验收合格的每株补助 2.5 元,苗木费用除退耕还林一次性苗木款外,由州财政补充不足部分。凡是按技术要求保证质量并保证成活的,每株奖励乡镇、村委、办事处 0.10 元的奖金,乡镇、村、社分配比例自行确定。

2002 年 10 月 9 日,中共大理州委、大理州人民政府作出关于对洱海"三退三还"工作先进集体和先进个人进行表彰的决定。10 日,州委、州政府召开洱海滩地恢复保护"三退三还"工作总结表彰会,会上州委、州政府对大理市委政研室、州洱海管理局等 10 个先进集体和 80 名先进个人予以表彰。并对"三退三还"完成情况进行了总结,并就切实加强洱海滩地的管理;集中力量搞好洱海水污染综合防治工作;按照《洱海流域水污染防治规划》,到 2002 年,洱海水质在原有基础上明显好转,氮、磷排入量减少 50%,水土流失治理率达 70%,到 2010 年,洱海水质达到并稳定在国家标准Ⅱ类以上的目标做了布置。

"十五"期间,在全面巩固洱海"双取消"的基础上,依法实施了洱海"三退三还"工作,"三退三还"历时三年多,分四个阶段,分为调查摸底阶段(1999 年 3 月—2001 年 7 月);制定政策,广泛动员阶段(2001 年 8 月—10 月);分级负责,全面实施阶段(2001 年 10 月—2002 年 3 月);检查验收阶段(2002 年 4—9 月)。四个阶段共退鱼塘还湖 4 324.94 亩,对鱼塘实施了开口、拆除看守房、电杆电线等附属设施;退耕还林 7 274.52 亩,退房屋还湿地 616.8 亩。同时取缔湖内挖沙船 9 艘、机动运输船 126 艘,对 103 艘小旅游船减量重组,保留了 52 艘并按环保要求进行了技术更新改造。"三退三还"工作投入经费共计 1 437.35 万元,其中:退塘还湖补偿费 887 万元,鱼塘附属设施费 130 万元,退耕还林补助费 60 万元,退房还湿地补偿费 360.35 万元,此外,工作经费 30.5 万元。派出工作人员 120 多人进驻各乡、镇、村、社指导工作、宣传动员、落实"通告"精神。各新闻媒体连续播出了以滩地保护为主的新闻 43 次,访谈和专题节目 12 部,开办"恢复滩地,保护洱海"专栏,刊登专题文章 15 篇,滩地办编辑"三退三还"简报 20 期,及时反映滩地恢复保护工作的进展情况。州洱海管理局、州委政策研究室、州国土资源局、州环保局、州林业局、州水利局、州监察局、州政府法制局、州法院、州委和州政府督查室等各职能部门和司法机关,根据各自的工作特点积极开展野外培训,派出技术人员 30 多人深入各乡村进行业务指导,对实施过程中出现的新问题、新情况以及群众的意见及时向州委、州政府汇报,为州委、州政府处理新问题、新情况、制定决策提供了依据,化解了矛盾,团结了干部群众,促进了工作的开展。在"三退三还"工作中,还大量运用了最新科技成果,利用数字化地形测量和卫星遥感标图,准确界定"三退三还"范围,洱海管理局为各部门、各乡镇提供图纸,派出技术人员,确保了退塘、退田、退房的公正、公平、准确。2003 年 6 月 20 日州政府印发施行了《洱海滩地管理办法》,为强化滩地管理,洱海管理局和沿湖各乡镇签订了《洱海滩地保护管理责任状》,2003 年 7 月 22 日在沿湖聘请滩地管理员 26 名,并签订了《洱海滩地保护管理协议书》,负责管护滩地中的林地及湖滨带;洱海沿湖 11 个乡镇,开发区管委会设立洱海滩地保护管理专职人员 12 名。

2.4.1　退塘还湖

自洱海滩地恢复保护工作动员大会后,洱海管理局设立了“洱海滩地恢复保护鱼塘业务指导工作组”,并由州、市、县水利局负责配合。经 2001 年 10 月 18 日业务骨干培训后,分为三个工作组,于 2001 年 10 月 19 日—11 月 3 日分头深入沿湖 11 个乡镇和 48 个村民委指导退塘还湖工作,对原调查面积用数字化地形图进行了核实。鱼塘业务指导组在乡镇、村、社的密切配合下,先后走访养殖户近 200 户,收集各种意见和建议 20 余条,经调查核实,占滩建鱼塘面积增加。另对鱼塘附属设施,如增氧机、电杆线路、守护房随鱼塘的取消而闲置废弃,要求给予相应补偿。关于退塘还湖时间,因 12 月份洱海仍处在高水位运行期间,既不利于拆除鱼塘埂子,也不利于鱼塘捕捞,退塘还湖工作推迟到 2002 的 3 至 4 月份为宜等意见汇总上报州政府,为州委、州政府处理新问题、新情况,制定新政策提供了依据。2002 年 2 月 20 日州人民政府决定对鱼塘清退过程中组织和发动群众拆除鱼塘埂及附属设施,一次性补助大理市 100 万元,洱源县 30 万元,并进一步明确了相关政策,化解了矛盾,确保退塘还湖工作顺利进行。

2003 年 3 月 29 日,大理州洱海滩地恢复保护领导组办公室制定退塘还湖检查验收标准如下:①沿湖乡镇如有一个鱼塘未开口,这个乡镇即视为不合格,不予验收。②洱海海防高程 1974 m 以下的所有鱼塘一律退塘还湖,彻底打捞鱼塘内的所有养殖对象,并打开鱼塘口子。且鱼塘内不得有任何农作物和建筑物。③连片的鱼塘:临海一侧的外埂每隔 50 m 必须在堤段上铲一个宽 3～5 m 的口子,深度必须达到海防高程 1972 m 以下,与洱海水相通;沿湖岸分层的鱼塘:临海一侧的内埂也必须在堤段上铲出宽为 3～5 m 的口子,深度必须达到海防高程 1972 m 以下,使鱼塘与洱海方向相邻的鱼塘相连通;单独的鱼塘:临海一侧的外埂每隔 50 m 必须在堤段上铲一个宽 3～5 m 的口子,深度必须达到海防高程 1972 m 以下,与洱海水相通。④拆除鱼塘的所有附属设施,包括钓鱼台、喂鱼台、看守房等。

2002年4月9日,州人民政府办公室发出通知,组建洱海滩地恢复保护工作检查验收组。成员来自州委政研室、州洱海管理局、州监察局、州财政局、州政府督查室、州政府法制局、州林业局,共计26人。验收组成员于4月10日在州洱海管理局参加培训,并负责完成2002年4月10—20日对大理市、洱源县退塘还湖检查的验收工作。

经4月10日—20日的检查验收:大理市共涉及"退塘还湖"面积4 042.65亩,计鱼塘515个,其中已开口鱼塘510个,占99%,看守房共有312个,实际拆除约有282个,占90.4%,鱼塘内鱼捕完的有510个,占99%。退塘还湖综合合格率为96.13%,达到验收要求,同意验收。洱源县共涉及"退塘还湖"面积282.19亩,计185个,验收组抽查了77个鱼塘,计167.12亩。经整改后,检查验收组又进行了2天的检查验收,方同意验收。

历时半年多的"退塘还湖"工作圆满成功,退塘面积为4 324.28亩,涉及农户405户,其中大理市4 042.65亩,涉及农户236户,洱源县282.19亩,涉及农户169户。共清退鱼塘1 500个,开挖土方36 000米^3,拆除增氧机、电杆电线鱼塘附属设施510多套,拆除鱼塘看守房347间,拆除面积6 940米^2。退塘还湖面积占应退面积的100%,州政府核发补偿经费887万元,同时还安排了鱼塘附属设施拆除费130万元。

2.4.2　退耕还林

洱海退耕还林工作由州委政策研究室、州委农村工作领导小组办公室具体负责。此项工作自中共大理州委、州人民政府2001年4月在海东金海湾会议召开恢复保护洱海滩地工作部署会议以来,及时组织有关人员多次深入沿湖乡、村进行调查、摸底,并与乡、村、社干部进行座谈。

2001年10月10日,州委、州政府召开洱海湖滨带建设中滩地恢复保护工作动员大会,成立了退田还海工作办公室,由州农办主管,农村经营管理部门参与。于2001年10月18日、12月30日等举办了四期195人的县市、乡镇、村干部参加的培训班,使业务干部和村社干部对洱海界桩的认定、自留地、承包地的审核认定程序等有了全面了解和掌握。

2001年10月24日,州农委办下发《关于占用洱海滩地的承包耕地解除土地承包合同有关业务处理办法的通知》,并制定了《占用洱海滩地的承包耕地解除承包关系》《收回洱海占滩耕地补贴协议书》,明确对占用洱海滩地的承包耕地要通过清查、核实，切实做到"三对证"。

在"退耕还林"的具体工作中，充分依靠了县市、乡村，各级政府通过宣传、座谈、调研、督促指导及时发现和处理问题，确保按时、按质开展工作。对在洱海滩地恢复保护的工作中，涉及的自留地历史情况，承包地的现状及当前的补贴政策进行了讨论研究，并由州人民政府制定《关于进一步明确洱海"三退三还"相关政策的通知》，即洱海 1974 m（海防高程）以内的所有农田一次性还林还湿地，对农户的承包田和自留地在享受国家退耕还林政策的基础上，州人民政府每年每亩再补助 100 kg 原粮，免除退田还湖承包地所承担的公粮，乡统筹和村提留，使群众基本生活得到保障，做到群众满意，社会稳定。

在"退耕还林"的同时，由州、市、县林业部门负责，还进行大规模插柳营造洱海环湖林带，总计划 4 500 亩，其中大理市 3 000 亩、洱源县 1 500 亩。从 2002 年 2 月初开始，洱源县双廊镇、江尾两镇，大理市的喜洲、湾桥、银桥、大理、海东、挖色等"7 镇 1 乡"进入大规模插柳绿化。截至 2002 年 3 月底，共完成洱海环湖防护林 4 700 亩，约占计划 4 500 亩的 104.4%，插柳 78.49 万株。其中：大理市完成 3 200 亩，53.44 万株；洱源完成 1 500 亩，25.05 万株。

洱海"退耕还林"工作于 2002 年 3 月底基本完成。2002 年 3 月 27 日，州委农村工作领导组办公室起草了《大理州洱海滩地退田还湖工作检查验收实施意见》。根据州人民政府安排，由州委政策研究室牵头，组织了州林业局、州监察局、州法制局、州政府督查室、州经管站等单位于 2002 年 4 月 10 日和 4 月 11 日对洱源县的双廊乡和江尾镇进行了检查验收。对大理市洱海滩地退田还海工作检查验收于 2002 年 4 月 15 日至 4 月 18 日进行，每个乡镇所涉及村社不少于 50% 进行抽验，指出了存在问题，待限期改正后，于 4 月 24 日再次进行复查验收，方同意予以验收。

这次"退耕还林"涉及 1 974 m 以内的滩地共有 11 个乡镇、40 个村委会，应退田还海 5 031.695 亩（不包括自发占用地），涉及农户 13 544 户、59 802 人，其中承包地 3 789.092 亩，涉及 8 870 户、39 605 人；自留地 1 242.603 亩，涉及 4 674 户、20 192 人，占应退耕地面积的 100%，退田还湖承包地承担定购粮 786 679.8 kg，其中公粮 291 450.42 kg，定购粮 495 229.38 kg；承担的村提留、乡统筹 211 697.11 元，其中村提留 107 068.93 元，乡统筹 104 628.18 元，共签订解除承包合同关系书 8 421 份，变更农业土地承包合同关系书 8 416 份，签订补贴协议书 11 423 份，并已全部发放到农户手中。"退耕还林"补助费为 60 万元。

2.4.3　退房还湿地

洱海"退房还湿地"由大理州土地管理局负责实施。为做好这一前期工作，大理州土地管理局于 2000 年 7 月 28 日召集大理市、洱源县土地管理局分管法规监察的副局长、法规监察科(股)长、沿湖各乡镇分管土地的副(乡)镇长、土地管理所所长共计 30 余人参加了洱海清查会议，并下发了《关于开展洱海环湖占用滩地建房调查工作的通知》。

2001 年 10 月 10 日，洱海湖滨带滩地恢复保护工作动员大会召开，州、市、县土地管理部门都成立了滩地建房清理指导组。大理州土地局于 2001 年 10 月 16 日，向两县、市发出《关于认真实施洱海滩地恢复中土地管理的通知》。为执行州人民政府发布的《洱海湖滨带建设中滩地恢复保护实施方案》，州成立"滩地建房清理指导组"和办公室。办公室设在法规监察科和执法监察大队，其职责是法规监察科负责法规政策指导，执法监察大队负责执法工作的组织实施。同时，两县、市土地管理部门成立了以主要领导为组长的建房清退指导组。

"退房还湿地"工作首先是大力开展宣传发动工作，州土地局由一名分管领导带队组成宣传小组，深入沿湖 2 县、市、5 个镇、12 个村委会及农户家中进行宣传发动；大理市、洱源县组成宣传小分队 2 个，深入 10 个乡镇 27 个村委会、59 户农户家中进行宣传；乡、镇、村的宣传工作更为广泛，做到了家喻户晓，使广大人民群众积极参与。

对"退房还湿地"工作，州、市、县的滩地建房清理业务指导组在州土地部门分管领导带队下，曾数十次到实地对退房户进行界定核实，为推进工作还开展了现场办公。而乡、镇、土地所的全部人员以整治占滩建房工作为中心任务，全力投入。

自 2002 年 5 月 31 日州政府召开"退房还湿地"会议后，根据州监察局的执法检查建议，州土地局与州洱海管理局在大理市、洱源县人民政府完成查缺补漏工作的基础上，组织有关县、市"三退办"、土地局和乡、镇、村干部参加工作组，于 2002 年 6 月 10 日—24 日，历时 15 天，对占滩建房的情况进行认真翔实的检查，由州土地局与州洱海管理局将"关于退房还海核查工作的情况"上报州人民政府。

2002 年 9 月 6 日，州政府办公室发出通知，成立州洱海滩地退房还海检查验收工作组。工作组人员由州国土资源局、州监察局、州财政局、州洱海管理局、州环保局、州政府法制局等部门抽调,负责在 2002 年 9 月 13 日—20 日期间完成对大理市、洱源县退房还海检查验收工作,2002 年 9 月 20 日将关于洱海滩地退房还海检查验收的报告上报州政府。

在退房还海工作中,共清理出 1998 年 9 月 31 日以前占滩建房 989 户,面积 608.35 亩。其中,已经乡镇以上人民政府或部门批准并已建盖成型 580 户,面积 384.87 亩;已经乡镇以上人民政府或部门批准未建盖成型 332 户,面积 192.67 亩;已经乡镇以上人民政府或部门批准未建盖 44 户,面积 30.81 亩。清退面积为 284.36 亩,涉及用户 409 户。处理情况如下:①已批准,并建成型的,在规定时间内按政策规定,换发国有土地使用证(580 户);②已批准,但未建成型的,到 2002 年 9 月 20 日止,已按要求签订并拆除的 295 户;③已批准就建的 44 户,已按法律要求,对用户所持证件,由县、市人民政府依法公告作废;④未批准就建 33 户,按要求自行拆除 14 户,未自行拆除的已申请人民法院强制执行;⑤充分安置渔业社退房户,在已批准未建盖成型的退房中有 86 户属渔业社社员,这类退房户因无地安置,为解决安置宅基地经费不足,按每户 1 万元,计 86 万元予以补助;⑥对已批未建盖成型已拆除户共计补偿 236 万元,拆除费 29.5 万元,组织费 8.85 万元。

2.5 "六大工程"

2003 年,省政府大理城市建设现场办公会在大理召开,会议提出:"要通过这次会议打响抢救洱海的新战役,把实施洱海污染治理和保护工程作为滇西中心城市建设和发展的前提来抓,没有洱海,就没有大理,洱海保护是直接关系到全州经济社会可持续发展的重大问题。"大理州委、州人大认真贯彻落实《2003 年 9 月 28 日云南省政府大理城市建设现场办公会会议纪要》、云南省政府"关于加大洱海保护治理有关问题的通知"及省"九湖"第五次领导小组会议精神,坚持以人为本,树立全面、协调、可持续的科学发展观,真正把洱海保护治理作为全州经济社会发展的头等大事来抓,采取一系列重大措施,不断加大工作力度。洱海保护与治理的总体思路是"服务一个目标,体现两个结合,实现三个转变,突出四个重点,坚持五个创新,实施'六大工程'"。

2.5.1 实施内容

1）城镇环境改善和基础设施建设工程

主要是加强实施截污工程、污水处理厂及配套管网的建设，从根本上改变城市基础设施(污水处理厂及配套管网)滞后问题。该项工程内容主要包括环湖城镇区域性截污、污水收集处理及大理市和洱源县供排水管网工程建设等。污染控制指标主要针对湖泊富营养化，以氮、磷为重点，采取的污水处理工艺必须能够达到脱氮除磷的效果。

2）主要入湖河流水环境综合整治工程

该项工程主要是固堤、消能、净水、截污、绿化工程，实施河流水污染综合防治与清水产流机制修复工程，先后开展了波罗江、罗时江水环境综合整治，永安江和弥苴河生态河堤除险加固建设，清理 117 条河道及支流沟渠 365 km 的垃圾、淤泥等堆积物，可对占洱海入湖氮、磷总量 70％以上的村镇和农业污染进行控制。

3）生态农业建设及农村环境改善工程

该项工程主要包括控氮减磷、优化平衡施肥技术的推广及无公害农产品基地建设，农业产业结构调整，畜禽粪便处理无害化处理工程，村落废水处理和节水农业工程等，可在一定程度上控制洱海流域内量大面广的农业污染。

4）湖泊生态修复建设工程

该项工程是洱海生态保护与富营养化防治的关键措施之一，可为洱海建立陆地、湿地和湖滨带生态防线，提高洱海的生态安全保障。主要包括湖滨带生态恢复工程、湖区生态系统恢复工程、水源保护区生态建设工程。恢复了洱海西岸湖滨带 58 km，建成满江湖滨湿地公园、罗时江口湿地公园、东湖邓北桥湿地、大理才村湿地、茈碧湖湿地、西湖国家湿地公园和洱海月湿地公园。在整山—红山之间建立洱海水生生物核心保护区，常年封禁，恢复保护湖内生物多样性。实施了洱海南部湖心平台沉水植物恢复区，坚持每年人工渔业增殖放流，洱海全湖封海禁捕时间由 6 个月延长至 8 个月。

5）流域水土保持工程

通过分期分批实施植树造林、封山育林、退耕还林、天然林保护、小流域水土流失治理等工程，提高流域森林覆盖率，增强蓄水保土能力，有效遏制流域水土流失，改善流域生态环境质量，减少泥沙入湖量和氮、磷污染负荷。

6）环境管理及能力建设工程

根据系统工程原理，健全管理体系，建立科学管理手段。同时在面源治理、湖泊生态修复、优化水资源调度、清洁生产示范等方面安排科技攻关项目，依靠科学技术，促进治理工作深入开展及区域设施、经济、环境的可持续发展。

2.5.2　完成情况

六大工程共 49 个子项目，规划总投资 39.21 亿元，截至"十二五"末，完成竣工验收 27 项，进入安装调试 4 项，正在建设 17 项，开展前期工作 1 项。

启动实施大理市北片区综合管网和环湖截污公共私营合作制（PPP）项目，日处理能力 7.5 万米³ 的大理市大渔田污水处理厂二期以及总日处理能力 1.05 万米³ 的双廊、三营、牛街、凤羽、右所等 9 座集镇污水处理厂建成投入运行，污水处理能力由"十一五"末的 7.71 万吨/天，增加到 2016 年的 16.6 万吨/天，"十二五"期间共收集处置生活污水 11 391 万吨。

建成垃圾中转站 10 座，垃圾收集处置能力由"十一五"末的 325 吨/天，增加到 2016 年的 710 吨/天，"十二五"期间共收集处置生活垃圾 111.7 万吨（大理市 87.9 万吨，洱源县 23.8 万吨）。

建成有机肥加工厂 2 座、畜禽粪便收集站 9 座，累计收集处理畜禽粪便近 54.22 万吨，推广有机肥施用 10 400 吨，其中大理市 5 400 吨，洱源县 5 000 吨。

完成 9 万亩的绿色农产品种植（大理市 6 万亩，洱源县 3 万亩）。共完成湖滨（河滨）缓冲带生态修复 3 205 亩、恢复湿地面积增加 1.3 万亩、实施造林 5.26 万亩、封山育林 5.6 万亩、公益林管护 124.9 万亩。

2.6　国家良好湖泊试点

2011 年 6 月，根据《中华人民共和国水污染防治法》，按照党中央、国务院让江河湖泊休养生息的战略部署，保护湖泊生态环境，改善湖泊水质，避免走"先污染、后治理"的老路，财政部、环境保护部决定开展湖泊生态环境保护试点工作，建立优质生态湖泊保护机制。2011 年 7 月，洱海列入全国湖泊生态环境保护试点。

2.6.1　试点方案

针对洱海自然环境特征和所面临的主要生态环境问题、潜在生态安全风险,以构建绿色流域为最终目标,在"让湖泊休养生息"和"绿色流域建设"的思想与理念指导下,本着"以防为主、防治结合、截流减负、生态修复、管理辅助"的思想和原则,以"产业结构调整与减排为基础、污染源系统治理为主要手段、清水产流机制修复和水体生境改善为重要保障,流域强化管理和生态文明构建为辅助手段"为治理的主导思路,初步构建洱海生态环境保护的六大体系,如下:

(1)流域产业结构调整控污减排体系。在流域和区域的高度上,通过环保优化经济发展模式,在源头上对洱海进行保护;发展生态旅游,降低第一产业、增加第三产业占比;发展有机农业,降低大蒜、蔬菜等高污染农业种植面积;转移流域内奶牛养殖,控制畜禽养殖规模。

(2)流域污染源工程治理与控制体系。以村镇生活、农田面源、畜禽养殖、沿湖旅游为重点,对污染源进行系统治理,以环湖、海西坝区及北部洱源坝区为重点进行综合治理。

(3)低污染水处理与净化体系。以万亩湿地建设及湖滨缓冲带构建为主,结合流域河流、库塘修复,形成互相关联、共同作用的体系,对以农田退水、村落面源为主的低污染水进行逐级削减,达到清水入湖。

(4)清水产流机制修复体系。以入湖河流小流域为单元,对清水产流区、清水养护区、湖滨缓冲区进行系统修复,维持河流健康体系,保障清水入湖,重点实施北三江、波罗江、灵泉溪、茫涌溪、中和溪等入湖水量大、水质差的小流域清水产流修复。

(5)洱海水体生境改善体系。通过湖泊的泥源性与藻源性内负荷综合控制、鱼的群落结构调整、湖湾的植被调控及修复,改善水体生境,提高湖泊生态修复能力。

(6)流域管理与生态文明构建体系。通过颁布《洱海流域保护条例》及系列管理办法实现洱海保护有法可依;建立具有州政府统一指挥,部门相互协调,州、市县、镇、村四级责任分工的保护体系;对全流域重点污染源及污染治理设施进行系统监管;对生态环境进行系统监测及信息化管理;开展多形式、多层次、全方位、立体化的宣传教育,全面提高公众环保意识及参与程度。构建绿色、生态、文明的洱海流域。

六大体系的构建涵盖了流域产业结构、人口等社会经济调控,流域水土资源调控,流域总量控制与点源、面源、流动源等水污染控制,以及流域入湖河道、湖滨带、缓冲带等生态系统调控,湖泊生态安全管理等内容,同时做到湖泊生态保护的"一湖一策"。

依据洱海绿色流域六大体系建设的思路,宏观到面、微观到点,多角度全方位地开展流域生态环境保护,试点期间实施社会经济发展优化调控、生态环境保护建设两大类项目,统筹兼顾,协调社会经济发展与生态环境保护之间的矛盾,推动洱海绿色流域建设。调控项目是工程项目的指导,工程项目是调控项目的支撑。

1)保护与发展调控类项目

依据洱海水环境承载力,以流域社会经济与生态环境保护协调发展为目标,开展"四调控、一政策"项目,在总量控制的总体调控下,对流域土地资源、水资源、人口三个主要社会经济元素开展调控,协调土地利用、水资源利用、人口增长与社会经济发展的关系,制定协调发展政策体系,促进生态经济。调控类项目主要包括洱海总量控制与清洁生产调控、流域人口规模与布局调控、流域水资源优化与节水调控、流域土地利用与基本农田调控、流域生态保护与经济协调政策体系。

2)生态环境保护工程类项目

针对生态环境保护的总量控制目标,在流域社会经济优化调整的基础上,从污染源综合防治和生态机制修复着手,以生态环境管理能力建设为保障,开展"六大工程"。

2.6.2　制度建立情况

为了确保试点资金高效、安全、廉洁运行,专门制定印发了《大理洱海生态环境保护试点工作实施细则》《洱海生态环境保护试点项目监督检查实施方案》《洱海流域水污染综合防治审计监督实施办法(试行)》《洱海生态环境保护试点项目州级竣工验收管理办法(试行)》,实行了试点项目集中联审联批制度,成立了由纪检监察、政府督查、审计等部门组成的监督组,对项目资金使用实行全过程全方位监管。

2.6.3　各年开展内容

2011 年,洱海生态环境保护试点工作共开展集镇污水处理与农村两污治理工程、流域湿地修复与低污染水处理工程、小流域清水产流机制修复与清水入湖工程等三大类 17 个项目,规模投资为 116 712.6 万元。

2012 年,续建项目 3 个,新建洱海流域垃圾分类收集、清运、处置系统建设工程,洱海流域畜禽养殖污染治理与资源化工程,凤羽河水污染控制与清水产流机制修复(一期)工程等项目,规模投资 110 621 万元。

2013 年,国家生态试点项目共实施洱海流域百村村落污水收集处理系统建设工程,洱源县"万亩湿地"建设工程-李家堆和邓北桥(Ⅱ期)湿地建设工程等 4 个项目,规划投资 28 083 万元,计划年内投资 12 828 万元;实施省级配套项目,包括洱海生态环境保护试点项目 8 项,洱海保护治理项目 1 项。

2014 年,计划完成投资 40 961.72 万元,共计划实施项目 22 个,续建 2013 年项目 8 个,新建项目 14 个。其中,集镇污水处理与农村两污治理类 8 项,流域湿地修复与低污染水处理类 2 项,小流域清水产流机制修复与清水入湖类 5 项,流域农业产业结构调整与生态产业建设类 5 项,洱海湖泊水体生境改善与水生态保育类 1 项,洱海流域生态环境综合管理与科研能力建设类 1 项。

2015 年,计划完成投资 176 362.05 万元,共计划实施项目 31 个,续建项目 21 个,新建项目 10 个。其中,集镇污水处理与农村两污治理类 10 项,流域湿地修复与低污染水处理类 2 项,小流域清水产流机制修复与清水入湖类 9 项,流域农业产业结构调整与生态产业建设类 6 项,洱海湖泊水体生境改善与水生态保育类 3 项,洱海流域生态环境综合管理与科研能力建设类 1 项。

在国家和云南省的关心支持下,2011 年洱海被纳入国家水质良好湖泊生态环境保护试点范围,工作开展以来国家累计下达江河湖泊生态环境保护专项资金 4.19 亿元,支持双廊集镇污水收集处理设施工程等 30 个洱海生态环境保护重点项目的实施。在国家江河湖泊生态环境保护专项资金支持的 30 个项目中,大理市第二(海东)垃圾焚烧发电工程等 23 项已完成工程建设,大理市洱海流域"百村"村落污水收集处理工程等 7 项已全部完成。累计到位资金 14.28 亿元,其中,国家江河湖泊生态环境保护专项资金 4.19 亿元,其他中央资金 0.37 亿元,地方及社会投入共 9.72 亿元(省级财政资金 1.20 亿元,州县市财政资金 1.75 亿元,社会资金投入 6.78 亿元)。累计完成投资 15.89 亿元,其中专项资金 4.19 亿元已全部分解到项目并支付使用。通过江河湖泊生态环境保护工作的开展,极大地促进了洱海保护治理,并取得了初步成效。"十二五"期间,洱海水质总体稳定保持在Ⅲ类,有 30 个月达到Ⅱ类,超过"十一五"Ⅱ类水质月份总数 9 个月。

2.6.4 绩效目标完成情况

污染物消减目标完成情况：截至 2015 年 12 月，洱海江河湖泊生态环境保护工作共启动了 58 项工程，已实施的工程实现污染物削减量如下：化学需氧量 9 253.9 t/a、总氮 694.1 t/a、总磷 80.6 t/a、氨氮 129.8 t/a。

水环境质量目标完成情况：根据大理州环境监测站的监测数据，2015 年 1—12 月，全湖平均水质总体处于Ⅲ类，总氮平均值为 0.51 mg/L，总磷平均值为 0.022 mg/L，高锰酸盐指数平均值为 2.29 mg/L，化学需氧量平均值为 13.0 mg/L，叶绿素 a 平均值为 0.009 mg/L，透明度平均值为 1.93 m；富营养化综合指数（TLIc）处于中营养水平。总体上，通过近几年的努力，基本实现了洱海水质稳定保持Ⅲ类的目标。

主要入湖河流水质目标完成情况：根据大理州环境监测站的监测数据，2015 年 1—12 月，7 条主要入湖河流除白鹤溪外，其余 6 条河流均达到总方案Ⅳ类水质的目标要求。其中，弥苴河、永安江水质为Ⅲ类；波罗江、罗时江、白石溪、万花溪水质为Ⅳ类；白鹤溪水质最差，为劣Ⅴ类，主要超标因子为总磷。

水环境管理目标完成情况：水环境管理指标主要考核工业企业废水、城镇和村落"两污"、饮用水的处理情况，通过近 5 年工程项目的实施，水环境管理指标中工业企业废水稳定达标率、城镇生活垃圾处理率、饮用水水源地水质达标率 3 项指标已达到总方案目标要求，城镇生活污水集中处理率、农村生活垃圾处理率基本达到总方案的目标要求。

生态环境指标完成情况：生态环境保护是洱海江河湖泊生态环境保护方案的重要内容，将沉水植被覆盖度和湖滨缓冲区湿地生态恢复指标作为生态环境保护的关键指标。通过近 5 年生态环境保护工程的实施，洱海沉水植被分布相对稳定并呈恢复趋势，覆盖度达 8%，接近总方案绩效目标要求。洱海生态工程以湖滨恢复和缓冲带建设为主，西区和南区基本完成湖滨生态恢复，东区部分区域已完成恢复，北区正在实施恢复工程，目前湖滨缓冲区湿地生态恢复达 88 km，接近总方案的绩效目标要求。

通过近 5 年洱海生态环境保护工程的实施以及多项管理措施并行，洱海水质基本稳定保持在Ⅲ类，2015 年各项水质指标基本达到总方案的目标要求。然而，流域污染负荷未得到根本削减，洱海水质及藻量受水文气象条件影响较大，年际波动仍然很大。2014 年和 2015 年的水文气象条件较好，洱海总体水质良好,藻量较低。在不利水文气象条件下,规模化蓝藻水华仍存在发生风险,2016 年仍需要加大削减入湖污染负荷力度,减轻水华暴发风险。

2.7　洱海底泥疏浚

湖泊保护治理要遵循湖泊流域的生态规律,在科学合理的理念指导下,采用合适的生态措施辅以工程措施。洱海淤泥的沉积伴随着洱海的形成开始,经上千万年的演变发展,尤其在入湖河流湖湾处,它的存在已是洱海的主要污染源之一。

2.7.1　项目的提出

洱海污染底泥疏浚项目的提出是一个科学决策的过程,也是一个探索和研究的过程。在当时无经验可循的情况下,大理州城乡建设环境保护局邀请中国环境科学研究院、上海航道勘察设计研究院和天津航道设计研究院专家来大理,现场踏勘并咨询有关湖泊污染底泥疏浚之国内外好的成功经验,从而确定对洱海污染底泥进行环保疏浚。

2.7.2　前期工作

1998 年 3 月,洱海污染底泥疏浚前期工作正式拉开序幕,首先是污染底泥疏浚区和堆场的选择。湖泊污染底泥的淤积是从入湖河流的入湖口开始形成冲积扇并向湖心发展,所以入湖河流湖湾是疏浚区调查的重点区域。洱海的主要入湖河流能形成冲积淤积扇的近 26 个区域,环绕了整个洱海周边 128 km,调查的主要内容是确定地点,进行简单的取样,初步掌握这些区域污染底泥的基本厚度和氮磷含量。为了落实更详细的地质地貌和获取数据,工作人员围着洱海跑遍了所有的区域。在选择疏浚区的同时,对堆场也进行考察和选择,经过一个多月的实地调查,在专家的指导下,经筛选,初步确定了罗时江口、阳南溪口和灯笼河口为疏浚区。经过进一步研究分析,根据实际情况,从以往和目前的情况看,灯笼河口冲积扇区域带来了大理市东部村落和整个经济开发区的生活污水、垃圾及水土流失中的氮、磷等各种营养物质,河口营养物质沉积严重,水生植物疯长,局部已沼泽化,严重影响城市景观,容易造成洱海航运航道的堵塞,且离大理市一水厂取水口不到 1 km;虽然罗时江口也有类似的情况,但其影响和危害不及灯笼河口大；阳南溪口仅带来了水土流失中的营养物质，不具有全面的代表性；所以从示范工程的角度出发将疏浚区定在灯笼河口800 m×200 m 的范围内。疏浚区确定后，污染底泥堆场建设根据疏浚船的工作能力和疏浚成本初选废弃的挖色沙石码头、烟草公司仓库空地和万花路以北、广电大楼以东空地三块，结合疏浚成本、环境效益及施工的难易程度，经比选认为，污染底泥疏浚堆场建设在万花路以北、广电大楼以东面积为 300 亩范围内较为合理，此处离疏浚区 1.5 km。

为了使项目建议书达到一定的深度和具有一定的可操作性，业主单位大理苍山洱海自然保护区管理处在大理州城乡建设环境保护局的部署下，委托大理州环境科学研究所对"洱海污染底泥疏浚及湖滨带（西区）生态工程"项目建议书进行编制，并于 1999 年 11 月完成了第一稿。

在项目建议书第一稿的基础上，于 2000 年 2 月 25 日，委托云南省八〇四地质勘察公司、南方工程建设局测量队和大理天作所对拟定的疏浚区（灯笼河口）和堆场进行了水上、水下的地质勘探和数字化地形测量，并对疏浚区的污染底泥采集了柱状样。工程区底泥自上向下分为三层，分别为 A 层、B 层和 C 层。其中 A 层为污染层，根据柱状样形态的不同可下分为 A1 和 A2 层；B 层为过渡层；C 层为沉积层。

A1 层底泥的颜色以黑色居多，部分为黑灰色或黑黄色；多成流塑状，部分为软塑。该层富含有机质，其沉积年代较新，为近年来人类活动的产物。它的水土交换性好，容易对湖泊水体产生内源污染。该层底泥的天然容重在 1 左右，含水率较高。

A2 层底泥的颜色为黑色、黑色→灰色、黄灰色等，比 A1 层稍密实，多为软塑状。本层与 B 层之间的界线较为明显，其中多含有植物根系、螺壳等动植物的残骸。

B 层底泥颜色多为黄色、灰色或黄灰色，多为可塑状，部分为软塑。其天然容重为 1.1～1.3，含水率为 60%～70%。

C 层为沉积层，其底泥是由河流冲积物及其他污染物等多年沉积而形成的，颜色较浅，多为灰色，底泥硬度较大，部分地段由大量螺壳存在，污染物含量低，是在洱海生态、水质环境良好的年代沉积形成。该层比重较 A 层和 B 层大，含水率较低。此层由于硬度大、螺壳多，人工采样较为困难。

通过对采集的柱状样品的物化实验室分析，得出以下结论：

（1）工程区底泥中总氮值和有机质含量较高，其中较多点位总氮值的表层含量超过 3 000 mg/g，同时也有相当一部分点位的有机质含量超过 30 g/kg，从底泥数据分析以及与国内湖泊的对比，工程区的底泥受到污染，应及早疏挖。

（2）工程区底泥的重金属含量较低，总体水平基本属于土壤环境质量标准二级水平，属轻微生态风险的范畴，可作为农田种植土等进行再利用。而从垂直变化来看，由上到下 A1、A2、B、C 层的重金属含量变化较小，基本处于同一水平。

（3）从工程区污染物含量的分析及对比来看，工程区的底泥总磷值含量水平相对较低，但总氮值和有机质的含量则较高，因此，本工程的疏挖将以总氮值和有机质含量作为主要指标，并建议对 A 层进行环保疏浚。

在经初步勘察获取资料和数据的基础上，2000 年 3 月，《大理洱海污染底泥疏浚及湖滨带（西区）生态建设》项目建议书正式定稿。2000 年 3 月 14 日，大理州城乡建设环境保护局和大理州洱海管理局将《大理洱海污染底泥疏浚及湖滨带（西区）生态建设》项目上报大理州发展计划委员会，并由州发展计划委员会转报云南省发展计划委员会立项。上报文为大建发（2000）11 号及大洱管字（2000）15 号。

2000 年 4 月 29 日，《大理洱海污染底泥疏浚及湖滨带（西区）生态建设》项目建议书通过了由省发计委、省环保局组织，省环科所、省水利水电院等部门专家参加了评审，并形成了专家组评审意见，要求对该项目建议书做进一步修改后上报审批。在评审过程中，就人造纤维厂取水管及团山一水厂取水管穿过疏浚区一事进行了讨论。讨论结果认为：为保护取水管不被破坏，保护水源地不受污染，经省发计委和省环保局的认可，在洱海另选了一块有代表性的区域作为示范工程的疏浚区进行疏挖，缩小原来灯笼河口疏浚区面积。根据评审会这一意见，主管领导亲临现场踏勘，经慎重选择，选定在洱海具有代表性的万花溪入口—沙村湾作为另一示范工程疏浚区。

根据此评审意见，2000 年 6 月 19 日至 28 日，大理州城乡建设环境保护局和大理州洱海管理局委托云南省八〇四地质勘察公司，对灯笼河口污染底泥疏浚区进行地质祥勘，在灯笼河试挖区共完成 12 个地质钻孔，合计进尺 50.3 m；采集了 25 个污染底泥样品，分 A、B、C 层进行污染底泥分析，分析了底泥样品中的总氮、总磷、铜、铅、锌、镉和有机质，共获得 1 188 个监测数据；沙村湖湾试区共完成 6 个地质钻孔，合计进尺米，采集了 19 个污染底泥样品及疏浚区附近

2 个农田样品。通过地质勘探查明了试挖疏浚区浅层地层的分布及其物理、力学指标包括密度、天然重度、天然含水量、液限、塑限、颗分及直剪，计算出了试挖疏浚区污染底泥疏浚量。在经过 1∶1 000 疏浚区水下数字化测量后，绘制了试挖疏浚区的污染底泥分布图；提交了地质勘测报告和污染底泥样品分析报告。在得到更准确数据的基础上，对项目建议书进行了修改。2000 年 9 月 8 日，云南省发展计划委员会对修改后的《大理洱海污染底泥疏浚及湖滨带（西区）生态建设》项目建议书作了批复，批复文号为云计国土〔2000〕832 号。

2000 年 6 月 13 日，大理州城乡建设环境保护局、大理州洱海管理局与中国环境科学研究院水环境研究所就洱海污染底泥疏浚示范工程实施方案签订了《大理洱海污染底泥疏浚及湖滨带（西区）生态建设》技术咨询合同。该方案严格按省发计委对项目建议书的各项批复进行编写，编制工作于 2000 年 10 月完成。

由于该项目属示范工程，且基础工作和各方面基础数据收集比较全面，经省环保局认可，大理洱海污染底泥疏浚工程项目环境影响评价委托了大理州环境科学研究所编制《大理洱海污染底泥疏浚环境影响评价报告表》，该报告于 2000 年 3 月完成。2000 年 11 月 16 日，受云南省发展计划委员会委托，《大理洱海污染底泥疏浚及湖滨带生态建设示范工程实施方案》及《大理洱海污染底泥疏浚环境影响评价报告表》通过了由大理州发展计划委员会和大理州城乡建设环境保护局组织的，由相关部门专家参加的评审。批复文号为大计投资（2000）507 号及大建发（2000）81 号。

《大理洱海污染底泥疏浚及湖滨带生态建设示范工程实施方案》出台后，大理州城乡建设环境保护局对该项目施行了以大理苍洱自然保护区管理处为业主单位的项目经理负责制，对该项目进行专项管理。

2.7.3　疏浚过程

洱海污染底泥疏浚试挖工程疏浚量为 30.29 万米^3，疏浚面积为 0.23 km^2。疏浚工程点分两处：一是位于洱海公园以西灯笼河口处，疏浚面积为 0.066 km^2，疏浚工程量为 10.29 万米^3；二是位于喜洲沙村湾，疏浚面积为 0.16 km^2，疏浚工程量为 20 万米^3。灯笼河口堆场位于大理市万花路以北约 200 m，大理州广播电视中心以东 300 m 处，面积约 5 万米^2；喜洲沙村湾堆场位于工程点以西 100 m 处，面积约 4 万米^2。

在疏浚过程中，按设计严格控制疏浚区的坐标定位，控制污染底泥的超深超宽疏挖,以确保将来水生生物的顺利恢复。挖泥船配 120 m³/h 改造环保型一台,该挖泥船排距 2.5～3.0 km,流量为 1200 m³/h,生产率为 160 m³/h,最大挖深为 8 m。图 2‑1～图 2‑6 为洱海环保疏浚示范工程相关现场照片。

图 2‑1 改造环保型疏浚船

图 2‑2 疏浚现场(灯笼河口)

图 2‑3　疏浚现场(沙村湾)

图 2‑4　洱海环保底泥疏浚堆场

图 2-5　二布一膜的铺设

图 2-6　示范工程围埝

洱海污染底泥疏浚示范工程目前已完成灯笼河口疏浚量 13.66 万米³；完成沙村湾疏浚量 16.74 万米³；该工程于 2001 年 8 月完成全部疏浚量 30.40 万米³。

围埝工程建设的关键是杜绝二次污染，为了使污染底泥颗粒尽可能地在堆场得到充分沉淀，建设工程上采取了在大围埝中间加横隔进行级沉淀，保证污染底泥颗粒长时间在堆场内沉淀，并保证余水达标排放。在整个施工过程中，委托了大理州环境监测站对余水的排放进行监测，将悬浮物余水排放浓度严格控制在 200 mg/L 以下。

灯笼河口疏浚区的堆场选择在洱海西岸，湖滨带以上，占地为废弃鱼塘，占地面积为 5.21 万米²，围埝建设总长度为 1150 m，平均高度为 2 m。

在大关邑围埝建设过程中，为了使洱海不受化学药剂的污染，经认真充分考虑，决定取消余水加药处理，经论证和征得设计部门的同意后，将围埝加长加高使余水在围埝内增加了停留时间，余水同样达标排放，为一期工程提供了切实可行的措施。

沙村湾疏浚区堆场结合湖滨带基底修复吹填海舌低洼地。围埝总长为 643 m，海舌围埝高为 1.5 m，鱼塘围埝高度为 2 m。由于沙村湾围埝是结合湖滨带基底修复，其靠洱海边较近，如按原设计采用编织袋装土建造围埝，海浪势必会侵袭围埝，为防范污染底泥二次进入洱海的风险，经业主单位、监理单位提出，并会同设计部门多次踏勘、论证，在无设计变更的前提下，决定增加防浪堤工程。实践证明，增加的防浪堤工程是及时和有效的，从根本上防范了污染底泥再次进入洱海的风险。

为防止二次扬尘和恶臭，结合洱海湖滨建设规划，科学选择树种和草种，慎用外来物种，对堆场进行景观恢复。由于进行科学选种，堆场在疏浚后两个月就恢复了景观。图 2-7 和图 2-8 为堆场景观恢复现场照片。

在施工过程中，项目管理单位严格按照设计及环境影响报告表的要求进行。在此期间省、州政府及有关领导多次亲临工地视察，给该工程以大力支持。在管理方面，业主单位在成本管理、质量管理及进度管理三方面下功夫，在工程的关键环节加强管理工作，特别是在相关部门和工程区民众的大力支持下，工作进展顺利，整个工程在成本、进度、质量等方面都达到预期目标，取得了较好的成果。试挖工程是成功的。通过总结，示范工程取得如下 7 项成果。

图 2-7　景观恢复(1)

图 2-8　景观恢复(2)

（1）疏浚区水质明显改善。

试挖区灯笼河口疏浚完成后，水质明显改善，水体变清，水体臭味消除，透明度较疏浚前增加 0.5 m 以上，由于水质明显改善，大理市一水厂处理成本下降。此外，通过疏浚后，洱海航道畅通，库容增加，疏浚区范围内水葫芦不再生长，湖面景观较原来有较大改善，得到周围群众的好评。

（2）余水得到较好处理。

由于堆场采取分隔方式和间歇式疏浚，增加了泥浆水的停留时间，取消了余水的投药处理，加强余水的监测，确保了余水的达标排放。

（3）充分运用科技手段。

无论是在前期工作中的地勘、测量，还是在疏挖工程的设计，包括污染底泥的疏浚深度、底板图的设计、底泥的勘探网格布点均采用 GPS 定位与超声波测水深相结合，数字化测量最新科技手段，为项目建议书的编制、实施方案的编写以及为设计部门提供了准确可靠的数据。挖泥船的选择等方面较为合理，保证了工程的按质按量完成。

（4）节约土地资源。

选用废弃的鱼塘作为污染底泥的堆场，少占农田，吹填后加以利用，恢复为湖滨带，有利于洱海的保护。通过污染底泥吹填，修复了海舌湖滨带基底，使湖滨保护带建设工程在沙村湾顺利进行。

（5）管理出效益。

工程实施单位和监理部门在施工过程中严格按设计进行，对施工过程中的关键环节实行严格把关，保证了工程质量，降低了成本，加快了进度。

（6）公众参与。

本工程得到了当地水厂、公园、村委会、居民的大力支持和拥护，保证了工程的顺利实施。

（7）变废为宝。

洱海污染底泥的资源化是在进行大量基础工作的前提下开展的，污染底泥无害化的研究在与业主单位和中国科学院的合作中，取得了近上万个科研数据，使污染底泥的进一步开发利用从安全性及可靠性上提供了依据。排除了重金属的污染，从而确定了洱海污染底泥可用于农田耕作。

通过污染底泥疏浚，使水体变清，水质可向好的方面转化，增加了湖泊库容量，同时改善原来的景观，社会反映良好，为旅游业创造了良好的环境。基于以上分析,污染底泥疏浚能够带来环境效益、社会效益及经济效益三者的统一。

2011年8月,大理州环境监测站对疏浚区内洱海水质状况、底泥现状及生态环境现状进行了调查,在沙村湾共设5个采样断面,灯笼河口设3个采样断面,分别对水质、底质和水生态状态进行采样分析评估。水质分析指标为pH值、总磷、总氮、氨氮、化学需氧量、五日生化需氧量和粪大肠菌群。底质分析指标为铜、铅、锌、镉、镍、砷、汞和铬。生态环境分析指标为水体藻类生物量、叶绿素、水生维管束植物分布现状和底栖动物分布情况,并对疏浚区水体进行了富营养化评价。

根据调查数据及其结果分析,得出以下结论。

沙村湾疏浚区生态环境现状:平均水深为4.6 m,透明度为1.6 m,水温为22.5℃,为Ⅲ类水质,主要超标项目为总氮、总磷;区域内底泥重金属含量较2001年明显降低;叶绿素含量12.5 mg/m³,藻类总数为每升1 032.4万个,水生维管束植物主要有微齿眼子菜、穿叶眼子菜、金鱼藻,沉水植物附着少量萝卜螺,综合营养状态指数为41.58,属中营养。

灯笼河口疏浚区生态环境现状:平均水深为5.2 m,透明度为1.3 m,水温为21.0℃,为Ⅲ类水质,主要超标项目为总氮、总磷;区域内底泥重金属含量较2001年明显降低;叶绿素含量为24.1 mg/m³,藻类总数为每升1 338万个,未发现水生维管束植物,少量圆田螺、河蚌、萝卜螺残体存于底泥中,综合营养状态指数为45.59,属中营养。

洱海底泥疏浚工程是一项整治洱海的环境工程,自2001年7月完成洱海污染底泥疏浚试挖工程至2011年8月已达十年。2011年8月,通过对疏浚区内洱海水质状况、底泥现状及生态环境现状进行调查可知,工程实施有利于降低底泥中的重金属含量,改善水质,促进水生生态系统的恢复,延缓疏浚区沼泽化进程。

2.8 洱海保护月活动

2008年,州委、州政府审时度势,决定从2009年起,将每年的1月定为"洱海保护月",同时将州和市共188个单位列为责任单位,挂钩联系和负责洱海环湖各镇村的环境综合治理。

2.8.1　启动仪式

2008 年 12 月 31 日,在大理市全民健身中心广场举行"洱海保护月"活动启动仪式。云南省政协,大理州、市党委、人大、政府、政协班子领导及社会各界群众共 2 500 人出席启动仪式。为动员全社会力量关心和支持洱海保护,提高广大人民群众的洱海保护意识,建立和完善公众参与洱海保护管理的长效机制,树立生态文明理念,进一步加大保护治理力度,改善生态环境,建设生态文明。自"洱海保护月"活动启动后,大理州、市各级各部门和沿湖各乡镇迅速行动起来,纷纷进村入户开展洱海保护知识的宣传并开展环境整治,在苍山洱海间掀起了全民参与保护洱海的热潮,打响了一场"洱海保护、人人参与"的全民战争。

2.8.2　活动推进情况

2009 年 12 月 31 日上午,州委、州政府举行 2010 年"洱海保护月"活动动员大会,总结一年以来的洱海保护与治理经验,表彰在"洱海保护月"活动中涌现出来的先进单位,并部署下一年任务。活动开展一年来,按照"宣传发动参与到位、保护治理措施到位、体制机制健全到位、经费保障落实到位、困难问题解决到位、督促检查奖惩到位,把洱海保护治理伟大工程不断引向深入"的总体要求,州、市"洱海保护月"活动领导组及办公室全面统筹、精心组织;州级各部门、驻关解放军和武警部队,积极响应、倾注真情、挂钩联系、帮助支持;市级各部门、各村民小组珍惜机遇,全民参与,"洱海保护月"各项活动有声有色、有序开展,对洱海保护与治理的思想更加统一,领导更加有力,宣传更加深入,机制更加完善,活动内容更加丰富,效果更加体现,一些陈规陋习也有了转变。

2012 年 2 月 29 日,州、市党委、政府启动 2012 年度"洱海保护月"活动。在州市挂钩联系单位的支持下,建立了一套农村垃圾收集、清运和保洁的长效机制,切实解决好环湖农村环境卫生问题,把"洱海保护月"活动与实际工作有机结合起来,实现洱海保护治理各项工作的全面深入均衡发展。

2013 年 11 月,大理市文明办开始将洱海保护宣传活动纳入志愿者服务活动中,组织辖区内各级文明单位、志愿者在环洱海乡镇开展"洱海保护"宣传教育志愿服务活动。通过多年坚持不断地宣传,使广大人民群众牢固树立"生态立州"理念。"洱海清,大理兴"等理念逐步深入人心,人民群众逐步养成尊重自然、珍惜生态、保护良好的生产生活习惯,自觉养成符合生态文明要求的道德良知和道德情操。洱海保护成为每一个公民的一种追求,一种自然,一种习惯,一种境界,保护洱海成为沿湖各族群众的自觉行动,入湖污染物逐年减少,生态环境持续改善,洱海保护治理取得了阶段性成果。

2.8.3 重要成效

依托洱海保护月活动,根据州委、州政府的安排,大理州政协机关挂钩大理市下关镇刘官厂村委会,根据州政协领导的指示精神,大理州政协挂钩工作要做实事,要为保护洱海作出实实在在的成绩。刘官厂村"洱海保护月活动"启动仪式后,州政协领导就刘官厂的挂钩工作作出了具体安排,2009年,州政协在刘官厂村的洱海保护月活动以开展农村户用型家庭污水处理试验示范为主,还在大锦盘村进行了清洁养猪法试验示范。

2.8.3.1 刘官厂村农村户用型家庭污水处理试验示范

经州政协领导与下关镇和刘官厂村委会的领导干部共同商量决定,2009年,州政协在刘官厂村的洱海保护月活动以开展农村户用型家庭污水处理试验示范为主。经过半年多的努力,在州政协领导和机关全体干部职工的积极努力下,在下关镇镇政府和刘官厂村委会的大力支持配合下,州政协人口资源环境委员会踏实工作,顺利完成了刘官厂村委会南经庄村的试验研究工作;在此基础上完成了北经庄村的示范推广工作,到2009年9月如期完成了工作任务。

1)试验示范经过

洱海是大理国家级自然保护区、国家级风景名胜区的核心,具有调节气候、提供生产生活用水等多种功能,是大理滇西中心城市建设和全州经济社会可持续发展的基础,是大理各族人民的"母亲湖"。州委州、政府于是作出进一步加大洱海保护力度,将每年的一月定为"洱海保护月",实行部门挂钩包村,这是学习实践科学发展观的又一重要举措。州政协对此事十分重视,在经过充分调查研究的基础上,提出了在刘官厂村进行农村户用型家庭污水处理试验示范工作的决定,州政协副主席分管此项工作,政协人口资源环境委员会负责具体实施。为此进行了以下三个阶段的工作:

第一阶段:调查研究。进一步加大洱海保护力度,保护大理的"母亲湖",已经成了大理州的一个焦点。州政协人口资源环境委员会把洱海的保护治理作为重要工作内容。早在2008年11月,州政协人口资源环境委员会组织有关方面的人员到湖南省长沙县黄龙新村考察学习新农村建设工作,看到他们的家园清洁工程即农村家庭污水处理的做法,很受启发。对此,州政协人口资源环境委员会在刘官厂村委会干部的积极协助下,深入农户进行调研。农村的污染有许多因素,除了农田由于使用过量的化肥农药,造成农业面源污染以外,还有农村家庭污水污染,农村垃圾污染等。其中,农村家庭污水对洱海造成的污染是很严重的。所以,对农村家庭污水进行净化处理,对保护洱海是十分有意义的。在调研中,许多农户都十分赞成,表示要积极支持这项工作。因此农村户用型家庭污水处理建设将作为挂钩村的重点年度工作来抓。

第二阶段:宣传发动。农村工作需要艰苦细致的思想工作,不管做什么,都要让老百姓知道为什么,做什么,这样才能得到他们的有力支持。没有广大农户的支持是办不好农村的事情的。家庭污水处理是一项新的工作,必须让大家知道这项工作的意义和做法。于是我们采取发放宣传资料,到老百姓家中讲解,到村头地角谈心交流,以及刘官厂村委会的干部和村组长分别召开群众大会进行宣传动员等方式,为州政协机关开展好这项工作奠定了群众基础。

第三阶段:试验研究。在刘官厂村委会干部的奔走和北经庄自然村、刘官厂自然村社、组长的支持下,选定了十户农户作为家庭污水处理的第一批试验户。然后就到试验户家亲自指挥开挖处理池的基坑,支砌砖头,帮助施工人员连接污水收集的管子等。最后选择在一个农户家易于收集污水的较低地势处作为处理池建设的地点,最初是用砖砌大小不等的四个池子,顺序是收集池、厌氧发酵池、沉淀池和过滤池;在滤石床处理池即过滤池的上面种植根系吸附力强、耐水性好的选择性植物,利用植物的根系强化滤石床的作用。把农户家的厨房污水、洗澡水、厕所污水、洗衣服水和畜圈的污水等用管道收集,经管道自然流入第一个池子——污水收集池,然后顺序进入第二、第三和第四个池子处理,污水经过四个池子不同作用机理的处理,流出来的已经是清水了。根据一段时间的观察,在滤石床处理池后面增加了一个清水集水池,这有利于把过滤后的清水收集再利用。

第四阶段:示范推广。州政府领导到现场调研后,对农村户用型家庭污水处理试验取得的成绩充分肯定,并给予经费支持,要求选择一个自然村进行示范推广。在示范推广的过程中,对整个处理系统做了三个主要方面的修改完善:一是在原来设计的图纸基础上,对各个处理池的进出水口位置再次做了修改;二是对第四个处理池即滤石床的结构做了修改;三是在滤石床处理池中添加了助滤剂。通过这些改进完善,农村户用型家庭污水处理系统净化污水的能力得到了提升。2009年8月,北经庄共完成70户农户的污水处理系统建设,基本覆盖北经庄自然村。

2）户用型污水处理设施的优点

经过几个池子的工程建设和运行结果,这种方式处理农村家庭生活污水,有以下几个特点:

（1）成本较低。根据测算的结果,每个农户处理池用的红砖、水泥以及管道和人工费等,平均下来每个系统的建设费用约为2 500元。主要成本是污水收集管道的费用,如果管道线路较短,可以大幅度降低建设成本。

（2）施工简单。整个系统的建设,主要用材就是建筑用的红砖和市场上出售的PVC塑料管材,易于购买,施工方便、快捷。

（3）占地面积小。5个污水处理池的占地面积约为3米^2,可以建在自家的庭院里,也可以建在围墙外,并且根据地形地势,可以是长方形布置,也可以是正方形等多种方式布置。建在庭院里不影响家庭院落的整洁和美观,农户易于接受。

（4）无能耗,易管理。整个系统利用一定的坡度,通过自流的方式来收集家庭的全部污水,这个处理系统不用电,没有耗电装置,不增加农民负担;便于管理,只要管道畅通,平时不需要维护。

（5）废水再利用。不仅处理了污水,减少了污水排放,保护了洱海,而且处理过的水可以全部通过集水池收集再利用,是生态经济、循环经济的好途径。

（6）单户为主,多户可用。该系统原理简单,关键技术是管道连接口的位置高低。1户使用,按照3米^{2}左右建设即可;3～5户共同使用,适当放大处理池的容积就行。

3）保护洱海必须真抓实干

（1）领导重视是关键。在整个试验研究阶段和扩大示范阶段,刘官厂村农村户用型家庭污水处理系统建设工作,都是在州政协的指导下进行的,州政协领导调查情况,研究问题,解决问题,在项目开始的时候就给予经费的支持。州政协领导多次到现场调研,现场听取汇报,深入农户家中详细了解使用情况;在具体的设计施工过程中,提出了许多有价值、切合实际的意见建议。分管领导亲自绘制施工图纸,在施工过程中,经常到现场调查研究,现场指挥,现场解决问题,到村委会协调工作,到农户家宣传动员等。领导同志都是说干就干,都是身体力行,用实际行动来抓好洱海的保护治理。

（2）协调配合是基础。在整个试验示范工作中,下关镇政府、刘官厂村委会的领导干部都付出了艰苦的努力。在项目开始阶段,镇政府也给予了经费的支持,宣传动员、积极试验,州政协人口资源环境委员会、下关镇政府和刘官厂的干部职工,在项目启动和建设过程中相互支持,协调一致,努力工作,使宣传动员到位,组织协调到位,施工监督到位。正是有了这些密切的协调配合、齐心协力,这项工作才得以顺利完成。

（3）真抓实干是前提。要做好一件实事,并让其真正发挥作用,需要大家的实干精神,需要一步一步地把每一阶段的工作落实好,落实到位。在整个污水处理试验示范建设的过程中,无论是州政协的领导还是村委会的干部,不管是具体实施的州政协人口资源环境委员会全体人员还是州政协的全体机关干部,大家都以饱满的热情积极参加到工作的落实当中。州政协学习科学发展观典型案例分析活动,把全体机关干部带到刘官厂污水处理建设现场进行实地调研、考察,召开座谈会;在建设过程中,相关人员对每一个阶段的工作都能到现场帮助指导,及时解决出现的困难问题,加强工程质量的监督;对已经建设好正在运行的处理系统进行全面的观察,并深入农户了解对此项工作的意见建议,以不断改进完善。洱海保护治理刻不容缓,真抓实干争取各方面的大力支持,真抓实干才能出成效,真抓实干才能把好事办实,把实事办好。

农村户用型家庭污水处理系统的建设,解决了农村家庭污水的污染问题,成本低,易管理,适合当前经济发展的实际,对进一步加大洱海保护力度是发挥了积极、重要的作用的。应该说,州政协在洱海周围率先进行此项工作的试验研究和试验示范,就农村面源污染治理来说是一种积极的探索,就政协工作如何围绕州委、州政府的中心工作献计出力也是一次积极的行动。当然,这个系统的设计和建设,还要随时代的进步和经济科技的发展,进一步加以完善和研究。图 2－9 和图 2－10 为农村户用型家庭污水处理工程流程和施工示意图。

说明:(1)池壁均用 120 mm 红砖、M10 水泥砂浆砌筑。

（2）内壁用 1∶2 水泥砂浆抹一遍,1∶2.5 水泥砂浆抹二遍。

（3）池内管道均用 ϕ110 mm PVC 管。

（4）基底用红砖平铺,上筑 5 cm C30 混凝土。

（5）进水口可根据污水收集管道位置作具体确定。

（6）出水口方向可根据现场情况确定。

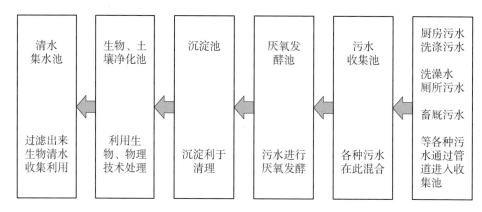

图 2-9   农村户用型家庭污水处理工程示意图

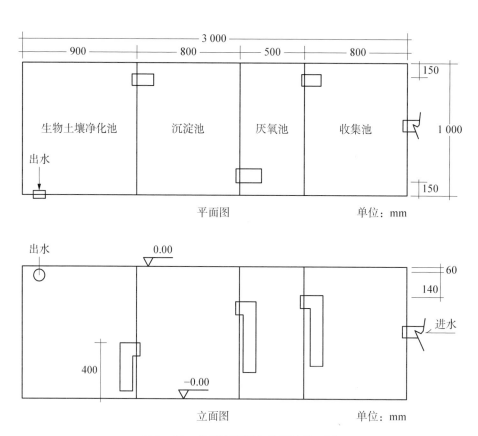

图 2-10   农村家庭污水处理池施工图

（7）盖板为三块 C30 钢筋混凝土，860 cm×1 000 cm×50 cm、500 cm× 1 000 cm×50 cm、860 cm×1 000 cm×50 cm。

（8）厌氧池盖板用水泥砂浆密闭。

表 2-1 与表 2-2 分别为大理州环境监测站在 2009 年 3 月与 6 月对污水处理监测结果的记录。

表 2-1　州环境监测站对污水处理监测结果 1

采样点位	监测点位	监测结果（单位：mg/L，其中 pH 值无量纲）							
		pH 值	化学需氧量	动植物油	悬浮物	BOD_5	总磷	氨氮	总氮
赵菊富户	进口	8.05	1 690	1.037	134.5	500	12.636	20.67	20.67
	出口	8.36	675	0.525	124	340	4.234	22.47	22.47

注　取样时间：2009 年 3 月 27 日；监测报告：大理州环境监测站，大环监字【2009】050 号。

表 2-2　州环境监测站对污水处理监测结果 2

采样点位	监测点位	监测结果（单位：mg/L，其中 pH 值无量纲）					
		pH 值	化学需氧量	动植物油	悬浮物	总磷	总氮
赵菊富户	进口	7.88	936	2.011	301.0	6.703	22.88
	出口	8.29	712	0.285	211.5	4.502	22.72

注　取样时间：2009 年 6 月 3 日；监测报告：大理州环境监测站，大环监字【2009】097 号。

2.8.3.2　刘官厂村委会大锦盘村清洁养猪法试验

刘官厂村清洁养猪法试验示范由州政协人口资源环境委员会具体实施。在州政协领导的关心下，在州政府领导的支持下，得到州政协机关全体职工的支持，经过半年的努力，试验示范取得成功。

1）试验示范情况

（1）加强宣传，考察学习。通过深入开展保护洱海知识的宣传教育，村民充分认识到保护洱海的重要性和紧迫性。清洁养猪就是采用生物发酵床的技术，利用谷糠、锯末等原料作为猪圈的垫料，在垫料中接种专用的菌种，猪排出的粪便完全进入发酵床，达到粪便等污染物零排放的目的。与此同时，从各个渠道大量搜集有关资料，进一步了解此项技术的应用情况。2009 年 3 月 10 日，州政协人口资源环境委员会的同志们和养殖户、村委会干部等到宾川县进行参观考察学习。考察回来后，根据养猪规模以及养殖户的愿望，决定在刘官厂村第四生产组赵合群户进行试验示范。

（2）边做边学，积极探索。清洁养猪法，又叫自然养猪法、懒汉养猪法、发酵床养猪法等，目前山东省的推广面比较大。该项技术2008年底已经通过国家的验收。宾川县的养猪户也是到山东省去考察学习回来后，结合当地实际进行试验示范的。2009年5月8日，州政协人口资源环境委员会的工作人员和州畜牧兽医局局长等，到赵合群家实地调研，在与户主人商量后，在他们自愿的前提下，利用他们家原来的猪圈进行改造，进行清洁养猪法的试验示范。在猪圈的改造过程中，根据宾川的做法，结合大理市的实际，进行了一些改进。如宾川地下水位低，猪圈就不用浇筑混凝土。但刘官厂靠近洱海地下水位较高，为防止雨季的雨水渗透到垫料层，就对厩舍的底部进行混凝土浇筑，以防渗水而影响发酵床的温度。饲养户赵合群家常年养猪保持在50头以上，他们家原有一排老式猪圈，共8间圈舍，将其合并为4间。圈舍设计深度为1 m，每头猪的活动面积在1.2 m²左右。包括发酵床、采食床、饮水口、喂食槽等都是因陋就简；加长圈舍的长度，在老圈舍的墙体上增加通风口等。在最短的时间内，完成猪圈的改造任务，既节约成本，又能基本满足新技术饲养法的要求；6月底圈舍顺利改造完成。

（3）多方协调，按期完成。清洁养猪法在洱海周围没有先例，没有实践，尽管去参观过，但是要真正把它做好，还是有许多的困难。为了使这项改造顺利进行，一是请州畜牧兽医局及州畜牧兽医站的领导和技术人员到现场具体帮助指导，二是请他们帮助联系购买优质菌种，以保证质量。在圈舍改造完成后，积极准备发酵床的原料，选择符合要求的、本地能够买到的原料，利于农户推广使用。在示范户家使用的是谷糠和松木锯末为主的垫料，选用福建络东生物技术有限公司生产的菌种。选择晴天把谷糠与锯末和菌种充分混合，保持一定的湿度，然后入圈舍堆捂发酵。发酵时间为3～5天，在发酵过程中要多次翻动浇水，目的是混合均匀、发酵完全。待发酵床发酵充分以后，就可以把猪移入圈舍饲养了。2009年7月10日把示范户家的猪迁入发酵床饲养。通过一个多月的饲养观察，利用发酵床养猪，饲养的猪群生长健康，增重快。利用发酵床清洁养猪法获得成功。

2）清洁养猪法的优点

（1）无污染、零排放。猪的粪便全部进入发酵床，无任何污物排放，没有任何污染，真正实现零排放。这一点对进一步加大洱海保护力度具有重要的现实意义。

（2）低投入、高利用。一般情况，每头猪需要的发酵床面积为 $1.2 \sim 1.5 \, m^2$，发酵床深度约 $1 \, m$，每立方米的垫料成本为 200 元左右。为节约成本，发酵床 $3 \sim 5$ 年才更换一次垫料，平时不需要更多的维护，节省劳动力；5 年后更换的垫料仍然是人工菌种植的极佳原料，也是非常好的有机肥料。

（3）猪生长快，疫病减少。由于发酵床的温度较高，饲喂量减少，猪的生长速度比传统养殖法生长快得多，由于环境卫生的提高，饲养猪群的疾病也大大减少。

（4）改善了养殖户的整体环境卫生。由于是零排放，没有粪便的臭味，养殖户的整体家庭环境卫生得到了很好的改善。

2.9　"2333" 行动计划

2012 年根据州委、州政府的统一安排部署，专门组织人员赴昆明、玉溪考察学习滇池、抚仙湖近年来保护治理的成功经验。为深入推进洱海的保护治理工作，州委州政府成立了《行动计划》起草小组，并组成四个调研组，分别由州人大、州政协、州委编办、州环保局、州水务局、州农业局等有关部门领导参加，深入大理市、洱源县及流域各乡镇、州县市各有关部门进行了调研，形成了《关于新组建洱海流域保护机构的初步意见》《关于组建大理州洱海保护投资有限责任公司及投融资情况的调研报告》《洱海流域生态补偿调研报告》《洱海水资源调度运行调研报告》和《洱海流域农业种植结构调整规划方案》5 个调研报告，为《行动计划》的起草奠定了基础。根据以上 5 个调研报告，并结合当前洱海保护治理及生态文明建设实际，完成了《行动计划》征求意见稿，经过充分征求大理市、洱源县及州级各有关部门的意见建议后，8 月 28 日、29 日，起草小组专门召开会议对《行动计划》文本做了认真修改。9 月 6 日，州委中心组 2012 年第四次理论学习会议对《行动计划》做了专题研究和讨论，之后，起草小组根据会议要求，又再次做了认真修改完善并报州委批准同意，最终形成了《大理州实现洱海 II 类水质目标三年行动计划》。

2.9.1　指导思想

坚持以科学发展观为指导，树牢"在发展中保护，在保护中发展，以发展促保护"的生态文明建设理念,紧紧围绕国家和省、州"十二五"规划,认真贯彻省九湖领导小组会议精神,通过实施洱海Ⅱ类水质目标三年行动计划,实现洱海生态机制稳定向好,努力开启大理生态文明建设新征程,争当全省、全国生态文明建设排头兵。

2.9.2 总体思路

在深入推进洱海保护治理"六大工程"的基础上,围绕"2333"行动计划,即:以实现洱海Ⅱ类水质为目标,用 3 年时间,投入 30 亿元,着力实施好"两百个村两污治理、三万亩湿地建设、亿方清水入湖"三大类重点项目,努力把大理建成全国一流的生态文明示范区。

2.9.3 行动目标

到 2015 年末,在气候正常年景条件下,洱海有 8 个月以上达到Ⅱ类水质标准;主要入湖河流弥苴河有 5 个月以上达到Ⅳ类水质标准,永安江有 6 个月以上达到Ⅳ类水质标准,罗时江、波罗江有 4 个月以上达到Ⅳ类水质标准;苍山十八溪主要入湖溪流灵泉溪等 5 条溪有 6 个月以上达到Ⅲ类水质标准。

2.9.4 主要工作措施

(1)健全机构,统筹流域保护治理。新组建州、县市洱海流域保护机构,充实加强基层环保力量,增强乡镇洱海保护治理职能;强化垃圾收集员、河道管理员和滩地管理员管理;专设环保宣传监督信息员;在法院、检察院、公安局增设负责环境保护工作的内设机构,加大环保执法力度。

(2)创新机制,确保项目顺利实施。建立投融资机制,整合洱海流域收费资质、收费权及污水处理厂、湿地等有效资产,强化洱海流域保护治理投融资、开发建设和经营管理,形成流域保护治理"投、融、建、管"一体化的市场运作机制;建立主要入湖河流出境断面水质量化考核挂钩的生态补偿新机制;建立洱海流域环保设施运行保障机制,加大运营经费投入,确保洱海流域环保设施正常运行;切实提高流域污水、垃圾和畜禽粪便的收集率、处理率和达标排放率;建立公众参与机制,深入开展好"洱海保护月""河道保洁周"、环保志愿者等活动,最大程度地调动公众参与洱海保护和生态文明建设的积极性和主动性;制定出台《大理州洱海流域保护治理项目工程招标投标管理办法(暂行)》,严格按照《洱海流域生态环境保护试点项目实施细则》强化项目绩效考核;坚持和完善洱海保护治理目标责任制、风险抵押金制、"河段长"制、专项督导制等行之有效的制度并提出具体措施。

(3) 依法保护,完善制定政策法规。主要围绕以下几方面开展工作:第三次修订《洱海管理条例》,统筹流域经济社会发展与生态文明建设;巩固扩大"双取消"和"三退三还"成果,坚守洱海保护红线、底线;适当提高洱海最高控制水位,实现流域水资源合理调度利用;科学合理划定主要入湖河流保护范围,用最严格的制度,最严厉的措施,确保洱海流域得到有效保护。

(4) 突出重点,着力实施好"三大类重点项目"。①"两百个村两污治理"工程。以沿湖沿河种植养殖污染和农村生活污水治理为重点,以自然村为单位,实施 200 座村落污水收集处理系统建设工程,计划投资 29 011 万元;建设一批畜禽粪便收集站及配套清运系统,建成 2 个以畜禽粪便为主要原料的有机肥加工厂,计划投资 34 000 万元;完善流域重点村镇污水集中收集、处理和再生利用等设施建设,计划投资 77 618 万元;继续实施流域垃圾分类收集、清运、集中处置系统建设,计划投资 30 893 万元。②"三万亩湿地建设"工程。以建设环洱海生态旅游走廊为重点,实施洱海流域三万亩连片湿地生态恢复建设项目,启动新一轮的"三退三还",将环洱海生态修复与环洱海生态旅游景观带建设结合起来,打造环洱海生态景观新形象,计划投资 52 000 万元。③"亿方清水入湖"工程。实施洱海主要入湖河流凤羽河、弥苴河、永安江、罗时江、波罗江的河道综合整治及苍山十八溪生态环境保护和清水产流机制修复,开展对重点湖湾、主要入湖河口的清淤疏浚,计划投资 46 871 万元;调整优化流域土地利用规划,实施流域种植养殖业结构优化调整,强化海西保护"六条措施",实施规模生产和结构控污,计划投资 3 000 万元;对洱海以西片区水资源进行统一规划、建设、管理,建设集中取水供水工程,逐步实现大理市城乡供水全覆盖,计划投资 10 000 万元;统筹流域水资源调剂利用,通过实施茈碧湖水库扩容增蓄工程,增加洱海水资源利用综合调剂能力,计划投入项目前期工作经费 5 000 万元;实施洱海流域水源地生态修复与保护、地质灾害治理及苍山面山生态保护,计划投资 14 804 万元。

(5) 构建平台,形成共建共创新合力。一是开展层层创建,夯实生态文明建设新基础。加强生态文明制度建设,为流域生态文明建设提供制度保障;广泛开展农村环保学校、绿色学校、绿色社区、生态文明村、生态文明乡镇、生态文明县(市)创建活动;加强洱海流域生态环境监察、监测能力保障体系建设。二是强化科研,提供生态文明建设技术支撑。以国家重大科技项目洱海水专项实施为契机,继续加强生态文明建设与洱海保护治理对外交流合作;推进洱海流域产业转型升级,加快流域水资源、土地资源的集约节约利用研究、示范和推广,发展生态产业。三是强化宣教,营造构建生态文明的良好社会氛围。倡导绿色生产、服务和消费,在全流域建设与环境和资源相适应的产业体系,形成健康文明,资源节约,环境友好型的生产生活方式;与"四群"教育相结合,广泛开展生态文明进单位、进学校、进社区、进乡村等活动;多形式宣传洱海流域生态文明建设工作,不断提高广大干部群众的生态文明素质,使每一个社会成员自觉服从服务于全州生态文明建设的实践。

2.10   "三清洁"活动

开展清洁家园、清洁水源、清洁田园环境卫生整治活动,是州委、州政府贯彻十八大"建设美丽中国"的要求,推动全州跨越发展、建设美丽幸福大理的重要部署,是大理州保护洱海,加强生态文明建设、美丽乡村建设的重要工作,也是全州开展第二批党的群众路线教育实践活动的创新举措。为认真贯彻落实州委七届六次全会的工作部署,进一步加大"美丽乡村"建设力度,加快全州生态文明建设步伐,大理州"清洁家园、清洁水源、清洁田园"环境卫生整治活动于2014 年 1 月 13 日正式启动。

良好的生态环境是科学发展、永续发展的基本条件,是大理人民赖以生存并引以为豪的宝贵财富,保护好生态环境是我们的共同责任。在全州范围内组织开展"三清洁"环境卫生整治活动,是开展群众路线教育实践活动、进一步加强洱海保护、推进美丽幸福新大理建设的重要举措,也是培育和践行社会主义核心价值观,提高干部群众文明素质的具体体现。

2.10.1   探索和做法

(1)高位推动,强势推进。中共大理州委、大理州人民政府把环境卫生整治工作放到生态建设的高度重视,把开展"三清洁"活动作为进一步加强洱海保护、推进美丽幸福文明新大理建设的重要举措和培育践行社会主义核心价值观,提高干部群众文明素质的有效载体,在充分调研和开展试点的基础上,制定下发了《实施意见》，明确了整治的重点内容及具体要求，成立了由州委专职副书记担任组长的州"三清洁"环境卫生整治领导小组，在州文明办设立了领导小组办公室，由州文明办主任担任办公室主任，州文明办副主任担任办公室副主任，并从州环保局、州住建局、州水务局、州农业局等抽调专人组建了办公室。州级四班子领导率先垂范，带头参与"三清洁"工作。各县市、州级各部门、中央和省驻大理各单位、各乡镇都成立了相应的领导机构和工作机构，迅速开展工作，高位推动、强势推进"三清洁"环境卫生整治工作。

（2）挂钩包村，服务群众。环境卫生问题是与人民群众生产生活息息相关的重要问题，也是人民群众反映强烈的突出问题。为此，大理州把"三清洁"工作作为全州党的群众路线教育实践活动和"三严三实"、忠诚干净担当专题教育活动的"自选动作"和检验党员干部发动群众、服务群众能力的有效方法，力求解决好人民群众最关心、最直接、最现实的环境卫生问题。全州各级各部门进一步健全完善了以"挂钩包村"为重点的直接联系群众的工作制度，由中央和省驻大理单位、州级各单位挂钩联系洱海流域的大理市、洱源县的各村委会，各县市的县（市）级单位和乡镇挂钩辖区内的所有村委会，实现了挂钩联系的全覆盖，不留死角和盲区。各级各部门按照州委、州人民政府的统一部署，组织全体干部职工纷纷深入挂钩村与村民一道清洁家园、清洁水源、清洁田园，帮助各村建立健全"三清洁"工作的长效机制，安排专人驻村督促抓好日常环境卫生整治工作，并加大帮扶力度，尽力为挂钩村解决实实在在的困难和问题。

（3）广泛发动，全民参与。州、县市、乡镇党委、政府和村（社区）基层组织切实加大了宣传教育和舆论引导的力度，在全社会大力宣传保护环境的重要性和紧迫性，教育引导人们"爱家乡、爱大理"从我做起、从小事做起、从身边做起，自觉养成文明环保的生活习惯。各地重视发挥广大群众的主体作用，认真做好深入细致的群众思想工作，充分依靠和发动广大群众开展整治工作，使群众变"要我做"为"我要做"，切实增强了群众参与环境卫生整治的主动性和自觉性，真正发挥了群众的主体作用。各挂钩单位、各级干部和广大群众在抓好日常环境卫生工作的同时，在每年的元旦、春节、三月街民族节、国庆、州庆等重要节假日和汛期来临前一周内组织开展环境卫生集中整治活动。

（4）加大投入，改善条件。针对环保基础设施不能承载和处置日益增加的生产生活垃圾的问题，各级财政加大了对城乡环境卫生基础建设的投入力度，从2014年起州级财政每年安排1000万元的专项资金，各县市通过"政府补一点、群众集一点、集体拿一点"的办法,多渠道筹集资金,积极引导村民通过"一事一议"等方式来研究解决环境卫生整治工作,让村民交纳一部分的垃圾收集清运费。截至 2015 年 5 月,全州共投入资金 1.6 亿元,有效改善了城乡环境卫生基础条件。在坝区乡镇特别是洱海流域,基本做到了每个自然村都有一定数量的垃圾池或垃圾箱、有必要的垃圾清运车、有相对固定的保洁员,使村庄、道路、河道、湖泊等重点区域的垃圾都能得到及时清扫和清运。在山区,通过建设垃圾填埋场、集中焚烧等方式,因地制宜处理垃圾。

(5)千村整治,示范带动。坚持把"三清洁"工作与美丽乡村建设紧密结合,从 2014 年起在全州启动实施了"'三清洁'千村整治百村示范"工程,每年按照"环境卫生好、机制建设好、投入保障好"的标准建设不少于 100 个"三清洁"示范村。2014 年全州实施了 112 个州级示范村,各示范村通过抓好组织领导、宣传引导、投入保障、整治活动、挂钩帮扶、督查问效等工作,进一步建立健全了长效机制,对全州的"三清洁"工作起到了示范引领作用。州级财政每年安排的 1 000 万元专项资金,通过以奖代补的形式重点用于示范村建设项目的补助。2015 年以洱海流域为重点,启动实施了 100 个示范村建设。各县市、各乡镇也结合各自实际,积极启动了县市级示范村、乡镇级示范村建设。

(6)立足长远,建立机制。环境卫生整治是一项长期而艰巨的系统工程。大理州立足长远,积极探索,不断建立健全长效机制。

一是建立了城乡垃圾处理的机制。围绕垃圾"清扫、清运、处理"三个环节,积极探索建立工作机制,在坝区,建立了"户清扫、组保洁、村收集、乡(镇)清运、县(市)处理"五级联动的农村垃圾清扫、清运、处理和村庄保洁的长效机制;在山区,因地制宜,分类指导,积极探索建立垃圾分类、垃圾集中清运与填埋、焚烧等处理方式相结合的工作机制,使城乡垃圾得到有效处理。

二是建立了收取垃圾处理费的机制。在全州范围内建立了通过"一事一议"向村民收取农村垃圾清运费、实行农村垃圾集中清运和村庄保洁的长效机制。具体做法如下:由村民委员会或自然村(组)按年度对本辖区垃圾集中清运、处理和村庄保洁的费用进行测算,根据测算出的数额,结合本辖区的实有人口数量合理确定人均收费标准,收取的垃圾处理费应占清运、处理费和村庄保洁费总费用的 90%以上,同时,对各种经营户、农村客事办理等合理核定收费标准,单独收取垃圾处理费。目前,全州坝区 80%左右的村庄已开展垃圾清运费收取工作,有效解决了农村垃圾的清运、处理和村庄保洁等问题。

三是建立了挂钩帮扶的机制。结合推进洱海保护网格化管理工作，由中央和省驻大理单位、州级各单位挂钩联系洱海流域的大理市、洱源县的各村委会，各县市的县(市)级单位和乡镇挂钩辖区内的所有村委会，并坚持做到长期挂、长期帮。各单位积极帮助挂钩村建立健全"三清洁"长效机制，并切实加大对人力、物力、财力的投入力度，力所能及地为挂钩村解决实际困难和问题。

四是建立了考核机制。制定了《大理州"三清洁"环境卫生整治工作考核办法》，把"三清洁"工作纳入全州经济社会发展重点工作考核内容，每年对 12 县市和 159 家中央、省驻大理单位和州级挂钩单位以及州级"三清洁"示范村实行严格考核，对工作开展得好的县市和单位进行表彰奖励，对工作不力、成效不明显的进行通报或问责。同时，把各县市、各乡镇、各单位开展"三清洁"工作的成效作为文明县城(城市)、文明城镇、文明单位等各类评比、推优、表彰的重要依据。

五是建立了督查机制。制定了《大理州"三清洁"环境卫生整治督查工作实施办法》，州"三清洁"领导小组办公室、州委督查室、州政府督查室、州监察局切实加大了对"三清洁"工作的督查力度，通过随机督查的方式，不定期对各县市开展"三清洁"工作的情况进行实地督查，并对每年的元旦、春节、三月街民族节、国庆、州庆等重要节假日和汛期来临前的集中整治情况进行专项督查，对督查中发现的问题要求各县市进行限时整改。同时，充分发挥媒体的监督作用，对督查中发现的问题和破坏环境卫生的不良行为在媒体上及时进行曝光，督促各地各单位抓好整改。此外，还在新浪微博开通了"大理州三清洁办公室"官方微博，充分运用网络问政这个平台接受社会监督，让网友通过微博反映身边"三清洁"工作不力和破坏环境卫生的情况，根据网友提供的情况和线索及时进行整治，起到了很好的监督效果，赢得了社会的广泛支持。

2.10.2　取得的成效

通过各级干部和广大群众的共同努力，全州"三清洁"工作开局良好，进展顺利，取得了明显成效。具体体现在：

(1) 干部群众的文明素质得到明显提升。通过从宣传教育入手，积极教育引导人们"爱家乡、爱大理"从我做起、从身边做起、从不乱丢垃圾做起，同时及时曝光污染环境、破坏公共环境卫生的不良行为，使广大干部群众和学生自觉养成了文明环保的生活习惯，环保意识和文明素质得到明显提升，参与"三清洁"工作的自觉性和责任感明显增强。

（2）城乡环境卫生得到明显提升。通过一年半的集中整治，全州洱海流域、集镇、村庄、湖泊、河道、水源地、滩涂地、沟渠、交通沿线、景区景点等重点区域的垃圾得到有效清理，城乡环境卫生状况得到明显提升，营造了干净、整洁、舒服的人居环境，深受广大干部群众和外地游客的一致好评。

（3）洱海水质得到明显改善。坚持把洱海流域作为"三清洁"工作的重点，通过在洱海流域全面开展"三清洁"工作，并把"三清洁"工作与和洱海保护网格式化管理紧密结合，有效收集、清运和处理了流域内的生产生活垃圾，有效治理和净化了流域内的污水，环湖周边平均每天有 600 多吨生活垃圾得到清运处理，从源头上、根本上减少了垃圾、污水等对洱海的污染。洱海水质得到了明显改善，2014 年有 7 个月达到Ⅱ类，其余 5 个月为Ⅲ类；2015 年 1 至 4 月为Ⅱ类，5 月、6 月为Ⅲ类。"三清洁"工作已成为全民参与洱海保护的重要抓手。

（4）党群干群关系进一步密切。通过"三清洁"这一具体而鲜活的工作，在干部职工与群众之间搭起了沟通联系的桥梁，把干部职工与广大群众紧密地联系在了一起。在干部职工与广大群众同劳动、同流汗、同建美丽家园的实践中，广大干部职工接到了地气、受到了教育。随着工作的深入推进，人民群众最关心、最直接、最现实的环境卫生问题以及其他困难和问题得到了有效解决，进一步增进了党员干部与群众之间的感情，进一步密切了党群干群关系。

2015 年共发动 276 万人次清理入湖河沟 722 km，清理淤泥 25.14 万吨，清运流域垃圾 31.3 万吨，收集处理畜禽粪便 16.84 万吨，封堵排污口 1378 个，污水直排洱海现象明显减少。

2.11 洱海流域网格化管理

为全面深入贯彻落实习近平总书记关于加强洱海保护的重要指示精神，严格执行《大理白族自治州洱海保护管理条例》，进一步深化和拓展洱海保护"河段长"责任制及"三清洁"活动成果，实现洱海流域主要入湖河道、沟渠、村庄、道路环境综合治理责任制的全覆盖，根据《2015 年洱海流域保护治理工作意见》，2015 年 3 月 10 日，大理州委、州人民政府印发《洱海流域保护网格化管理责任制实施办法（实行）》。

2.11.1　工作思路

围绕海水质总体稳定保持Ⅲ类,确保 5 个月、力争 8 个月达到Ⅱ类水质标准的目标,实行"党政同责、属地为主、部门挂钩、分片包干、责任到人"的工作机制,突出各级组织在洱海保护治理中的责任和义务,将洱海保护治理责任全方位细化分解到全流域 16 个乡镇和 2 个办事处、167 个村委会和 33 个社区、29 条重点入湖河流的具体责任单位和责任人。以入湖河道、沟渠、村庄、农田、道路、湿地、库塘为管理对象,以流域乡镇(办事处)、村委会行政辖区为单元格,建立和完善以县市领导为河长,流域乡镇(办事处)党政主要领导为段长,村委会(社区)总支书记(主任)为片长,村民小组长及"三员"(河道管理员、滩地协管员、垃圾收集员)为管理员,挂钩部门为协管单位的五级网格化管理责任体系。依靠和发动群众,实现全民参与,打好洱海保护治理的人民战争,使流域污水乱排乱流、垃圾乱堆乱放、化肥农药乱施乱用等现象得到全面有效控制,污染负荷大幅削减,流域生态环境得到根本改善,洱海水质稳步提升。

2.11.2　工作内容

(1) 科学制定网格化管理责任制。建立州级领导洱海流域保护挂钩乡镇(办事处)工作机制,指导、协调、督促检查乡镇(办事处)落实洱海流域网格化管理责任制,并由州级领导组建专门工作小组对洱海周边重点片段、重点区域开展集中专项整治。建立覆盖全流域每个企业、每家每户、每片农田、每段道路、每块湿地(库塘)、每个村落、每段滩地、每条河流沟渠的责任体系和监督体系,并将各级各部门责任人、责任范围细化标志到图块,逐步实现洱海流域保护的精准化管理。大理市、洱源县及流域各乡镇(办事处)要结合实际,完成本辖区洱海保护网格化管理责任制实施细则及考核办法的制定并报州洱海流域保护局备案。

(2) 重点整治排污问题。全面封堵弥苴河、永安江、罗时江、波罗江和苍山十八溪等 22 条洱海主要入湖河道及其他入湖沟渠排污口,杜绝污水直排。加强污染源排查力度,查清单元格内污染源,有针对性地开展专项整治,严厉打击违法排污行为。加快完善双廊、挖色、海东、邓川、右所等重点集镇污水处理厂配套管网建设,提高污水收集率。加强建成污水处理设施运行管理及提升改造,提高污水处理率。按照 PPP 模式完成洱海环湖截污工程规划等前期工作,并启动建设。

（3）切实抓好村落环境综合整治。以"清洁水源"为重点持续推动"三清洁"活动的开展，按照"少什么补什么"的原则，开展"五有（户有化粪池、排水沟，村有排水网、氧化塘，河道有格栅）、四入（污水入池、池水入沟、沟水入塘、塘水入田）、四无（污水无直排、河流无垃圾、河道无淤塞、河边无厕所）"综合整治，健全完善长效机制。流域内餐饮、客栈、宾馆、加工、清洁坊等服务业经营户必须建设相应的污水收集处理设施，实现达标排放。

（4）综合治理河道沟渠。进一步落实河段长制，29条重点入湖河流都分别由县市领导担任河长，乡镇（办事处）党政主要领导担任段长，并将每段责任分解到村委会和管理员。以改善入湖河流水质为目标，以河道内及河堤两侧外各不少于30 m的地段为重点，以"防洪固堤、控源减污、河道清淤、生态修复、绿化美化、两岸禁养"为主要整治内容进行综合治理管护。清理河道河堤垃圾、漂浮物、畜禽粪便等污染物，保障河道畅通。因地制宜在河床上建堰拦水形成阶梯级滞留塘，建设恢复河口河道湿地，选育适生水生植物，建设生态堤岸，提高入湖河流的自净能力。按照一条溪一个取水点的原则，在大理市海西五镇开展苍山十八溪统筹供水试点，2015年各完成1条溪流的试点。大理市、洱源县2015年内完成100条洱海入湖沟渠的综合治理。

（5）抓实流域垃圾收集处理常态化。按照网格化管理要求，巩固扩大"住户保洁、村组收集、乡镇运输、县市处理"的管理模式，实现流域内垃圾收集清运处置数字化动态管理全覆盖。建立垃圾收集员的责任管理和绩效考核机制，采取有力措施整治向村庄周边、公路沿线、田间地头、河道沟渠、库塘滩地随意倾倒垃圾的行为。建立各级垃圾收集、清运、处理监督工作机制，采取不定时、不定点实地抽查结果的月报制度，实现流域垃圾"日产日清"常态化。全年收集清运处理生活垃圾不低于27.4万吨，其中：大理市不低于21.9万吨，洱源县不低于5.5万吨。

（6）削减农业面源污染。按照洱海流域和周边地区建设100万亩生态农业产业化的规划，以无害化、减量化为目标，加大农业种植结构和产品结构调整力度，大力推广使用有机肥，发展生态种植，年内收集处理畜禽粪便不低于18万吨，其中：大理市不低于12万吨，洱源县不低于6万吨，完成绿色农场品种植9万亩，其中：大理市6万亩，洱源县3万亩。加大节水农业项目和生态河流廊道建设。加强秸秆、化肥农药包装物、塑料薄膜等农业生产废弃物收集、清运及处理工作,推广农作物秸秆综合利用、废弃塑料原料回收的应用技术。实施农田、沟渠水污染生物净化库塘系统建设。合理布局监测点位,加强农业面源污染监测。

(7) 充分发动群众参与洱海保护治理。深入实施洱海保护宣传教育工程,采取多种形式宣传洱海保护管理条例、新环保法,使流域人民群众知法、守法。进一步突出群众在洱海保护治理中的主体地位,发挥群众主人翁作用,培养良好的绿色环保生产生活习惯,发动群众开展"保护洱海母亲湖,从我做起,从小事做起""我为洱海做件事"等活动,努力营造人人关心参与洱海保护的社会氛围。健全完善实用管用的洱海保护村民规约,建立起群众自我教育、自我管理、自我服务、自我约束、自我奖惩的长效机制,使保护洱海成为流域广大干部群众的自觉行动。

2.12　洱海保护治理"七大行动"

2016 年 11 月,省政府第 103 次常务会议专题听取了大理州洱海保护治理情况汇报,针对洱海水质恶化趋势,省委、省政府作出了"采取断然措施,开启抢救模式,保护好洱海流域水环境"的重要决策部署,开展流域"两违"整治行动、村镇"两污"治理行动、面源污染减量行动、节水治水生态修复行动、截污治污工程提速行动、综合执法监管行动、全民保护洱海行动等"七大行动"。州委、州政府认真贯彻落实省委、省政府决策部署,紧紧围绕稳定和提升洱海水质、改善洱海流域生态水环境的目标,全力推进洱海保护治理的各项工作,及时制定了《关于开启抢救模式全面加强洱海保护治理的实施意见》(以下简称《实施意见》),并修改完善了《洱海保护治理与流域生态建设"十三五"规划》(以下简称《规划》)。《实施意见》《规划》经提请省政府第 107 次常务会议审查通过后,州委、州政府及时对"七大行动"进行了责任分解,出台了贯彻落实省政府常务会议精神加快实施洱海保护治理"七大行动"工作方案,对各项工作任务实行挂图作战,目标倒逼,提速加力,快速推进。全州上下进一步认清形势,统一思想,以不惧干扰的定力、久久为功的韧劲、坚定不移的决心,采取一切措施,动员一切力量,全力推进洱海保护治理"七大行动"各项工作任务落实,形成了各级各部门齐抓共管、合力攻坚的新局面。

2.12.1　行动措施

（1）加强领导，高位推动。以现有洱海保护治理组织架构、工作机制、保障措施、责任体系等为基础，以最高站位、最优举措、最强保障，推动洱海保护治理工作。州委、州政府成立以州委书记、州长任双组长的洱海流域保护治理领导小组，组建了以州委副书记、大理市委书记任指挥长，州政府分管副州长任副指挥长的州洱海保护治理"七大行动"指挥部，指挥部下设 11 个工作组，负责洱海保护治理"七大行动"的统筹指挥和协调推进工作。大理市、洱源县及流域乡镇都设立了指挥部和工作组，负责落实和推进具体工作。同时，从州级、县市机关选派 177 名同志组成 16 支工作队，负责督促指导和协助乡镇抓好"七大行动"的落实。各级组织人事、纪律监察部门在州、县市指挥部设立专门工作组，在流域组建了 16 个纪律检查小组，对"七大行动"工作进行一线监督、一线执纪问责。

（2）精准治污，完善支撑体系。健全完善技术服务体系，组建了洱海抢救性保护行动科研团队和专家咨询团队，对洱海水资源和水环境现状进行定期监测评价，提出相应对策措施，为行政决策提供技术支撑；建立了洱海保护专家联席会议和监测数据报送制度，健全洱海保护治理科学精准的决策机制。健全完善监测评价体系，洱海流域水质监测体系全面运行，固定了 14 个工作组 84 个观测点，实行联合联动监测、网格化监测，用水质倒逼"七大行动"落实。完成洱海主要入湖河流河口水质监测自动监测站建设项目前期工作，并将其列入"洱海生态环境保护专项建设基金"支持项目，抓紧开展相关申报及建设工作。

（3）因河施策，全面推行洱海流域河长制。由省长任洱海总河长，州委书记、州长担任洱海双河长，州政府分管环保副州长担任洱海流域河（湖）长，州委、州政府 18 名领导担任洱海流域 29 条主要入湖河道河长，州级 28 个部门主要领导担任联络员。建立了州、县市、乡镇（街道）三级督察体系和州、县市、乡镇、村、组五级河长体系以及河湖库渠巡查体系，全流域五级河长共 1 972 人，设立河长公示牌 1 033 块，累计巡查 1.5 万余人次。将洱海流域河长制工作的 6 大任务分解到流域 16 个乡镇、2 个办事处的 167 个村委会和 33 个社区，聘请 1 266 名河道管理员、滩地协管员、垃圾收集员分区管理，把全流域 50 座水库、166 座坝塘、301 条沟渠、6 座湖泊、108 条河流环湖岸线纳入河长制管理范围，实现了洱海环湖 148 km 环湖岸线和洱海 29 条入湖河流岸上、水面、流域网格化管理全覆盖。健全完善河长制绩效考核评价体系,强化目标考核和执纪问责。洱海流域共布设了 330 个行政断面监测点,并委托第三方进行检测。州级总河长与洱海流域 29 条主要入湖河道州级河长签订了目标责任书。大理州被水利部列为全国河长制信息管理与服务系统建设 8 个试点州市之一,大理市和洱源县被列为全国试点县。

(4) 围绕目标,最严措施治湖。将洱海海西、海北 1966 m 界桩外延 100 m、洱海东北片区环海路临湖一侧和道路外侧路肩外延 30 m、洱海主要入湖河道两侧各 30 m、其他湖泊周边 50 m 以内范围划定为洱海流域水生态保护区核心区;全面叫停洱海流域个人建房行为,除环保、公共基础设施外,禁止在核心区新建建筑物,实行只拆不建,对已建的违法违章建筑坚决依法拆除;核心区内一律不得新增客栈餐饮等经营行为,现有客栈餐饮经营户全面停业接受复核,污水管网未配套前一律关停,发现偷排污水的永久关停;将主要入湖河流周边 200 m、洱海及重要湖库周边 500 m 和城市建成区划定为规模化畜禽禁养区,现有养殖场 2018 年完成搬迁,手续不全的一律予以取缔。

(5) 启动预案,开展蓝藻水华防控。蓝藻防控工作措施有力,目前未出现蓝藻区域性聚集和规模化水华。完成双廊大建旁大理洱海蓝藻水华应急治理设备采购项目、才村码头两旁洱海蓝藻水华 5 万米^3/天试验示范除藻工程和湾桥古生村实施洱海流域水体生境改善试验示范工程建设;印发了《2017 年洱海蓝藻水华预警及应急控制工作方案》,7 月份启动了三级(黄色)预警应急响应,印发了《洱海蓝藻水华防控预警三级应急响应细化工作方案》。在重点湖湾、环湖临村重要水域、环境敏感水域设置 14 个人工现场蓝藻水华巡查观测组、76 个观测点,坚持每日“零报告”制度,根据每天人工巡查监测结果,进行梳理汇总后以手机短信等方式及时反馈、及时处置。截至 9 月 11 日累计出动人工打捞人 198 人次,机械打捞 3794 人次,处理富藻水 191.2 万吨。洱海流域水质监测体系全面运行,固定了 14 个工作组 84 个观测点,实行联合联动监测、网格化监测。从 8 月下旬由上海交通大学大理研究院每周开展洱海水质变化情况分析,强化航拍,常态化遥感监测预警预报,密切关注洱海蓝藻动态。

(6) 加大投入,强化资金保障。州级财政在 2017 年预算安排 1 亿元的基础上,安排了 3.0619 亿元应急经费,专项用于洱海保护治理“七大行动”。大理市、洱源县通过政府融资,分别安排 2 亿元、0.8 亿元资金作为实施“七大行动”应急经费,保障各项工作快速推进。同时,通过组建政府投资基金方式,筹集 40 亿元专项基金,全力支持洱海保护治理工作。省政府明确从 2017 年起连续 5 年每年安排 6 亿元洱海保护治理专项资金。

2.12.2 行动实施内容

(1)流域"两违"整治行动。按照"管住当前、消化过去、规范未来"的要求,强化源头管控,采取疏堵结合的方式,全面开展违章建筑及餐饮客栈违规经营整治工作,实现洱海流域农村建房规范有序、餐饮客栈等服务业得到有效管控。全面整治违章建筑,洱海流域共排查出违章建筑 941 户,拆除违章建筑 657 户(核心区 223 户),拆除面积 9.44 万米²(核心区 2.76 万米²)。大理市完成 4691户个人建房在建户的整治工作,450 户违章建筑全部完成整治和拆除(核心区126 户),拆除面积 4.39 万米²(核心区 1.8 万米²);按照分类处置要求,有序推进个人建房在建户复工,目前已复工 2543 户,暂缓复工 2148 户。洱源县完成了 21 个村的村庄规划编制工作,拟定了《洱源县洱海流域违法违规建筑整治实施方案》,排查出违章建筑 491 户(核心区 181 户),拆除违章建筑 208 户(核心区 99 户),拆除面积 5.05 万米²(核心区 0.96 万米²)。大力整治流域餐饮客栈服务业,2017 年 3 月 30 日州、市县人民政府发布公告后,洱海流域共关停餐饮客栈等经营户 2498 家(大理市 1900 家、洱源县 598 家),目前洱海流域法定必备证照齐全且房屋建设合法的餐饮客栈经营户,可申请恢复营业。大理市对经营证照齐全的 408 户经营户的房屋建设手续完成复核,其中经营证照齐全、真实有效且环保、土地、规划建设符合恢复经营条件的有 28 户;目前经复核确认,公示期满且无异议的经营户有 15 户(其中餐饮 4 户、客栈 11 户)已恢复营业;洱源县拟定了《洱源县洱海流域水生态保护区核心区餐饮客栈恢复经营工作方案》,正在对核心区经营户进行核查,非核心区经营户已恢复营业 207 户。流域"两违"整治行动,有效遏制了违章建房、违规经营等无序发展的势头,直接减少了对洱海的污染排放。

(2)村镇"两污"治理行动。采取应急抢救措施,不断健全完善城乡污水收集和垃圾收集清运处置工作机制,确保村镇污水和垃圾得到有效收集处理。大力整治村镇排污,大理市建成农村客事办理场所污水处理设施 151 个,新建生态库塘 131 个,建成农户化粪池 23388 户,295 家机关企事业单位全部完成排污整治,封堵主要入湖河道排污口 809 个;97 所中小学校和幼儿园已建成污水处理设施 93 所,4 所学校的污处理设施将与学校建设同步实施,预计 2018 年

12 月底完工；对已建 146 套村落污水处理设施收集管网进行提升改造，涉及的 133 个村的管网施工已完成，正在进行扫尾和自检自查工作；对环保设施及管网不配套的 19 个沿湖村落新建 21 座村落污水处理设施，目前已建成试运行 20 座，增加日处理能力 3 200 米³，因项目重复正在调整 1 座。洱源县加快污水应急处理项目建设，安装完成农户化粪池 37 011 个，建成表流湿地 437.54 亩，向力帆骏马公司订购的 200 辆污水收集车已交车 120 辆；加快对原有环保设施进行提升改造，县城第一污水处理厂、凤羽、牛街、三营集镇污水处理厂的配套管网提升改造工程已纳入洱海流域城镇及村落污水收集处理 PPP 项目工程抓紧实施，50 座村落污水处理系统提升改造和 28 个氧化塘配建项目有序推进，三营永胜垃圾中转站和右所邓川片区垃圾中转站建设已完成相关地勘和征地工作。加强对已建污水处理设施监管，对洱海流域 196 座村落污水处理设施实行市场化运作监管，加强巡查管理。洱海流域"三清洁"活动深入开展，深入落实《大理白族自治州乡村清洁条例》，大理市、洱源县分别日清日处理城乡垃圾 850 t、200 t，1 至 9 月洱海流域"三清洁"活动的累计参加人数 128.8 万人次，清理沟渠 4 147.3 km，清理垃圾 29.32 万吨。村镇"两污"治理行动为洱海流域污水收集处置全覆盖奠定了基础，有效削减了入湖污染负荷。

（3）面源污染减量行动。按照"源头控制、调整结构、过程阻断、末端消纳"的治理思路，构建农田生态系统，发展高效生态农业，实现化肥、农药施用量负增长，有效削减面源污染。大力整治农田面源污染，洱海流域核心区及周边生态隔离带建设完成流转土地 2.88 万亩，组建生态农业公司加快对流转土地进行规模化经营和生态种植，全面推进 3 万亩化肥农药减量示范区建设各项工作，推广使用商品有机肥 3.11 万吨。大理市出台了高效节水灌溉生态农业示范区生态种植扶持办法和种植方案，完成绿色防控示范面积 1.3 万亩，洱海海西农业面源污染综合治理试点项目累计完成投资 2 474.9 万元。洱源县在永安江和罗时江两侧的生态隔离带建成生态截污沟 103.5 km、库塘 50 个。大力整治畜禽养殖污染，对洱海流域禁养区 44 个畜禽规模养殖场进行搬迁或退出，目前已关停 6 个，完成搬迁 3 个；对限养区 162 个畜禽规模养殖场实行总量控制和推行标准化规模养殖；累计收集畜禽粪便 9.86 万吨。大理市洱海西北部入湖口区域农业面源污染综合治理试点项目累计完成投资 2 331.64 万元；正在对禁养区规模养殖场圈舍及附属设施面积进行核算。洱源县禁养区 19 户家庭牧场全部完成整治，限养区 30 家规模化养殖场中有 25 家已通过整治安装完成化粪池等设施。实施高效节水灌溉,洱海流域年内计划完成7万亩的高效节水灌溉项目,目前已完成土地流转3.19万亩,各项工作有序推进。农业面源污染减量行动,推动了以绿色生态为方向的流域产业结构调整。

(4)节水治水生态修复行动。严格水资源管理,开展无序取水整治,增加清水入湖补给量,推进河道生态治理、湿地恢复、造林绿化等生态系统修复,增加水源涵养保持能力,促进流域生态环境得到根本改善。大力整治无序取水,大理市已封堵城市建成区地下井4072口、苍山十八溪农业灌溉取水口106个,完成对镇政府、村委会、大理大学、大理苍海高尔夫度假村有限公司、大理旅游集团、大理石三塔饮品有限公司、蝶泉乳业有限公司等机关企事业单位取水口的封堵和管控。洱源县三岔河、海西海、茈碧湖饮用水源地的保护工作有序推进。大力开展节水治水,大理市完成了周城村、上阳溪村、马久邑村、才村、大庄村5个村农田水利改革试点工作。洱源县年内计划实施节水灌溉设施建设2万亩,凤羽镇高效节水试点建设有序推进,三营镇东片区、牛街乡四十里坡片区等节水设施用地已完成土地流转6485亩。加快实施流域生态修复,洱海流域已建成湿地19790亩,正在建设9296亩。大理市新一轮退耕还林工程,完成造林4635.4亩和陡坡地生态治理1638亩;海东新区完成绿化面积2315亩,海东面山生态林业灌溉工程正在实施224亩试验段建设;苍山东坡泥石流灾害治理工程,阳溪、清碧溪、隐仙溪已完工,万花溪、葶溟溪抓紧实施,累计完成投资2110万元;44个非煤矿山和普和箐、云浪箐2个矿区的生态修复工程中,上登光建凝灰岩矿矿山已完成生态修复工程,风浪箐、七星山、西青山、和荡石场、马厂石场、宝鑫石场等6个非煤矿山及普和箐、云浪箐2个矿区正在抓紧实施生态修复各项工程;"北三江"湿地建设项目已完工,正在进行附属工程扫尾和验收准备工作。洱源县新一轮"三退三还"工程已完成造林2000亩;湖泊湖滨带修复工作,茈碧湖、西湖和绿玉池周边已完成租地1263.45亩;永久关停11家非煤矿山和55家水洗砂厂,依法拆除三营镇32家非法打砂洗砂场,三营卧虎山页岩矿基本完成树木栽种,小水坝石厂、三营二南砂场和菜园砂场正开展前期工作。加快实施入湖河道生态治理,大理市34条主要入湖河道,除西洱河暂不具备施工条件外,其余33条河道中的8条河道正在实施治理、25条河道已进场正在进行施工前征地等相关工作。洱源县永安江和凤羽河铁甲至正生段正在实施治理,弥苴河试验段正在进行治理,弥茨河已完成前期工作,罗时江正在开展前期工作。节水治水生态修复行动,让洱海流域健康水生态建设迈出了新步伐。

（5）截污治污工程提速行动。围绕五年完成总投资 199 亿元、2018 年前完成总投资 80% 以上的工作目标，按照"目标倒逼、工期倒排、挂图作战"的工作要求，全力加快实施"十三五"规划项目，计划于 2018 年 6 月底实现洱海流域城乡截污治污全覆盖。截至 2017 年 9 月 15 日，"十三五"规划完成主体工程建设 6 项，抓紧推进 68 项，正在开展前期 36 项，累计完成投资 85.81 亿元，其中 2017 年完成年度投资 43.15 亿元。大理市兴盛桥至天生桥综合管网工程，完成干渠建设 2 907 m，累计完成投资 5.53 亿元；洱海环湖截污一期工程六个污水处理厂正在抓紧实施，完成管道施工 98 km，干渠 1.74 km，累计完成投资 23.83 亿元；洱海环湖截污二期工程，完成 145 个村施工图纸设计，135 个村已进场施工，完工 28 个村，建成污水管 385.54 km，累计完成投资 4.12 亿元；34 条主要入湖河道生态化治理工程已开工 8 条，完成综合治理 15 km，累计完成投资 1.54 亿元。洱源县城镇及村落污水收集处理一期工程，村落污水管建设已开工 125 个村，完成 36 个村，完成管网铺设 177.6 km，累计完成投资 8.61 亿元；城镇及村落污水收集处理二期工程，管网铺设开工 16 个村，累计完成投资 5 000 万元；5 条主要入湖河道生态化治理工程，累计完成投资 1.82 亿元。截污治污工程提速行动，为尽早建成完善洱海流域截污体系，补齐洱海治理短板打下坚实基础。

（6）流域综合执法监管行动。以"零容忍"的态度，严格执法监管，整合执法力量，确保洱海流域各类违法违规行为及时发现、有效处置。自"七大行动"实施以来，洱海流域环境综合执法累计共出动 7 880 多人次，对洱海流域的 900 家企业、客栈、餐饮进行了执法检查，要求整改 409 家，共立案查处环境违法案件 214 件，处理投诉 176 件，处罚到账金额共计 579.59 万元。联合联动执法累计出动 18 452 人次，收缴违法网具渔具 9 918 件、违法船只 158 艘，案件移交 40 起，共计罚款 28.95 万元。流域综合执法监管行动，形成了打击和震慑环境违法行为的高压态势。

（7）全民保护洱海行动。深入实施宣传教育，建立全民参与洱海保护治理机制，动员全社会力量参与洱海保护，提高全民生态环境保护意识，努力营造全民保护洱海的良好氛围。充分发挥各级党组织、村民自治组织的作用，持续开展"七大行动"进机关、进乡镇、进企业、进学校、进社区、进村组、进军营等系列活动，发布系列公益广告 1.11 万条（幅）、张贴标语 3.2 万条（块）、宣传牌 200

块、农户公示牌 4.11 万块,发放宣传资料 55 万份。洱海保护治理被中宣部列为"砥砺奋进"的五年云南唯一入选的宣传主题,洱海保护治理成为全国生态文明建设典型。累计在中央、省、州各级媒体刊播洱海保护新闻 1 600 多条,中央和省级主流媒体共刊播洱海保护治理新闻 300 多条次。2017 年 8 月,央视连续 7 次在《新闻联播》《朝闻天下》《新闻直播间》《焦点访谈》等栏目报道洱海保护治理工作。切实加强舆情监测和研判分析,认真做好回应社会关切。积极做好接受媒体采访的各项工作,及时消除噪声杂音,营造清朗的网络空间,目前洱海专项整治的舆情态势总体平稳可控。全民保护洱海行动,引导了社会各界客观理性认识洱海保护治理工作,全民参与洱海保护治理的氛围日益浓厚。

2.13　水文监测

洱海流域的水资源监测工作源于 1951 年设立的下关水文站,至 20 世纪 80 年代初期,流域内共设有 10 个雨量站,2 个水文站,1 个湖泊水位站,11 个水质监测站。为了完善洱海水资源监测方案,进一步摸清洱海流域水资源情况,"十一五"后期,大理水文水资源局通过多渠道争取资金 500 多万元,在洱海流域共设立雨量站 14 个,水文站 5 个,湖泊水位站 2 个,水质监测站 11 个。

2.13.1　"十一五"期间主要工作

2003 年 9 月,在洱海水质有恶化、水体富营养化有加重之势,洱海综合治理工作面临严峻考验的关键时刻,大理州政府提出修订《大理白族自治州洱海管理条例》(以下简称《洱海管理条例》)的要求,大理水文水资源局承担了洱海特征水位调整分析工作。通过对大量水文监测资料和历史洪水调查成果进行认真分析和反复论证后,大理水文水资源局最终拟定上报洱海最低、最高运行水位分别为 1964.30 m、1966.00 m。2004 年 4 月,大理州人大常委会批准了洱海特征水位的调整方案。洱海最低、最高运行水位的科学调整,加之州政府对洱海管理力度的加大和一系列保护治理措施的落实,一定程度上提高了洱海水资源与水环境的承载能力,洱海水质逐渐好转,水体富营养化加重的趋势得到初步遏制。

自 1989 年《洱海管理条例》实施以来,大理水文水资源局常年为洱海管理局提供洱海及其主要控制站的实时水情信息,并不定期提供洱海水情水资源趋势预测及其水量调度方案,为顺利实施《洱海管理条例》起到了较好作用。

为更快更好地推进苍山洱海保护治理重点项目实施,2009 年 7 月,大理水文水资源局承担了苍山水资源调查工作。监测、整理了 2004—2007 年间苍山主要溪流的流量、水质等同步数据,调查收集了大量水质污染源资料和水资源开发利用等资料,综合分析计算了苍山水资源总量、十八条溪流的产水量,并对其时空分布特性和现状水质情况做了全面分析评价,形成的《苍山水资源调查报告》于 2010 年 4 月通过评审,为苍山洱海保护治理工作奠定了坚实的基础。

2009 年,大理水文水资源局与洱海湖泊研究中心(以下简称"洱海研究中心")共同编制了《洱海 6 个典型湖湾水动力模型研究实施方案》,得到专家的认可。2010 年,大理水文水资源局再次与洱海研究中心合作完成了"洱海北部湖湾水动力模型"研究工作,为洱海水体污染与治理提供了强有力的基础科技支撑。

2009 年入秋后,大理州遭遇秋、冬、春三季连旱,历时之长、范围之广、旱情之重,属历史罕见。州委、州政府启动了特大重大级二级响应应急预案。大理水文水资源局及时组织专家、技术骨干讨论研究旱情测报方案,开展全州枯水监测调查和旱情分析工作,收集了大量的降水、蒸发、商情等历史旱情监测数据和实时雨水情资料,向州防汛抗旱指挥部门编报旱情简报 20 余期,尤其对洱海的出入湖水量、蒸发量、蓄水量等重要水文特征参数做了计算,对洱海流域旱情程度进行了分析评价,预测旱情发展趋势,为决策部门提供对策建议,真正发挥了防汛抗旱排头兵的作用。

为配合洱海保护治理"六大工程"的实施,大理水文水资源局结合洱海流域实际情况,针对洱海水环境污染防治、洱海水资源分析评价等需求,于 2009 年 4 月编制了《洱海地表水资源监测系统建设可行性研究报告》(以下简称《可研报告》),先后通过大理州及省级专家评审。《可研报告》为洱海流域水资源质量监测能力建设提供了科学依据,为苍山洱海水资源的调查评价以及小流域降水径流规律研究提供了基础支撑。

2.13.2　"十二五"规划期间主要工作

2012 年 12 月,向省水利厅申报了《洱海流域水资源承载力模型研究》项目,并向省厅争取前期模型研究经费 80 万元。2013 年 3 月,与河海大学合作开发"洱海流域水资源承载力模型研究计算软件",研究周期 3 年。该课题研究为洱海流域实施"三条红线"的最严格水资源管理、洱海流域综合治理,尤其是洱海流域水资源开发利用、优化配置和管理保护,以及关于州政府提出的 3 年内实现洱海 Ⅱ 类水质目标提供技术支撑。

为掌握洱海主要入湖河流水资源状况,积极配合州人民政府顺利开展洱海主要入湖河流水质水量考核工作,大理水文水资源局成立了以局长为组长的洱海水文水资源监测工作领导小组,进一步理顺工作关系,明确工作目标,规范工作程序,制定了《洱海水资源监测方案》,抽调了 5 名技术骨干组成洱海水文水资源监测组,专职负责洱海水资源监测,并安排车辆专门负责对洱海的巡测,高效开展洱海水文水资源监测工作。从 2014 年 1 月起对流域 29 条主要入湖河流的 32 个考核断面进行了水量监测,全年共施测 942 次,撰写了洱海流域水量监测分析报告 4 期。这项工作的开展为洱海流域水资源的开发、节约、利用、保护和管理提供了重要的技术支撑。

为维持洱海流域生态健康,掌握和了解洱海入湖河流水质现状、面源污染等情况,保护洱海水资源及保障大理市饮用水水质安全,大理水文水资源局 2015 年 4 月对洱海 30 条入湖河流的 53 个代表断面开展了水质监测工作。

为查清洱海入湖水量,扩大水文站网覆盖面,提高洱海入湖水量的监测精度,云南水文水资源局大理分局将州政府 2014 年下拨的 160 万元洱海水文水资源监测系统的建设及运行经费全部用于洱海遥测水位站的建设,预计在 2015 年 5 月 20 日前全部完工并投入运行。

"十一五"至"十二五"的 10 年间,大理水文水资源局围绕洱海组织开展了一系列水资源调查分析评价工作,主要分析成果报告有《洱海汛限水位分析报告》《洱海流域雨量站网调整分析报告》《洱海流域地表水资源分析报告》《洱海流域水文监测报告》《洱海流域降雨径流预报方案》《大理市水资源调查评价报告》《大理市西洱河防洪规划报告》《苍山水资源调查报告》《云南省滇中引水工程规划水文分析报告(大理州部分)》《嘉逸大理民族文化旅游度假综合开发项目水资源论证报告书》《苍山假日公园防洪评价报告》《苍山假日公园水文分析计算报告书》《洱海法定最高及最低运行水位调整分析论证报告》;参与完成了《祥云引洱入祥青海湖二期工程初步设计报告》《大理市综合管网(黑龙桥至天生桥段)工程西洱河河道行洪论证报告》《洱海运行水位调整对可利用水资源量的影响专题研究报告》等一批技术成果,为洱海流域的水资源保护和水环境治理、水资源调度等工作提供了科学的决策依据,为实现洱海水资源的优化配置奠定了基础。

2.13.3　"十三五"规划期间主要工作

大理水文水资源局先后成立了全面推行河长制监测技术工作领导小组和洱海抢救性保护水文监测工作领导小组,明确了职能职责,积极研究河湖健康评价指标体系、监控体系和考核指标体系,制定了河长制 3 年行动计划。按目标、任务对洱海主要入湖河沟及湖区进行了水质水量监测,向相关部门提供了洱海水资源实况和后期趋势预测材料、洱海水资源监测评价简报和洱海流域"三库连通"应急补水工程水资源简报等材料。编制完成了《洱海流域水资源监测评价系统建设项目可行性研究报告》《苍山十八溪水资源调查报告》《洱海流域河长制工作手册》《海西高效节水减排工程水资源论证报告》,开展了大理海东新区健康水循环智能管理(调度)系统水资源监测站的建设。积极开展洱海健康评价,主动与洱海湖泊研究中心、中国水科院合作,在水生生物监测方面、入洱海污染负荷计算及洱海遥感影响解析相关工作中的难题,寻求工作上的新突破。

2.14　洱海保护治理目标责任制

目标责任制是洱海治污的关键。在大理州与云南省政府签订《洱海水污染综合防治目标责任书》的基础上,从 2003 年开始,大理州开始层层建立奖罚目标责任制。目标责任制使洱海保护由以前仅是州委、州政府和环保部门的事,变成了各级政府和部门的责任,乡镇、村委会、自然村,纵向到底、横向到边,将任务、目标层层分解,层层实行风险金抵押和一票否决制。形成了分级负责、分块管理、属地治理、群防群治、齐抓共管、全民参与的洱海治理保护的良好工作格局。

2.14.1　目标责任制签订情况

2003 年,大理州委、州政府与大理市、洱源两县市党委政府及环保局、规划建设局等 9 家单位主要领导签订了《2003—2006 年洱海保护治理责任书》,2007 年 2 月中旬完成了考核;2007 年签订第二轮洱海保护治理目标责任,即

《2007—2010年洱海保护治理责任书》;2008年,公布《大理州白族自治州水污染防治办法》(以下简称《办法》)。该《办法》第六条规定:"建立洱海水环境保护目标责任制。州政府将每年的水污染治理任务分解到大理市、洱源县及州级各有关部门,与之签订目标责任状,并于每年年底对其水污染防治工作进行考评奖惩。""十二五"期间,2011—2012年、2013—2015年、2014年、2015年共签订了四轮洱海保护治理目标责任书。另外从2011年起,州委、州政府与大理、洱源和州级26个部门签订了严格的洱海保护治理目标责任书,强化大理市、洱源县党委和政府的主体责任,流域乡镇的直接责任和州级部门的管理责任。在签订的责任书中,每一个村委会、每一个部门的目标责任,都落实到了湖滨带、滩地、河道、垃圾池等具体对象。

2.14.2　目标责任制内容

1)2003—2006年洱海保护治理目标责任

根据《大理州洱海管理条例》《大理州洱海水污染综合防治"十五"计划》和《洱海保护治理规划》确定的计划目标,以及大理州洱海水污染综合防治工作会、省政府大理城市建设现场办公会、州委常委扩大会和大理州洱海保护治理"六大工程"项目实施现场办公会等会议精神,针对目前洱海生态环境现状、水质发展趋势以及存在的主要问题,并结合本地区社会经济发展情况,中共大理州委、州人民政府与两县市党委、政府和州环保、建设、工商、水利、农业、林业、交通、国土等8家单位签订2003—2006年洱海保护治理目标责任书。

考核及奖惩办法:各签责单位于每年年底对"责任书"年度执行情况进行检查,发现问题及时解决,以确保目标任务的完成。在此基础上写出"责任书"执行情况年度报告,于12月30日前上报州委、州政府并抄送州水污染防治办公室及州级有关部门。每年8月和次年2月,由州环保局和州水污染防治办公室负责对责任书中的目标任务及各个具体工程项目的方案、实施进展及完成情况进行指导、监督、检查、验收和考评,并将有关情况及年终考评结果汇总上报州委、州政府和州洱海水污染综合防治领导组。同时由宣传部门在报刊、广播、电视等新闻媒体上对各责任单位项目执行完成情况进行公布,接受社会及公众监督。责任书中所有工程项目的责任人实行风险金抵押制度。一次交州财政代储。2006年10月—12月,由州洱海水污染综合防治领导组成员及有关专家组成责任书考核验收组,对责任书进行最终考核和验收,并将考核结果上报州委、州政府,同时兑现奖惩。对按质、按量、按期完成"责任书"中的所有目标任务的,由州委、州政府给予奖励,奖励金额按大理市 100 万元、洱源县 50 万元、州环保局 20 万元、州建设局 10 万元、州工商局 5 万元、州水利局 10 万元、州农业局 10 万元、州林业局 10 万元、州交通局 5 万元、州国土资源局 5 万元进行考核发放。到期完不成既定目标任务的,责任人不能提拔重用,严重失职、渎职的要追究相关责任,责任人抵押金上缴州财政。

目标:至 2006 年,确保洱海Ⅱ类水质时间不低于 6 个月,其余月份为Ⅲ类水质,不出现Ⅳ类水质;大理市苍山十八溪达到Ⅱ类水质;波罗江达到Ⅲ类水质;洱源县弥苴河、永安江、罗时江等主要入湖河流达到Ⅲ类水质;洱海水环境及生态环境趋于良性循环。

主要任务:紧紧围绕实现洱海水质目标和减少入湖污染物、增强自净能力,实现内源治理与外源治理,工程、生物措施与管理措施两个结合;坚持湖内治理向流域保护治理、专项治理向综合治理、州级专业部门为主向县市、乡镇为主的洱海综合治理工作的三个转变;重点抓好环洱海生态工程,污水处理和截污工程,洱海流域农业农村面源污染治理工程,主要入湖河道和村镇垃圾、污水治理工程,洱海流域面山绿化和水土流失治理工程、洱海环境管理等六大工程。2003 年—2006 年洱源县洱海保护治理具体工程项目略。

2)2007—2010 年洱海保护治理目标责任

根据省人民政府批准实施的《洱海流域水污染综合防治"十一五"规划》、州人民政府与省人民政府签订的《"十一五"洱海水污染综合防治目标责任书》,以及 2006 年 10 月 25 日州委、州政府召开的洱海流域水污染综合防治工作会上所确定的各项目标和任务,结合洱海流域治理的实际,确保各项工作任务的完成,实现洱海水质目标,州委、州政府与两县市党委、政府签订 2007—2010 年洱海保护治理目标责任书,并在 2003—2006 年的基础上,州级签责部门增加州发改委。严格按照考核奖惩办法执行考核验收、兑现奖惩。

针对洱海富营养化转型阶段的抢救性保护要求和洱海流域资源持续利用的长远要求,以洱海水环境质量安全和富营养化控制为目标,以流域产业经济结构和布局调整为根本措施,以城镇、农村生活污水处理和主要入湖河流水环境综合整治为重点,流域生态改善和环境管理相结合,形成洱海综合保护治理的完整体系,采取"政府主导、市场推进、统筹规划、突出重点、经济可行、分步实施"的战略,实现洱海水环境质量的逐步提高。

目标：分为洱海水质目标和项目实施目标。大理市为在平水年景条件下，到 2010 年底，洱海稳定保持地表水Ⅲ类水质标准，力争达到Ⅱ类水质标准。洱源县水质目标又分为年度水质目标和总体水质目标。年度水质目标，即：在平水年景条件下，到 2007 年、2008 年、2009 年、2010 年，在本辖区内主要入湖河流弥苴河、永安江、罗时江主要污染物（总氮、总磷）平均入湖总量，在 2006 年的基础上各年分别削减 5％、10％、15％、20％以上。总体水质目标，即：在平水年景条件下，到 2010 年底，三条入湖河流的入湖污染物在达到年度削减目标的基础上，弥苴河全年水质总体达到Ⅲ类水质标准，永安江、罗时江全年水质总体达到Ⅳ类水质标准。

项目实施目标中，大理市实施大理市东城区排水管网、辖区内弥苴河、永安江、罗时江治理、村镇污水处理系统建设等 47 个项目，洱源县 31 个项目。具体项目涉及内容较多。

3) 2011—2012 年洱海保护治理目标责任

根据省人民政府批准实施的《洱海流域水污染综合防治"十二五"规划》、州人民政府与省人民政府签订的《"十二五"洱海水污染综合防治目标责任书（2011 年—2012 年）》，以及洱海流域水污染综合防治工作会上所确定各项目标和任务，结合洱海保护治理的实际，确保各项工作任务的完成，实现洱海水质目标，中共大理州委、大理州人民政府与大理市委、市人民政府签订 2011—2012 年洱海保护治理目标责任书。

针对洱海富营养化转型阶段的抢救性保护要求和洱海流域资源持续利用的长远要求，以坚持科学发展观、"让湖泊休养生息，建设绿色流域"为指导思想，以改善重点流域水环境质量、维护人民群众身体健康为目标，将湖泊水污染防治与全流域的社会经济发展、流域生态系统建设以及人们文明生产生活行为融为一体，与城市发展规划相衔接，在洱海以往研究与保护治理实践的基础上，以污染物总量减排与水生态修复为重要抓手，采用"污染源系统控制-清水产流机制修复-湖泊水体生境改善-系统管理与生态文明建设"的洱海水污染综合防治的治理理念和总体思路，实施六大体系的建设，形成洱海综合保护治理的完整体系。

目标：对于大理市，在平水年景条件下，到 2012 年底，苍山十八溪中的中和溪、白鹤溪、白石溪、万花溪的全年水质总体分别达到Ⅲ类水质标准，波罗江全年水质总体达到Ⅳ类水质标准。洱海水质目标，在平水年景条件下，到 2012 年底,洱海稳定保持地表水Ⅲ类水质标准(评价标准为 GB 3838—2002《地表水环境质量标准》)。对于洱源县,在平水年景条件下,到 2012 年底,弥苴河全年水质总体达到Ⅲ类水质标准,永安江、罗时江全年水质总体分别达到Ⅳ类水质标准(评价标准为 GB 3838—2002《地表水环境质量标准》)。

大理市项目实施目标有集镇污水收集处理设施工程、洱海机场路湖滨缓冲带生态建设工程等 23 个项目,洱源县 16 个项目。具体项目涉及内容较多、较细,在此不再详述。

4) 2013 年洱海保护治理目标责任

根据省人民政府批准实施的《洱海流域水污染综合防治"十二五"规划》,为切实有效地落实好《大理州实现洱海Ⅱ类水质目标三年行动计划》,确保洱海保护治理及生态文明建设各项目标和任务按质、按量、按期完成,州委、州政府与两县市党委、政府、州级环保等 13 家部门、创新工业园区、旅游度假区、海开委签订《2013—2015 年大理州实现洱海Ⅱ类水质目标三年行动计划目标责任书》。

因工作需要,方便考核,对发现存在的问题及不足,能够及时作出相应的解决处理,州委、州政府决定先对 2013 年度的目标责任进行考核验收,2014、2015 年另行签订目标责任书。

坚持以科学发展观为指导,以"美丽洱海,幸福大理"为主题,牢固树立"在发展中保护,在保护中发展,以发展促保护"的生态文明建设理念。坚持生态优先,环境优先,洱海保护优先的原则,统筹流域生产、生活、生态三个"空间",走生态建设产业化,产业发展生态化之路,进一步巩固提升洱海保护治理成果,通过实施洱海Ⅱ类水质目标三年行动计划,实现洱海生态机制稳定向好,流域生产空间集约利用,生活空间宜居适度、生态空间山清水秀。努力开启大理生态文明建设新征程,争当全省、全国生态文明建设的排头兵。

在气候正常年景条件下,大理市水质目标:2013 年洱海水质有 6 个月以上达到Ⅱ类;2014 年洱海水质有 7 个月以上达到Ⅱ类;2015 年洱海水质有 8 个月以上达到Ⅱ类。2013 年苍山十八溪主要入湖溪流(灵泉溪、茫涌溪、阳溪)每条有 3 个月以上达到Ⅲ类水质标准;2014 年 3 条溪每条有 5 个月达到Ⅲ类水质标准;2015 年 3 条溪每条有 6 个月以上达到Ⅲ类水质标准。洱源县 2013 年洱海主要入湖河流弥苴河有 3 个月以上达到Ⅳ类水质标准,永安江有 4 个月以上达到Ⅳ类水质标准,罗时江有 1 个月以上达到Ⅳ类水质标准;2014 年弥苴河有

4个月以上达到Ⅳ类水质标准,永安江有5个月以上达到Ⅳ类水质标准,罗时江有2个月以上达到Ⅳ类水质标准;2015年弥苴河有5个月以上达到Ⅳ类水质标准,永安江有6个月以上达到Ⅳ类水质标准,罗时江有4个月以上达到Ⅳ类水质标准(评价标准为GB 3838—2002《地表水环境质量标准》)。

项目实施目标有洱海流域畜禽养殖污染治理及资源化利用工程、洱海流域百村村落污水收集处理系统建设工程、优化流域土地利用规划,流域种植业结构优化调整等,大理市共实施22个项目,洱源县共实施17个项目。具体项目涉及内容较多、较细,在此不再详述。

5)2014年洱海保护治理目标责任

根据《2014年洱海流域保护治理工作意见》,按照"州级统筹,市县为主,辖区负责,属地管理"的原则,结合当前洱海流域保护治理工作面临的严峻形势和迫切任务,为进一步强化目标责任,确保新一轮洱海流域保护治理各项目标和任务按质、按量、按期完成,中共大理州委、州人民政府与两县市党委、政府、州级21家部门签订2014年度《洱海流域保护治理目标责任书》。

从2014年开始,签责目标由洱海水质目标、主要入湖河流水质目标、治污措施落实目标、资金到位目标四大板块组成。

(1)洱海水质目标:要求2014年洱海水质总体稳定保持Ⅲ类,确保5个月达到Ⅱ类水质标准。

(2)主要入湖河流水质目标:大理市辖区内29条主要入湖河流中,清碧溪、双鸳溪、灵泉溪、锦溪、茫涌溪、阳溪等6条溪流入湖河口水质类别有4个月以上达到Ⅱ类水质标准,其余月份不超过Ⅲ类水质标准;桃溪入湖河口水质类别有4个月以上达到Ⅲ类水质标准,其余月份不超过Ⅳ类水质标准;弥苴河、永安江、罗时江、西闸河、玉龙河、凤尾箐、波罗江、白塔河、白鹤溪、中和溪、梅溪、白石溪、万花溪等13条河流入湖河口水质类别有4个月以上达到Ⅳ类,阳南溪、葶溟溪、霞移溪等3条河流有3个月以上达到Ⅳ类水质标准,其余月份不超过Ⅴ类水质标准;金星河、金星后河、棕树河、莫残溪、黑龙溪、隐仙溪等6条河流入湖河口水质类别确保4个月以上达到Ⅴ类水质标准。洱源县弥苴河(银桥村断面)、罗时江(莲河村断面)有4个月以上达到Ⅳ类水质,永安江(文笔湖村桥断面)有5个月以上达到Ⅳ类水质标准,其余月份不超过Ⅴ类水质标准[评价标准:GB 3838—2002《地表水环境质量标准》(湖库标准)]。

(3)治污措施落实目标:①环保设施运行管理目标。大理市确保已建成的

2 座城镇污水处理厂正常运行;已建成未验收的 5 座集镇污水处理厂、32 座村落污水处理设施和在建的 38 座村落污水处理设施全面完成项目竣工验收,并正常运行。洱源县确保县城污水处理厂正常运行;已建成未验收的 5 座集镇污水处理厂、2 座村落污水处理设施和在建的 17 座村落污水处理设施全面完成项目竣工验收,并正常运行。②排污口整治目标。大理市在全面取缔流域辖区内现有排污口的基础上,禁止新设排污口,杜绝污水直排洱海。

(4) 资金到位目标:大理市安排不低于 2 亿元(含"两区一委")专项用于洱海流域保护治理。洱源县安排不低于 3 000 万元专项用于洱海流域保护治理。州级安排 3 000 万元给洱源县用于洱海保护治理(含生态补偿 1 500 万元,水源建设补助 200 万元),安排 5 000 万元给大理市用于洱海保护治理项目补助。

6) 2015 年洱海保护治理目标责任

根据《2015 年洱海流域保护治理工作意见》,按照"州级统筹,市县为主,辖区负责,属地管理"的原则,结合当前洱海流域保护治理工作面临的严峻形势和迫切任务,为进一步强化目标责任,确保洱海流域保护治理各项目标和任务按质、按量、按期完成,大理州委、政府与两县市党委、政府、州级 26 家部门签订 2015 年度《洱海流域保护治理目标责任书》。

签责目标中由洱海水质目标、主要入湖河流水质目标、网格化管理实施目标、治污措施落实目标、资金到位目标四大板块组成。

(1) 洱海水质目标:2015 年洱海水质总体稳定保持Ⅲ类,力争Ⅱ类,确保 5 个月达到Ⅱ类水质标准[评价标准:GB 3838—2002《地表水环境质量标准》(湖库标准)]。

(2) 主要入湖河流水质目标:大理市辖区内 29 条主要入湖河流中,清碧溪、双鸳溪、灵泉溪、锦溪、茫涌溪、阳溪等 6 条溪流入湖河口水质类别有 4 个月以上达到Ⅱ类水质标准,其余月份不超过Ⅲ类水质标准;桃溪入湖河口水质类别有 4 个月以上达到Ⅲ类水质标准,其余月份不超过Ⅳ类水质标准;弥苴河、永安江、罗时江、西闸河、玉龙河、凤尾箐、波罗江、白塔河、白鹤溪、中和溪、梅溪、白石溪、万花溪等 13 条河流入湖河口水质类别有 4 个月以上达到Ⅳ类,阳南溪、葶溟溪、霞移溪等 3 条河流有 3 个月以上达到Ⅳ类水质标准,其余月份不超过Ⅴ类水质标准;金星河、金星后河、棕树河、莫残溪、黑龙溪、隐仙溪等 6 条河流入湖河口水质类别确保 4 个月以上达到Ⅴ类水质标准。洱源县弥苴河(银桥村断面)、罗时江(莲河村断面)有 4 个月以上达到Ⅳ类水质标准,永安江(文笔湖村桥断面)有 5 个月以上达到Ⅳ类水质标准,其余月份不超过Ⅴ类水质标准[评价标准:GB 3838—2002《地表水环境质量标准》(湖库标准)]。

(3)网格化管理实施目标:根据《洱海流域保护网格化管理责任制实施办法(试行)》要求,结合实际制定辖区内(市、乡镇和办事处)网格化管理工作方案和考核实施细则,落实每个网格内垃圾、污水、河道、村落环境、环保设施等的有效管理,责任到人,逐步实现湖泊保护的精准化管理。

(4)治污措施落实目标:环保设施运行和项目管理目标。大理市确保已建成的 2 座城镇污水处理厂正常运行;已建成未验收的 5 座集镇污水处理厂、42座村落污水处理设施全面完成项目竣工验收,并正常运行;新建的 72 座村落污水处理设施工程和原有的 32 座村落污水处理设施改造提升工程全面完工并正常运行。继续完善流域垃圾收集清运处置系统建设,确保海东垃圾焚烧发电厂正常运行,年收集清运处理生活垃圾不低于 21.9 万吨。做好洱海保护项目的信息管理工作,及时录入和更新洱海环境信息管理系统项目数据。洱源县确保县城污水处理厂正常运行;已建成未验收的 5 座集镇污水处理厂、17 座村落污水处理设施全面完成项目竣工验收,并正常运行;下山口等 4 座土壤净化槽污水处理设施正常运行;新建的 18 座村落污水处理设施工程全面完工并正常运行。继续完善流域垃圾收集清运处置系统建设,确保县城垃圾处理场正常运行,年收集清运处理生活垃圾不低于 5.5 万吨。做好洱海保护项目的信息管理工作,及时录入和更新洱海环境信息管理系统项目数据。大理市采用 PPP 模式,强力推进洱海环湖截污工程,力争上半年完成前期工作,6 月底前全面开工,年内完成北干渠排污干管工程 1 000 m 建设任务;封堵辖区内弥苴河、罗时江、永安江、波罗江、苍山十八溪等 22 条主要入湖河流及其他入湖沟渠的所有排污口,严禁新设排污口,杜绝污水直排洱海;实施环洱海入湖沟渠水污染控制与清水入湖工程,建设生物净化多塘系统,年内完成辖区内 80 条沟渠综合治理;编制完成苍山十八溪饮用水取水点的统一规划及建设实施方案,加快推进海西统筹供水工程建设,按照一溪一个取水点的要求,逐步取缔其他取水口,保障十八溪优质低温清水入湖。年内完成大理市海西五镇每镇 1 条溪流的取水点建设项目试点。洱源县为封堵辖区内弥苴河、罗时江、永安江及其他主要沟渠的所有排污口,严禁新设排污口,杜绝污水直排洱海;实施洱海流域沟渠水污染控制与清水入湖工程,建设生物净化多塘系统,年内完成辖区内 20 条沟渠的综合治理。面源污染治理和生态修复目标。大理市年内收集处理畜禽粪便 12

万吨,开展农业产业结构调整并建设绿色食品生产基地 6 万亩,推广顺丰有机肥 5 000 吨;年内实施辖区内面山造林 1.3 万亩、森林管护 90 万亩,完成 3 000亩的湿地建设工程;严格执行《洱海保护管理条例》,在 1 966 m(85 m 高程)洱海界桩范围内开展退房、退塘、退田,坚决取缔侵占洱海湖面、湖滨带、滩地的违法违规建筑;完成年度封湖禁渔、增殖放流和苍山花甸坝全面禁羊工作,开展 3 500 亩青花坪坡耕地水土流失治理。洱源县结合"三清洁"之清洁田园行动,年内收集处理畜禽粪便 6 万吨,开展农业产业结构调整并建设绿色食品生产基地 3 万亩,推广使用有机肥 5 000 吨;年内实施辖区内面山造林 2.8 万亩、森林管护 125 万亩;完成东湖湿地恢复建设项目资金筹措、征地等前期工作,确保年内完成 5 000 亩建设任务;强化洱源西湖生态环境综合治理,根据《洱源西湖国家湿地公园管理计划》完成 2015 年度的保护建设与管理工作,确保水质有明显改善;引导苍山花甸坝周边纸厂村、腊坪村进行产业结构调整升级,全面禁羊并杜绝滥垦乱伐行为,年内种植山蓠菜、玛咖和中药材等经济作物 500 亩(其中纸厂村 300 亩、腊坪村 200 亩)。

(5) 资金到位目标:大理市安排不低于 2 亿元(含"两区一委")专项用于洱海流域保护治理。洱源县安排不低于 3 000 万元专项用于洱海流域保护治理。州级安排 5 000 万元给大理市用于洱海保护治理项目补助,安排 3 000 万元给洱源县用于洱海保护治理(含生态补偿 1 500 万元,水源建设补助 200 万元)。

7) 2016 年洱海保护治理目标责任

根据《2016 年洱海流域保护治理工作实施意见》,按照党政同责,州级统筹,市县为主,辖区负责,属地管理的原则,结合当前洱海流域保护治理工作面临的严峻形势和迫切任务,为进一步强化目标责任,确保洱海流域保护治理各项目标和任务按质、按量、按期完成,中共大理州委、大理州人民政府与中共洱源县委、洱源县人民政府签订 2016 年度《洱海流域保护治理目标责任书》。

签责目标包括洱海水质目标、主要入湖河流水质目标、重点项目落实目标、环保设施运行管理和治污措施落实目标、网格化管理实施目标和组织保障目标六个板块。

(1) 洱海水质目标:2016 年洱海水质总体稳定保持Ⅲ类,确保 6 个月,力争7 个月达到Ⅱ类水质标准[评价标准:GB 3838—2002《地表水环境质量标准》(湖库标准)]。

(2) 主要入湖河流水质目标:评价标准为 GB 3838—2002《地表水环境质

量标准》(湖库标准)。大理市有 25 条入湖河流水质目标。辖区内 25 条主要入湖河流中,清碧溪、双鸳溪、灵泉溪、锦溪、茫涌溪、阳溪等 6 条溪流入湖河口水质类别有 4 个月以上达到 Ⅱ 类水质标准,其余月份不超过 Ⅲ 类水质标准;桃溪入湖河口水质类别有 4 个月以上达到 Ⅲ 类水质标准,其余月份不超过 Ⅳ 类水质标准;西闸河、玉龙河、凤尾箐、白塔河、白鹤溪、中和溪、梅溪、白石溪、万花溪等 9 条河流入湖河口水质类别有 4 个月以上达到 Ⅳ 类,阳南溪、葶溟溪、霞移溪等 3 条河流有 3 个月以上达到 Ⅳ 类水质标准,其余月份不超过 Ⅴ 类水质标准;金星河、金星后河、棕树河、莫残溪、黑龙溪、隐仙溪等 6 条河流入湖河口水质类别确保 4 个月以上达到 Ⅴ 类水质标准;弥苴河、罗时江、永安江、波罗江水质及污染削减目标。弥苴河、永安江、罗时江、波罗江等 4 条河流入湖河口水质类别有 4 个月以上达到 Ⅳ 类,其余月份不超过 Ⅴ 类水质标准。同时以 2015 年水质监测年均值为基础,考核总氮、总磷、化学需氧量三项指标。弥苴河、罗时江、永安江入湖口的三项指标保持在洱源县与大理市交界断面水平,波罗江入湖口断面分别降低 10% 以上。洱源县的弥苴河(银桥村断面)、罗时江(莲河村断面)有 4 个月以上达到 Ⅳ 类水质标准,永安江(文笔湖村桥断面)有 5 个月以上达到 Ⅳ 类水质标准,其余月份不超过 Ⅴ 类水质标准。以 2015 年水质监测年均值为基础,考核总氮、总磷、化学需氧量三项指标。弥苴河、罗时江、永安江在洱源县与大理市交界断面总氮、总磷、化学需氧量分别降低 10% 以上。

(3) 重点项目落实目标:大理市启动实施流域截污治污工程、入湖河道综合整治工程、流域生态建设工程、水资源统筹利用工程、产业结构调整工程、流域监管保障等 15 项洱海保护治理重点项目,按年度计划完成工程进度和投资,年内完成投资不低于 13.49 亿元。做好洱海保护治理项目的信息管理工作,及时录入和更新洱海环境信息管理系统项目数据。洱源县启动实施流域截污治污工程、入湖河道综合整治工程、流域生态建设工程、水资源统筹利用工程、产业结构调整工程、流域监管保障工程等 10 项洱海保护治理重点项目,年内完成投资不低于 2.1 亿元。做好洱海保护治理项目的信息管理工作,及时录入和更新洱海环境信息管理系统项目数据。

(4) 环保设施运行管理和治污措施落实目标:大理市确保已建成的 3 座城镇污水处理厂正常运行;5 座集镇污水处理厂正常运行并完成市场化运维管理;39 座村落污水处理设施正常运行并完成市场化运维管理。确保海东垃圾焚烧发电厂正常运行,年收集清运处理生活垃圾不低于 22 万吨;加强畜禽粪便收集处理和资源化利用,年内收集处理畜禽粪便不低于 10 万吨,推广商品有机肥 5 000 吨,年内完成测土配方 18 万亩次,推广清洁农田生产技术 6 万亩,完成湿地建设 2 800 亩。洱源县确保县城污水处理厂正常运行;5 座集镇污水处理厂正常运行并完成市场化运维管理;下山口等 4 座土壤净化槽污水处理设施正常运行;35 座村落污水处理设施全面完成项目竣工验收正常运行并完成市场化运维管理;确保县城垃圾处理场正常运行,年收集清运处理生活垃圾不低于 6 万吨;加强畜禽粪便收集处理和资源化利用,年内收集处理畜禽粪便不低于 6 万吨,推广商品有机肥 5 000 吨,年内完成测土配方 37 万亩次,推广清洁农田生产技术 4 万亩,完成湿地建设 3 200 亩。

(5) 网格化管理实施目标:继续深入推进洱海流域保护网格化管理责任制,切实做好"三清一控一堵"工作,认真开展清河道、清垃圾、清粪便、控漫灌、封堵排污口等相关工作,在雨季来临前要组织一次大规模的洱海流域环境卫生集中整治活动,认真排查清除旱季沉积在入湖河道沟渠、滩地湿地的污水、垃圾、淤泥、死亡水草等污染物,消除污染死角和盲区。深入开展洱海流域保护治理联合联动执法行动,严厉打击侵占湖面滩地、污水入湖入河道、私搭乱建、破坏环湖沿河林地湿地、乱扔垃圾、乱排污水等各类环境违法行为,完成污染和破坏生态环境的行政案件或刑事案件,大理市查处不少于 100 件、洱源县不少于 50 件。确保案件办理规范有序。

(6) 组织保障目标:领导重视,专人负责,认真及时按照州洱海流域保护治理领导小组办公室的要求报送、提供相关资料材料。

第 **3** 章

洱海国家水体污染控制与治理科技重大专项

水体污染控制与治理重大专项是国家围绕水环境质量改善设立的十六个重大专项之一,洱海列入国家的重大专项主要是因为洱海的地理位置、营养状态水平以及区域社会经济的代表性。洱海作为富营养化初期湖泊的典型代表,其水体水质仍然处于优良状态,但是部分时段其营养状态及生态系统已经呈现出富营养化现象,总体上进入富营养化状态时间不长,但年际之间差异较大,在不长的时间内生态系统恢复具有达到健康水平的可行性。

3.1 项目背景

2007 年 8 月开始,国家水专项办公室和国家环保总局开展了将洱海列入水专项的可行性调研,国家二部委专项综合论证调研组组织了现场分析。2008年 5 月,国家水专项办公室和水专项总体专家组先后到云南进行调研,深入大理实地考察了洱海保护与治理情况、示范项目所在地地方政府的工作基础、地方科研力量、各项配套条件落实情况以及地方政府环境保护规划与专项示范项目的衔接情况,并就大理州开展水专项示范项目充分交换了意见,给开展水专项项目的组织筹备工作提出了很好的意见和建议。

通过以上考察,有关方面认为洱海保护治理理念具有创新性,效果明显,是富营养化初期湖泊的典型代表,取得的成果对全国类似湖泊的保护治理具有指导作用,据此将洱海列入了国家水污染控制与治理科技重大专项湖泊主题,纳入国家层面的针对洱海流域环境主要存在问题的科研项目。

3.2 项目（课题）概况

洱海被列为国家水污染控制与治理科技重大专项湖泊主题后,经征求地方科技需求和总体专家组、主题专家组的顶层设计,项目名称确定为"十一五"水专项:洱海项目"富营养化初期湖泊(洱海)水污染综合防治技术及工程示范";"十二五"水专项:洱海项目"洱海水污染防治、生境改善与绿色流域建设技术及工程示范"项目含十二个课题,国家科研经费投入约为 1.6 亿元。

针对洱海流域存在的主要环境问题,水专项研究的方向和内容为以下 7 个方面。

1) 洱海全流域清水方案与社会经济发展友好模式研究、社会经济结构调整控污减排、生态文明体系建设

针对富营养化初期湖泊水污染特征,开展全流域以面污染源为主的污染源及其入湖负荷量现状等调查研究;开展湖泊流域生态功能区划;研究湖泊流域生态承载力与主要污染物总量控制方案;开展富营养化初期湖泊的流域社会经济发展模式与发展速度研究;研发与集成洱海全流域清水方案及综合管理体制与机制研究,确定以控制富营养化和改善湖泊水质/水生态为目的的流域土地利用模式与社会经济发展友好模式。洱海北部示范区内各行业主要污染物产生总负荷(以总氮、总磷计)削减 30%,入湖量减少 10% 以上,湖滨缓冲区主要污染物(以总氮、总磷计)排放负荷削减 70% 以上(以 2011 年为基准值);构建洱海流域生态环境综合管理平台,包括水质(氮磷等)、生态(浮游植物、陆生植被)、水文(流速、水位)、气象(气温、降水)等综合信息采集、远程传输、数据综合解析、预警系统、信息发布等,实现业务化运行并移交大理洱海流域保护管理局应用;建立洱海流域生态系统观测的指标体系;构建洱海生态环境远程在线监测系统;建立洱海全流域生态系统综合观测系统(包括浮游生物、底栖动物、鱼类、大型水生植物和陆生植被的生物指标以及水质指标监测技术体系),生物和水质监测指标、监测方法与频率以及数据处理达到国家级生态观测站水平;生态系统综合观测系统实现业务化运行;总结富营养化初期湖泊特征,为类似湖泊污染控制及经济可持续发展提供参照模式。

2) 大规模农村与农田面源污染的区域性综合防治技术与规模化示范

针对湖泊流域面源污染约占流域总负荷 80% 的现状,选择湖泊上游洱源

县作为示范区,开发和集成奶牛养殖业粪集中式沼气中温处理技术以及沼气社会服务体系示范;农村旱厕粪便处理、村镇生活废水土壤深度处理、旅游业餐饮污水等厌氧—好氧微生物与湿地生态深度处理复合技术及示范;形成 3 套洱海流域农业面源污染防控技术体系及相应的技术指南或导则(审议稿),包括农田清洁生产技术体系、奶牛分散养殖污染减排技术体系、种养一体化农业废弃物循环利用技术体系等;提出洱海流域农业面源污染防控规模化运行机制建议;编制洱海流域农业面源污染综合防控方案;建立奶牛分散养殖污染减排技术体系、农田清洁生产技术体系和种养一体化农业废弃物循环利用技术体系等三项示范工程;经济作物农田污染径流控制与生态净化技术;农业废弃物资源化技术;结合相关依托工程的实施,进行规模化综合示范,达到控制农村及旅游地域分散性面源污染的目标。

3)上游入湖河流净化、沿河低污染水的生态处理及清水产流机制修复关键技术及工程示范

针对由河流进入洱海的污染物占总入湖总氮、总磷、COD 物分别为 78%、87%、80%左右,其中弥苴河、永安江、罗时江是洱海北部污染负荷最大的河流的现状,选择不同类型的入湖河流,针对受农村与农田面源复合污染入湖河流的不同特征,开发与集成入湖河流沿岸污染控制与生态处理、生态堤岸修复、河口水质强化生态净化技术。特别针对经处理后的排水与地表径流汇合的低污染水,研发与集成生态处理新型技术,结合相关依托工程,进行规模化综合示范,达到控制入湖河流污染的目标。

4)湖滨带生物多样性恢复与缓冲区建设技术及工程示范

针对洱海西部缓坡和东部陡坡的具体特征,研发生态修复、面源污染净化、种植结构调整与湖滨生态景观改善技术;对已初步修复的大规模湖滨带(约58 km)进行生物多样性修复技术研究,研发与集成自然型与景观型湖滨带生态自然修复成套技术,以及湖滨带地表径流强化净化技术,结合相关依托工程,进行综合示范,研发洱海缓冲带生态构建技术,形成洱海缓冲带生态构建工程方案,全面支撑洱海缓冲带建设;选择洱海典型湖滨区,在工程示范区低污染水总氮、总磷与 COD 的污染物负荷量削减 30%,达到控制地表径流污染、湖滨带逐步完善和稳定的目标。

5)湖泊水生态、内负荷变化研究与防退化技术及工程示范

探明我国富营养化初期湖泊水生态退化和水华发生的机理和机制;形成富

营养化初期湖泊防治生态系统退化的系列理论;攻克一批适用于富营养化初期湖泊防治生态系统退化的关键技术,并形成以关键技术为核心的成套技术;建立富营养化初期湖泊水生态系统防退化示范工程案例,使研究示范区水生态系统退化趋势得到遏制,研发洱海底泥污染阻控技术,集成外源污染综合控制技术;进行洱海退化生境修复综合技术研究与集成,核心解决透明度、基底改善和水生植被优化扩增等技术难点;完成洱海藻类生物控制技术研发和水华应急处理技术优选,并开展洱海局部水域水华应急处理综合技术示范;突破生境改善、藻源性内负荷控制,有害藻类生物控制和应急处置等关键技术,构建富营养化初期湖泊洱海生境改善综合技术体系,选择典型水域开展生境改善综合示范工程,为修复洱海健康水生态系统提供技术支撑。结合洱海流域污染控制与生态建设相关工程,使示范区(红山湾)不发生大规模藻类水华,水生植被群落多样性提高 20%、面积扩大 20%、覆盖度增加 20%,并形成可自我维持的稳定群落,形成适合我国国情的富营养化初期湖泊的水生植物群落结构优化与扩增技术,为我国修复同类湖泊水生态系统提供技术支撑。通过上述的技术研发与示范及推广应用,结合相关依托工程,最终实现防治洱海水生态系统退化的目标。

6) 典型湖湾水体水污染防治与综合修复技术及工程示范

通过研究高原富营养化初期湖泊洱海藻类水华控制与治理的集成技术和长效管理的策略与方法,在全湖生态系统整体管理的基础上,首先于局部湖区实施工程示范,使水环境和水生态得到明显改善,并继以基于湖泊生态系统健康修复的全湖调控技术和工程措施,形成有效、安全、经济可行和综合的我国富营养化初期水体污染防治理论与技术体系,提供成套适用技术及相适应的设备设施,为我国类似湖泊的治理提供技术支撑。

7) 流域面源污染处理设备研发及产业化基地建设

参考国内外面源污染控制经验,研发与集成适用于农村面源污染控制的人畜粪便综合利用技术设备、农村粪尿分离式生态旱厕处理技术设备以及旅游地、郊外开发区、住宅区生活污水处理技术设备等,建立产业化基地,形成规模化生产能力。

3.3 主要参加研究单位

上海交通大学为项目负责单位,同时承担上游入湖河流净化及沿河低污染水的生态处理技术及工程示范;华中师范大学在本项目中承担洱海全流域清水方案与社会经济发展友好模式研究、社会经济结构调整控污减排、生态文明体系建设;中国农业科学院农业资源与农业区划研究所在本项目中承担大规模农村与农田面源污染的区域性综合防治技术与规模化示范;中国环境科学研究院在本项目中承担湖滨带生物多样性修复与湖滨带缓冲区构建关键技术及工程示范;中国科学院水生生物研究所在本项目中承担典型湖湾水体水污染防治与综合修复技术、湖泊生境改善及工程示范。

洱海课题其他主要参加单位还包括云南省环境科学研究院(参加第一课题),北京科技大学、昆明理工大学和云南省农业科学院农业环境资源研究所(参加第二课题),上海航道勘察设计研究院有限公司(参加第三课题),中交天津港航勘察设计研究院有限公司、中国科学院武汉植物园(参加第四课题),华中农业大学(参加第五课题),以及云南省大理州洱海湖泊研究中心(参加第六课题)。另外,当地院所大理学院、大理州环境科学研究所也参加多项课题的研究工作。

3.4　组织管理工作情况

机构设置:为积极落实各项要求,确保工作顺利开展,2007 年 8 月 15 日州政府以大政办通[2007]42 号文件成立了国家水体污染控制与治理科技重大专项大理州项目领导小组,领导小组组长由州长担任,分管副州长担任副组长,环保、科技、发改、财政、规划建设、水利、农业、大理市和洱源具政府等部门的主要领导为成员。领导小组下设办公室在州环保局,2008 年 4 月 29 日大理州环境保护局以大环发[2008]52 号文《关于成立国家水体污染控制与治理科技重大专项洱海项目办公室的请求》上报州人民政府机构编制委员会,经州人民政府常务会讨论,2008 年 6 月 5 日大理州机构编制委员会以州编委[2008]49 号文《关于同意州环保局增加内设机构人员编制的批复》,国家水专项洱海项目办公室在州环保局正式挂牌成立,办公室主任由环保局局长兼任,设常务副主任 1 人,工作人员 2 人。

组织管理:根据国家水专项管理办公室颁发的《水体污染控制与治理科技重大专项管理办法(试行)》和《水体污染控制与治理科技重大专项管理办法实施细则》大理州水专项办建立了工作制度,明确工作职责,并与大理州洱海保护治理领导小组办公室建立了办公联动制度，以保证水专项科研和示范工程与地方保护治理协调统一；建立了水专项科研和示范工程档案管理制度和水专项保密工作制度；各项制度责任到人。

在管理方面，大理州水专项办对各课题下发了大水专办〔2009〕01 号《关于定期开展各课题组负责人协调会的通知》、大水专办〔2009〕02 号《关于定期上报各课题进展情况的通知》、大水专办〔2009〕03 号《关于妥善处理试验室废液的通知》和大水专办〔2009〕04 号《关于水专项洱海项目工作人员安全管理办法》，这些文件在水专项洱海项目的开展过程中起到了很好的作用。另外，为了解课题组科研和示范工程的进展情况，规定水专项办工作人员在一个月内不定期到四个课题工作站不得少于两次，了解课题工作中存在的问题和协调、配合的问题，以便及时解决，并形成制度。水专项洱海项目的各项工作顺利开展，大理州水专项领导小组办公室成立后，积极与国家水专项管理办公室、省水专项办公室、湖泊主题专家组和项目承担单位上海交通大学联系，把项目（课题）目标、任务合同情况与洱海主要生态环境和地方科技需求充分结合在一起，协商研究内容、主要技术经济考核指标，安排示范工程、配套工程和依托工程。针对"水专项"的具体要求及洱海水污染防治的特点和难点，即洱海处于营养状态可逆的状态敏感的转型期，具有主要污染物来源明确、原因清楚、进入富营养化状态时期短、内负荷较低等特点，是国内处于富营养化初期的典型湖泊这一特点，确定了实施的课题及课题内容，并初步落实了示范工程实施地点。

"水专项"洱海项目各课题及示范工程确定是以《洱海流域保护治理规划（2003—2020）》的内容为依托，紧密结合《洱海流域水污染防治"十一五"规划》内容，在项目的各阶段目标及实施计划上，做到了与地方规划的统一，并立足于规划，集中力量解决目前洱海保护治理中迫切需要解决的水污染防治关键技术。项目实施后必将形成一套富营养化初期湖泊的污染防治理论和方法体系，研究成果对下一步洱海保护治理工作具有重要的指导意义，也是国内同类型湖泊保护治理的借鉴。

3.5 示范工程及配套资金落实

云南省委、省政府，大理州委、州政府对国家水体污染控制与治理科技重大专项在洱海实施予以高度重视，相应配套资金已作出承诺，省财政厅对项目作出了9 000万元的资金承诺,大理州环境保护局以大环发[2008]107号《关于请求给予落实国家水体污染控制与治理科技重大专项地方配套资金承诺的请示》报请州人民政府批准。大理州政府对项目作出了配套资金的承诺,保证项目启动后通过项目细化,将按期、足额使配套资金到位,并监管资金的使用,充分发挥资金的使用效益。

3.6　水专项洱海项目成果

通过"十一五"和"十二五"期间的不懈努力,水专项洱海项目在国家"三部委"、国家水专项管理办公室、省水专项办、大理州委、大理州政府的大力关心支持下,取得了预期的成果,理论方面形成了一整套湖泊治理的新思路。

根据洱海处于富营养化初期湖泊的特点,洱海流域的治理共包括如下6个体系。

1) 流域产业结构调整控污减排体系

在湖泊水环境承载力计算和区域分配的基础上,以主要污染物排放量与入湖总量分配为核心,开展流域产业结构调整控污减排体系建设,建立优化的社会经济发展模式,从源头上调整污染源分布和组成,减少整个流域污染物排放量。这是发展流域生态经济,促进社会经济可持续发展,建设洱海绿色流域的重要思路。

2) 流域污染源工程治理与控制体系

在流域产业结构调整的基础上,分析流域主要污染源源强及分布,实施相关经济可行的工程措施,对洱海流域重点污染源,包括乡镇与村落的生活污染、农田径流污染、奶牛及其他畜禽养殖污染、旅游宾馆饭店污染、乡镇企业污染等进行治理,形成涵盖重点区域、互相衔接的工程控源系统体系,使流域污染源达标排放。这是减少流域污染物排放量,降低污染物入湖负荷极为重要、最直接、见效最快的措施手段之一。

3) 低污染水处理与净化体系

经流域污染源工程治理后达标排放的水体水质虽然符合国家排放标准,但是其污染负荷仍高于洱海流域河流湖泊水质要求,属于低污染水,其仍将对流域水环境造成污染影响,低污染水如果不能得到有效净化,保障洱海Ⅱ类水质就无法做到。在污染源工程治理达标排放的基础上,通过分析流域低污染水主要分布区域、分布形式，通过建设湿地、塘坝、生态河道等，形成互相关联、共同作用、逐级削减的低污染水处理与净化体系。

4）清水产流机制修复体系

清水产流机制是湖泊流域清水量平衡和污染物平衡相互作用的庞大体系，是由清水产流区、清水养护区、湖滨带与缓冲带区组成的有机整体，其中清水产流区是清水产生的源头，为流域提供充足的清水量；清水养护区是流域污染物净化的重点区域和重要的清水输送通道，其山前平原的多塘、湿地等可拦截净化低污染水，保证清水入湖；湖滨带与缓冲带区是净化地表漫流的低污染水、保障清水入湖的重要生态屏障。河流是清水的主要输送通道，清水产流机制主要以河流流域为主体进行运作，围绕河流实施三个区域清水产流机制修复，构建系统的保障体系，维持机制的健康运行，对保证入湖河流水体的优良、保护湖泊良好的生态系统与水质健康至关重要。

5）洱海水体生境改善体系

在流域陆域一系列水污染治理与生态修复工程措施实施的同时，针对洱海水体中泥源性与藻源性内负荷积累、水生植被退化、水生态系统稳定性下降的特征，通过实施泥源与藻源内负荷去除、水生态系统的修复、湖泊生态养鱼等工程措施，促进水体生境改善与水生态系统的恢复。水体生境改善与水生态系统的修复对于减少洱海内源污染，促进水体中污染物去除，加快洱海水质改善起到重要作用。

6）流域管理与生态文明构建体系

流域管理与生态文明构建是一项系统工程，是由相关政策法律完善、机构组织建设、公众意识提高、智能监控监测等多方面组成的有机整体，涉及流域生态环境的各个方面，是绿色流域建设的重要组成部分。通过全流域环境在线监测、监控与信息管理、生态环境研究基地与环境教育基地建设、环境执法体系等流域管理与生态文明构建体系的建设，形成工程措施与非工程措施双管齐下的协同效应，有效保障水环境治理工程措施的顺利进行和流域水环境改善，构建绿色、生态、文明的洱海流域。

3.6.1   区域性农村与农田面源污染综合防治成套技术

针对洱海北部地区农村污水未经处理、无序排放，人畜粪便、生活垃圾等固体废物无序堆置、利用率低，农田种植结构单一、施肥灌溉不合理、农田沟渠生态功能退化,坡地植被覆盖度差、耕作频繁、顺坡种植普遍、水土流失严重所带来的面源污染问题,在确保入湖河流水质达标、明确氮磷污染负荷削减量的基础上,以"资源节约、循环利用、生态净化、协调发展"为指导思想,集成了农田氮磷控源减排、农村固体废物循环利用、农村生活污水处理、坡地径流污染综合控制等 4 个方面的大规模农村与农田面源污染处理技术。主要技术工艺如图 3-1 所示。

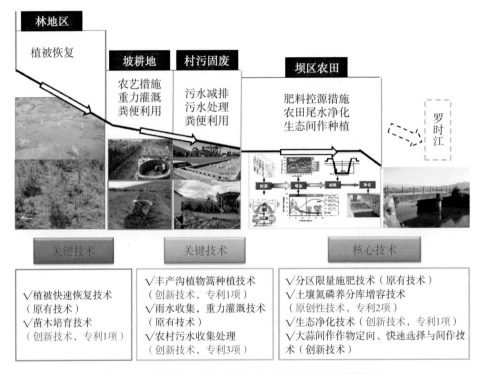

图 3-1　区域性农村与农田面源污染综合防治成套技术

围绕农村与农田面源污染特征污染物类型、来源、驱动因子、迁移路径和削减规律,以"控源、减排、净化"为指导思想,通过植被快速恢复技术、苗木培育技术增加坡地植被覆盖率,降低雨季径流风险,并在坡耕地种植方面采用丰产沟植物篱种植技术,增加农民收入的同时,对雨季径流水进一步拦截,在坡耕地下方根据坡耕地雨水集蓄及高效利用技术,设置集雨窖,将径流水进行收集,在旱季时进行雨水回用;农村生活污水主要采用农村生活养殖混合污水集成技术以及农村污水分散处理改进技术进行处理;将坡耕地循环利用后径流水、处理后农村生活污水进入农田进行重复利用,对面源污水进行再度处理利用。对农村养殖粪便进行收集利用,部分粪便进入农田再利用。在示范区农田面源防治方面,采用大蒜间作作物定向、快速选择与间作,基于环境安全与经济保障的农田分区限量施肥技术及土壤氮磷养分库增容,农田尾水生态沟渠与缓冲带联合净化等技术,从源头减少农田氮磷养分投入,通过建设生态沟渠对农田尾水进行处理,并在沟渠种植经济型植物(慈姑等)利用尾水中氮磷养分,取得一定的经济效益。大规模农村与农田面源污染综合防治成套技术,根据农村养殖、农村污水与农田利用相结合,水分和养分循环高效利用的原则,实现了面源污染得区域性综合防治。

3.6.2　洱海入湖河流清水产流机制修复技术

　　根据不同湖泊流域的自然与社会经济现状特点,在调整流域经济结构、构建绿色流域的基础上,通过流域水源涵养与水土流失的控制保证源头清水产流,通过河流小流域的污染控制与生态修复实现河流汇流的清水养护与清水输送通道,再通过湖滨缓冲区构建与湖滨带生态修复最终使"清水"入湖。山地水源涵养区、入湖河流区、湖滨区分别作为清水产流机制的产流区、污染物净化与清水养护区(径流通道)和湖滨缓冲区,是构成清水产流机制的 3 个关键环节。清水产流机制修复如图 3－2 所示。

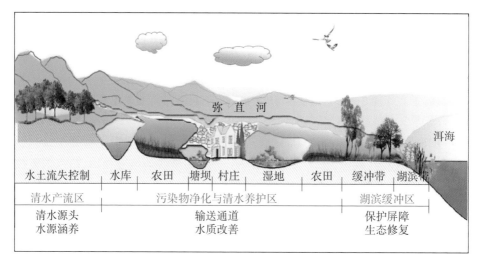

图 3－2　清水产流机制修复示意图

清水产流机制修复技术主要由如下 5 个部分组成：

（1）控氮减排技术。通过"地表水质下降，严重影响洱海水环境"这一环境问题的量化分析，流域主要的污染因子为 TN，提出从多方面多角度控氮减排技术需求。

（2）面源污染控制技术。通过"污染物入湖量高，污染源亟待控制"这一环境问题的量化分析，流域主要污染物来源于面源污染，其中尤以畜禽养殖污染为重，提出包括畜禽养殖污染控制、农田面源污染控制以及村落面源污染控制的面源污染控制技术需求。

（3）低污染水系统处理技术。通过"低污染水净化系统缺失"这一环境问题的量化分析，流域低污染水组成以农田面源为主，提出低污染水系统处理技术需求。

（4）生态构建技术。通过"自然植被覆盖率低，生态系统需修复"这一环境问题的量化分析，流域生态环境主要问题在于缓冲带未能构建，自然植被覆盖率低。提出包括污染控制、生态修复、低污染水净化的缓冲带生态构建技术需求，以及包括面山植被补植、湖滨带生态修复、湿地生态系统建设的植被修复技术需求。

（5）水土流失治理技术。通过"水体含沙量极高"这一环境问题的量化分析，弥苴河输沙量主要来源于面山水土流失和上游采砂，提出以植被修复和工程措施结合的水土流失治理技术需求。

针对罗时江开发的具体技术包括：生态护岸技术、截污沟技术、污水处理厂尾水深度处理技术、低污染河道旁路改善技术、河口水培湿地处理技术。

3.6.3　湖滨带生物多样性恢复与缓冲区建设技术

1）湖滨带生物多样性恢复技术

湖滨带是水陆生态交错带的一种类型，是湖泊流域陆地生态系统与水生生态系统间十分重要的生态过渡带，是湖泊的天然屏障，也是地球上最脆弱的湿地生态系统之一。由于不同生态系统之间的相互作用，湖滨带有特别丰富的植物区系和动物区系，形成一个物种进化的基因库，其功能定位为水陆生态系统间的物流、能流、信息流和生物流发挥过滤器和屏障作用的缓冲区，保持生物多样性并提供野生动植物栖息地以及其他特殊地的保护，稳定湖岸、控制土壤侵蚀的护岸，可提供丰富的资源多用途的娱乐场所和舒适的环境以及经济美学等功能。

　　湖滨带的修复通常可分为3个阶段，即湖滨生境条件的修复、植物群落的初步构建、生物多样性恢复。洱海湖滨带已经完成了湖滨带生境条件的修复与植物群落的初步构建，经过几年的变化，湖滨带生境进一步改善，先锋植被如芨草、柳树等恢复良好，但物种多样性仍然较为单一。另外，湖滨带生物多样性恢复针对的对象区域已经开展了初步生态修复。这些区域湖滨带地形较为平缓，生态系统初级生产者以高等植物为主。因此分区的原则是初步恢复后湖滨带植被生物多样性状况，将湖滨区划分为强化管理区，现状保护区以及完善区，针对3种类型区域，采取不同的技术手段：①针对先锋植被恢复较好，但多样性单一区，主要采取优化生境条件，辅助群落优化技术；②针对生物多样性恢复较好区，由于其现状生境条件及生物多样性较好，主要采取维持和保护措施；③针对水生植被恢复较差区，主要采取生境改善技术。湖滨带生物多样性修复技术的具体应用如图3-3所示。

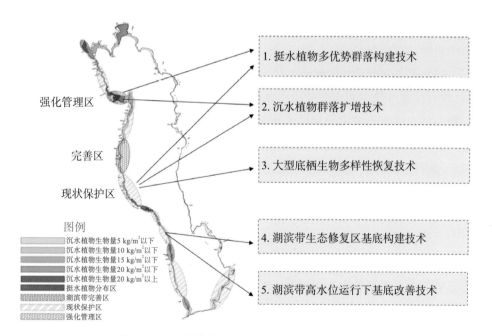

图3-3　湖滨带生物多样性恢复技术的具体应用

2）陡岸湖滨带生物多样性恢复技术

　　洱海东区陡岸风浪作用大，基本上没有挺水植物分布，从洱海历史及现状来看,适合东区陡岸的食物链可由浮游动植物、周从及底栖动物、鱼类组成,周从生物、碎屑、浮游植物吸收水中的营养盐,并为软体动物或底栖提供食物,同时浮游植物又为浮游动物提供了生存条件,浮游动物、软体动物供鱼类食用,这样,形成的食物链可以改善湖滨带的水质条件。

从洱海东区的情况来看,这种健康的生态链被打破,一方面是鱼类的生境条件不断恶化,另一方面是大型软体动物,如螺蛳、蚌在洱海湖滨带也难觅踪迹,作为食物链的重要组成部分,其严重退化可引起能量和物质流动受阻,生物沉积作用减弱,水质变差。因此需要创造生境条件促进恢复。

(1)岸坡周从生物多样性恢复及小型鱼类栖息地构建技术Ⅰ:沿东区陡岸岸坡建一些有空隙的结构,提高了其他藻类与寡枝刚毛藻的竞争力,从而增加周丛生物的生物多样性,另外,结构空隙形成了小鱼的栖息和产卵地。此类空隙结构选择四角空心方块、枊槎等形式。

(2)湖滨带小型鱼类栖息地构建技术Ⅱ:对已有柳树的湖滨带,清除柳树和护岸间的杂物,在柳树根部绑扎竹排,抛投柴捆,形成小型鱼类栖息地。

(3)湖滨带周从生物多样性恢复技术Ⅲ:将湖滨带范围内农田拆除后,铺设砾石浅滩,形成周从生物多样性恢复空间。通过物理模型试验了不同中值粒径(8 mm、30 mm、90 mm)下砾石边坡最终稳定断面,提出稳定边坡为1∶5。

(4)深水区鱼类栖息地构建技术Ⅳ:在3～6 m水深抛投鱼礁,鱼礁以空隙结构为主,如枊槎群、生态混凝土圆球群、大块毛石、混凝土米字块体等,形成中小型鱼类栖息和产卵地。

对上述技术进行集成后的布置如图3-4至图3-8,鱼类栖息地的构建可以和岸坡修复技术任意组合,也可单独构建,图3-4和图3-5为技术Ⅰ分别采用不同的鱼类栖息地结构的应用示例,图3-6为技术Ⅱ的应用示例,图3-7为技术Ⅲ与技术Ⅳ结合的应用示例,图3-8为技术Ⅰ与技术Ⅳ的结合应用示例。

3) 湖滨带管理技术

湖滨带管理技术主要包括收割时间、收割位置、收割管理次数、收割面积百分比及收割区的布置等方面。

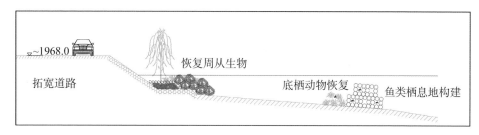

图 3-4　陡岸湖滨带生态修复集成技术示例 1：技术 I ＋方块结构

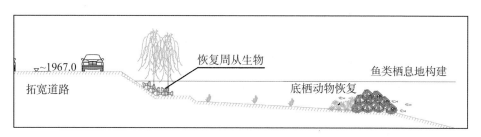

图 3-5　陡岸湖滨带生态修复集成技术示例 2：技术 I ＋杩槎结构

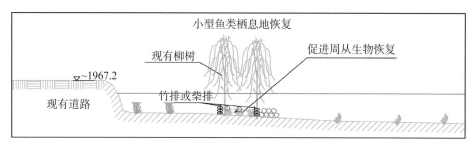

图 3-6　陡岸湖滨带生态修复集成技术示例 3：技术 II

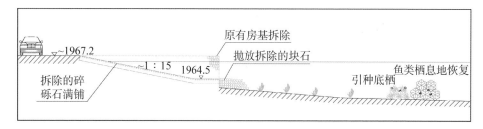

图 3-7　陡岸湖滨带生态修复集成技术示例 4：技术 III ＋技术 IV

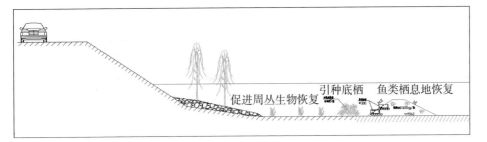

图3-8　陡岸湖滨带生态修复集成技术示例5：技术Ⅰ+技术Ⅳ

4）洱海缓冲带生态构建技术

针对不同类型缓冲带各自污染因素与生态恢复制约因素的不同，在构建过程中将选取不同工艺进行集成，以全面构建结构完整、功能完备、管理科学的洱海生态缓冲带。缓冲带构建技术原理如图3-9所示。

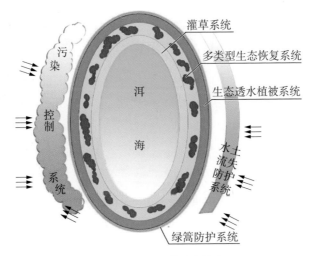

图3-9　缓冲带构建技术

根据缓冲带外围来水污染特征，缓冲带污染产生及排放特征，污染物入湖特征，集成了缓冲带污染清除与生态建设技术，最终形成三圈的缓冲带生态构建技术。缓冲带污染清除以流经缓冲带沟（河）及地表漫流为线进行集成，使入湖水质达到湖滨带生态保护的要求。对缓冲带外围污染，缓冲带内农田面源、生活污染、畜禽养殖及水土流失进行系统控制。缓冲带生态修复技术从流域角度，综合考虑湖泊保护、陆生生态的特点与人类生产生活，形成缓冲带生态建设技术。从污染减排的角度,综合考虑了工程减排、结构减排及管理减排。工程减排主要考虑生活源的控制与低污染水的处理。综合运用人工工程与自然净化能力;结构减排以种植结构调整和布局调整为重点,调减重污染种植业。管理减排以生态文明建设为重点,形成绿色的生产生活方式。根据上述技术原理,围绕洱海周边的地理特征,形成的缓冲带构建方案如图 3-10 至图 3-13。

构建方案	工程项目	图例	工作内容
外围散畜净化带构建方案	洱海北部生态湿地系统优化工程		100 m散畜带建设,结合已建罗时江生态湿地和本规划弥苴河,永安江河流低污染水处理方案
中国绿色经济带构建方案	绿色村落建设工程		21个村落,处理规模1 104 t/d,40个生物净化公厕,畜牧禁养,40座垃圾站,4辆垃圾车
	清洁田园建设工程		村落村容村貌与生态文明建设
	生态旅游建设工程		1.4万亩有机农业与绿色农业,200亩人工湿地,4 000座沤肥池
			沿路酒店污水收集处理,综合管理
内围100 m环湖带构建方案	6个村落污水处理		处理规模311 t/d,12个生物净化公厕
	畜牧禁养、垃圾管理		16座垃圾站,2辆垃圾车
	禁种蔬菜		600座沤肥池
	生态改造建设		9个村落,1 500亩农田

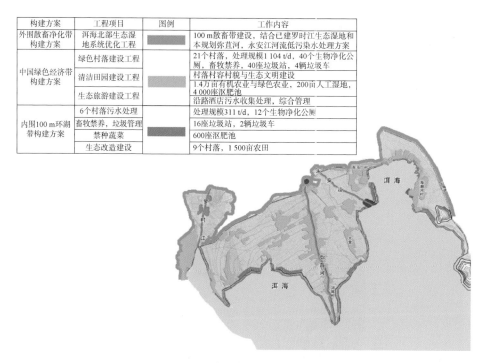

图 3-10   洱海北部缓冲带构建方案图

3.6.4 洱海水生植被防退化技术

洱海水生植被防退化技术主要由如下 6 个方面构成:

(1) 水质改善。有效改善水质与提高水体透明度是目前洱海水生植被恢复的重要前提条件,通过截污、减排等方式结合行政手段削减入湖营养盐。基于"十一五"期间研究获得的有关参数及阈值,水质改善的总体目标分为两个阶段:第一阶段,"十二五"期间将水体透明度提高至 2 m,水体营养盐总氮削减至 0.45 mg/L,总磷削减至 0.04 mg/L;第二阶段,"十三五"期间将水体透明度从 2.0 m 提高到 2.5 m,水体营养盐总氮削减至 0.35 mg/L,总磷削减至 0.03 mg/L。

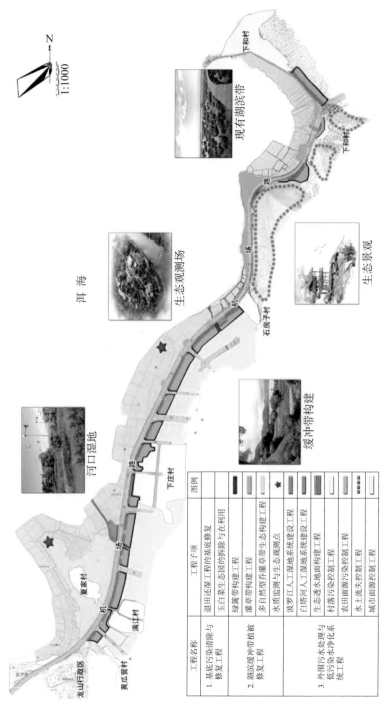

图 3 - 11　洱海南部缓冲带机场路段工程总平面布置图

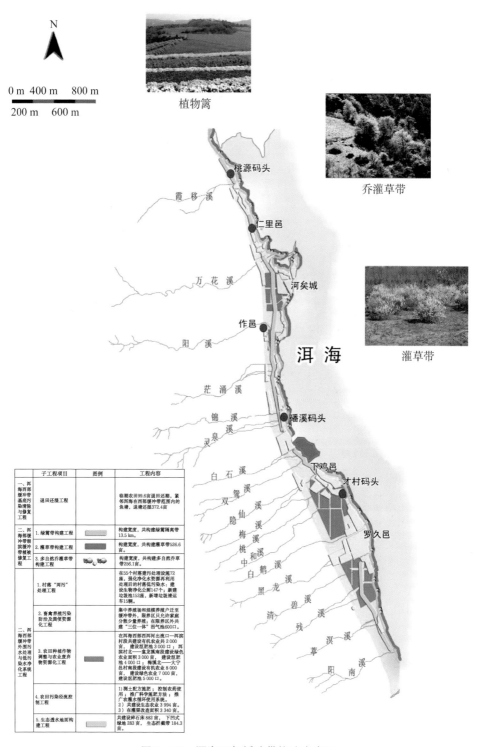

植物篱

乔灌草带

灌草带

0 m　400 m　800 m
200 m　600 m

桃源码头
霞移溪
二里邑
万花溪
河矣城
作邑
阳溪
洱　海
茫涌溪
锦溪
灵泉溪
磻溪码头
白石溪
下鸡邑
才村码头
篢溪
双仙溪
隐溪
梅桃溪
和中溪
白鹤溪
罗久邑
黑龙溪
碧溪
清溪
残溪
草溪
阳南溪

子工程项目	图例	工程内容
一、洱海西部缓冲带基底污染清除与修复工程	退田还湖工程	临棚农田99.6亩退田还湖，紧邻洱海在西部缓冲带范围内的鱼塘，退塘还湖372.4亩
二、洱海西部缓冲带粗颗粒沉积植被修复工程	1.绿篱带构建工程	构建宽度，共构建绿篱隔离带13.5 km。
	2.灌草带构建工程	构建宽度，共构建灌草带526.6亩。
	3.多自然乔灌草带构建工程	构建宽度，共构建多自然乔灌草带256.1亩。
三、洱海西部缓冲带外围污染处理与低污染水净化系统工程	1.村落"两污"处理工程	在55个村落建污处理设施72座，强化净化水资源再利用处理后的村落低污染水；建设生物净化公园147个；新建垃圾池152座，新增垃圾搬运车15辆。
	2.畜禽养殖污染防治及粪便资源化工程	集中养殖场和规模养殖户迁至缓冲带外，限养区只允许家庭分散少量养殖；在限养区内共建"三位一体"沼气池600口。
	3.农田种植作物调整与农业废弃物资源化工程	在洱海西部西闸河出流口—河滨村民段共建设有机农业共2 000亩，建设底肥池3 000口；洱滨村北—金龙溪南段建设绿色农业面积3 000亩，建设底肥池4 000口；梅溪北—大宁邑村南段建设有机农业8 000亩，建设绿色农业7 000亩，建设底肥池5 000口。
	4.农田污染移除流控制工程	1）测土配方施肥，控制农药使用；推广科学施肥方法；推广农灌水循环使用系统。2）共建设生态沟渠3 994 m。3）在坡耕地改造面积3 340亩。
	5.生态透水地面构建工程	共建设碎石床882亩。下凹式绿地283亩，生态拦截带184.3亩。

图3-12　洱海西部缓冲带构建方案图

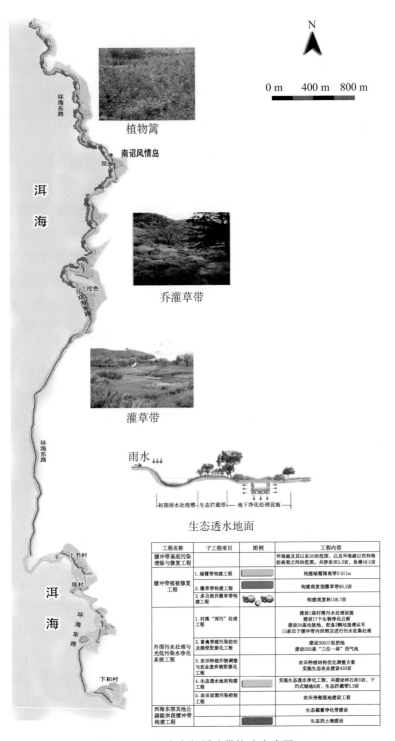

工程名称	子工程项目	图例	工程内容
缓冲带基底污染清除与修复工程			环海路及其以东50m的范围，以及环海路以西和海防高程之间的范围，共涉农田5.3亩，鱼塘48.5亩
缓冲带植被修复工程	1. 绿篱带构建工程		构建绿篱隔离带2 611m
	2. 灌草带构建工程		构建观赏型灌草带80.2亩
	3. 多自然乔灌草带构建工程		构建观赏林108.7亩
外围污水处理与光低污染水净化系统工程	1. 村落"两污"处理工程		建设1座村落污水处理设施 建设17个生物净化公园 建设24座垃圾池，配备2辆垃圾清运车 15家位于缓冲带内的酒店进行污水收集处理
	2. 畜禽养殖污染防治与粪便资源化工程		建设300口扠肥池 建设250座"三位一体"沼气池
	3. 农田种植作物调整与农业废弃物资源化工程		农田种植结构优化调整方案 实施生态农业33亩
	4. 生态透水净化工程		实施生态透水净化工程，共建设碎石床3亩，下凹式绿地8亩，生态拦截带5.3亩
	5. 农田面源污染控制工程		农田勞衡湿地建设工程
洱海东部其他公路陆岸段缓冲带构建工程			生态截蓄净化带建设
			生态挡土墙建设

图 3-13　洱海东部缓冲带构建方案图

（2）优化水位运行节律。洱海近50年来沉水植被的扩展和衰退都与水体底部光照环境息息相关,底部光照环境主要由水位和水体透明度决定,而水体透明度又与入湖营养盐和水体自净能力相关。由这些因素相互影响可见,洱海水生态系统管理应从总体上把握,多渠道协同管理才能获得预期成效。鉴于面源污染和入湖污染控制已成为共识,只是这些行动的成效具有时间滞后性。

在洱海管理条例允许范围内,适度降低春季3—6月的运行水位(0.5～1 m),使这一时期洱海底部光照环境得到改善,有利于沉水植物复苏。2009—2010年洱海水生态调查表明,3—6月是沉水植被复苏和快速生长的重要阶段,这一时期洱海水体透明度高,水温相对较低,浮游植物数量低,水华风险低,是水位优化的良好时期。因此在春季实施低水位运行,降低洱海春季(3—6月)水位,使湖心平台大部分区域水深在4 m以内,待沉水植被充分恢复后可适当提高水位,夏季湖心平台最大水深不超过6 m。可在湖心平台投掷沉水植物种子和种植黄丝草、黑藻、苦草等耐阴喜肥植物,或在培养盆中萌发和培育后嵌入式投入。

在秋冬两季仍实施高水位运行,即维持适当的年水位变幅,有利于沉水植被的生长和分布。

从长远考虑,须维持洱海相对稳定的周年水位变化,有利于改善目前沉水植被群落结构和分布格局,延缓沉水植被演替进程,对于洱海的可持续发展与利用具有重大意义。

水位优化试运行须与水生态系统监测同步进行。为了及时掌握水位调控的生态效益,需要同步监测沉水植被生长、分布水深、浮游植物、水体理化等指标的动态,综合判断水位优化的生态效益与风险。

（3）繁殖体补充技术。

① 水生植物优选。目前洱海水体氮磷浓度较高,水体透明度、底质条件、水生植被组成与种群密度具有较大的区域性差异。主要优势种为金鱼藻、黄丝草、狐尾藻。其中金鱼藻生物量季节性变化极大,不利于生态系统的稳定;狐尾藻形成的花序较少,无性繁殖体比较少见,而且种子很小,不易采集;黄丝草等眼子菜属植物的种子产量很大,容易收获,对整个生态系统的稳定能够发挥积极的作用。所以,在繁殖体修复中应以黄丝草为主要修复对象,同时兼顾其他眼子菜属物种(比如,穿叶眼子菜、马来眼子菜、菹草、光叶眼子菜、篦齿眼子菜)

和苦草的使用,加强景观美化的作用。

② 繁殖体收集。在繁殖体收集过程中通过有性和无性繁殖体的搭配,本地和异地材料的搭配,提高恢复种群遗传的多样性水平。可在 9—10 月,对黄丝草、马来眼子菜、篦齿眼子菜、苦草等物种花果期结束时大量采集当年的种子,在 12 月冬初时期集中采集休眠芽和块茎;对菹草可在 5 月末同时采集种子和芽苞。断枝可通过扦插技术用于植被恢复。采集断枝应重点选取地下匍匐茎,可与采集休眠芽和块茎工作同时在秋末冬初进行。主要繁殖体外观如图 3‑14 所示。

图 3‑14　主要繁殖体(块茎和种子)

依据现有种群分布特点划定采集区域。将北部沙坪湾、海潮湾和南部体育馆作为黄丝草繁殖体的采集区;从才村码头向北直到喜洲湾,以及双廊湾作为马来眼子菜和穿叶眼子菜的主要采集区;双廊湾与海东湾作为苦草主要采集区;才村码头北部至下鸡邑附近作为菹草繁殖体采集区。

③ 繁殖体萌发。沉水植物无性繁殖体的萌发率较高,而种子的萌发率比较低。眼子菜属的种子萌发率仅在 20% 左右,苦草的种子萌发率在 50% 左右,通过一些辅助手段可以有效提高。

低温层积处理:在萌发前的低温处理能够打破种子的休眠期,有效提高种子萌发率。处理温度为 4℃,处理时间 2 个月。

去除种皮：眼子菜属的种子一般形体较大，种皮较厚，成为阻碍萌发的主要原因。在萌发前通过机械作用将种皮部分破碎，可有效提高萌发率。

萌发温度：沉水植物适宜的萌发温度为 20℃左右，通过温室调节萌发温度进行有效诱导，提高萌发率与幼苗成活率。

水深诱导：对萌发出的幼苗进行集中培养，逐步增加水深至 100 cm，加快幼苗成长速度，在较短的时间内形成成熟植株，用于植被修复。

④ 优化种群遗传结构。有性繁殖体的大量使用：沉水植物由于较低的种子萌发率和幼苗更新速度，使得种群遗传结构较为单一。因此有针对性的大规模使用种子繁殖来恢复种群的遗传结构。

异地物种的使用：采集洱海附近水体（剑湖、丽江黑龙潭、拉市海等）相应物种的繁殖体，对洱海种群加以补充，通过引入与本地种群遗传背景差异较大的种群繁殖体，增加洱海种群的遗传多样性，使本地种群在基因水平上的适合度有所提高。

⑤ 繁殖体的投放。在温室中将繁殖体进行大规模萌发后，于幼苗培养基地进行预培养，待植株具有较强的存活能力后投放到植被修复区，并结合春季水位优化运行措施，逐步恢复洱海沉水植物种群规模。

⑥ 繁殖体保存与种子库补充。洱海湖区当前的种子库资源较为贫乏，沉积物理化环境不适合种子的长期保存，而沉水植物在每个繁殖周期又会产生大量的有性和无性体，造成资源浪费。因此，通过建立繁殖体保存设施，将每年收集的各种繁殖体有效保存起来，在适宜的环境中保持其萌发活力，保证长期水生植被恢复工程所需的种质资源。

（4）人工辅助水生植物修复。采用水草草皮技术、水草适应性定植技术、水草幼苗补充、多样性镶嵌技术、沉水植物抗风浪剪切物理辅助技术等因地制宜、因时制宜的开展沉水植被辅助修复。

（5）种质资源保护。

① 保护区的选定。保护区应具备以下几个条件：风浪影响较小；底质坡度平缓；水位变化不大；人类和渔业活动干扰较小；物种资源基础较好。湖湾是建立保护区的首选地点。洱海中的海东湾位于海东镇西侧（N25°42′34.88″，E100°14′53.36″），水域面积 2 km²，外围有金银岛有效降低风浪影响，底部平坦，渔业活动较少，物种资源丰富（19 个物种），是建立种质资源保护区的最佳地点。种子选种点如图 3-15 所示。

图 3-15　种子选种点

② 本地物种保护措施。在不影响景观的前提下,通过渔网或栅栏将需保护水域围起来,将保护水域的大型草食性鱼类清除,并安排工作人员定期清理漂浮植物。在充分调查保护区内现有物种资源的基础上,对容易形成单优群落的物种(金鱼藻、黄丝草)加以严格管理。每年收集保护区内各物种的成熟种子,将其中一部分进行萌发,在幼苗培养基地培养至成年株进行补充栽种,以逐步扩大保护区范围,将另一部分种子作为种质资源保存于繁殖体保藏设施。

③ 引种措施。每年分两次(春秋两季)从附近水体(丽江、香格里拉等地)中采集洱海缺少的沉水植物的繁殖体与幼苗,向保护区引种,以丰富洱海水生植物资源。

(6) 水生植被管理。

① 优势植物收割工程。通过收割方式不仅能有效保证湖泊休闲与景观功能,有利于渔业捕捞等经济活动,促进了其他沉水植物种在生长期有效占据各自的生态位;而且还可以通过带走植物体内的氮和磷等营养盐的方式起到削减湖泊中营养水平的作用。

规划在北部海潮湾(7.6 km²)和喜洲湾(2.2 km²)的两个微齿眼子菜单优群落进行人工或机械收割,目前这两个湖湾的沉水植物群落结构已经呈现严重单优化,在春季生长期微齿眼子菜生物量能达到每平方公里2.1万吨和1.8万吨,其密度每平方米分别约为7600株和6500株,覆盖度约为78%和85%。沉水植物群落能在水体形成非常密集的遮阴层,严重影响到其他物种生长以及渔业捕捞。因此在春季生长期将这两个湖湾微齿眼子菜的生物量收割至每平方公里1万吨左右、密度降至每平方米3000株左右。

而在夏季,金鱼藻生长相对其他物种快许多,能迅速扩张覆盖至大部分水面,所引起的遮光作用十分不利于其他沉水植物的生长。该物种一般分布在北部沙坪湾(5.6 km²)且呈斑块状分布,覆盖度约为70%,生物量约为每平方公里4万吨。因此在夏季将湖湾金鱼藻的生物量收割至每平方公里0.8万吨左右。

② 漂浮植物清理。在部分湖湾,如沙坪湾、海潮湾和体育馆等主要沉水植物分布区,漂浮植物如菱角、浮萍和水绵在夏季大面积覆盖水面并持续恶化。这不仅影响景观,而且严重危害这些湖区沉水植物的生长,从而导致生态系统的退化。

因此规划在夏季将这几个湖区的漂浮植物进行人工清除,对于菱角和浮萍施行浅水区(小于2.5 m)清除50%、深水区(大于2.5 m)清除80%;而对于水绵应尽量完全清除。清理面积分别约为沙坪湾(4 km²)、海潮湾(3.5 km²)、体育馆(1.5 km²)。

③ 植物残体回收利用工程。规划在江尾和喜洲各建立一个水生植物回收处理中心,将收割或清除的沉水植物或漂浮植物蕴含丰富的生物能转化为可以直接利用的能源;而且植物的残体含有氮、磷、钾及微量元素,可以用作农田肥料或者加工成饲料;另外还可以用于池塘养鱼以减轻渔业养殖的投入。

④ 沉水植被群落监测工程。规划在大理才村建立洱海沉水植被长期监测工作站,并在洱海五个主要沉水植被分布区(包括沙坪湾、海潮湾、喜洲湾、海东湾和体育馆前水域)和湖心平台共设立六个监测站点。在洱海沉水植被有效管理、实施水位优化运行、繁殖体补充等措施施行时,对沉水植被的生长、分布、繁殖体和水质等进行原位同步监测,获取第一手关键参数及监测资料,为洱海沉水植被的全面恢复提供重要参考与科学依据。

3.6.5　湖湾水体水污染防治与综合修复技术

1）集聚型藻华拦截和高效物理方法原位除藻成套技术

针对洱海蓝藻水华间发性中低浓度发生，且局部发生、湖湾堆聚的特点，课题组研究发明了一套适宜洱海"集聚型藻华拦截和高效物理方法原位除藻成套技术"。该成套技术利用湖流场和风生流作用，通过陷阱技术实施工程拦截，使藻华浓缩，然后通过机械收获清除大部分被堆积的藻华，再通过双效精土清除残余的藻华，以达到直接消除湖湾蓝藻水华堆聚的目的。该技术有效地解决了在中低藻华浓度且间发性的水体中蓝藻水华拦截效率低、防浪能力较差、工程成本高等弊端，通过新设计的工程拦截措施，使拦截体两侧藻类水华消减率达 50%。

通过技术示范，还研制了一种可车载或船载的收获水华蓝藻的方法及装置，该装置物理除藻单机效率为 $60\,m^3/h$ 富藻水，具体设备外观如图 3-16。该装置通过专家测试，并申请专利，专利号：ZL200810048488. X。

图 3-16　可车载或船载的收获水华蓝藻的装置

因地制宜地利用大理天然资源，通过实验改进配方，研制了一种具有絮凝沉降和底质钝化作用的"双效精土"和实施技术，完成了在洱海沙坪湾示范区、沙坪湾入洱海口沟渠、洱海阳南溪入海口等水域进行了大面积技术示范。双效精土藻华静风沉降时间在 4 h 以内，底质营养物静态释放下降了 25.5%。对 COD_{Mn}、TN、TP 去除率达到 60%、50%、80%，对水华蓝藻去除率在 80% 左右。通过该技术在洱海的示范，表明双效精土藻华控制是一项生态环保的除藻措施。相关现场照片如图 3-17、图 3-18 所示。

图 3 - 17   在洱海沙坪湾用改性硅藻土大规模除藻示范

（a）实验前现状   （b）实验 1 小时后絮凝效果

图 3 - 18   在沙坪湾用硅藻土絮凝除藻示范前后对比

2）湖湾周边直接入湖污水处理成套技术

针对洱海周边村落奶牛等畜禽养殖废水对洱海环境严重影响的问题，本着因地制宜、分散处理，经济实用、管理简便，生态友好、循环利用的原则，湖湾周边直接入湖污水处理成套技术主要集成了"沼气污水净化池 + 复合塔式生态滤池处理技术""强化厌氧 + 湿地生态处理集成技术""小型无动力厌氧户型污水处理集成技术"。通过采取湿地生态、生物污水处理净化技术集成与创新，有效削减入洱海的 COD、磷、氮等污染负荷，促进水质改善，显著改善洱海流域农村生态环境质量。其中，"沼气污水净化池 + 复合塔式生态滤池处理技术"首次在洱海上关村引进。其创新点：强化前处理，采用高效沼气厌氧、厌氧曝气；表面水力负荷可达 $1\,m^3/(m^2 \cdot d)$，远高于传统的土地处理系统；主体材料采用玻璃钢现场安装，保证塔体本身的密封性能；新型滤料密度较小，比表面积大，更加容易负载微生物;延长水力停留时间,污水在塔体停留时间更长;蚯蚓为改良过的蚯蚓品种,其耐淹性显著提高,更耐脏。上关村复合塔式生态滤池处理工程规模 50 m³/d,污染物削减量 COD 17. 16 t/a、TN 1. 64 t/a、TP 0. 6 t/a。项目的实施为探索村落污水治理提供了新途径。

"强化厌氧 + 湿地生态处理技术"在喜州镇沙村、金圭寺村应用,建成 10 套分散式污水处理系统。在沙村 1 号下水道(村闸口)建成生物带-竹炭处理系统,其创新点如下:独特的高效微生物菌剂、高分子生物填料——生物带、高效载体——生物改性竹炭。在沙村 2 号下水道、金圭寺村建成强化厌氧——人工湿地系统处理系统,其创新点如下:人工湿地系统处理效率稳定,尤其是对于总氮总磷之类的营养物质,无动力消耗,不产生气味,根据当地地形,因地制宜,最大化发挥土地的作用。沙村污水处理工程规模 140 m³/d,沙村 2 套污水处理系统削减COD 1. 58 t/a、TN 0. 10 t/a、TP 0. 02 t/a。金圭寺 8 套污水处理系统工程规模220 m³/d,削减污染物 COD 29. 63 t/a、TN 1. 59 t/a、TP 0. 08 t/a。

"强化厌氧 + 湿地(表流 + 潜流)应急处理技术"在喜洲镇上关村应用,处理畜禽养殖废水和农村生活污水约 50 m³/d,COD 削减 40% 以上、磷 25%、氮15%,处理系统已运行 2 年,对沙坪湾面源污染控制起到了积极作用。

"小型无动力厌氧户型污水处理集成技术"在喜州、上关镇村落进行了户型污水大规模推广应用,其中喜洲镇建成 3 103 套,上关镇建成 1 584 套。其创新点:高效厌氧、填料填充,微型湿地应用,停留时间长,表面负荷大,出水回用,无能耗、易管理,防止短流,高效布水技术。户型污水处理系统处理水量 0. 3～0. 5 m³/d,污染物削减率 COD 58. 20%、TN 5. 84%、TP 18. 61%。洱海周边村落污水处理工程见图 3 - 19。

3) 鱼类群落结构调控技术

该项成果的核心关键技术为洱海土著鱼类的人工放流增殖技术,掌握了限制春鲤等土著鱼类人工放流效果的关键环境因子等关键技术。通过该项目的技术支撑,大理洱海管理局进行了洱海土著鱼类人工放流种类的结构调整和放流技术的改进,实现了从单一放流大头鲤到杞麓鲤、春鲤和大头鲤等多品种放流模式的改进。2007 年,放流杞麓鲤 70 万尾,春鲤 50 万尾;2011 年,杞麓鲤的放流增加到 240 万尾,春鲤的放流增加到 160 万尾;并于 2011 年,首次成功放流了云南裂腹鱼 6 万尾。每年增殖放流的鲢、鳙数量不断增加,2011 年鲢放养量达 381 吨。该项成果的推广和应用为洱海土著鱼类的人工增殖放流提供了

图 3-19　洱海周边村落污水处理工程

关键技术支撑,通过洱海土著鱼类增殖放流种类的结构调整,更加有效地恢复了洱海土著鱼类的资源,显著地提高了洱海土著鱼类的生物多样性和完整性,促进了整个生态系统的恢复和重建。洱海土著鱼类投放量和放流种类逐年递增曲线见图 3-20。

　4）湖湾及全湖水文模型应用技术

　　通过该技术示范,在洱海湖泊和附属河流建立水位站 9 个,水温监测站 5 个,风场监测站 5 个。通过技术的应用,构建了洱海典型湖湾及全湖 EFDC 水

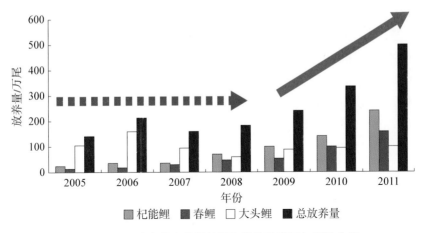

图 3-20　洱海土著鱼类投放量和放流种类逐年递增曲线

动力模型;构建了洱海北部入湖河流弥苴河、罗时江、永安江、西闸河及洱海北部水面水文现代化网络监测系统;为州政府在 2009 年、2010 年百年不遇的干旱情况下,通过水位水量调控、严格控制洱海出湖水量和发电量、控制库容,确保了洱海的生态用水、环境容量的提高,促进了洱海水质状况的稳定和进一步的改善;为"十一五"洱海水污染防治规划入湖污染物总量削减提供了科技支撑;同时,在洱海湖泊研究中心建立了自己的现代化洱海环境容量、生态水位调控体系,促进对洱海环境容量和生态水位调控调度的深度科学研究。

5) 水生植物群落重建及生物多样性恢复技术

水生植物群落重建及生物多样性恢复技术是通过野外调查和围隔原位试验,确定了影响水生植物生长和分布的重要环境因子,针对洱海沉水植物覆盖度低、湖湾及沿岸区菱和荇菜等浮叶植物过度生长和蔓延的问题,建立了菹草、黑藻、苦草人工重建和以自然恢复为主的水生植被重建关键技术。并且集成了"基于种子播种的沉水植物快速重建技术""基于石芽萌发的菹草恢复技术""基于浮叶植物收割调控的沉水植物自然恢复技术"等多种技术。

水生植物群落重建及生物多样性恢复技术通过调控浮叶植物生物量和分布面积,使试验区原有的生物量很低的金鱼藻和微齿眼子菜种群得到了快速恢复,原来没有采到的苦草、黑藻、篦子眼子菜等也得到逐步恢复,大幅度增加了洱海沉水植物群落的物种多样性。

该项成果在洱海沙坪湾示范区(0.75 km²)进行了集成应用,取得了显著成效。2010 年 10 月示范区水生植物覆盖率超过 90%,生物量(5 796 g/m²)同比增加 73%,生物群落多样性指数同比增加 30%,增强了水生植被对水体的净化功能,水体透明度由原来的 160 cm 增加到 210 cm。依托洱海地方配套工程项目,该项成果在沙坪湾、沙村湾、海潮河湾等湖湾进行了推广应用,累计割除菱、荇菜和凤眼莲约 1 500 多吨,使水体氮负荷消减 21.8 kg/km²、磷负荷消减 2.76 kg/km²,浮叶和漂浮植物分布面积比应用前减少了约 50%,沉水植物覆盖面积相应增加了约 10%。

该成果为恢复沉水植被、优化水生植物群落结构提供了重要的技术支撑,可使沉水植物得到较快恢复,增加水生植被的多样性和稳定性,增强水生植物的净化功能,充分发挥它们对悬浮物的拦截吸附、水体氮磷负荷的消减和浮游植物抑制的作用,并显著改善沿湖消落区的生态景观。沙坪湾示范区水草收割见图 3 - 21。技术示范前后示范区沙坪湾景观变化见图 3 - 22。

图 3-21 沙坪湾示范区水草收割

技术示范前   技术示范后

图 3-22 技术示范前后示范区沙坪湾景观变化

3.6.6 洱海流域结构调整控污减排技术

通过流域生态经济理论和生态文化理论研究,构建生态文明流域发展理论框架,开发流域生态文明评价技术,在此基础上,提出生态文明流域发展的建设目标；随后，以生态文明流域的建设目标为指向，以流域社会经济结构、发展速度与污染物排放量的相互关系为基础，构建多目标规划模型，提出流域社会经济结构优化布局的中长期规划；最后，在流域社会经济结构优化布局中长期规划的指导下，通过研究生态农业、生态工业、生态旅游业及生态城镇的发展模式及其保障支撑条件，制定流域产业结构调整规划，并选择洱源县开展生态农业政策的综合示范。

课题组和大理市在银桥镇阳波村，开始实施实验"土地流转，调整种植结构"项目，发展生态农业，这一举措受到了当地百姓的欢迎。经折算，每亩年增收 10 000 元，取消了农药、化肥的使用，避免了农业面源污染，减轻了农田污染源对洱海的压力，起到了较好的生态保护作用。为加强洱海治理保护，推进生态文明建设，进一步推进流域农业向生态型、高效型发展，课题组和大理市2010 年实施 2 000 亩"结构调整"自下而上生态农业补偿等综合试验项目，目的就是调整农业产业结构，发展生态农业，突出农业污染源控制，保护苍洱水生态环境，实现生态效益和经济效益的统一。具体包括：

（1）通过创新土地流转方式，依托农民互助合作组织、农业专业协会和农业产业化基地，利用"公司 + 合作经济组织 + 农户"的方式，积极推行现代农业发展技术和发展模式。

（2）依据《洱海流域产业结构调整减排总体规划》，编制农业结构调整方案，制定相应的生态农业补偿办法，通过股份合作或产品经营合作社等形式，缩减大蒜种植面积，推广区域生态养殖，初步培育生态农业经济产业体系，有机、绿色及无公害农产品种植面积达 60% 以上。

（3）农民年人均纯收入 10 000 元以上。

（4）通过宣传教育，初步形成生态环境保护和生态文明建设的浓厚社会氛围。

具体关键技术包括基于土地流转方式创新与农民合作组织创建的现代农业推进技术、高污染产业生态化改造自下而上补偿技术。

3.7　罗时江流域示范工程开展及成果应用情况

罗时江地理位置如图 3 - 23 所示。

围绕罗时江流域，"十一五"期间洱海项目各课题开展如下示范工程：

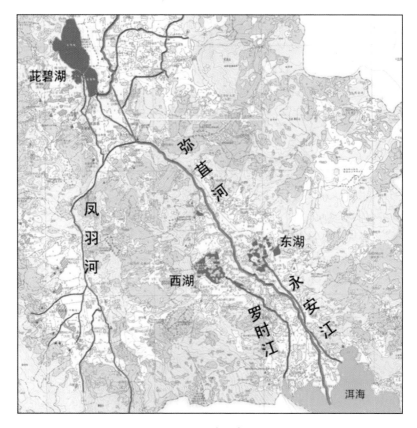

图 3‐23　罗时江地理位置

3.7.1　示范工程

1) 农村污水高效生物生态处理技术示范工程

在洱海西部的罗久邑村、才村、白塔邑村、西城尾村、新溪邑村采用"高效水解-自然增氧土壤净化槽"工艺设计建设村落污水处理示范工程,在洱海北部上关镇的上大沟尾村、白马登村采用"高效水解-生物滤池(多级砾石床)-自然增氧土壤净化槽"工艺设计建设村落污水处理示范工程,工程已建成并投入运行(见表 3‐1)。以上 7 个村庄污水处理工程总投资 938 万元,总处理污水量为 420 t/d,服务人口为 11 500 人。全部工程在 2010 年 10 月底建成竣工,2011 年 1 月完成调试,进入正常运行。

表 3-1　洱海周边自然增氧渗滤式土壤净化槽系统示范工程建设概况

建设地点	处理规模/(t/d)	总投资/万元	服务人口/人	污水收集率/%	管网长度/m	进展情况
下关镇罗久邑村	30	95	1 148	80	205	使用运行
银桥镇白塔邑村	65	139	1 613	80	220	使用运行
银桥镇西城尾村	60	128	1 420	80	184	使用运行
湾桥镇新溪邑村	50	110	1 375	80	1 413	使用运行
大理镇才村	70	150	1 700	80		使用运行
上关镇大沟尾村	70	156	2 046	80	1 995	使用运行
上关镇白马登村	75	160	2 198	80	1 867	使用运行

注　罗久邑、白塔邑、西城尾村、才村管网的建设利用村中现有的污水管道及排污沟渠。

示范工程系统由收集系统、厌氧处理以及土壤净化槽等工艺单元组成。其中：收集系统设置多级雨污截流设施；厌氧池池内布装厌氧生物膜载体，增强厌氧处理效果；在洱海北部村庄的污水收集处理工程中，针对养殖污水会部分进入处理设施的特点，在净化槽体前加设多级砾石床，加强前置处理；自然增氧土壤净化槽布水、集水的主、支管道强化自然复氧，选用透水性能和氮磷吸附性能更好的土壤填料，提高脱氮除磷效果。

通过工艺以及技术改进，在收集系统末端有效实现雨污分流；在厌氧单元，TN、COD_{Cr} 去除率比原有同类技术提高约 10%；通过砾石床前置强化处理单元，提高系统运行寿命，防止后续处理单元发生堵塞；在自然增氧渗滤式土壤净化槽单元，提高污染物去除效率、复氧效果及运行寿命。

技术参数：高效厌氧池，泥龄大于 20 天，HRT，24 h，污泥浓度 10～20 g/L，水力负荷 2.5～3.5 $m^3/(m^2 \cdot d)$，纤维填料层高度 0.8～1.0 m。生物滤池，滤速 0.5～1.0 m/h，滤床高度 2.5～3.5 m。自然增氧土壤净化槽，水力负荷 0.05～0.2 $m^3/(m^2 \cdot d)$，床深 0.8～1.2 m。农田氮磷控源减排关键技术示范工程见图 3-24。

示范工程面积 6 116 亩。示范工程成套技术包括基于环境安全与经济保障的农田分区限量施肥技术及土壤氮磷养分库增容技术，大蒜间作作物定向、快速选择与间作技术，农田尾水生态沟渠与缓冲带联合净化技术等 3 项内容。示范工程的设计处理能力：氮磷化肥投入减少 20%、30%，对农田面源氮磷污染负荷去除率可达 20%、30%。

西城尾村污水处理工程

才村污水处理工程

罗久邑村污水处理工程

新溪邑村污水处理工程

白塔邑村污水处理工程

白马登村污水处理工程

大沟尾村污水处理工程

图 3‐24　农田氮磷控源减排关键技术示范工程

技术施用条件:针对农田面源污染的时空不确定性、污染负荷低浓度、大流量、面积广等特点,选择适合大面积应用、易于推广、成本低廉的技术进行工程示范。本示范工程的处理对象为减少农田氮、磷的总投入量,包括化肥投入和有机肥料投入的氮磷。

环境效益:工程运行中,经过农田控源减排示范工程源头控制施肥量,农田氮负荷为 5.61 t/a,磷负荷为 0.39 t/a;再经过农田尾水生态净化技术工程的处理,氮负荷为 4.98 t/a,磷负荷为 0.27 t/a。示范工程运行后农田氮磷化肥施用量分别削减 48.9 t/a 和 33.6 t/a,削减比例分别为 26% 和 32%,农田氮磷流失分别减少 27.7%、32.3%。

经济效益:核心示范区农田氮、P_2O_5 投入消减分别为 26% 和 32%,按照现行单价纯氮、P_2O_5 分别约为 4.5 元/千克和 7.8 元/千克计算,核心示范区因每年减少氮磷化肥投入而节约的成本为 46.6 万元/年;因作物产量增加带来的直接经济效益为 186.7 万元/年,核心示范区共计增加经济效益 233 万元/年。示范工程分别如图 3‐25～图 3‐27 所示。

图 3‐25　大蒜间作作物定向、快速选择与间作技术

沟渠清淤及扩容

边坡基础施工

多孔砖铺设

土建完工

图 3-26　农田尾水生态沟渠与缓冲带联合净化技术

图 3‑27　环境安全与经济保障的农田分区限量施肥技术及土壤氮磷养分库增容技术

2）坡地水土流失控制示范工程

坡地水土流失控制示范工程，主要分为坡耕地径流污染生态拦截示范工程和山地植被快速恢复示范工程两个方面。

（1）坡耕地径流污染生态拦截示范工程。示范工程位于洱源县邓川镇，核心示范区 240 亩，辐射 1200 亩。主要内容包括横坡垄播沟覆技术、截土保水抗旱丰产沟植物篱技术、减量多次施肥技术、高效集雨水窖技术、坡改梯技术等单项技术和坡地集雨节灌控污关键技术等综合集成与示范应用。在邓川镇中和村委会魏军屯村建立核心示范区为 240 亩。于 2009 年 4 月开始建设，2010 年 4 月初建设完成。建设 3 套集雨水窖高效利用系统，可灌面积 90—120 亩。不同模式等高植物篱 30 亩；横坡垄播沟覆不同农艺措施 120 亩；坡改梯 30 亩；核桃等经济林果种植 60 亩。示范工程技术路线如图 3‑28 所示。

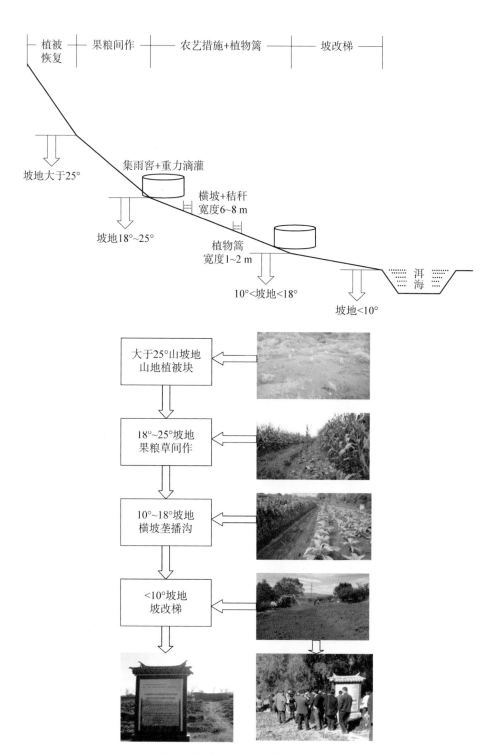

图 3‑28   示范工程技术路线示意图

（2）山地植被快速恢复示范工程。示范工程位于洱海北部洱源县境内邓川镇、右所镇、三营镇、凤羽镇、牛街乡等乡镇。由洱源县林业局具体实施并与地方政府签订示范作业协议,根据整个区域立地条件,编制《山地植被快速恢复技术研究与示范作业设计》,选择适宜树种,按照协议及《山地植被快速恢复技术研究与示范作业设计》实施植被恢复造林示范,并在邓川镇旧州村委会老倌山至百岁坊建立核心示范区,面积为 510 亩。海拔为 2 040～2 150 m,坡向东及东北,总体坡度为 21°～28°。在核心示范区集中布置示范工程主要植被恢复模式,作为植被恢复效果及水土流失监测区。同时,筛选模式和研发的复合多功效基质,由洱源县林业局结合退耕还林、山地植被恢复及天保等国家重大工程示范一并实施,面积达 2.66 万亩。

工程于 2009 年 8 月开始建设实施,2010 年 6 月建设完成并开始监测相关指标。至 2010 年 12 月,采用山地植被快速恢复技术,与常规技术相比,分别可以提高植株成活率、植被保存率、地表覆盖度 11.4%、15.5%、19.1%;降低水土及养分流失 43.1%、37.6%。农村固体废物循环利用技术示范工程如图 3-29 所示。

改造前　　　　　　　　　　　　　　改造后

图 3-29　农村固体废物循环利用技术示范工程

3）太阳能中温沼气站(主要包括大营沼气站、新洲沼气站)

（1）太阳能大营中温沼气站。项目把养殖场粪便及养殖和生活污水进行收集,干、湿分离后,干粪通过沼气站厌氧发酵技术产生沼气,污水通过管道收集,经多级沉淀后进行好氧曝气、生态沟渠净化处理,最终达标排放。

参数如下。①有效容积比：85％；②发酵周期：高浓度厌氧发酵 10—15 d，低浓度厌氧发酵 6—10 d。③发酵浓度 TS：高浓度厌氧发酵（10±2）％，低浓度厌氧发酵（4±2）％。④容积产气率：高浓度厌氧发酵为（1.2～2.2）m³/（m³·d），低浓度厌氧发酵为（0.6～1.2）m³/（m³·d）。⑤发酵温度：（35±2.5）℃。⑥运行压力，储气压力为 3～5 kPa。⑦污水排放达到二类 B 标。

规模：建设一座太阳能中温中型沼气站，日处理能力为 10 t/d。

沼气发酵：包括 100 m 高浓度厌氧发酵罐、100 m³ 低浓度厌氧发酵罐、100 m 沼气净化存储罐、1 000 根真空管太阳能热水循环加热系统、30 m 液体调配池。

燃气户数：铺设村落供气管道建立约 400 户燃气终端。

配套附属：堆肥熟化槽棚、管理用房、厂区围栏、道路、设备基础、排水沟、消防设备、绿化等等。沼气站占地 2 亩。

建成时间：该示范工程建设期为 1a，建成时间为 2009 年。

运行时段：运行时段为 24 h。

投资规模：项目总投资为 287.29 万元，其中土建工程投资为 57.95 万元、占总投资 20.42％；设备购置费 158.56 万元，占总投资 55.85％；装备安装费 16.48 万元，占总投资 5.81％；前期工作经费及培训等工程建设其他费用 38.64 万元，占总投资 13.61％，基本预备费 11.61 万元，占总投资 3.93％。

（2）新洲沼气站。新洲沼气站如图 3-30 所示。

项目将养殖场粪便及养殖和生活污水进行收集，干、湿分离后，干粪通过沼气站厌氧发酵技术产生沼气，污水通过管道收集，经多级沉淀后进行好氧曝气、生态沟渠净化处理，最终达标排放。

工艺参数与大营沼气站相同。

示范工程运行效果：保障经济效益，突出环境效益和社会效益。

（1）节能：沼气站年产沼气 15.44 万米³，转化 83.03 t 有机碳生产甲烷，当量于标准煤 110.68 t 或油品 92.65 t，或用电 30.88 万千瓦时。

（2）减排：沼气站年处理牲畜粪便 5 310.52 t，污水 1 166.39 t。粪便的资源化利用可实现年减排总氮 13.96 t，总磷 4.54 t，COD148.16 t（流失系数取 10％），沼气代替煤的燃烧还可减排 $SO_2$1.48 t，$CO_2$76.96 t。

（3）疾控：大理市是国家血吸虫病重点控制疫区，杀灭"人畜共患疾病"的病原显得特别重要，奶牛的排泄物通过中温厌氧发酵处理，成为符合国家肥料

图 3‑30　新洲沼气站

卫生标准的产品。

　　（4）肥料：沼气站年产固态有机肥 680.11 t 和液态有机肥 2 275.42 t，养分含量相当于尿素 33.71 t，普钙 29.68 t。

　　4）大规模农村与农田面源污染防治方案及技术应用

　　本项示范工程是"大规模农村与农田面源污染防治方案及技术应用子课题（2008ZX07105‑002‑05）"的重要组成部分。示范工程目标是：在洱海北部区域建立 10 万亩农田面源污染防治技术，农田氮磷化肥施用量减少 15％和 20％的目标。2010 年 5 月在洱海北部 7 个乡（镇）建成农田示范工程 10.6 万亩，并运行至 2011 年 5 月，工程建设投资 560 万元。示范工程示范技术为分区限量施肥技术、有机替代技术。大理州农业环境保护监测站通过为期一年的监测，结果表明，在 2010 年 5 月—2011 年 5 月，利用加权平均法计算，整个示范工程减少化肥用量为：氮肥（折纯）257.46 t 和氮磷（折纯）167.91 t，削减比例分别为 20.99％和 21.54％。达到了预期的 15％和 20％的目标。

示范工程实施后,水稻每亩氮肥(N)减少 1.81 kg,削减比例 17.81%,磷肥(P_2O_5)施用量减少 1.48 kg,削减比例为 20.0%;蚕豆每亩氮肥(N)施用量减少 0.28 kg、削减比例为 14.1%,磷肥(P_2O_5)施用量减少 0.66 kg、削减比例为 17.28%;大蒜每亩氮肥(N)施用量减少 16.30 kg、削减比例 35.94%,磷肥(P_2O_5)施用量减少 4.87 kg、削减比例为 25.00%;玉米每亩氮肥(N)施用量减少 6.87 kg、削减比例 22.79%,磷肥(P_2O_5)施用量减少 3.58 kg、削减比例 24.03%。工程前后化肥施用量对比见表 3-2。

表 3-2　工程前后化肥施用量对比表

作物		样本量	化肥施用量 /(kg/亩)				施用量折纯 /(kg/亩)		削减量 /(kg/亩)		削减比例 /%	
			普钙	复合肥	尿素	钾肥	N	P_2O_5	N	P_2O_5	N	P_2O_5
工程前	蚕豆	200	23.34	10.47	0.88	3.4	1.98	3.85				
	大蒜	144	20.81	169.97	43.14	3.32	45.34	19.49				
	水稻	265	30	37.94	9.67	0.15	10.14	7.39				
	玉米	169	50	88.99	36.49	0.22	30.13	14.90				
工程后	蚕豆	50	9.42	0.62	3.06	18.67	9.42	0.62	0.28	0.66	14.10	17.28
	大蒜	77	127.48	21.57	31.54	15.61	127.48	21.57	16.30	4.87	35.94	25.00
	水稻	112	30.35	8.22	0.13	24.00	30.35	8.22	1.81	1.48	17.81	20.00
	玉米	43	71.19	27.37	0.18	35.00	71.19	27.37	6.87	3.58	22.79	24.03

技术培训推广流程见图 3-31。示范工程建设流程见图 3-32。

5) 罗时江河道综合整治工程

生态护岸技术示范:

设计长度:150 m;

工程位置:罗时江大理市段

护岸形式:西侧采用复式生态护岸,东侧采用多孔生态混凝土护岸;

仿木桩直径:150 mm,载桩长度 2 m,枕桩长度 1.35 m;

复式生态护岸植物配置:第一级杨树(间距 1.5 m),第二级水柳(间距 0.75 m),第三级芦苇(10 株/平方米),第四级金鱼藻(10 株/平方米);

多孔生态混凝土护岸:工程量 660 m²。

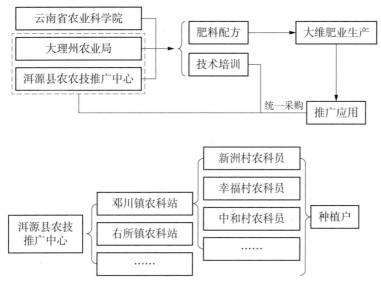

图 3‑31　技术培训推广流程图

图 3‑32　示范工程建设流程图

截污沟技术示范：

该工程位于大理州大理市境内,该设计在罗时江两边布设了 C15 混凝土截污沟,与原排水沟连接成整体排污系统,截污沟右岸新增 1 062.9 m,左岸新增 653.7 m,合计新增工程量为 643.725 m³。截污沟技术示范见图 3‑33。

图 3‑33   截污沟技术示范图

6) 洱源县右所集镇西片区污水处理厂尾水深度处理工程

洱源县右所集镇西片区污水处理厂主要负责处理右所集镇西片区居民生活污水,其处理规模为 1 000 m³/d,采用活性污泥法和硅藻土吸附相结合的工艺进行污水处理,设计出水标准为《城镇污水处理厂污染物排放标准》(GB18918—2002)规定的一级 B 标准。

结合右所镇污水处理厂出水标准和厂外可用场地条件,设计建设了洱源县右所集镇西片区污水处理厂尾水深度处理示范工程,对右所镇污水处理厂尾水进行深度处理,以期达到地表水环境质量标准 Ⅳ 类水标准后排入西湖景区进行生态补水。

洱源县右所集镇西片区污水处理厂尾水深度处理示范工程的具体情况如下:

工程规模:1 000 m³/d;

工程位置:大理州洱源县右所镇污水处理厂外西南;

工程占地:34 648 m²;

污水处理厂排放尾水的深度处理工艺流程见图 3‑34。

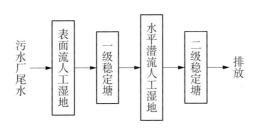

图 3 - 34　污水处理厂排放尾水的深度处理工艺流程图

右所镇污水处理厂尾水深度处理示范工程见图 3 - 35。

图 3 - 35　右所镇污水处理厂尾水深度处理示范工程图

工程占地总面积为 34 648 m²,其中表面流人工湿地占地面积为 2 205 m²,一级稳定塘占地面积为 4 375 m²,水平潜流人工湿地占地面积为 2 240 m²,二级稳定塘占地面积 25 828 m²。各处理单元主要特征如下:

表面流人工湿地:占地面积 2 205 m²,湿地类型为自由表面流,东西向布置,分为 6 格,单格宽约 11 m,平均水深 0.3 m,采用长城垛口式砖墙布水,出水通过 DN250UPVC 管送入一级稳定塘进一步进行处理。

一级稳定塘：占地面积 4 375 m²，矩形，两格并联运行，在塘宽方向均匀布水，平均水深 1.0 m，污水沿整个宽度方向均匀流出，进入水平潜流人工湿地。塘内四岸辅以浮水植物、挺水植物和沉水植物。植物面积不小于塘总面积的 50％。

水平潜流人工湿地：占地面积 2 240 m²，人工湿地类型为水平潜流式，东西向布置，分为 6 格，单格宽约 11 m。床深 1.3 m，其中填料层深 1.0 m。填料选用碎石、加气粒子等混填，湿地表面种植挺水植物。采用明渠均匀布水，明渠收水。出水通过跌水形式进入二级稳定塘。

二级稳定塘：占地面积 25 828 m²，矩形，两格串联运行，在塘宽方向均匀布水，平均水深 1.0 m，出水通过跌水形式进入西湖进行生态补水。塘内四岸辅以浮水植物、挺水植物和沉水植物。植物面积不小于塘总面积的 50％。

右所镇污水处理厂尾水深度处理示范工程在 2012 年 1 月～2012 年 6 月运行期间水质监测结果显示：示范工程对污水处理厂尾水中主要指标均有明显的去除效果。COD_{Mn} 平均浓度从 12.32 mg/L 降低到 5.92 mg/L，平均去除率为 51.98％；总氮平均浓度从 2.51 mg/L 降低到 0.82 mg/L，平均去除率为 67.17％；$NH_4^+ - N$ 平均浓度从 0.71 mg/L 降低到 0.45 mg/L，平均去除率为 92.74％；总磷平均浓度从 0.40 mg/L 降低到 0.06 mg/L，平均去除率为 85.73％；溶解性磷酸盐平均浓度从 0.25 mg/L 降低到 0.02 mg/L，平均去除率为 91.42％。示范工程处理后出水达到了地表水环境质量标准Ⅳ类水标准，最终排水进入罗时江中游的西湖景区。工程对削减罗时江流域污染负荷，改善水质发挥了较为明显的作用。

7）黑泥沟河道水质改善工程

黑泥沟是罗时江流域的主要支流，用于收集与输送上游马甲邑和兆邑等村庄排放的污水、农田灌溉水及降雨径流等，最终汇入罗时江河口湿地。目前黑泥沟水污染较为严重，溶解氧低于 2 mg/L，水体散发出臭味，成了罗时江流域水质最为恶劣的河沟。黑泥沟河道水质改善示范工程针对黑泥沟的污染现状，采用"稳定塘与人工湿地"相结合的工艺，对污染较重的黑泥沟河道水进行处理。河水经太阳能泵提升至污水处理站，依次进入稳定塘和人工湿地，处理达到地表水Ⅳ类水标准后排入下游河道，继而进入罗时江河口湿地。

黑泥沟河道水质改善示范工程的具体情况如下：

工程规模:50 m³/d;

工程位置:大理市上关镇罗时江河口湿地入口处;

工程占地:250 m²;

黑泥沟河道水质改善示范工程处理工艺流程见图 3‑36。

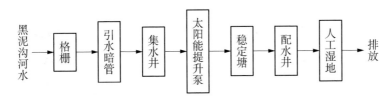

图 3‑36　黑泥沟河道水质改善示范工程处理工艺流程图

集水井:平面尺寸为 2.0 m×1.5 m,有效水深为 1.2 m。砖混结构,对黑泥沟河水进行暂储和调节,供太阳能泵提升至后续处理设施。

太阳能供电系统:太阳能板共 16 块,型号为 MBF175,单块太阳能板尺寸为 1 580 mm×800 mm,最大功率为 175 W。按有效日照时间 5 h 计,每日发电量为 175 W×16 块×5 h=14 kW·h。考虑 10% 的无功损耗,则每日实际可输出电量为 14 kW·h×90%=12.6 kW·h。蓄电采用 600 Ah/2 V 型蓄电池,共 24 块,可储电 600×24×2=28.8 kW,可供工程使用 3 d 以上。

潜污泵:N=150 W,Q=3.5 m³/h,H=6 m;自动运行,共 2 台,一用一备。

直流气泵:N=120 W,4 h 间歇运行,每天工作 12 h。气水比为 1:4。共 2 台,一用一备。

人阳能供电及控制系统见图 3‑37。

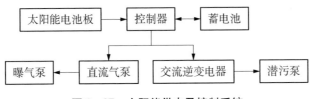

图 3‑37　太阳能供电及控制系统

稳定塘:平面尺寸为 12.86 m×8.60 m,塘深 1.4 m,有效水深 0.9 m。稳定塘表面水力负荷为 0.45 m³/(m²·d),分 2 组并联运行,内设太阳能曝气管,间歇定期进行充氧。

配水井:平面尺寸为 8.60 m×1.0 m,井深 0.7 m,对稳定塘出水进行均质和二次分配。

人工湿地:平面尺寸为 13.70 m×8.60 m,填料厚度为 90 cm,采用上海交通大学自主开发的除磷型填料;上覆 30 cm 土壤,种植风车草。湿地有效水深为 0.9 m。底板采用 100 mm 厚钢混凝土防渗。湿地表面水力负荷 0.42 $m^3/(m^2 \cdot d)$,水力停留时间 2 d,分 2 组并联运行。

8) 罗时江入湖河口水生经济植物湿地规模化示范工程

该示范工程选址于罗时江河口生态公园的西北部,充分利用河口地带的地势地貌,建设水生经济植物湿地 30 亩。其主要建设内容如下。

(1) 土方工程:按照工程设计,在 30 亩区域范围内进行挖填方、土地平整、修建与重建田埂等作业。

(2) 导水工程:为 30 亩湿地实施引水与配水工程、集水与排水工程。

(3) 水生经济植物种植工程:根据规划与设计安排,种植空心菜、薄荷、水芹菜、茭白、香茶菜、美人蕉等经济植物。

(4) 工程运行与管理:在工程完工后,对以水生高等经济植物为中心的生态农业系统进行运行与管理,开展科学研究、探索运行管理模式以及进行采样与分析化验工作。设计处理能力按面积负荷 0.07~0.12 $m^3/(m^2 \cdot d)$ 计。

对湿地系统而言,氮元素的去除主要表现在氨的挥发、反硝化作用以及通过植物收割。据有关文献,水生植物同化的氮为(14~156 g)/$(m^2 \cdot a)$,以此粗略估计,通过植物收获,该工程通过湿地植物年吸收氮为 280~3 120 kg。另外,通过好氧与厌氧的过程,有利于反硝化作用去除水体的氮。

水体的磷主要通过沉降吸附,形成底泥而从水体中去除,其他去除方式还有植物的同化作用。水生植物同化的磷为 1.4~37.5 g/$(m^2 \cdot a)$,以此粗略估计,通过植物收获,该工程通过湿地植物年吸收磷为 28~750 kg。结合挺水植物对径流所携带悬浮物的吸附沉降作用,湿地除磷能力更高。经济植物湿地总体设计参数见表 3-3。

表 3-3   经济植物湿地总体设计参数表

项目	设计参数	备注
工程区形状	不规则多边形	
工程区总面积	30 亩	植物分布区 29.5 亩

（续表）

项目	设计参数	备注
正常工作水位	8～15 cm	
设计处理能力	1 400～2 400 m³/d	
水力负荷	0.07～0.12 m³/(m²·d)	
生物多样性	配置 8 种水生经济植物	
经济效益	湿地植物收获	
水质净化能力	消减总氮 20%～30%，总磷 10%～20%	水质波动时的最低需达到的净化能力

9）湖滨带生物多样性恢复示范工程

针对洱海已经初步恢复的湖滨带生物多样性低及稳定性不足的问题，通过湖滨带的生境改善、挺水植物多优群落构建、沉水植物群落扩增以及大型底栖生物恢复，提高湖滨带的生物多样性和稳定性。

10）陡岸湖滨带生态修复示范工程

陡岸湖滨带生态修复示范工程包括陡岸湖滨带岸坡修复、基底改善、低等生物群落恢复、鱼类栖息地构建等内容。

11）洱海缓冲带生态构建示范工程

降低工程区内的部分人为干扰，削减漫流以及沟渠来水入湖污染负荷，建立健全缓冲带生态系统结构，并且兼顾缓冲带的经济效益和景观效果。

12）南沙坪湾生态系统修复技术与工程示范

重建挺水植物、浮叶植物、沉水植物群落；在调查沙坪湾现有大型底栖动物资源的基础上，根据底栖动物的生态位，培育和放流蚌及螺蛳等大型底栖动物，优化配置底栖生物种群；在深入研究沙坪湾鱼类区系组成、湖沼学特征的基础上，从处于不同生态位的鱼类种群特征角度考虑，放养不同营养生态位鱼类，以调控与优化配置鱼类群落结构。

示范工程相关的技术开发：挺水植物调控与优化技术、浮叶植物（菱和荇菜）调控技术、沉水植物恢复技术、软体动物放流增殖技术、以增殖放流和捕捞控制为手段的鱼类资源优化配置技术等。

处理量和范围如下：

（1）沿岸挺水植物面积控制在 40～50 亩范围内，比示范前减少了 30%以上,挺水植物继续在以菰为主的基础上,增加了水葱、菖蒲和芦苇种植面积,提高了湿生植物的多样性。

(2) 通过收割方式,使菱和荇菜等浮叶植物群落面积比示范前减少了54%,基于菱(包括少量荇菜)的割除(约990 t),使沙坪湾氮负荷消减23.0 t(菱氮含量按2.56%计)、磷负荷消减4.6 t,浮叶植物割除后的水域沉水植物得到了恢复。2010年7月、10月及2011年1月的水生植被的生物量分别比上一年同期增加了46%、77%、40%,2010年7月和10月调查的物种多样性同比增加了10%以上,多样性指数同比提高了30%以上;2010年10月示范区沙坪湾水生植被覆盖率超过了90%。

(3) 通过移植放流,示范区软体动物物种数增加了3种,分别是三角帆蚌、背角无齿蚌和中华圆田螺;沙坪湾底栖动物群落多样性指数达到1.35,在全湖6个典型湖湾中处于较高水平。通过软体动物的规模化放流(约5 500 kg),不仅增加了底栖动物多样性,而且提高了软体动物对藻类和颗粒有机碎屑的滤食作用,增强了生态系统的自净功能。

(4) 通过捕捞调控,大幅度减少了浮游动物食性的太湖新银鱼和鰕虎鱼类种群现存量,从而提高了浮游动物的牧食水平,减少了浮游植物密度和生物量,有助于防止藻类水华的发生。

(5) 通过多种生态修复技术的集成应用,示范区生态系统的稳定性和完整性得到增强,水质得到明显改善,2010年7月水体透明度均值达到了210 cm,比示范前提高了20%以上。

13) 洱海流域污水处理技术研究及示范

应用污水强化厌氧+湿地(表流+潜流)应急处理工艺,建成村落污水应急处理湿地工程一处;应用复合式塔式生物滤池处理工艺,建成污水处理生态滤池一座;应用强化湿地处理工艺,建成村落污水生物带-竹炭处理系统一处;应用微动力曝气污水处理工艺,研发太阳能清洁能源户型污水处理设备,以控制上关村和喜州村村落污水对沙坪湾的面源污染。

示范工程相关的技术开发如下:强化厌氧+湿地(表流+潜流)应急处理技术示范设计处理量为50 t/d,污染物削减率(COD)为40%以上、总磷去除率25%、总氮去除率15%;复合式塔式生物滤池处理示范工程设计处理量为50 t/d,出水达一级B标准;沙村1号下水道强化湿地处理技术示范设计处理水量为140 t/d,污染物削减率:60%;总氮去除率:22%;总磷去除率:27%左右;金圭寺村落污水处理示范工程设计处理水量为 220 t/d,污染物削减率为 70%;总氮去除率为 23%;总磷去除率为 33% 左右;微型无动力、微动力、太阳能清洁能源户型污水处理系统的污染物消减率为 80.85%,总氮去除率为 40.09%,总磷去除率为 50.93%。

14）藻类原位控制与拦截技术工程示范

目的:通过对洱海局部湖湾堆积的藻类水华,进行拦截、收获和絮凝沉降等技术集成与示范,最大限度地消减洱海蓝藻水华暴发强度。

主要内容:针对洱海局部湖湾藻类水华易于堆积的现状,采用浮栏藻华拦截—人工围隔陷阱—吸藻器—过滤脱水浓缩—藻浆（泥）—岸上处置的拦截与收获工艺,防止夏秋季节沙坪湾水华堆积;同时针对部分季节沙坪湾易于暴发低密度水华藻类的现状,采用藻华絮凝沉降与底质固化双效精土工艺,降低示范区蓝藻水华暴发强度。

示范工程相关的技术开发:藻类水华拦截与收获技术和双效精土絮凝控藻技术等。

15）洱海生物控藻技术研究与工程示范

目的:针对洱海生态系统饵料生物群落结构以及水域富营养化初期的特征,创建以增殖放流藻食性鱼类、食鱼性鱼类和螺贝为主的生物操纵组合控藻和水质调控技术体系。

主要内容:增殖放流鲢鳙等藻食性鱼类,以加强对浮游植物的直接摄食作用;增殖放流食鱼性鱼类以控制浮游动物食性的小型鱼类,增加浮游动物的数量,进而控制浮游植物的增长;增殖放流大型底栖动物以增加对浮游植物的滤食作用。

示范工程相关的技术开发:洱海藻食性鱼类直接控藻技术、凶猛性鱼类间接控藻技术、背角无齿蚌增殖放流改善洱海水质技术、螺贝类与水生植物共同作用改善洱海水质技术等。

处理范围:鲢鱼放养密度在 $40 g/m^2$ 时开始表现出对洱海藻类生物量的抑制作用;洱海土著食鱼性鱼类可通过捕食银鱼、虾虎鱼等浮游动物食性的小型鱼类来间接控制藻类;背角无齿蚌放养密度在 $1.5 kg/m^2$ 时可显著消洱海总磷、总氮和污染物削减率。

对水质改善的贡献:截除藻源污染,创造了湖湾生态系统转换的条件,为初级生产力易位提供了基本前提。

16) 特有鱼类增殖和产卵场的恢复与群落优化技术与工程示范

目的：针对洱海特有鱼类资源的濒危现状，利用合理的人工增殖放流技术，在示范区内进行濒危特有鱼类的增殖放流；并结合不同鱼类空间分布的合理配置和优化调控技术，提高洱海鱼类群落的生物多样性和完整性，保证了生态系统的稳定和有序演替，促进洱海水质的改善。

主要内容：在调查洱海鱼类的现有区系组成，评估洱海特有鱼类濒危现状的基础上，拟通过系列比较试验，确定洱海特有鱼类的最适放养规格，基于摄食量和饵料转化效率等数据，研究最适放养量的估算方法，建立合理的人工放养技术体系；同时利用特有鱼类的人工培育技术，为特有鱼类人工放流提供苗种保证，进行大规模的特有鱼类人工增殖放流，并结合不同鱼类空间分布的合理配置和优化调控技术，在示范区内进行特有鱼类增殖和产卵场的恢复与群落优化技术的工程示范。

示范工程相关的技术开发：洱海特有鱼类人工培育技术、洱海鱼类群落优化技术、洱海特有鱼类增殖放流技术等。

处理范围：在全湖范围调查洱海鱼类资源的基础上，结合历史资料，分析洱海鱼类区系组成和特点以及洱海土著鱼类及特有鱼类的分布和动态变化规律；以培育洱海土著及特有鱼类资源为目的，改造洱源县右所鱼种场的特有鱼类和土著鱼类苗种人工繁育基地，为洱海特有鱼类的人工放流提供苗种保证；利用洱海特有鱼类合理的放流技术，在洱海典型湖湾工程示范区内，进行濒危特有鱼类的人工放流和增殖，逐步调整示范区内鱼类群落结构和恢复土著鱼类的种群，使得示范区的生态系统趋于合理，最终达到生态修复的目的。

对水质改善的贡献：通过提高典型湖湾群落的土著鱼类的生物多样性和完整性，促进湖湾生态系统的恢复与重建，保证生态系统的稳定和有序演替，促进水质的显著改善。

17) 洱海内负荷削减技术示范

目的：以藻源性内负荷为重点，有效削减内负荷，为洱海及类似湖泊的保护和治理提供技术示范。

主要内容：采用沉水植被修复和鱼类结构调整等技术措施，针对洱海藻源性内负荷较高的特点，集成生物多样性修复技术，有效削减示范区水域内负荷。

示范工程相关的技术开发:鱼类结构优化技术、单优植被格局改善技术和生物多样性修复集成技术等。

18) 水生植被防退化技术示范工程

目的:以沉水植被防退化为重点,示范洱海水生植被防退化技术,并优化关键技术参数,对洱海保护和治理具有重要支撑作用。

主要内容:以修复洱海水生植被为目标,涉及局部底质改善、植物种类优选、退化区植被保育等技术的综合运用,使示范区水生生物多样性提高,透明度增加,示范区水域达到以沉水植被占优势的清水稳态。

示范工程相关的技术开发:底质生境斑块改善技术、植物种类优选技术、沉水植物辅助定植技术、退化植被保育技术、水生态监测与防退化技术参数优化等。

19) 大理市生态农业建设政策示范工程

目的:为切实减少农业面源污染,大力发展高效生态农业,加快洱海绿色流域建设控源减排产业规划等水专项科研成果应用,提供综合政策示范。

主要内容:生态农业建设政策示范。

示范工程相关的技术开发:

① 创建合作经济服务指导体系,服务洱海流域农业产业结构调整控污减排。

② 应用《洱海流域生态补偿机制实施方案》,促进洱海流域农业产业结构调整控污减排。

③ 应用《洱海保护与洱源生态文明试点县建设评价体系研究》成果,考评洱海流域农业产业结构调整控污减排。

④ 应用《洱海流域治理综合保障体系研究》成果,保障洱海流域农业产业结构调整控污减排。

⑤ 应用《洱海流域产业政策与主要产业结构调整控污减排方案》,实现洱海流域农业产业结构调整控污减排。

示范区建设效果:

① 生态效益。该生态农业政策性示范项目在整个生产过程中不使用防治病虫草害的农药和化肥,通过引进公司投资,流转土地 2 000 亩,政府在此过程中在政策上给予扶持和补助,调整种植结构,达到了免施化学除草剂、防治农药、化肥的效果,减少防治病虫药剂 5~6 次,每亩少施除草剂 100 克、尿素

18 kg、普钙 40 kg，从而大大减少化肥、农药的流失量，减轻了农田污染源对洱海的影响。测算数据显示，2 000 亩"种植结构调整农田"削减肥料使用量（以折纯量计）氮 34.98 t，磷 2.91 t，削减入湖量总氮 1.85 t，总磷 0.298 t。

② 经济效益。该生态农业政策性示范项目实施后，预计完成年总产值 5 154 万元，亩增纯收入 10 000 元。示范区农民年人均纯收入达到 12 000 元以上。

③ 社会效益。实施该生态农业政策性示范项目，一是全面提高了耕地的利用率和产出率，收到了"一田多用、一水多用、一季多收"的最佳效果，保证了农产品安全，为城乡人民提供安全洁净的绿色生态食品。二是通过部门协调，资金整合，土地流转，改善了项目区农田水利基础设施。"通过土地流转，调整种植结构"示范推广项目建设，实现了多部门、多产业、多学科共同参与实施的多元化协调与合作，整合了农业、水利、土地、血防及民营企业的资金投入项目建设。一次性从根本上集中解决了项目区农田的机耕路改造，渠系硬化配套，田埂硬化工程，增强了农田抵御旱涝灾害的能力，使农民真正得到了实惠，达到了控制农业污染源，保护洱海，维护生态平衡的目标。三是加深了环湖广大群众对生态农业的认知程度。通过发展有机种植和生态养殖，大大提高了农产品的附加值，从而提高了农民的收入，让周围群众看到了"土地流转"和有机蔬菜种植对生态环境保护和农业提质增效的显著作用，加深了对生态农业的认知程度。规模化工程示范区技术应用情况见表 3-4。

表 3-4　规模化工程示范区技术应用情况

编号	工程名称	所在地区	主要应用技术	工程类型
01	农田氮磷控源减排关键技术示范工程	大理	大蒜间作作物定向、快速选择与间作技术； 基于环境安全与经济保障的农田分区限量施肥技术及土壤氮磷养分库增容技术； 农田尾水生态沟渠与缓冲带联合净化技术	面源控制
02	农村固体废物循环利用技术示范工程	大理	高效沼气发酵功能微生物种群定向调控技术； 多原料联合沼气发酵产气量及组成的定向调控技术	
03	农村污水高效生物生态处理技术示范工程	大理	农村生活污水处理集成技术； 农村生活-养殖混合污水处理集成技术	

（续表）

编号	工程名称	所在地区	主要应用技术	工程类型
04	坡地水土流失控制示范工程	大理	坡耕地径流污染生态拦截技术； 丰产沟植物篱技术； 横坡垄作沟覆技术； 坡耕地雨水集蓄及高效利用技术； 坡耕地梯化技术； 减量多次高效施肥技术； 山地植被快速恢复； 促进植物生长的复合多功效基质研发及应用技术； 防控水土流失的山地植被快速恢复技术模式	
05	大规模农村与农田面源污染防治方案及技术应用	大理	洱海北部农田养分分区技术； 分区限量施肥技术	
06	湖滨带生物多样性恢复示范工程	大理	湖滨带生境改善及多优群落构建技术； 集成湖滨带生境改善技术，包括水动力改善，微环境构建、底质营养调整等，同时通过湖滨带群落调整，包括挺水植物多优群落构建、沉水植物群落扩增以及大型底栖生物恢复，提高湖滨带的生物多样性和稳定性	生态修复
07	陡岸湖滨带生态修复示范工程	大理	陡岸湖滨带生态修复技术； 研发陡岸湖滨带生态修复技术，通过陡岸生态岸坡的构建、周丛生物的恢复以及鱼类栖息地的构建，修复陡岸湖滨生态	
08	洱海缓冲带生态构建示范工程	大理	陡岸湖滨带生态修复技术； 构建洱海缓冲带内圈环湖隔离带、中圈绿色经济带、外圈截蓄净化带	
09	内负荷削减技术示范工程	大理	内负荷削减技术； 单优植被格局改善技术； 鱼类结构优化技术； 生物多样性修复集成技术	
10	洱海水生植被防退化技术示范	大理	水生植被防退化技术； 底质生境斑块改善技术； 植物种类优选技术； 沉水植物辅助定植技术； 退化植被保育技术； 水生态监测与防退化技术参数优化	

（续表）

编号	工程名称	所在地区	主要应用技术	工程类型
11	洱海流域污水处理技术研究及示范	大理	强化厌氧＋湿地（表流＋潜流）应急处理技术； 强化厌氧＋湿地（表流＋潜流）应急处理技术； 微型无动力、微动力、太阳能清洁能源户型污水处理系统	面源控制
12	藻类原位控制与拦截技术工程示范	大理	藻类水华拦截与收获技术和双效精土絮凝控藻技术	生态修复
13	洱海生物控藻技术研究与工程示范	大理	洱海藻食性鱼类直接控藻技术； 凶猛性鱼类间接控藻技术； 背角无齿蚌增殖放流改善洱海水质技术； 螺贝类与水生植物共同作用改善洱海水质技术	
14	南沙坪湾生态系统修复技术与工程示范	大理	挺水植物调控与优化技术； 浮叶植物（菱和荇菜）调控技术； 沉水植物恢复技术； 软体动物放流增殖技术； 以增殖放流和捕捞控制为手段的鱼类资源优化配置技术	
15	特有鱼类增殖和产卵场的恢复与群落优化技术与工程示范	大理	洱海特有鱼类人工培育技术； 洱海鱼类群落优化技术； 洱海特有鱼类增殖放流技术	
16	罗时江河道综合整治工程	大理	生态护岸技术； 截污沟技术	
17	洱源县右所集镇西片区污水处理厂尾水深度处理工程	洱源	污水处理厂达标排放尾水深度处理技术； 低污染水生态砾石处理技术	
18	黑泥沟河道水质改善工程	大理	低污染河道水质旁路改善技术	
19	罗时江入湖河口水生经济植物湿地规模化示范工程	大理	河口湿地强化净化与生态修复技术； 筛选高耐性，高营养盐富集型水生经济植物； 入湖河流中多种污染物的同时吸附材料开发； 河口人工水培湿地生态工程新工艺研究	
20	大理市生态农业建设政策示范工程	大理	高污染产业生态化改造自下而上补偿量化技术； 基于土地流转方式创新与农民合作组织创建的现代农业推进技术	产业体征

3.7.2　示范区水质改善及污染物削减效果

洱海项目研究的主要成果已经列入《云南洱海绿色流域建设与水污染防治规划》，并在"十二五"期间在流域内开展大规模的推广建设，通过示范工程的建设，示范区内农村与农田面源污染负荷削减达到 20% 以上，入湖河流水质（TN和 TP 指标）从项目开始时期的Ⅴ-劣Ⅴ类水平改善为目前的Ⅲ—Ⅳ类水平，实现了受纳湖湾沙坪湾水生植物生物量（5 796 g/m²）同比增加 73%，物种多样性指数同比提高了 30% 以上，底栖动物群落多样性在全湖六个典型湖湾中处于较高水平，水体透明度由原来的 160 cm 增加到 210 cm，多样性指数同比提高了30% 以上，生物量增加了 40% 以上。图 3-38 为工程示范区现状照片。罗时江水质年度变化情况如图 3-39 所示。

图 3-38　工程示范区现状照片

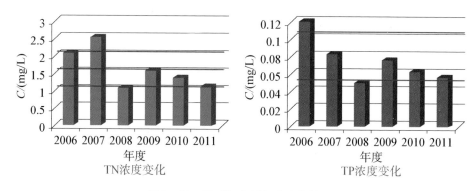

图 3-39   罗时江水质年度变化情况

3.7.3   成果产业化前景分析

3.7.3.1   洱海全流域清水方案与社会经济发展友好模式研究

1）产出的成果及示范情况

成果 1：流域产业结构现状调查与诊断报告

成果 2：洱海流域农田面源污染调查报告（本课题负责南部片区）

成果 3：洱海水动力及水质模型的初步构建

成果 4（标志性成果）：洱海流域产业结构调整减排总体规划

成果 5（标志性成果）：生态农业建设综合政策性示范

示范区进展：

在大理市阳波村开展了农业生态补偿政策示范，示范区具体开展了 2 000 亩"土地流转，调整种植结构"自下而上的农业生态补偿政策性示范，目前，该示范区减排增收效果显著。

2）成果的产业化或应用前景

示范区通过引进公司资金投入，采用飘浮育苗技术，流转整合土地资源，调整传统种植结构，统一生产管理，进行公司化运作。从应用情况上看，产业结构调整示范（2 000 亩"种植结构调整"）减排增收效果明显。测算数据显示，2 000 亩"种植结构调整农田"削减肥料使用量（以折纯量计）氮 34.98 t，磷 2.91 t，削减入湖量总氮 1.85 t，总磷 0.298 t。该生态农业政策性示范项目实施后，2011 年完成年总产值 5 154 万元，亩增纯收入 10 000 元。示范区农民年人均纯收入达到 12 000 元以上，进一步推广的潜力巨大。

3.7.3.2　大规模农村与农田面源污染的区域性综合防治技术与规模化示范

1）产出的成果及示范情况

农业面源污染综合防控集成技术模块由自然增氧渗滤式土壤净化技术、农业固废基质化利用技术、坡耕地径流污染拦截与资源化利用技术、农田氮磷控源减排技术等四项技术集成（图 3-40），主要完成单位为中国农业科学院农业资源与农业区划研究所，云南省农业科学院农业环境资源研究所、中国农业科学院农业环境与可持续发展研究院，北京科技大学、昆明理工大学、大理白族自治州生态环境局、大理白族自治州农业局等。

图 3-40　成果及示范图

2）成果的产业化或前景

课题自主研发的以碳控氮技术、农业固废基质化利用两项技术已初步实现产业化，经济效益增加 5～10 倍。课题注重产学研密切结合，除了课题参加单位联合开展攻关研究与示范推广工作外，课题还与阳光无土栽培公司、大维肥业有限公司、九园有机肥有限公司、洱源南天食用菌有限公司等企业建立了产学研联盟,开发生产了培土基质、专用复合肥、双孢菇基质等多项产品,在洱海流域推广应用 10 万余亩,为洱海流域面源污染防治、水质改善提供了有力支撑。

3.7.3.3　上游入湖河流净化及沿河低污染水的生态处理技术及工程示范

1)产出的成果及示范情况

成果 1:清水产流机制修复理念与技术

依据清水产流机制的理念,采用"室内外调查研究—污染原因剖析—技术研发与集成"的思路,结合弥苴河流域生态环境、社会经济发展现状、主要环境问题以及弥苴河水质改善目标,初步形成弥苴河水污染综合防治与清水产流机制修复技术方案。清水产流机制修复理念与技术原理参见 3.6.2 节图 3 - 2。

该成果目前已经应用于《云南大理洱海绿色流域建设与水污染防治》规划中,对当地湖泊保护从总体上指出了思路,同时在具体集成技术上也提出了明确的建议。

成果 2:罗时江生态护岸技术及示范

根据罗时江河道特点,开发了复试断面生态护岸(已获专利),并将该技术成功应用于罗时江河道治理工程实践当中。该生态护岸能够有效提高罗时江堤岸植被的丰富程度,拦截两岸的暴雨径流形成的初次污染,并与罗时江两岸截污沟相配合,形成堤岸治理的完整示范。建成的生态堤岸示范见图 3 - 41。

成果 3:半基质人工水培湿地基质材料的开发

在高效广谱性吸附材料的研发方面,具体实施了以下三方面的工作内容,并取得了相应的阶段性成果。①通过比较实验,筛选了 4 种在河口水培湿地中有应用前景的吸附材料:云母,蛭石,方解石,天然沸石。②开展了人工沸石的研发工作。开展了人工沸石脱氨除磷能力的实际应用前景研究。③通过研究负载表面活性剂的表面修饰技术,改善人工沸石脱氨除磷以及腐殖酸的效果与机理。

2)成果的产业化或应用前景

本课题目前所取得的阶段性成果 1"清水产流机制修复总体理念与技术"已经在当地规划中得到了应用,对于国内其他湖泊的治理也具有重要的参考价值。该理念与技术在抚仙湖等云南省高原湖泊的治理中也得到认可与应用。阶段性成果 2"生态护岸建设技术与示范"对于受面源污染影响较重的中小型

图 3-41　建成的生态堤岸示范

河道的治理具有重要的参考意义,护岸中所提到的复试断面以及多孔生态混凝土护岸对于拦截径流污染,提高护岸植被丰富程度具有重要作用,同时也具有一定的景观效果。该护岸对于很多河道的整治具有重要参考作用,具有广泛的应用前景。阶段性成果 3 所提出人工沸石材料适于用作本课题所研究的人工水培湿地机制,同时具有广谱吸附污染物质和促进湿地植物生长的作用,再经过进一步开发,优化生产工艺条件,开发的材料对于解决低污染水的处理及湿地植物的促进生长都具有重要的应用前景,也是本课题具有产业化前景的一项技术与产品。

3.7.3.4　湖滨带生物多样性修复与缓冲区构建关键技术及工程示范

一般性成果:

(1)洱海湖滨带与缓冲带测量图。

(2)湖滨带水质、底质、水生生物调查报告。

(3)湖滨带维护管理科学方案(初稿)。

(4)湖滨带生物多样性修复技术。

(5)湖滨带生物多样性恢复示范工程初步设计方案。

（6）陡岸湖滨带示范工程建设初步设计方案。

（7）洱海缓冲带生态建设示范工程初步设计方案。

标志性成果：

陡岸湖滨带生态修复技术。

主要完成单位：中交航道勘察设计研究院有限公司，中国环境科学研究院，华中师范大学。

成果主要内容：

陡岸湖滨带生态系统的初级生产者（附生藻类等）及次级生产者（底栖动物等）均以低等生物为主，由于道路、村落建设，采石，水位变化等原因，陡岸湖滨带生境遭到破坏，生态系统能量循环及物质循环主要途径受到阻碍，水体净化功能降低。本技术针对岸坡、周丛生物、底栖生物、鱼类栖息地修复，开发了 3 种类型，8 种陡岸生态修复模式。

成果产业化或应用前景：

洱海有近 70 km 的陡岸湖滨带，目前在地方配套项目中有 19.48 km 已经完成设计。目前，我国湖滨带生态修复主要是针对以高等植物为主的湖滨滩地生态型，而针对以低等生物为主的陡岸湖滨带则很少研究。在高原、山区湖泊中存在大量陡岸湖滨带，此技术研发在我国湖滨带生态修复中有广阔的应用前景。

3.7.3.5　湖泊水生态、内负荷变化研究与防退化技术及工程示范

一般性成果：

（1）诠释了洱海作为富营养化初期湖泊的水环境特征。

（2）明确了洱海入湖污染负荷特征。

（3）从历史变化的角度剖析了洱海生态系统的变化。

（4）定量表征了洱海沉水植被的退化现状。

（5）估算了洱海藻源性内负荷。

（6）初步探讨了洱海藻源性内负荷削减的技术途径。

（7）形成了洱海水生态现状调查及发展趋势分析报告。

（8）形成洱海防退化的总体思路，并完成了部分方案的编制。

标志性成果：

成果名称：系统的水生态综合调查，诠释了洱海作为富营养化初期湖泊的水生态特征。

主要完成单位：中国环境科学研究院，中国科学院水生生物研究所。

成果主要内容：本项研究成果是本课题调查研究获得，本研究成果既掌握了洱海水生态的现状，也揭示了洱海生态系统变化过程，从水生态系统变化的角度，诠释了洱海作为富营养化初期湖泊的特征，填补了洱海水生态空白，是洱海下一步保护和治理的重要基础。该研究不仅对洱海的保护和治理具有重要的指导意义，也是我国开展湖泊水生态研究的范例。具体特点如下：

系统的水生态综合调查，是我国湖泊水生态研究的范例。

本课题针对洱海水生态变化，已完成了洱海全湖 15 次水质调查，全湖 3 次沉积物调查，1 次湖体污染沉积物勘测，全湖水生植物的周年调查，全湖鱼类调查，全湖浮游生物调查，全湖底栖动物调查，入湖污染负荷研究，主要入湖河流（26 条）水质和流量调查，干湿沉降特征调查，云南其他主要湖泊的比较调查等 12 项现场调查工作；同时还收集了洱海近 50 年的水生态资料和数据。因此，本课题针对洱海开展的水生态调查是目前我国针对湖泊水生态研究中较为系统和全面的一次调查；可以作为湖泊水生态研究的范例，具有一定的示范意义。

系统的湖泊水生态数据，是洱海水污染防治的关键。

在系统的水生态调查和资料收集整理的基础上，本课题形成了《洱海水生态现状调查及发展趋势分析报告》等成果，从历史变化的角度分析了洱海水质、水生生物的演替和变迁，重点从水位、透明度等方面探讨了洱海沉水植被退化的原因，从食物链的角度，研究了洱海的鱼类结构变化，特别是银鱼、浮游动物与浮游植物间的关系，并从生态系统变化的角度进行了总结，得出了洱海水生态系统已经先于水质发生了较大变化。保护洱海不仅需要控制污染源，削减污染负荷，同时也需要从水生态系统调控和保育的角度开展工作，只有恢复了健康的水生态系统，洱海的水环境质量才能从根本上得到改善。因此，本课题调查和收集得到的洱海水生态数据和资料，是洱海下一步工作的重要依据。

成果产业化或应用前景：

课题研究成果被大理白族自治州编制《云南洱海绿色流域建设与污染防治规划》（2010 年 5 月）工作采用，课题组研究成果《洱海水生态现状调查及发展趋势分析报告》作为《云南洱海绿色流域建设与污染防治规划》附件之一通过了环保部组织的专家评审。同时，本研究成果可以作为我国湖泊水生态研究的范例，指导我国其他湖泊开展水生态的调查与研究工作；本重大成果得到的水生态历史变化的数据和资料是洱海下一步治理的重要基础，也是支撑洱海保护的关键所在。

3.7.3.6　典型湖湾水体水污染防治与综合修复技术及工程示范（2008年启动）

成果列表：

（1）完成了典型湖湾的生态系统典型特征调查与主要问题诊断报告。

（2）典型湖湾入湖污染物迁移、扩散和环境特征的调查报告。

（3）洱海藻华优势种类的生长生理特性研究报告。

（4）多优势种藻类水华演替规律以及监测和预警预报。

（5）洱海有害藻类种类识别以及毒素和异味物质类别的鉴定和监测技术。

（6）双效精土除藻技术研究报告。

（7）洱海水生植物和底栖无脊椎动物的生态学周年调查报告。

（8）洱海鱼类资源调查、种群生物学研究及其优势种生活史研究报告。

（9）洱海银鱼资源评估及调控方案的研究。

（10）洱海典型湖湾的综合整治方案。

示范区进展：

完成了藻华拦截与生物控藻技术、综合除藻技术的围隔小范围示范。目前开始中试准备阶段，已完成中试设计。

完成了湖湾周边村落污水处理设计与技术示范。村落微型污水处理设备研发已完成初步研究，相继在上关镇、喜洲镇和大理镇等乡镇进行示范。

完成了环境-生态安全的双效精土除藻技术示范。并完成原位围隔试验，效果良好。目前开始中试准备阶段，已完成中试设计。

水生植被群落结构优化和底栖动物群落重建及生物多样性恢复技术与示范工程。主要目标是控制菱群落，恢复以苦草为主的沉水植物群落，放流增殖底栖动物，增加生物多样性，建立水生植物覆盖度60％以上的技术方案。同时采用半封闭式围网试验区进行挺水植物和浮叶植物营养繁殖与栽培，重建以自然恢复为主的挺水植物和浮叶植物群落，构建和扩大底栖动物栖息平台，扩大底栖动物，如螺类和贝类的生物量。前期工作已经完毕，包括提炼出影响洱海水生植被种类、分布及其变化的主要环境因子，基本确定了洱海水生植被（优势种）的环境需求、示范工程的选址、资金配备等。目前已完成中试区的选址和设计。

洱海土著鱼类增殖和产卵场的恢复技术示范工程。建造示范工程的前期工作已经完毕,包括洱海特有鱼类资源及产卵场环境现状调查研究、示范工程区内投放的洱海特有鱼类苗种的来源、洱海土著鲤鱼的人工培育技术研究、示范工程的选址、资金配备等;制定了定向增殖和恢复洱海土著鱼类春鲤的生物种群的方案。

洱海湖泊生态系统健康的关键环节与调控技术及示范。完成生物控藻技术和沙坪湾生物控藻综合实验中试的设计和选址。实验设计、工程选址和资金配备已就绪。正在运行中的鲢鱼控藻围隔示范,目前效果良好,比较明显地表现出了不同鲢鱼放养密度对水质变化的影响,相关数据统计将对洱海鲢鱼放养规模提出指导性的意见。

成果的产业化或应用前景:

本课题计划建成示范工程 3 项,在蓝藻水华拦截与控制、土著鱼类繁育与重点湖湾水生生物多样性恢复等方面,对洱海典型湖湾及其类似湖泊的治理具有较好的应用前景。从沙坪湾的应用情况上来看,土著鱼类繁育与恢复对洱海的水生态系统保护与发展具有重要意义,当地州政府专门成立了土著鱼类繁育基地,定期向洱海投放鱼苗。同时,本课题在研究基础上证明的湖湾生态系统在整个湖泊生物多样性保护与恢复中的重要作用,在类似湖泊开展生态恢复与多样性保护方面具有很好的应用前景。

第 4 章
洱海保护与管理的科学研究

洱海是云南省乃至全国开展相关研究比较早的湖泊,围绕着湖泊及流域的自然地理特征,早在 20 世纪 40 年代就有相关的研究论文发表。改革开放以后,有关方面围绕洱海的保护水资源问题,水环境问题,水生态问题开展了多样的研究工作。这些工作为相关政府的管理与治理工程的实施提供了强有力的支撑。

4.1 高原湖泊资源不合理开发利用带来的生态后果的调查研究

1982 年,云南省环境科学研究所接受了省城乡建设环境保护厅下达的"高原湖泊资源不合理开发利用带来的生态后果的调查研究"课题,与大理州环境监测站、玉溪地区环境监测站、红河州环境保护局等单位协作,并邀请中国科学院昆明植物研究所、云南省水产研究所的有关科技人员参加部分工作。选择了问题较为突出的滇池、洱海、杞麓湖、异龙湖、赤瑞湖等作为调研对象,研究和剖析开发利用现状及不合理开发利用对湖泊生态的影响。

洱海调研课题为"过量放水发电对洱海生态的影响",从洱海的自然环境、社会经济状况、水量平衡、湖区陆生植被、湖泊水生植被的变迁等方面阐述了过量放水发电,增加供水负担,水量入不敷出的生态后果。洱海水位下降,导致湖泊面积缩小,容积减少,水体蓄热量降低,加剧了主要入湖河道冲刷,湖周地下水位下降,工农业生产及人民生活用水发生困难,水理化性质改变等,良好的生态环境遭到破坏。

"高原湖泊资源不合理开发利用带来的生态后果的调查研究"课题于 1983 年底完成,由云南省城乡建设环境保护厅主持,经国内及省内专家、同行评议鉴定，认为此项研究成果为云南高原湖泊的保护和综合研究提供了基础材料，为进一步治理和合理利用提供了科学依据，对今后云南经济发展自然管理具有重要意义，获得了云南省 1985 年科技进步三等奖。各个子课题经过修改后，由云南省环境科学研究所的张静芳、玉溪环境监测站的杨世宽、红河州环境监测站的刘国才、大理州环境监测站的林桂珍等编辑整理，最终形成了《云南高原"四湖"的生态问题与生态后果》一书，1987 年 11 月由云南科技出版社出版发行。

4.2　洱海开发与环境研究

1984 年，云南省环境科学研究所受云南省科委委托，承担"洱海开发与环境"课题，协作单位为大理州环境监测站、大理州水利勘测设计院。该课题是云南省科委的重点科研课题之一。该课题从生态学的角度出发，研究既能充分发挥湖泊资源开发的经济效益，又能维持和保护湖泊生态平衡，实现湖泊区域生态系统的良性循环，取得最佳社会效益和生态效益，为洱海的开发利用和决策提供科学依据。

课题研究的内容有洱海水资源开发利用、洱海合理调控水位研究、洱海污染和富营养化研究、洱海泥沙冲淤环境研究、洱海水生生物资源合理开发利用研究、湖周植被和土地利用研究等六个方面。课题从 1984 年 12 月开始，历时两年，于 1986 年底结束，该课题成果获得 1987 年度云南省科技进步三等奖。

4.3　洱海富营养化调查及环境管理规划研究

"洱海富营养化调查及环境管理规划研究"课题是国家"七五"科技攻关项目"全国主要湖泊水库富营养化调查研究"的子课题。主持单位为中国环境科学研究院、大理州科学技术委员会和大理州城乡建设环境保护局，承担单位云南省环境科学研究所、大理州环境科学研究所和洱海管理局。

1987 年初，总课题编制了《湖泊富营养化调查规范》，对子课题的工作进行了部署安排并对关键项目总氮、总磷、面源污染调查等进行了技术培训和考核。"洱海富营养化调查及环境管理规划研究"课题首先按照总课题的有关会议精神和调查规范进行了课题设计，制订了周密的课题实施计划。课题组撰写了《洱海流域生态环境概况》《课题质量控制》《洱海水质理化评价》等 16 篇论文，汇集成论文集一本,总报告一册。课题成果经专家鉴定认为达到国内领先水平,获得 1993 年度云南省政府科技成果三等奖。该课题历时 2 年,花钱少,现场调查工作扎实,获得的第一手资料较多,成果颇丰,为后来的洱海研究打下了坚实的基础。

4.4　大理洱海湖区区域综合开发与环境管理规划研究

1991 年,联合国区域开发中心与云南省人民政府联合实施,并与云南省科学技术委员会、云南省环境保护委员会、云南省计划委员会、大理州人民政府、国际湖泊环境委员会及中国环境科学研究院等合作进行了大理洱海湖区区域综合开发与环境管理规划研究。

重点研究方向为洱海湖区经济发展和生态环境的历史与现状;分析和评价洱海湖区的广域圈内的战略地位;洱海湖区综合开发的目标、思路、模式、重点、途径与政策;区域开发中的环境问题;与洱海湖区总体发展战略规划密切相关的大理市、宾川县、洱源县、漾濞县的发展战略规划相互协调;对洱海湖区综合开发与环境管理有重大影响的若干专题研究并取得相应成果研究报告,获 1995 年云南省科技进步二等奖。

4.5　洱海流域可持续发展的投资规划和能力建设

"洱海流域可持续发展的投资规划和能力建设"项目由联合国开发计划署(UNDP)无偿援助,由外经贸部中国国际经济技术交流中心(CICETE)负责实施。该项目旨在帮助当地政府对流域盆地可持续性进行规划与设计。

工作时间从 1995 年 6 月到 1998 年底。1995 年初由联合国开发计划署资助并组织中外专家对中国大理洱海可持续发展的投资规划和能力建设进行立项研究。该项目由七个子课题项目组成,七个预可行性研究子项目为:洱海水质监测能力、洱海流域生物多样性保护、洱海流域工业污染控制、洱海流域城镇污水治理、洱海流域固体废弃物管理、洱海流域非点源治理及洱海流域环境综合管理。参加研究的有来自美国、加拿大、丹麦、芬兰、意大利和中国的专家,国内专家来自中国环境科学研究院、北京大学、水利部、清华大学、中国科学院、云南省环境科学研究所、大理州环境科学研究所等单位。

通过外经贸部交流中心、云南省环境保护局和大理州城乡建设环境保护局的组织协调，专家组于 1995 年下半年提交了阶段性研究报告。每个报告对洱海流域各领域中的主要环境问题进行了系统研究和分区规划，并参考了国际国内最新研究动态，提出了编制框架和工作程序。在此基础上，中外专家深入到重点控制区域进行调研，开展了大量的外业工作和反复研讨，于 1996 年 9 月提交了"洱海流域可持续性发展投资规划项目"各子项目的预可行性研究报告。报告针对洱海污染治理各专业内容提出了系统的工程措施和方案。从设计思想、工程选址、工艺方案、技术路线、主要设备、工程投资、效益评估、资金筹措等诸方面进行了项目可行性研究，其工作超出了工程项目预可行性研究深度，足以支持项目的立项。

4.6　洱海沉水植物恢复技术研究

湖泊沉水植物是湖泊生态系统的重要部分。湖泊沉水植物的物种组成、生物量、覆盖面积、空间分布、被利用方式和程度都直接关系到湖泊环境的整体质量。因此，目前国际上对污染湖泊中沉水植物的恢复与维持十分重视，被破坏的或退化的沉水植物群落的自然与人工恢复被看作是湖泊治理的关键环节，沉水植物也是目前我国湖泊治理的薄弱部分，因此被列入本专题研究的一项重要内容。

4.6.1　项目背景

"洱海沉水植物恢复技术研究"是国家"九五"科技攻关滚动项目"气候变化对策与环境管理研究"之第八课题"长江、珠江流域及我国主要湖泊实施可持续发展的环境管理对策研究"的三个专题之一。

"洱海沉水植物恢复技术研究"课题从查阅和分析有关沉水植物的历史资料、了解近几十年来洱海沉水植物群落演替规律入手，调查洱海沉水植物现状及近期沉水植物退化的原因，同时调查现有的沉水植物群落类型、分布及相关的生态环境。在此基础上，通过围隔试验了解沉水植物群落恢复的条件，试验研究探索在不同条件下恢复沉水植物群落的技术。通过沉水植物先锋物种的筛选，对初选物种的生态阈值、生物学特性、对藻类生长的抑制作用的试验分析和验证，以及利用价值的初步评价，确定群落恢复试验的先锋种和伴生种。在此基础上提出适合于若干典型水域的群落配置方案，并通过围隔试验和模拟试验优化群落配置。同时提出洱海沉水植物管理技术,进而完成示范区工程的设计方案,将设计方案提供依托工程实施。

4.6.2　洱海沉水植物恢复条件研究

通过了解洱海沉水植物现状与历史研究已破坏的或退化的水生植被的恢复条件,调查洱海浅水区不同底质、不同深度的沉水植物群落的物种组成,优势种及其优势度,生物量及植物体总氮、总磷、多样性指数、生长发育状况评价。通过数据分析,区分、识别洱海沉水植物群落类型及其分布规律。并根据洱海底质及地形地貌特征,由洱海北端到南端选择 19 条东西向的断面,沿每条横线由东岸到西岸按 200 m 距离布点取样。1998 年 5 月和 10 月进行两次调查;1995 年完成各项测定和统计分析。

收集 50 年来有关洱海沉水植物调查研究的文献资料,通过对历史资料的分析,了解洱海沉水植物群落的物种组成、优势种、分布范围等随时间而发生变化的趋势,结合洱海环境的变化,探索沉水植物近几十年来的演替过程和规律,分析群落退化的原因。1984 年 4 月收集资料,1998 年 2 月完成资料分析。

对不同群落类型分布区的底质特征和水质定点分析,并结合以上两项调查结果,获得洱海不同区域恢复沉水植物的条件的初步认识。

4.6.3　洱海沉水植物群落恢复先锋物种选择

在洱海沉水植物全面调查的基础上,通过对几种水生植物生物学特性、耐污性,对氮、磷的去除能力及关补偿点的研究,筛选山具有一定耐污性的物种作为洱海沉水植物恢复的先锋物种,同时为洱海沉水植物群落的恢复提供建群种,根据各项调查研究的结果确定 4～5 种沉水植物作为初选先锋物种。通过围隔试验和实验室小型受控装置实验,研究测定几个初选种的若干生态阈值,对初选物种的经济价值作初步评价。同时在现场围隔中进行立地条件试验。1998 年 6 月开始先锋物种筛选,1998 年 8 月完成。

4.6.4　洱海沉水植物群落优化配置技术研究

研究者通过室内实验和室外围隔试验,对洱海沉水植物群落进行物种组合和配置筛选,研究沉水植物群落优化配置在洱海的适用性,并借鉴国外湖泊沉水植物恢复的经验,提出洱海沉水植物群落优化配置的模式。

1) 沉水植物群落优化配置理论研究

主要包括退化生态系统恢复和水生植被的目标、湖内沉水植物逆行演替模式、湖内沉水植物群落生态学研究、拟恢复沉水植物群落的经济价值。

2) 洱海沉水植物群落优化配置模式研究

在洱海沉水植物调查的基础上,根据洱海湖内不同水域的水质状况和底质状况,分别选择不同的先锋物种和伴生种进行物种组合和群落配置试验。1998年5月开始,1998年10月完成。

3) 洱海沉水植物恢复示范工程技术方案设计

在沉水植物恢复先锋物种选择及群落优化配置研究的基础上,进行洱海沉水植物恢复示范工程技术方案设计。工程试验面积10亩。其中,①自然恢复区2亩:观测项目为沉水植物物种及群落组成、盖度、生物量、底质(总氮、总磷、pH)、水质、藻类及藻量。水质每月一次,沉水植物和底质周年始末各做一次观测。②沉水植物人工恢复试验区:在所选定的示范区内,选择因人工破坏严重、沉水植物难以恢复的水面,或人为清除沉水植物作为实验,在其中划出先锋物种恢复区(2亩)和群落优化配置区(3亩)。周围用木桩和防水布制成无底围隔,周围墙布下沿埋入底泥中,上沿用棒状浮子浮出水面,围隔木桩高出水面3 m,围隔布可以上下伸缩。在围隔的四角各开一个边长为1 m的正方形网窗,以保持围隔内外的水位一致,沿围隔外围3 m处打桩,用孔径0.8 cm的尼龙网围起来作为防浪带。观测项目:沉水植物物种及群落组成、盖度、生物量、底质(总氮、总磷、pH)、水质、藻类及藻量。水质每月一次,沉水植物和底质周年始末各作一次观测。③开发利用区:选择人为破坏较小、目前恢复较好、建群种较多的沉水植物片区,进行沉水植物开发利用区研究。采用铁制刈刀割水草或用竹竿选择性地拔除水草。根据不同水草的特性作饲料,或作蔬菜,或作堆肥用。试验面积3亩。1988年底完成。

4.6.5 洱海湖周植被与湖泊生态的关系

1987年省环科所就洱海的保护问题,在州环境监测站的配合下,对洱海湖周植被开展了调查研究,并由省环科所的杨琼、李英南完成了《洱海湖周植被与生态的关系》研究报告。报告从洱海湖周植被类型的垂直分布、植被类型及其特点、湖周植被与湖泊的关系、环境对策和建议等方面进行了分析阐述。在环境对策和建议中首次提出了"必须树立洱海湖区是一个复杂的生态系统的基本观点"和"人类不仅是生态系统的组成部分，是能量转化、物质循环和信息传递的一个重要环节，而且对整个生态系统有着控制、改造和破坏的能力。在湖区自然资源开发利用，工业设计布局、市镇建设与规划、农村建设等方面，要按自然规律和经济规律办事。"并且对洱海湖区及周边的一些不合理开发利用问题提出了意见。

4.7　洱海营养化现状及趋势预测研究

该研究根据洱海湖区渔业、航运情况以及湖区外沿岸人口分布，工业污染、入湖河流、湖湾分布等，共设置观测取样点 32 个，其中：洱海湖区 15 个，湖区外 17 个。从 1985 年 4 月开始到 1986 年 4 月，每两个月采样一次，共 7 次，湖区主要采样分析总氮、总磷、生化需氧量、化学需氧量、透明度、优势浮游生物、藻类、叶绿素、细菌等指标；湖区外（包括入流、出流、农村生活污水、农田流入洱海水、降水、工业废水等）主要采样分析总氮、总磷、生化需氧量、化学需氧量。所得近两千个数据，对洱海水体各个区域及季节的富营养化情况进行评价和分析；对营养物质的输入、输出、积累进行计算；从经济发展的角度对洱海 1990 年、2000 年的富营养化趋势进行预测，并提出防止洱海富营养的五大对策。

4.8　洱海富营养化综合防治成套技术

洱海富营养化综合防治成套技术出中国环境科学研究院、大理白族自治州环境保护局主要完成，获中华人民共和国环境保护部 2010 年度环境保护科学技术一等奖（证书号 KJ2010 - 1 - 03 - G05）。

该项目根据对洱海富营养化 20 多年的研究和工程实践深入分析了洱海水环境、水生态与富营养化特征和流域社会经济发展的特点，建立了富营养化初期湖泊的理念，在国内首次提出了以"控源 + 生态修复 + 流域管理"为核心的洱海富营养化防治思路和流域生态修复的"三圈"（陆生生态圈、湖滨生态圈、湖内生态圈）理论，重点研发和集成了湖泊流域污染控制、生态修复和流域管理 3 大类 6 项关键技术为核心的成套技术系统。在洱海流域形成的这套富营养化防治技术系统，行之有效，符合我国国情，极大地支撑了洱海富营养化防治和水污染治理工作，指导地方政府对洱海进行了十多年的科学治湖和保护，使近几年来洱海水质始终保持在Ⅱ到Ⅲ类之间，洱海成为目前我国城市近郊保护最好的湖泊之一。洱海富营养化防治理念与成套技术得到国内外湖泊专家的充分肯定和认可，并在我国许多湖泊(太湖、巢湖、滇池、抚仙湖等)保护治理中得到应用，取得了良好的社会效益和环境效益。环保部在大理召开了技术经验交流会，推广洱海保护治理的重要经验。

该项目主要特点和创新点如下：在我国首次创新性地提出"富营养化初期湖泊"及其防治理念；系统提出了"控源＋生态修复＋流域管理"为主要内涵的富营养化综合防止思路，指导洱海治理中得到较好的应用；系统集成并提出了以入湖河流治理和流域生态修复技术为核心的富营养化防治成套技术，并开展技术示范，为成套技术在其他湖泊的推广应用提供了良好基础；首次完整地在国内提出了湖滨带的概念，系统提出了湖滨带修复思路和技术路线，建成了国内最大规模的湖滨带，为国内其他湖泊湖滨带的修复提供了成功经验。

洱海富营养化综合防治成套技术分污染源控制、生态修复和流域管理3大类，包括城镇环境改善及基础设施建设技术、生态农业建设和农村环境改善技术、入湖河道综合整治技术、湖泊生态修复技术、流域水土保持技术、环境管理能力建设等6项关键技术。

4.9　洱海保护与管理相关出版物

洱海保护与管理相关图书出版物主要有《云南洱海科学论文集》与《大理洱海科学研究》。

1)《云南洱海科学论文集》(1989年，云南民族出版社)

1985年至1986年由大理州科学技术委员会和大理州洱海管理局共同组织了对洱海多学科的考察研究工作，取得了一批考察研究成果。同时，在考察研究中搜集了已有的研究成果，极大地丰富了对洱海的认识。鉴于资料分散，为给洱海的科学研究和保护工作提供资料便利，大理州科学技术委员会和大理州洱海管理局于1989年编辑出版了《云南洱海科学论文集》，共收集论文32篇，分为两部分：第一部分是以此次洱海考察的论文为主，共17篇。主要有洱海鱼类、水生植被、藻类、细菌、水禽等方面的考察、调查、评价报告；洱海水文、水化学、水环境、沉积物等方面的研究；西洱河电站建设对洱海的环境影响、西洱河电站建设对洱海弓鱼的影响、洱海富营养化趋势问题、洱海渔业发展问题等方面的研究。

　　第二部分是收集了 1979 年至 1987 年国内各科技刊物上有关洱海的论文共 15 篇，经作者同意后编入。所编入的论文立论和观点一律保留，有待于以后深入研究，编者不强求统一，以使对洱海的研究工作能参考各家见解。内容主要涉及洱海地质环境、水生生物、洱海水位等方面的研究。

　　2)《大理洱海科学研究》(2003 年，云南民族出版社)

　　1997 年初，州委提出了"像保护眼睛一样保护洱海"号召，一批国内外专家学者云集大理，对洱海及洱海流域开展了大量科学研究和调查，从"六五"期间开始至"九五"的二十年，洱海都列入了国家科委、国家环保总局、云南省组织的科技攻关课题，对湖泊流域进行了系统的研究，取得的科技成果不断作为当地党委、政府保护管理洱海决策的依据，不断运用于洱海保护管理的工作中。《大理洱海科学研究》一书于 2002 年由大理州环境保护局和大理州洱海管理局组织收集论文和进行编辑。

　　《大理洱海科学研究》分为"资源篇""科研与探索篇""污染控制篇"和"管理篇"四个部分，共收集论文 93 篇。第一部分"资源篇"共有论文 17 篇，主要涉及洱海出水西洱河段最早的水能资源勘查和天生桥电站、万花溪电站的建设，洱海多种水生生物、生物群落的研究，洱海沉积物研究及洱海饮用水资源、洱海流域森林资源的调查分析等方面的内容。

　　第二部分"科研与探索篇"共有论文 30 篇，主要涉及洱海地质气候方面的研究，洱海水生植被的恢复、鱼类方面的研究，流域溪流治理、面山造林绿化、人口发展预测方面的研究，洱海水质的监测、评价、分析等方面的内容。

　　第三部分"污染控制篇"共有论文 23 篇，主要涉及洱海湖滨带恢复方面的研究，洱海水污染和富营养化防治方面的研究、调查、工程示范，城市排水、污水处理的设计、工艺研究等内容。

　　第四部分"管理篇"共有论文 23 篇，主要涉及中国湖泊富营养化控制技术、洱海水质监测系统、水环境管理、洱海流域规划与环境管理方面的研究、规划、探讨，以及洱海流域经济社会发展研究等内容。

第 **5** 章
洱海保护与管理条例

洱海保护的法制建设历程,是多年来人们对洱海流域经济社会发展与洱海保护的认识过程。改革开放初期,随着经济社会的发展,由此给洱海带来的生态和水污染问题逐渐显现,洱海的生态与环境问题也引起了自治州领导的重视。20 世纪 80 年代初,州环境保护办公室结合《中华人民共和国环境保护法》的贯彻施行,制定了《大理州环境保护实施条例》,这是大理州针对洱海周边环境保护最早的行政规章。之后,随着民族区域自治法的贯彻实施,大理州通过行使民族立法权,对洱海的开发与保护进行了立法,制定了《大理白族自治州洱海管理条例》,使洱海在 20 世纪 80 年代末开始走上了依法管理的法制轨道。《大理白族自治州洱海管理条例》施行后,随着对洱海保护认识的不断深入,先后对《大理州环境保护实施条例》进行了三次修订、修正。除此之外,州人大还先后制定了《大理白族自治州苍山保护管理条例》《大理白族自治州湿地保护条例》《大理白族自治州洱海海西保护条例》和《大理白族自治州水资源保护管理条例》等与洱海保护相关的单行条例。州及市、县人民政府为了贯彻落实各项《条例》,结合保护管理的实际情况,先后制定了洱海水政、渔政、流域农村垃圾、流域湿地保护等一系列配套实施办法和规章,形成了洱海保护的法规体系,为依法治湖奠定了基础。

5.1 立法

多年来,洱海的保护管理通过立法、执法和监督,建立起了一条法制化的轨道,洱海保护治理的法规体系、规划体系、保护体系、执法体系不断强化,使洱海的保护管理有章可循，有法可依，违法必究，取得了依法治湖的良好成效。

5.1.1　《云南省大理白族自治州洱海保护管理条例》

大理州为加强洱海保护治理工作，出台了各项保护措施，其中最重要的是《云南省大理白族自治州洱海保护管理条例》。该条例的实施有着重大的意义：它是大理州制定的第一个单行条例；是全国民族自治地方制定的第一个单行条例；是全国民族地方制定的第一个生态环境保护条例。在1988年制定通过《洱海保护管理条例》之后，大理州充分利用民族自治州立法权，于1998年、2004年、2014年分别对条例进行三次修订，通过民族立法加强自治州的生态环境保护。

5.1.1.1　1988年制定《云南省大理白族自治州洱海管理条例》

20世纪70年代初，为开发利用洱海出水河道的水能资源，西洱河电站项目作为国家水电项目开工建设，至20世纪80年代初，西洱河电站建成发电后，由于过量放水发电，造成洱海水位下降而引发的洱海生态问题凸显。根据洱海水文资料，1952年—1976年洱海年平均水位为1974.01 m（海防高程下同），电站建设中对洱海出水口至天生桥的西洱河河道进行了疏挖，电站投产后，平均水位最低月降至1971.50 m，平均最高月水位为1973.32 m，1982年年平均水位仅为1971.10 m，最高水位仅为1971.92 m。洱海湖岸许多湿地变为陆地，鱼类繁殖场所被破坏，水生植被向湖心扩张，洱海生态系统发生重大变化。以大理裂腹鱼（弓鱼）、洱海四须鲃（鳔鱼）、大眼鲤（老头鱼）、油四须鲃（油鱼）为代表的一批土著优势鱼类基本消亡。水位的下降，还造成了洱海沿岸一带许多农村房屋墙体开裂倾斜，古桥梁损坏，洱海沿岸部分农灌抽水站停用。水利水电部昆明勘测设计院为此做了专门研究，撰写了《西洱河水电站建成后对洱海环境影响的初步研究》《西洱河水电站建设对洱海弓鱼影响的初步研究》等研究报告，确定了洱海水位下降所带来的生态环境问题。

这一时期还有一个显著特点就是工业和乡镇企业（如大理造纸厂、滇西纺织印染厂、人造纤维厂、大理针织厂、化肥厂、三电厂等）的发展，带来的工业"三废"污染问题越来越突出。因此立法保护洱海，控制洱海水位，统一管理洱海湖区水政、渔政，防治工业污染成为州委、州人大、州政府关注的重要问题。

当时的州环境保护办公室结合贯彻《中华人民共和国环境保护法》制定了《大理州环境保护实施条例》，1980年3月5日，大理州革委会以〔革发（1980）

52 号〕文下发了试行通知。该条例界定了管辖范围,即:"洱海及茈碧湖水域以及与之相连通的河、溪、沟、水库。西洱河水域包括所有流入该河的支流。"这是涉及洱海保护最早的一份规章。1982 年春,由于水位大幅下降,4 月 12 日,大理州人民政府向省人民政府专题上报《关于控制洱海水位保证今年环湖农田用水的紧急报告》,报告中要求 6 月 15 日前洱海水位不低于 1 970.50 m,最低水位降至 1970.67 m。为此,1982 年,州六届人大常委会组织制定了《洱海管理暂行条例》,由于当时州人大常委会在立法的法律手续上还不完备,后改由州人民政府作为行政法规予以公布实施。1987 年《云南省大理白族自治州自治条例》颁布施行后,为洱海管理的立法提供了法律支撑。同年,经中共大理州委、州人大常委会和州人民政府研究决定,组织起草《洱海管理条例》。该条例草案于 1988 年 3 月提交州七届人大第七次会议审议通过,州人大常委会副主任向大会做了《条例》草案的说明。1988 年 12 月 1 日省人大常委会批准《云南省大理白族自治州洱海管理条例》,并决定于 1989 年 3 月 1 日起施行。1988 年 12 月 24 日州人大常委会向州人民政府发出"贯彻施行《云南省大理白族自治州洱海管理条例》的通知",要求开展宣传贯彻《条例》工作。

《条例》框架分为七章共三十六条,主要内容如下:一是规定了洱海管理的范围。二是规定了洱海的二条法定水位控制线,即:最低水位控制线 1 971 m,最高水位线为 1 974 m,最高水位线内为洱海湖区范围并设置界桩。三是规定了洱海周围和水源附近禁止新建、扩建、改建污染环境,破坏生态平衡和自然景观的厂矿、企业。禁止直接或间接向洱海水域排放工业废水、生活污水。四是规定了界桩内 5 m,界桩外 15 m 的岸滩营造环洱海林带。五是把洱海流域的山脉列为洱海水源保护区。六是设定了收取水费等收费项目。七是对湖区内渔政、水政的管理作了相关规定。

这一时期洱海鱼类种群发生较大变化,以土著鱼类为优势的种群被鲫鱼等取代,水质总体保持在 Ⅱ 类,水体透明度平均在 3.4 m,湖心 2 月份的透明度可以达到 8～10 m,湖泊营养化评价为:贫—中营养型湖泊,局部水域时有工业污染影响事件发生。

5.1.1.2　1998 年修订《洱海管理条例》

20 世纪 80 年代中期,洱海开始发展人工渔业养殖,由于对渔业养殖造成湖泊富营养化认识不足,因此在《洱海管理条例》中规定了"鼓励全民所有制和集体所有制的单位及个体,合理利用适合于养殖的水面和天然饵料资源,发展养殖业"。利用洱海及流域水面、滩地发展网箱养鱼和建塘养鱼,成为这一时期开发利用洱海的突出特点。据洱海管理局统计,1986 年 10 月,洱海网箱养鱼有 263 户,网箱 1 059 个,占用水面 1 413 亩。到 1996 年底在洱海全面实行"双取消"(取消网箱养鱼、取消机动渔船动力设施)时,洱海流域水面取消的网箱多达 11 180 余箱,涉及农户 2 960 多户,其中洱海水面网箱达 9 507 箱,洱源县西湖、茈碧湖 1 677 箱。在此期间,洱海船只发展迅猛,据 1995 年登记统计,洱海湖区各类船只多达 5 488 只(艘),其中机动捕鱼船只占有很大比例。在"双取消"行动中,共取消捕鱼船动力设施 2 574 台(套)。由于机动捕鱼船的使用增大了捕捞强度,网箱养鱼大量捞取水草喂鱼,使水生植被遭到较大破坏,洱海沉水植被覆盖度急剧减少,洱海生态系统遭到极大损害,洱海自净功能大大下降。网箱养鱼投放鱼饲料,以及网箱下大量堆积的鱼粪便,进一步加大了水体中氮磷营养成分的负荷,水体中蓝藻大量繁殖,水体透明度降低,洱海水质加速向富营养化发展。1996 年秋洱海出现大面积蓝藻暴发,渔业生产开发所带来的生态环境问题凸现。

　　针对洱海出现的水质恶化突出,富营养化加快等问题,《洱海管理条例》于 1998 年进行了第一次修订。这次修订的核心首先是对洱海管理的原则作了调整,即:一是把"统一规划,保护治理,合理开发,综合利用。"调整为"保护第一,统一管理,科学规划,永续利用。"解决保护治理不突出,开发利用趋强的问题,并删去了"鼓励国营、集体、个人积极发展网箱养鱼"等开发利用性内容,增加了"禁止在洱海保护范围内和洱海管理区域内生产、销售和使用含磷洗涤用品"的规定。二是把洱海径流区纳入洱海保护范围,并规定了相关保护治理要求。三是增加了 1 974.20 m 为洱海防洪水位线。四是明确了 Ⅱ 类水为洱海水质保护标准。五是赋予了洱海管理局在洱海管理区域内水政、渔政、林业、环保等执法权。六是增加了在洱海管理区域内的开发建设项目、环湖公路临湖一侧的建设以及洱海船舶的新增、改造、更新等事项,必须经自治州人民政府审批同意的规定。七是规定了洱海实行封湖禁渔制度。八是设定了"在洱海管理区域内从事旅游经营的,缴纳风景名胜资源保护费"的收费事项。这次修订,对洱海在大理州经济社会发展中的地位作了重新认识,确立了保护第一的思想,是洱海立法从注重保护开发利用并重的管理模式,到突出保护治理的转变。本次《条例》修订由原来的三十六条增加为三十七条,并撤消了章的结构框架。《条例》修订草案于 1998 年 6 月提交州十届人大第一次会议审议通过。1998 年 7 月 31 日省人大常委会批准《云南省大理白族自治州洱海管理条例(修订)》,8 月 30 日州人大常委会召开公布施行大会,经修订的《条例》于 1998 年 10 月 1 日起施行。

这一时期的洱海水质降到 Ⅲ 类,藻类数量大幅增加,蓝藻成为水体中浮游植物的优势种群,水体透明度降低到不足 2 m,沉水植被面积缩小,种群退化,湖泊富营养化评价为中营养型湖泊。

5.1.1.3　2004 年修正《洱海管理条例》

为了更好地统筹协调洱海的保护治理工作,2003 年州委、州政府对洱海的行政辖区和管理体制进行了重大调整,从 2004 年 1 月 1 日起,洱源县的江尾镇、双廊镇正式划归大理市行政辖区,同时州洱海管理局划归大理市,至此,洱海湖区完全由大理市所管辖。在洱海管理中,洱海的水位控制一直沿用民国时期的海防高程系统,而中华人民共和国建立后的 20 世纪 50 年代中期,国家就设立以黄海为基准的高程系统,到 20 世纪 80 年代中期又重新设立了(85)国家高程系统。2002 年全国人大颁布施行的《中华人民共和国测绘法》规定:"国家建立全国统一的大地坐标系统、平面坐标系统、高程系统、地心坐标系统和重力测量系统","建立地理信息系统,必须采用符合国家标准的基础地理信息数据"。因此,洱海使用的高程系统与国家高程不统一使洱海管理出现新的问题。2004 年州人大常委会对《洱海管理条例》(以下简称《条例》)进行了修正。修正的主要内容:一是把洱海水位高程统一到了(85)国家高程系统。经测绘部门验算:海防高程系 − 8. 31 m =(85)国家高程系统。二是按(85)国家高程系统,对洱海水位控制线进行调整,洱海最高运行水位调整为 1 966. 00 m,比原防洪水位提高 0. 11 m,最低运行水位调整为 1 964. 30 m,比原水位提高 1. 61 m。由于调整后的最高水位线已超过原《条例》中的防洪水位线,因此,修正时取消了防洪水位的规定。三是由于行政区划调整,原洱源县的江尾、双廊两镇划归大理市,洱海湖区完全由大理市所辖,因此《条例》中规定了大理市人民政府为洱海管理区域的责任主体。

《条例》由三十七条增加为三十八条。条例修正草案于 2004 年 1 月提交州十一届人大第二次会议审议通过。2004 年 3 月 26 日,省人大常委会批准《云南省大理白族自治州洱海管理条例(修正)》,修正后的《条例》于 2004 年 6 月 1 日起施行。

继洱海实行"双取消"后,对侵占洱海滩地建鱼塘、开垦农田、建造房屋的,州、市县政府组织开展了"三退三还"(即退塘还湖、退田还湖、退房还湖)工作。

其间,大理市建成了大渔田污水处理厂,对网箱养鱼的两处重点湖区进行了底泥疏浚工程。2003 年,洱海再次暴发蓝藻,洱海处于富营养化边缘的趋势明显,湖泊专家研判认为洱海已进入湖泊富营养化初期,也就是说短短十多年时间,洱海从贫——中营养型,进入到富营养化初期湖泊。

5.1.1.4　2014 年再次修订《洱海管理条例》

自 2003 年以来,洱海保护治理进入关键期,特别是 2010 年以来大理的旅游业进入了快速发展期,大量客栈、旅游休闲山庄的出现,旅游地产、度假康体等项目的涌入,使洱海的保护治理面临空前的压力,2014 年大理市共接待国内外旅游者 918.17 万人次。此期间,洱海保护治理开展了以实施"六大工程"为重点的湖泊水污染治理项目。2008 年州委、州政府把洱源县列为生态文明试点县,开展了以恢复洱海Ⅱ类水质为目标,实施了"2333"行动计划。为了推进全流域保护洱海的意识,2013 年州委、州政府提出了以洱海流域生态文明建设为方向,全面推进洱海全流域综合治理的行动。2014 年初,州委、州政府为加快生态文明建设步伐,积极营造干净卫生、整洁有序、优美文明的城乡人居环境,促进美丽幸福新大理建设,开展了以洱海流域为重点,以清洁家园、清洁水源、清洁田园为内容的全州"三清洁"活动。这一时期,洱海水质有向好的趋势,但也有局部蓝藻水华的出现,2008 年曾出现 8 个月的Ⅱ类水,2013 年又出现蓝藻暴发,2014 年Ⅱ类水为 7 个月,水质仍处于不稳定状态。随着对洱海保护治理认识的深入和开展流域生态文明建设的要求,为了进一步强化洱海保护工作,贯彻实施好全流域保护,全流域控污,对造成污染者实行更严厉的处罚,州人大于 2014 年再次对《洱海管理条例》进行了修订。第三次修订《洱海管理条例》的主要内容如下:

(1) 对《条例》名称进行了修订,把《洱海管理条例》修订为《洱海保护管理条例》,突出了保护职能。

(2) 对《条例》的结构进行了调整,《条例》由三十八条增加为四十三条。为了使《条例》更加明晰,重新把《条例》分为章的结构形式,即:第一章总则,共十二条;第二章洱海湖区保护管理,共十二条;第三章洱海径流区保护管理,共十二条;第四章法律责任,共四条;第五章附则,共三条。按立法规范进行了文字规范。

(3) 为适应新的形势和任务,对部分内容进行了调整,主要有以下几方面:

一是充实了综合治理,全民动员,实现洱海流域生态文明建设的相关内容。

在保护管理原则中,把"综合治理""全民参与",洱海流域的乡镇、村委会(社区)、村民小组的职责以及建立洱海生态补偿机制等写入条例。

二是调整充实了湖区保护管理的界线、职责和禁止事项。把引洱入宾隧道出水口划归湖区管辖;增加了船舶入湖许可制度;充实了与洱海水生态有关的禁止事项,即:禁止使用水上飞行器、禁止在滩地建房和从事生产经营活动,不得使用《条例》规定的捕鱼网具除外的方式捕鱼等。

三是对洱海径流区范围按功能空间划分为四区,即:水源涵养区、水生态保护区、农业耕作区和城乡建设发展区,并对个别功能区提出了管控要求。规定了城镇规划区和产业园区的排水系统应当实行雨污分流,处理后达标排放,中水利用;村庄应当建设生活污水处理设施,经处理的废水就近就地利用;明确了污水实行有偿处理,垃圾实行有偿清运和处理;禁止污水、中水直接排入湖泊、水库、河流、沟渠。管理要求更加严格。

四是加大了对违法行为的处罚力度,特别是对破坏水生态环境的违法行为,大幅度提高了罚款数额。

五是删除了不适用的条款。

《条例》草案于 2014 年 2 月提交州十三届人大第二次会议审议通过。2014年 3 月 28 日省人大常委会批准《云南省大理白族自治州洱海保护管理条例(修订)》,修订后的《条例》于 2014 年 6 月 1 日起施行。

5.1.2　制定《云南省大理白族自治州苍山保护管理条例》

苍山是洱海的主要水源地,彩花大理石的产地,苍山洱海国家级自然保护区、风景名胜区的主要区域。长期以来一直处于缺乏统一管理,保护界线不明,保护与资源的开发利用事项不明晰的状况。苍山大理石私挖滥采,浪费资源,破坏生态、景观;破坏植被乱建滥圈坟地;开山炸石,挖土取沙等问题突出。针对苍山保护存在的诸多问题,为苍山保护管理立法显得非常必要。

5.1.2.1　基本情况

《苍山保护管理条例》由州人大常委会列入州十届人民代表大会五年民族立法规划。2000 年 2 月 17 日州政府把《苍山保护管理条例(草案)》以议案报送州人大常委会,通过州人大常委会多次审议修改,《条例》草案于 2002 年 3 月提交州十届人民代表大会第五次会议审议通过。同年 5 月 30 日获得省人大常委会批准,8 月 30 日州人大常委会颁布,于 10 月 1 日起正式施行。

5.1.2.2   《云南省大理白族自治州苍山保护管理条例》的主要内容

《苍山保护管理条例》共二十五条,不分章节。内容主要有:

(1) 确定了苍山"保护为主、全面规划、合理开发、永续利用"的方针。

(2) 确定了保护范围界线和核心区、缓冲区、实验区等生态功能区的界线。

(3) 规定州和相关县(市)设立苍山保护管理机构及职责。

(4) 设定了保护的重点及苍山保护范围内的禁止事项及罚则。

(5) 对大理石资源的开发利用作了"保护范围内的彩花大理石实行定点限量开采"的规定。

(6) 考虑到当地民族殡葬习俗,规定了可以在苍山保护范围内的实验区划出一定区域建立公墓,规范殡葬管理。

(7) 规定了收取苍山风景名胜资源保护费的收费事项。

5.1.2.3   修订《云南省大理白族自治州苍山保护管理条例》

《苍山保护管理条例》颁布施行后,州和相关县(市)政府按《条例》规定成立了苍山保护管理局。苍山保护管理局成立后按《条例》规定开展了各项保护管理工作,但在工作实践中出现了一些新情况和新问题:一是国家对生态文明建设提出了新的要求,2006 年国务院颁布施行《风景名胜区条例》,对严格保护和科学利用风景名胜资源作出了新的规定;二是国土资源部于 2005 年把苍山列为国家地质公园,为申报世界地质公园做准备。2006 年建设部公布苍山为国家自然遗产;三是《条例》对苍山保护管理局的授权不足;四是在保护管理中发现部分地点保护界线的划定不合理。

2007 年州人大常委会将《苍山保护管理条例》的修订列入工作要点,通过调研和考察学习,形成调研报告,把修订工作纳入州十二届人大五年立法规划。2008 年 3 月,州政府组织对该《条例》进行修订,2009 年 2 月《条例》修订草案提交州十二届人大二次会议审议通过。3 月 27 日省人大常委会批准了《云南省大理白族自治州苍山保护管理条例(修订)》,4 月 30 日州人大常委会公告,于2009 年 6 月 1 日起施行。

《苍山保护管理条例》修订的主要内容如下:

(1) 解决管理机构授权不足的问题。苍山由于集多顶"桂冠"于一身,因此也形成了多个主管部门的情形。为了实行苍山保护管理的统一,条例规定了由保护管理机构统一行使自然保护区、风景名胜区和地质公园的管理职能,实行一套班子,多块牌子的管理体制。

(2)解决多个规划的执行问题。根据苍山有自然保护区规划、风景名胜区规划、地质公园规划等多个规划的特殊性,条例作了按照批准的多个规划,实行分类协商保护管理的规定,以协调各项规划的落实。

(3)调整了局部划定不合理的保护界线。对集体和个人的林权所有者的合法权益做了规定。

(4)规范了风景名胜区收费项目名称。将风景名胜资源保护费更正为风景名胜资源有偿使用费。

(5)新增了进入苍山风景名胜区须购买门票的收费项目。

(6)对部分罚则做了修改补充。

5.1.3　《云南省大理白族自治州洱海海西保护条例》

洱海海西指苍山与洱海之间的盆坝区,海西地区是大理历史文化、民族文化荟萃之地,是四千多年来人们用双手绘制的历史画卷。这幅画卷中包含了洱海地区人类经济社会发展的轨迹,民族历史文化的信息,以及人与自然和谐发展的诗篇。

5.1.3.1　制定《洱海海西保护条例》的必要性

(1)保护大理历史文化需要保护好海西。近期考古研究表明,大理地区在五千年前已有人类定居,洱海湖畔的先民开垦土地,形成村落。有专家对此进行过研究,认为四千多年来,洱海地区人类居址和村落的形成与洱海水位有很大的关联性,从山脚到洱海边,居址和村落的形成大致可分为新石器时代、汉晋、唐宋和元明清四个时期。不同时期形成的居址和村落都有着不同的历史背景及自然条件,尽管朝代更迭,世事变迁,但村落的形成、村落形态和布局并没有发生改变。唐代以来不同时期修筑的苍山十八灌溉沟渠至今仍发挥着作用,平畴万顷的农耕区一直是滇西农业最发达的地区之一。洱海地区是白族的主要聚居区,更是白族的根,白族的历史和民族文化与苍山洱海、古城村落、万顷田园融为了一体,缺少了哪一部分来谈大理,来谈白族都是不完整的。不能让大理的历史文化、民族文化化为博物馆中的展品和书籍中的文字图片,要让苍洱大地上的历史文化、民族文化的信息永存。

(2)大理的生态建设需要保护好海西。"给自然留下更多修复空间,给农业留下更多良田,给子孙后代留下天蓝、地绿、水净的美好家园。"近些年来,随着地方经济的发展和现代化浪潮的冲击，大理的生态环境保护也在承受着前所未有的考量。洱海出现水质恶化趋势，农田面积在减少，农药化肥的大量施用，原有的村落形态正在被无序的农村居民的建房改变，村落林木越来越少，房地产项目正无情地吞噬着海西有限的土地资源等，这些正在影响和改变着大理的生态环境。

（3）大理的旅游发展需要保护好海西。大理是一处风景胜地。她不以山独尊，也不以水独秀，大理的百二河山，集山水田园、古城村落、民族风情于一体，西面的苍山横列如屏，雄阔伟岸；东面的洱海海镜开天，妩媚秀丽；山海之间平畴万顷，村落棋布。大理给人更为深刻的感受是大理的整体美。苍山、洱海，古城、村落，有人把大理这种搭配得当的山水田园称为"天然大盆景"。仁者乐山，知者乐水，现代都市人则更想体验田园生活，这是人们享受大自然，了解和感受人类文明及发展进步，丰富精神生活的一种追求。大理作为风景胜地，有良好的气候条件，是旅游休闲不可多得的地方，因此，不仅要保护好苍山和洱海，还要保护好古城村落和田园溪流，保护好大理风光的完整性，为大理旅游的转型升级奠定坚实基础。

（4）大理的新型城镇化发展需要保护好海西。改革开放以来，我国的城镇化以前所未有的速度向前推进，目前大理市已进入到了城镇化的快速发展期，作为滇西中心城市，把大理的城市建出特色是时代的要求。城市如何建？建一个什么样的特色城市？一直是社会关注关心的问题。洱海地区是自然风光秀美，历史文化丰厚，民族特色突出的地域，2003年省政府在大理滇西中心城市建设专题会上提出了"两保护，两开发"（即保护洱海，保护海西，开发海南，开发海东）的战略决策，据此，大理市对城市总体规划进行了修改调整，修改后的大理市城市总体规划，城区由下关、大理、凤仪和海东山地四城区组成，海西地区严格控制新的开发。保持一种"大自然，小城市"的田园氛围，突出了大理山水田园城市的特色，使大理成为一个具有鲜明特色的新型城市。

5.1.3.2　制定《洱海海西保护条例》基本情况

2012年5月按照州委的要求，州市政府先后成立《条例》起草工作领导组和工作班子，开展调研、座谈、听证、论证和起草，8月《条例》草案以议案报州人大常委会审议，2012年12月经州人大常委会审议修改的《条例》草案提交州十二届人大第六次会议审议通过。2013年3月28日省人大常委会批准《云南省大理白族自治州洱海海西保护条例》，《条例》于2013年6月1日起施行。

5.1.3.3　《洱海海西保护条例》的主要内容

《条例》共有二十七条,分别由立法依据,洱海海西区域界定,保护管理的责任主体,禁止限制事项和处罚等内容组成。

《条例》的重要内容:一是规定了海西应当保持不少于 10 万亩基本农田的底线。二是规定了海西房屋建筑不超过 12 m 的高度限制和保持传统建筑风格的要求。根据可能出现的一些特殊情况,条例也作了要求——"确需建设的,应当召开听证会,并报自治州人民政府批准。"三是对苍山十八溪及其两侧堤岸划定了 30 m 保护界线,规定了禁止事项。四是对 214 国道、大丽高速公路两侧各 30 m 及洱海西岸界桩外 100 m 内,禁止新建设与生态保护无关的建筑物、构筑物。这项规定也是考虑了现实情况,重在控制住新的违规建筑。

5.1.4　《云南省大理白族自治州湿地保护条例》

根据《国际湿地公约》的界定,大理州境内分布着 160 多条大小河流和以洱海为代表的大量湖泊、水库、草海等湿地。这些湿地不仅是主要的生产生活水源,也是重要的生态功能区。从 20 世纪 50 年代开始,湿地周边人口不断增加,经济发展不断加快,湿地生态环境面临越来越大的压力。具体表现在湿地面积不断减少,污染日益加剧,水资源利用不尽合理,生态系统退化等问题突出。在湿地的保护管理中缺乏法制保障和管理协调机制,缺乏相关专业人才和执法队伍,缺乏保护与合理利用的规划和资金投入的长效机制。因此,在国家相关法规不完善的情况下,以地方立法保护好洱海等重要的湿地生态功能区是必要的。

5.1.4.1　基本情况

《湿地保护条例》的立法工作于 2010 年启动,州人大常委会在立法调研报告的基础上,以"州人大发(2010)47 号"文,向州政府发出《关于做好〈云南省大理白族自治州湿地保护条例〉起草工作的通知》,州政府正式组成工作班子组织《条例》的起草,2011 年 4 月州政府把《条例》草案以方案报州人大常委会审议。经州人大常委会审议,对《条例》草案做了修改、补充和完善,2012 年 2 月提交州十二届人大第五次会议审议通过。2012 年 3 月 31 日省人大常委会批准《云南省大理白族自治州湿地保护条例》,州人大常委会发布公告,于 2012 年 10 月 1 日起施行。

5.1.4.2　《条例》的主要内容

《条例》共分为六章三十五条,即：第一章总则,重点对湿地做了界定,规定了湿地保护管理的原则；第二章湿地管理,主要规定了各级政府对湿地保护管理的职责,明确了湿地保护管理的主管部门及保护管理机构的职责；第三章湿地保护,划分了重要湿地和一般湿地,重要湿地的保护界线和管理规定、禁止事项；第四章湿地利用,对湿地利用做了界定和要求,对利用项目的审批做了规定,设定了利用湿地从事的经营者要交纳湿地资源有偿使用费；第五章法律责任；第六章附则。

5.1.5　《云南省大理白族自治州水资源保护条例》

随着全州经济社会的快速发展,加之连续干旱的出现,全州工程性缺水、资源性缺水、水质性缺水、管理性缺水情况越来越突出。同时,水资源保护管理工作存在职责不清,开发利用程度低,社会节水意识淡薄,地下水无序开采,水利工程建设管理水平不高等问题。为了加强大理州水资源的保护管理,实现水资源合理开发和永续利用,促进生态文明建设,提高人民群众生活质量和饮用水安全,把全州有限的水资源纳入法制化、规范化管理,州人大常委会把制定《水资源保护管理条例》列入了十三届人大常委会五年民族立法规划。

5.1.5.1　基本情况

2014年4月,州人大常委会组成调研组,开展了立法调研,形成了调研报告,提出了立法工作建议,6月州政府正式开展《条例》草案的起草工作。2015年3月13日经州政府常务会议通过,提请州人大常委会审议。州人大常委会经过三次审议,对《条例》草案进行了修改和完善。2016年3月,《条例》草案获大会通过。同年5月省人大常委会批准《云南省大理白族自治州水资源保护管理条例》。7月18日,州人大常委会发布公告,《云南省大理白族自治州水资源保护管理条例》自2016年8月1日起施行。

5.1.5.2　《条例》的主要内容

《水资源保护管理条例》分为六章四十四条。第一章总则,主要对适用范围、原则、执法主体等做了规定；第二章水资源保护,主要对保护规划、水源涵养林和饮用水水源保护区划定、公益林补助等做了规定；第三章水资源利用,主要对水资源开发利用机制、水事纠纷调解等做了规定；第四章水资源管理,主要对水资源管理和控制水污染等做了相关规定；第五章法律责任，对违反条例规定和行政主管部门工作人员的渎职、失职行为的处罚做了规定；第六章附则，主要对制定实施办法和解释做了规定。

5.2 行政规章

除了通过《洱海管理条例》等地方性法律法规外，洱海保护相关的用水、渔政、滩地等领域也纷纷以行政规章的形式，确立具体管理办法。

1980 年 3 月 6 日，州革委会下发《大理州环境保护实施条例》〔大革发(1980)52 号〕。该《条例》共分六章，三十二条。主要内容：一是界定了洱海水系和西洱河水域为管辖范围。二是对洱海水系和西洱河水域内的工业和生活废水的排放作了相关规定。三是对区域内的大气烟尘的排放和噪声管理作了相关规定。四是对工业废渣及其他固形排放物的管理作出了相关规定。五是对未达标排放的工业废水和废气规定了收费标准。

1982 年 12 月 24 日，州政府发布《关于实行洱海水费征收、使用和管理的暂行规定》，洱海从 1983 年 1 月 1 日起开始实行用水收费制度。

1983 年 6 月 10 日，州政府发布《大理白族自治州洱海管理暂行规定》。

1983 年 6 月 16 日，州政府下发《大理白族自治州洱海渔政管理实施办法》，洱海管理处对从事渔业作业、钓鱼个人开始实行捕捞证、钓鱼证制度。

1990 年 12 月 13 日，州长发布《大理白族自治州政府令》，颁布实施《洱海供水水费收取标准和管理办法》。

1994 年 6 月 18 日，州政府召开州长办公会议，研究当前洱海周围乱占滩地问题，会议作出了《关于迅速制止乱占滥用洱海滩地等违法行为的决定》。

1995 年 4 月 3 日，州政府决定成立洱海船舶综合整治领导组及办公室，对洱海船只进行普查，规范水上运输和捕捞作业。

1996 年 9 月 22 日，州政府发出《关于取消洱海机动渔船动力设施和网箱养鱼的通知》。

1996 年 11 月 4 日，州政府召开洱海现场办公会，研究洱海治理措施。会议决定：一是加快取消网箱养鱼进度，原定时间提前到下年 3 月 1 日前，并禁止打捞水草；二是加强旅游船管理，粪便垃圾集中处理；三是禁止销售使用翎含磷洗涤剂；四是加快大理市和开发区排污管道建设；五是严格控制洱海滩地使用；

六是加快环洱海公路建设,加快取消机动船创造条件。

1997 年 11 月 27 日,州政府下发《关于洱海汇水区内禁止生产销售和使用含磷洗涤用品的决定》。

1999 年 12 月 12 日,州政府发布《洱海水污染防治实施办法》《洱海水政管理实施办法》《洱海渔政管理实施办法》《洱海航务管理实施办法》。

2002 年 12 月 25 日,州政府发布《洱海流域村镇入湖河道垃圾污染物处置管理办法》,共十五条,规定了洱海流域垃圾的具体处理方法、管理措施和宣传、奖惩原则。

2003 年 6 月 20 日,州政府办公室印发施行《洱海滩地管理实施办法》,共十二条。

2008 年 6 月 26 日,州政府发布 1 号公告,颁布《大理白族自治州洱海滩地管理实施办法》《大理白族自治州洱海流域垃圾污染物处置管理办法》《大理白族自治州洱海水污染防治实施办法》《大理白族自治州渔政管理实施办法》《大理白族自治州水政管理实施办法》《大理白族自治州洱海保护区内农药经营使用管理实施办法》,自 2008 年 8 月 1 日起施行,原相关办法同时废止。

2014 年 8 月 27 日,州政府发布第 14 号公告,公布实施《云南省大理白族自治州洱海保护管理条例(修订)》系列配套实施办法,即:《大理白族自治州洱海流域水污染防治管理实施办法》《大理白族自治州洱海流域水政管理实施办法》《大理白族自治州渔政管理实施办法》《大理白族自治州洱海滩地管理实施办法》《大理白族自治州洱海流域农村垃圾管理实施办法》《大理白族自治州洱海流域湿地保护管理实施办法》《大理白族自治州洱海流域农业面源污染防治管理实施办法》。

2014 年 12 月 3 日,州政府发布第 16 号公告,公布施行《大理白族自治州洱海海西保护条例实施办法》。

5.3　执法

根据《云南省大理白族自治州洱海保护管理条例》第八条的规定,自治州和大理市、洱源县人民政府设立洱海保护管理机构,履行本行政区域内洱海湖区和径流区的保护管理职责,行使本条例赋予的行政执法权。所以洱海流域环境执法工作,主要由大理州环境保护局下属的环境监察部门和流域内的大理市、洱源县环境监察部门以及大理市洱海保护管理局承担。

2002 年以前，环境监察的主要工作任务：一是征收排污费；二是调查处理污染纠纷；三是对污染治理设施的正常运行情况实施检查；四是全州重点污染源排污申报登记与排污许可证发放。2002 年 12 月之后，随着环保部门独立，各县市成立了环境监察大队，增加了环境监察的一些职能。特别 2012 年 9 月，环保部出台《环境监察办法》，赋予了环境监察新的内涵。

5.3.1　排污费征收管理与使用

2003 年以前，是依照相关法规和标准，对向环境排放超标污物和超标污水量的企业征收一定金额的环境补偿费，其用途为 80％返回企业治理污染，20％用于环保部门的能力建设和日常环境监管，对强化环境监管，促进工业污染治理，推动环保部门自身建设都具有重要的意义。2003 年 1 月，国务院出台了《排污费征收使用管理条例》，规定了向排放污染物的单位和个体工商户应当缴排污费，排污即收费，排污费实行"收支两条线"，纳入财政非税收入预算管理。同时，国家发改委、财政部、环保总局、经贸委出台了《排污费征收标准管理办法》，规定了当量收费的新办法。

大理市排污费征收面覆盖洱海周边所有企业，位于下关的重点污染源有云南人造纤维厂、滇西纺织印染厂、大理啤酒厂、大理制药厂、大理造纸厂等 20 多家；排污费缴纳入财政后，作为污染源治理专项资金使用。

1996 年 5 月，大理市建委环保处成立环保投资公司，探索政府支持、企业自筹相结合的治污道路。超标排污企业治理污染须自己筹集一部分资金，可通过申请，获得排污费贷款部分资金来治理污染；如果治理达标，排污费贷款部分可得到豁免；若治理不达标，企业必须如期偿还本息，这样就调动了企业治污的积极性。至 2002 年环保局成立，通过这种方式累计有近 400 万元排污资金用于洱海周边的企业治理污染。

1999 年，大理市政府从大理市排污费专项资金中拨款近千万元用于西洱河南干渠修建和部分城市管网的改造建设。

排污费征收，一方面给排污企业一种环境保护的经济压力，利用价值规律，以收费促进企业治理污染，以治理带动企业内部的经营管理，节约资源、能源，变废为宝，综合利用，减少或消除污染物的排放，实现保护和改善环境的目的；另一方面为洱海流域污染治理、城市基础设施建设提供资金支持。

2002 年后,全州排污收费突飞猛进,达到 500 万元～1 400 万元,按照国家国库 10%、省级国库 20%、州级国库 10%、县(市)级国库 60%的比例进行解缴,纳入财政预算,列入环境保护专项资金进行管理使用,主要用于重点污染源防治,区域性污染防治,污染防治新技术、新工艺的开发、示范的应用。洱海流域排污费收缴 400 万元/年。在排污费的使用上,州级和大理市主要用于洱海保护治理和污水处理运行费用补助,洱源县主要用于洱源县污水处理厂运行费用补助。

5.3.2　环境违法案件的查处

2003 年,州环保局查处了 2 起行政处罚案件。分别是:2003 年 1 月,大理州环境监察支队对"云大游 1081 号"游船向洱海倾倒垃圾的行为处以 50 元罚款;2003 年 3 月,大理州环境监察支队与洱海管理局法规科联合执法检查时,发现"海星号"游船船员将吃剩的饭菜倒入洱海中,大理州环保局对其处以 1 000 元的罚款。

2007 年 5 月,大理州环保局对大理娃哈哈食品有限公司,未批先建,污水直排苍山灵泉溪的环境违法行为处以 10 万元罚款,并责令限期整改。

2008 年 10 月,大理州环保局对云南新希望邓川蝶泉乳业有限公司老厂污水直排罗时江的环境违法行为处以 3 万元罚款。

2009 年、2010 年、2011 年洱海流域无环境行政处罚重大案件。

2012 年,大理州环保局对大理水泥集团有限责任公司粉尘超标排放的环境违法行为,处以 2 万元罚款。

2013 年,对洱海流域 11 家涉嫌违反环保法律法规、规章的企业(经营户)按照环境行政处罚相关程序进行立案调查并处理。

2014 年,大理州环境监察支队与大理州公安直属二分局联合立案调查环境违法案件 39 起,下发整改通知 21 起,要求停产整治 28 家,洱海流域行政处罚案件 36 件,共处罚金 83.2 万元。

2015 年,全州环境行政处罚案件 98 件,共处罚金 458 万元,其中,洱海流域立案查处违法案件 92 件,移送公安机关处理 11 件,行政拘留 4 人,实施按日连罚 2 件,处罚金 254 万元。

大理市:2010 年 1 件,4.8 万元;2011 年无;2012 年 1 件,1 万元;2013 年 3 件,9.1 万;2014 年 15 件,28.1 万元;2015 年 19 件,68.35 万元。

5.3.3 环保专项行动

2001 年 10 月至 2003 年参加洱海"三退三还"工作。

2003 年至 2005 年,在洱海流域等开展全国生态环境监察试点工作。

2003 年至 2014 年连续十二年,联合九部门开展整治违法排污企业,保障群众健康环保专项行动。

2003 年至今,云南省九大高原湖泊的监察。

2005 年 3 月,开展对洱海流域宾馆饭店山庄污染物排放限期整改实施方案。

2013 年,开展严厉查处向洱海设置排污口违法排污行为。

2015 年,大理州人民政府开展环境安全隐患排查整治工作。

2015 年,大理州环保局开展环境隐患排查工作。

5.3.4 环保法庭的建立

2012 年,在州中级人民法院设立生态文明建设环境保护审判庭,同时在州人民检察院设立生态文明建设环境保护检察处,在州公安局直属二分局设立洱海流域生态文明建设环境保护治安大队,并派驻到州洱海流域局,与派驻的州环境监察支队、洱海环境监察大队共同负责洱海流域生态文明建设和环境保护的监察执法工作。与此同时,大理市和洱源县也先后设立专门的环保审判庭,该审判庭相对独立于其他庭室,实行行政、民事、刑事三种类型的环境诉讼案件合一方式,对涉及环保的各类案件实行归口管理,由同一审理机构的专业审判人员集中审理。这是运用司法手段来加强保护洱海源头、保护洱海的又一重大司法探索,是"依法治海"的重要实践。

环保法庭成立以后,围绕着严厉打击洱海非法捕捞、破坏洱海流域生态等犯罪行为,积极开展司法行动,取得了较好的效果。据不完全统计,大理市人民法院公开审理非法捕捞水产品罪典型案例 11 起,28 名犯罪嫌疑人被依法宣判,其中:2015 年公开审理 5 起 14 人;2016 年公开审理 4 起 8 人;2017 年公开审理 2 起 6 人。

典型案例:2016 年 9 月 22 日,家住湾桥镇中庄村的杨某、李某 2 人,在洱海禁渔期间,使用电瓶、升压器等组成的电捕工具,在湾桥镇中庄村委会古生村洱海禁渔区域捕鱼时,被市洱海流域联合联动执法队执法人员抓获。2017 年 1

月9日,大理市人民法院在湾桥镇向阳溪村对该案进行了公开审理,对2名被告人进行依法审判。根据《刑法》等相关法律法规规定,在禁渔区、禁渔期或者使用禁用的方法、渔具捕捞水产品,情节严重的构成非法捕捞水产品罪,应处3年以下有期徒刑、拘役、管制或者罚金。法院认为,该案2名被告人违反保护水产资源法规,在洱海封湖禁渔期间,在禁渔区内使用法律禁用的电捕鱼工具非法捕捞水产品,其行为均已构成非法捕捞水产品罪,鉴于两被告人归案后均如实供述犯罪事实,市法院对两被告人酌情从轻处罚,依法判处杨某拘役6个月、李某拘役2个月。

2016年3月17日上午,洱源县法院环保法庭深入洱源县右所镇焦石村委会北营村民组开展"阳光司法"活动,公开开庭审理了该村村民被告人赵某某盗伐洱海流域林木一案,法院将该案庭审搬到案发地的村委会,并邀请了县森林公安局、焦石村委会4个村民组的组长以及当地群众等旁听庭审。合议庭对该案当庭作出宣判,被告人赵某某犯盗伐林木罪,判处有期徒刑一年,宣告缓刑二年,并处罚金人民币5 000元。庭审结束后,围绕预防破坏环境资源犯罪等主题与县森林公安局、县检察院、焦石村委会及北营村民组进行了座谈,以法治力量支持和推动辖区生态保护,积极参与到洱海保护治理的实际中,座谈会受到当地群众的欢迎。结合当地实际,以案释法、以案普法,以通俗易懂的语言为旁听群众上了一堂难忘的法制课,较好实现了"审理一件,教育一片"的目的。同时有力地提升了群众的法治意识和环保意识,取得了较好的社会效果,赢得了辖区群众的好评。

5.3.5　大理市洱海流域综合执法行动

按照《大理市开启抢救模式全面加强洱海保护治理工作实施方案》的要求,大理市委各级、各部门整合执法力量,严格执法监管,对违章建筑、环境违法行为"零容忍"的铁腕执法,确保洱海流域各类违法违规行为被及时发现、及时处置。

5.3.5.1　市级"四套班子"领导巡海情况

2016年12月,大理市市级"四套班子"领导"巡海制度"正式建立。按照《关于定期深入各挂钩镇村、河道开展洱海保护治理巡查工作的通知》《大理市全面推行河长制实施方案》等要求,市级四班子、"两区一委"及全市各镇、办事处领导班子成员带队,洱海保护治理网格化管理、"三清洁"工作挂钩单位、市级相关职能部门积极深入挂钩镇、村、河道，认真开展巡查活动，实地对沿湖各镇、村庄"两违""两污"整治、农业面源污染综合治理、核心区土地流转、三线划定、生态移民、河道沟渠治理、环湖截污工程建设、居民化粪池建设、节水灌溉等工作进行检查指导，挂钩领导积极到乡镇组织召开"七大行动"分析研判会，参加村镇洱海保护治理专题组织生活会，查找存在的困难和问题，提出推进措施和思路。截至 2017 年 10 月 18 日，市级"四套班子"和"两区一委"班子成员深入挂钩镇、村、河道开展巡查活动共计 600 多场次。

5.3.5.2　健全完善联动执法机制

结合大理市的实际情况，启动了洱海流域联合联动执法工作机制，按照"力量下沉、充实一线、领导挂钩、分片包干"的原则，整合了州、县市、乡镇三级环保、公安、洱管等部门的执法力量共 122 名，将大理市洱海流域划分为 5 个执法责任片区，按照"看什么，管什么"的原则，实行片区执法监管责任制，进行了统一的巡查执法，对职权范围内的直接调度指挥，对执法权限外的移送相关部门，并适时予以跟踪，不在期限内立案或整改的，报送纪委督促，实现全市洱海流域的监管和全覆盖。同时，充分发挥 5 个执法组联合联动作用，形成责任清晰、分工明确、优势互补、高效协同的联合联动执法格局，确保洱海流域各类违法违规行为及时发现、有效处置。实施"洱海抢救行动"以来，共计出动 21 000 多人次，严厉打击向洱海直排污水、侵占湖面滩地、破坏湖滨带等违法违规行为，查办案件 48 起，移交 41 起，执结 48 起，限期整改 35 起；执行缴纳罚款 31 万多元。检查污水处理设施 605 家，宾馆客栈 371 家，整治排污口 165 个，河流河道 1413 起。严厉打击偷捕、电鱼、擅自采撷水生植物等违法违规行为，制止和查处违反渔政等其他违法行为 5 500 起。没收地笼 6 000 多个，丝网 5 300 多张，船只 190 艘，其他网具 901 件，鱼竿 777 根，轮胎 92 个，大鱼网 783 张。制定并印发了《大理市洱海流域环境综合整治定人定岗责任分解表》，实现洱海流域保护管理的规范化、法制化，建立了联合巡查执法工作的新机制；出台了大理市人民政府办公室《大理市洱海流域环境保护联动执法工作实施意见》，建立了公安、环保、洱管、规划、国土、城管等部门参与的环洱海综合执法动态巡查机制，共开展环洱海综合执法动态巡查工作 90 多次，累计出动巡查人员 500 余人次。

5.3.5.3　建立公众参与机制

成立了大理市规划建设环保违法违规有奖举报的微信公众号，拓宽了人民群众社会监督的渠道,形成洱海保护人人有责的齐抓共管的局面。共接到投诉举报 336 件:其中受理范围内投诉举报 193 件,包括涉及规划建设违法违规 61 件、环保违法违规 132 件;其余受理范围外的 143 件投诉举报均已在线答复。在交办的 193 件投诉举报事项中,受理单位已办结反馈 166 件,经市委督查室实地复核后,已分 7 批次通过公众号发布兑奖公告,拟对 40 名提供问题线索并经查证属实的微信网友兑付奖励。根据网友反馈的信息,截至 10 月 18 日,共兑付奖励 23 件,兑付奖金 4 700 元。同时在大理市洱海综合执法大队设立了"洱海综合执法监督指挥中心",制定了工作职责及流程。公布了"2476243"24 小时举报电话。对职权范围内的直接调度指挥,对执法权限外的移送相关部门,并适时予以跟踪,不在期限内立案或整改的,报送纪委督促。

5.3.5.4　严厉打击环境违法犯罪行为

一是严打非法捕捞犯罪。查获非法捕捞水产品刑事案件 2 起,刑事拘留 4 人;查处阻碍执法行政案件 6 起,行政拘留 3 人,罚款 3 人,警告 1 人;噪声污染行政案件 13 起;公开审理 2 起非法捕捞水产品案,6 名犯罪嫌疑人被依法宣判。检察机关办理批捕案件 2 件(非法狩猎 1 件、非法捕捞 1 件);受理起诉案件 8 件,其中已起诉并判决的有:滥发林木案 1 件、非法收购珍贵、濒危野生动物制品案 3 件、非法狩猎案 1 件。二是严格实行"环保一票否决制"。严厉打击违法排污行为,共立案 57 起,已缴纳罚款 97.36 万元。三是强化流域林业、国土执法。林业方面,共立案查处各类涉林案件 195 起,其中立刑事案 4 起,破案 4 起,抓或犯罪嫌疑人 4 人,立案行政案件 191 起,已经结案 176 起,罚款 278 万余元。国土执法方面,累计巡查 52 次,共出动 214 余人次,在巡查过程中累计移交乡镇办理土地违法案件 8 件,立案查处 19 件。

5.3.5.5　加大"禁磷禁白"工作力度

"禁磷禁白"就是在洱海流域禁止使用含磷洗涤用品和禁止使用无法降解的一次性塑料购物袋。"禁磷"方面:共检查流通领域洗涤用品经营户 352 户,对餐饮洗涤消毒行业、床上用品洗涤行业,实行备案 29 户,备案检测报告 47 份,对宾馆酒店所使用的洗涤用品进行抽检,共抽 7 个单位,取样 20 份。"禁白"方面:发宣传资料 34 000 份,发放无纺布袋 178 000 多个,防水无纺袋 65 000 个,制作宣传展板 5 块,制作悬挂宣传布标 504 条,开展"禁白"专项行动 650 次,共动用车辆 4 411 车次,出动检查执法人员 25 000 人次,收缴一次性塑料购物袋 790 万个(约 20.5 t),查处案件共 3 293 件。

5.4 监督

除了通过立法、设立各项行政法规对洱海保护治理形成制度保障,还通过坚决执法将各项法律规章落在实处,各级人大、政协均将洱海保护工作视为重点监督对象,并通过多种形式动员社会力量积极参与监督,形成全社会参与监督的氛围。

5.4.1 各级人大常委会对洱海保护治理工作的法律监督

1980 年 10 月,州人大常委会听取州政府环境保护办公室宣传贯彻《环境保护法》情况汇报,并形成《关于加强环境保护积极治理"三废"污染的决定》。决定就保护洱海提出:"现有洱海周围的厂矿企事业单位,凡是有污染的要限期治理";今后严禁在洱海周围新建有严重污染的企业;经批准新建的企业,必须坚持"三同时"。决定要求对重点污染企业列出清单,限期治理,并报人大备案。

1993 年 10 月 14 至 16 日,全国环境执法检查团到大理进行环境执法检查、指导工作,并就洱海保护问题进行了重点检查。

1996 年 9 月 4 日,省人大环保执法检查组一行 22 人到大理进行环保执法检查,检查组指出:洱海污染的治理已迫在眉睫,刻不容缓。大规模发展网箱养鱼、机动船只过剩以及城市污水的排放是污染的关键,必须采取措施,加快治理。9 月 10 日,省人大环保执法检查组向大理州反馈检查意见,指出:洱海水质恶化,治理污染刻不容缓;洱海源头区的环保问题必须引起高度重视;洱海水量情况不容乐观,节约用水保护资源乃是当务之急。州长表态:1996 年四季度以前做好宣传和准备,1997 年 6 月以前坚决取缔洱海的网箱养鱼,1997 年上半年取缔机动渔船。

1998 年 6 月 3 日至 5 日,州人大常委会组织对实施《洱海管理条例》的情况进行执法检查。

2003 年 4 月 15 日,洱海环保执法检查组对环保执法情况进行实地检查。

2003 年 6 月 12 日至 13 日,州人大常委会组织部分全国人大、省州县(市)四级人民代表对洱海流域及环湖垃圾清除情况进行视察。

2006 年 9 月 14 日至 15 日,州人大常委会组织部分州人大代表对《洱海管理条例》进行执法检查。

2010 年 9 月 7 日至 8 日，省人大常委会对《洱海管理条例》进行执法检查。

2014 年 9 月 2 日至 3 日，省人大执法检查组对《洱海保护管理条例》进行执法检查。

5.4.2　各级人大常委会对洱海保护治理的工作视察和调研

1989 年 5 月 3 日，州人大常委会组织部分人大代表对节制闸建设、环湖绿化及农灌泵站情况进行视察。

1991 年 5 月 8 日至 10 日，州人大常委会组织部分人大代表视察洱海保护工作。

1995 年 10 月 19 日至 20 日，香港地区全国人大代表赴大理视察团一行 30 人到大理视察，其间参观视察洱海。

2004 年 5 月下旬和 6 月上旬，州人大常委会组成调研组对洱海流域农业和农村面源污染防治情况进行调查。

2007 年 8 月 8 日至 10 日，州人大常委会组织部分州人大代表对洱海保护治理情况进行视察。

2008 年 12 月 16 日至 18 日，省人大常委会组织云南省的部分全国人大代表和省人大代表对大理州生态湿地和洱海保护，以及海东开发建设情况进行视察。

2009 年 10 月 20 日至 22 日，组织大理州选举产生的省人大代表对洱源县生态文明建设和洱海保护进行视察。

2010 年 7 月 5 日至 9 日，州人大常委会组织部分州、市人大代表对《大理白族自治州洱海管理条例》进行调研。

2012 年 7 月 16 日至 31 日，州人大常委会组成调研组对《洱海管理条例》修订进行调研。

2013 年 5 月 28 日至 30 日，州人大常委会组成调查组对实施洱海保护"2333"行动计划情况进行调查。

2013 年 11 月 13 日，大理州选举产生的省人大代表对洱海保护治理情况进行了集中视察。

2014 年 7 月，州人大常委会组织部分州人大代表对洱海保护"2333"行动计划"两百个村"两污治理工程实施情况进行视察。

5.4.3　各级政协在洱海保护治理工作中的民主监督与参政议政

1998 年 2 月 16 日,州政协邀请部分委员、民主党派和有关部门领导,对《洱海管理条例》第四稿进行讨论修改。

2008 年 5 月,洱源县政协组织部分政协委员对右所东湖、西湖、绿玉池天然湿地保护情况进行视察。

2008 年 9 月,州政协组织部分政协委员对洱海西岸田园风光保护情况进行视察。

2009 年 8 月,洱源县政协组织部分政协委员对生态文明示范村建设视察。

2009 年 9 月,州政协组织部分政协委员对洱源生态文明试点县建设情况进行视察。

2009 年 9 月,市政协七届十八次主席会议,在大理市环保局听取了关于大理市环保工作的情况通报,对大理镇才村洱海湖滨带生态示范园的建设、下关镇大湾庄村落污水系统进行了实地视察。

2009 年 10 月,市政协召开七届十一次常委会,听取了市政府关于保护洱海建设生态示范镇等情况通报,并实地视察了生态示范镇建设。

2010 年 5 月,州政协组织部分政协委员对洱海流域“百村整治”工程实施情况进行视察。

2010 年 9 月 28 日,市政协七届十六次常委会议,听取并协商大理市洱海流域“百村整治”工程建设情况,并实地视察了洱海流域“百村整治”工程建设情况。

2011 年 8 月,洱源县政协组织部分政协委员对全县生态农业发展情况进行视察。

2011 年 9 月,市政协七届二十四次常委会议,听取了市人民政府关于生态农业建设工作情况的通报。

2011 年 10 月,州政协就苍山生态保护情况与州政府进行专题协商。

2012 年 6 月,市政协七届四十三次主席会议,在大理市环保局专题听取并协商大理市环境保护工作情况。

2012 年 7 月,市政协七届三十次常委会议,听取了市人民政府关于大理市农田水利设施建设情况的通报,对银桥镇灵泉溪综合治理情况进行了实地视察。

2013 年 4 月,市政协八届二次常委会议,听取了市人民政府关于大理市生态文明建设情况通报。

2013 年 10 月,州政协组织部分政协委员对洱海流域生态文明建设"2333"行动计划推进情况进行视察。

2014 年 4 月,市政协八届九次常委会议,听取了市人民政府关于大理市洱海保护治理暨生态文明建设、高原特色农业发展两个工作情况通报,并实地视察了大理苍山灵泉溪生态环境保护清水产流入湖示范工程建设和喜洲垃圾收集清运周转处置系统建设情况。

2014 年 5 月,洱源县政协组织部分委员对污水处理厂运营情况进行视察。

2014 年 8 月,洱源县政协对重点提案《关于加强茈碧湖生态保护管理的建议》办理情况进行视察。

2014 年 8 月,州政协组织部分政协委员对洱海流域"两污"治理及"三清洁"环境卫生整治情况进行视察。

2015 年 4 月,市政协八届十六次常委会议,听取市人民政府关于坚持生态优先,铁腕推进"两保护"工作情况的通报,实地视察了洱海保护和海西保护工作情况,并提出了协商意见和建议。

2015 年 8 月,洱源县政协组织部分委员对入洱海水质改善情况进行视察。

2015 年 11 月,市政协对市洱海保护管理局进行民主评议,并对洱海保护管理工作提出了意见和建议。

2016 年 8 月,洱源县政协部分委员对新能源产业发展情况进行视察。

2008 年以来,州及市县政协委员就洱海保护治理提交的提案共 380 件,其中:州政协委员 201 件,大理市政协委员 118 件,洱源县政协委员 61 件。内容涉及洱海流域水污染治理、生态农业建设、生物多样性保护、水资源保护管理、生态环境与田园风光保护等方面。由州政协赵光敏等委员提交的"保护大理田园风光"提案,促成了《洱海海西保护条例》的制定。

2010 年 12 月大理州政协文史资料委员会编辑出版了《洱海保护》文史资料专辑。该专辑共收集洱海保护工作的回顾文章 46 篇,作者以不同的角度、不同的经历,回顾了自己在洱海保护工作中所做所见所想,为存史资政,为后人了解洱海保护的历程,进一步探索和总结洱海保护的经验提供了珍贵的资料。

5.4.4　社会监督

社会监督是洱海保护治理监督工作的重要组成内容。大理州围绕科学治湖积极普法,通过多种形式动员群众参与日常监督环境保护违法行为。

5.4.4.1　建立微信环境举报制度

2014 年 5 月,大理州环境保护局开通了微信举报平台。通过在"大理环保官方微博"和"6·5"世界环境日发放的环保袋,洱海保护的宣传贴画上印制"要举报,扫一扫"的微信二维码,让全社会来关注微信举报平台。通过微信举报平台与网民互动交流,回应公众关切,及时解决网友反映的环境问题,凝聚全社会的力量来共同保护环境。同时,制定了《大理州环境保护局环境违法有奖举报暂行办法》,对环境义务监督员和网友举报的案件,经过查实将给予奖励。

5.4.4.2　发动群众参与环保

1) 实行有奖举报

全方位、多角度宣传环保知识,发动群众积极参与洱海保护治理的同时,积极探索发动广大人民群众对环境违法行为进行举报。为此,结合大理州环境保护的实际,严格按要求执行听证程序,制定了《环境违法行为有奖举报(暂行)办法》,鼓励社会各界参与环境保护监督管理,对环境保护违法行为实行有奖举报,严厉打击环境违法行为。这项举措,既提高了公众参与环保的积极性,又壮大了大理州民间环保监管力量,提升了大理州的环境监管水平。

2) 做好信访接待工作

近年来,随着经济的发展,社会的进步,人民群众的生活水平不断提高,环境权益的维护及环境保护的诉求也日益增长,环保已成为人民群众的热点关注对象。环境保护部门肩负着依法管理环境的重任,承担着保护环境、保障发展、维护权益、服务社会的职责。在全面贯彻落实科学发展观,把经济社会发展转入以人为本、全面协调可持续发展的新形势下,大理州环保局坚持"促进经济、治理污染、保护环境、造福人民"的宗旨,主动热情地面对群众来信来访,将人民的环境诉求放在工作第一位,切实维护好人民的环境权益,妥善调查处理环境信访工作,认真处理、落实好群众的环境信访案件。通过环境信访案件,进一步了解人民群众的呼声,洞察社会发展中的环境问题,及时矫正经济发展中存在的环境风险,通过环境信访案件的办理树立环保部门在人民群众中的政务新形象,努力将环境矛盾纠纷消灭在萌芽状态,为社会大局的稳定起到了积极作用,促进了经济发展,为构建和谐社会作出了新的贡献。

3) 引导公众参与环保

通过各种渠道,主动与民间人士展开对话,积极参与当代美术馆举行的"大理下午茶"活动，与网络名人、社会知名人士面对面交流，把公众关心、关注的环境保护问题讲清楚、说明白，掌握舆论引导的主动权、话语权，满足公众知情权。同时，聘请环境义务监督员，争取更多的人关心环保。通过网络报名的方式，在网络上聘请50名义务监督员，加大对全州环境违法行为特别是洱海流域环境污染的整治力度，切实保障人民群众的环境监督权、知情权、参与权，引领环保民间力量参与环保，推动环保事业的全方位发展。

第 **6** 章

洱海保护与治理的规划

循法自然、科学规划。苍山洱海作为一个自然生态系统,其发生、发展和演变有其自身内在的规律性。苍山洱海的保护治理必须严格遵循自然规律,坚持按客观规律办事,这是大理州通过多年的苍山洱海保护治理实践,探索总结出来的一条重要经验。洱海的保护治理始于 20 世纪 80 年代。1991 年,大理州政府积极加强国际合作,在联合国区域开发中心(UNCRD)、联合国环境规划署(UNEP)的援助和云南省科学技术委员会的支持下,由国内外专家共同编制了《中国洱海湖区区域综合开发和环境管理规划》《洱海及西洱河流域环境规划》。1994 年制定了《洱海水污染防治规划》,并在实践中不断完善。1996 年,洱海暴发蓝藻后,大理州委、州政府及时在洱海周边采取了"双取消"(取消网箱养鱼、取消机动渔船)和"三退三还"(退塘还湖、退耕还林、退房还湿地)等措施。1999 年又编制完成了《洱海流域环境规划》。到 21 世纪初,虽然采取了大量卓有成效的措施,取得了积极的效果,但还是没能从根本上遏制污染的趋势,洱海水质继续恶化。2003 年洱海再次暴发蓝藻,特别是 7、8、9 三个月水质急剧恶化,透明度降至历史最低,局部区域水质下降到了地表水 IV 类,再次敲响了洱海保护治理的警钟,引起了省委、省政府及有关部门的高度关注,当年召开的云南省政府大理城市建设现场办公会把洱海保护治理作为滇西中心城市建设的前提。危急时刻,大理州委、州政府痛定思痛,下决心从规划入手,积极探索一条行之有效的保护治理道路,重新编制《洱海流域保护治理规划(2003—2020)》。《洱海流域保护治理规划(2003—2020)》全面总结了多年来洱海保护治理的经验,认真汲取洱海两次暴发蓝藻的深刻教训,深入分析了洱海污染及保护治理的特点和规律,提出"洱海清,大理兴"的理念,并规划实施城镇环境改善及基础设施建设、主要入湖河流水环境综合整治、生态农业建设及农村环境改善、生态修复建设、流域水土保持和环境管理及能力建设"六大工程"。按照总体规划分期实施的原则,结合《洱海流域保护治理规划(2003—2020)》,"十一五"期间,编制《洱海流域水污染综合防治十一五规划》,使洱海保护治理工作逐步走上了科学发展的轨道。为进一步提高治理成效和水平,又委托中国环境科学研究院重新编制了《云南大理洱海绿色流域建设与水污染防治规划(2010—2030 年)》,并通过环保部组织的专家评审,2010 年 12 月已经省政府批复,规划分近、中、远三期实施,规划总投资约 64 亿元。与此同时,"十二五"期间,编制实施了《洱海水污染防治"十二五"规划》。"十三五"期间,编制实施了《洱海流域水环境保护治理"十三五"规划》。

　　苍山洱海保护管理规划是指导苍山洱海今后建设、管理和保护工作的纲领性文件,规划将为苍山洱海的科学管理和防治奠定扎实的基础。

6.1　1980—1990 年出台的规划

　　这一阶段只出台了一个规划,即《洱海渔业区划(1986 年)》。

　　该规划的编制单位为大理白族自治州洱海管理局。

　　洱海渔业区划工作始于 1985 年初,由大理州洱海管理局组织实施。在广泛收集省内外有关洱海 40 多年的科学文献和调查监测数据的基础上,又于 1985 年至 1986 年组织了对洱海的多学科综合考察作为区划的基本依据。1986 年 2 月,州国土规划办公室召开了有关部门对渔业区划工作的协调会,6 月中旬召开了渔业区划大纲论证会。1986 年 10 月 25 日,经云南省农牧渔业厅区划组和大理州洱海渔业区划评审验收组评审验收。1987 年 6 月 27 日,经大理州科学技术委员会评审,区划获大理州 1986 年度科技进步二等奖。

　　洱海渔业区划由洱海的自然地理、洱海的渔业经济、洱海渔业区划、洱海渔业发展的战略措施四部分组成。

　　渔业区划原则如下:

　　渔业自然条件、渔业资源特点和生产技术的相对一致性;渔业生产结构和存在问题的类似性;渔业发展方向、改革途径或措施的类似性。

　　洱海的水下地貌、湖湾分布、水温、湖水(南、中、北)的化学状况等都存在一定差异。洱海的水生植物群落分布直观地显示出差异的存在。结合渔业生产存在问题的类似性、管理措施的类似性,洱海水域划分为南、中、北三个区,南部区域有 9.7 万亩,北部区域有 9.4 万亩,中部区域有 17.9 万亩。

6.1.1　暗滩鱼类保护区

本区面积为 9.7 万亩,水下地貌特点是地堑—地垒—地堑,是洱海大地堑背景上的次级构造形态。表现为湖心有一个大面积的水下地形,南北长达 14 km,东西宽 1.5～3.5 km,水深为 6.3～9 m,底质为黑色草渣性淤泥,称之为湖心平台或暗滩。向此区域四周延伸,东西两侧深水漕水深为 10～13 m,最深处可达 19.2 m。湖心暗滩生物资源丰富,其特点是:广布水生植物,称之为湖心暗滩植物区,优势种初春季节为菹草、马来眼子菜,春后被微齿眼子菜和金鱼藻代替,植株高度为 2.67～3.75 m,形成明显的水下绿洲。

东岸下河湾、向阳湾及近岸带也有众多水生植物分布,总计分布面积达 5 万亩以上,占全湖水生植物分布面积的近一半。大量的水生植物加速了物质循环,溶解氧(DO)高达 7.19 mg/L。但值得注意的是,本区内污染负荷较高。由于邻近下关工业区,每年排入工业废水 720 万米³,尤其西岸大理造纸厂、人造纤维经常有跑冒滴漏的超标废水排放洱海,BOD 较其他区为高(1.91 mg/L),水质评价为高营养化。所幸本区西南端有出水口西洱河,1952—1982 年,历年平均流量为 26.6 m³/s。由于发电大量需水,故换水周期短,有利于污水稀释。另外,还有水生植被能产生较强的净化作用。本区的地貌特点,使本区成为鱼虾类索饵、产卵、越冬的良好场所。历史上有"鱼土锅"之称。离东岸不远的海岛——金梭岛,已发展为专业渔民集居地。本区较为明显的鱼类产卵场所有李后山、石屏、下河湾、南村、向阳湾、洱滨村等地,都是大量捕获产卵亲鱼的地段。为了保护鱼类资源,自 1983 年起,确定该区为鱼类自然增殖定期封禁区。每年进行禁渔工作,封禁时间根据滇池经验以半年为好。并在其中划定洱滨至下河村以南水面和观音阁至南村以东水面共 4.5 万亩的幼鱼保护区,禁止鱼鹰,机拖船进入作业。该湖区除封禁渔外,还需保护鱼、虾、水草资源,更要特别强调水质保护。根据《水污染防治法》及大理州的有关规定,严格控制工业废水排放量。本区是人工投放鱼的区域,故必须重点保护幼鱼。目前在洱河出口处,已增设拦鱼防逃保护措施。在本区开发网、拦养鱼,需持慎重态度。1985 年已有两个专业户进行试养,但由于本区邻近下关工业区,冬春二季常有西南大风,网拦投资较大,以浮动式网箱为宜。洱海管理局正在着手此项工作。此外,为了美化自然景观及建立污染生物指标，可考虑在团山附近种植海菜花和茈碧花。

6.1.2　深水捕捞区

本区水面积宽广，达 17.9 万亩。地形平坦，坡度不大于 15°，水较深，最深处在海印附近为 20.7 m。故水容量大，水交换周期长。入湖水系有东岸的凤尾阱，西岸的上阳溪、茫涌溪、锦溪、灵泉溪、白石溪、双鸳溪、隐仙溪、梅溪、桃溪、中溪等溪流，均属季节性溪流。各入流河口有堆积性水下冲积扇，沉积物较大，从河口到湖体，从上层至下层，沉积物粒度依次为细砾—砂—粉砂。本区内的湖岸线发达程度低，湖湾也少。主要的深水湖湾有挖色湾。污染源有大理中和镇几个纺织、印染小厂及日用品化工厂所排放的工业废水以及医院废水和生活污水，年排总量不大，40 多万立方米，在枯水季节不注入本区，对水质无多大影响。但宽广的湖岸沿线耕地每年施用的农药、化肥、灭钉螺药剂数量甚为可观，本区营养化规律为"中"，总磷含量为三区中最高，达 0.037 mg/L，总硬度为 1 114.5 mg/L（以 $CaCO_3$ 计），COD 为 2.10 mg/L，DO 较其他区为低，仅 6.78 mg/L。湖心区水深，故无水生植物。仅在挖色湖湾水深 4～5 m 处分布有一定数量的水生植物。沿岸带除康廊、下鸡邑、马久邑、金河有较多水草分布外，其他岸边底质大多为砂粒或砾石，有机质含量低，水生植物生长稀疏，饵料生物基础较差，故鱼类栖息、繁衍环境也不如其他区，鱼虾较少。然而在水深处捕捞回转余地大，所捕获的鱼类个体较大。洱海有 7 个无土地的专业渔业队（1985 年捕捞船达 596 只，劳动力 1 205 人，总人口 3 627 人），加之市场常年对水产品有一定需求，故确定常年在本区开放捕捞作业。命名为深水捕捞区。但在西岸鱼类产卵盛期内也必须区域性封禁，严格控制渔网目，查核鱼、虾起水标准，限止有害渔具进入作业，以保护幼鱼，并在有条件的区域发展网箱养鱼。

6.1.3　湖湾增养区

本区是洱海源头，面积为 9.4 万亩，来水水源主要有弥苴河、永安江、罗时江以及西岸的万花溪。集水面积宽广，水量丰富。弥苴河是洱海的主要水源河，泄入水量占全湖总来水量的 50% 以上。本区水质良好，无工业废水排入，上游有含硫温泉流入。来水入湖口有大量泥沙带入，伸展堆积而形成水下三角洲。湖心属浅湖盆底，水深为 10.5～14 m。湖岸线曲折，有众多的湖湾。堆积浅水湖湾有深姜、沙坪、河尾、海潮河。构造深水湖湾有双廊、长育湾。湖湾近岸带有密集的水生植物群落,而且种类很多。典型的沉水植物有苦草、黑藻、狐尾藻、金鱼藻和眼子菜;浮叶植物有荇菜;漂浮植物有满江红等;挺水植物有菰和芦苇;湿生植物有莎草科的沼生针蔺。植被演替完整。分布面积为 4 万亩左右。但在沙坪、河尾湖湾处,由于河水带入的泥沙堆积和植物残体的沉积,沼泽化现象严重。DO 为 6.85 mg/L,比中区略高,BOD 为 1.60 mg/L,略低于中区,湖泊营养状态为"中营养"。从上述现象来看,这里已发生向浅水湖泊过渡的迹象。由于入河水流冲击,历史上形成有名的江尾 18 条弓鱼沟与桃源弓鱼洞。在上波、海潮河等水域有大量的老头鱼、鲫鱼等集聚,是闻名的"鱼土锅"。目前,放养的鲢、草鱼、武昌鱼在本区也有大量捕获。说明本区生物资源丰富,鱼类能大量在此生长繁衍。所以是定期封湖禁渔的自然增殖保护区(其中有 2 个弓鱼保护区、3 个幼鱼保护区,面积近 5 万亩)。为了恢复洱海弓鱼自然增殖,建议投资建设人工弓鱼沟。本区的特点是具有浅水湖泊属性,加之风小,水交换频繁,光照充足,量多质好,年日照为 2 281.5 h,日照率为 52%,水温较其他区略高,故适宜投放鱼种,对大水面"分而治之、精养高产"极为有利。本区西北部附近有 4 个专业渔业队及众多的兼业渔户,劳力富裕,从喜洲-桃源,桃源-河尾村及河尾村-海潮河有紧接相连的 3 个湖湾,水草特别茂盛,分布面积为 2.94 万亩。为避免水草 2 次污染,可开发网箱养草鱼。因此命名为湖湾增养区。网箱试养斤两苗种(二龄鱼),当年可长到 0.8 kg 的个体。1985 年统计本区内网箱养鱼专业户已发展到 16 户,占全湖网箱养鱼总户数的 73%。

6.2　1991—2000 年出台的规划

1991—2000 年出台的规划有 3 个,分别为《大理洱海湖区区域综合开发与环境管理规划(1991—1993 年)》《大理苍山洱海国家级自然保护区总体规划》(2000—2010 年)《洱海湖滨带规划(方案)2000—2010 年》。

6.2.1　《大理洱海湖区区域综合开发与环境管理规划(1991—1993 年)》

该规划编制单位为联合国区域开发中心(UNCRD)和云南省科学技术委员会。

该研究是云南省第一个大中型软科学国际合作研究课题,1990 年 10 月云南省政府与联合国区域开发中心签署了《中华人民共和国云南省大理洱海湖区综合开发和环境管理规划合作研究协议书》。合作研究工作由云南省政府与联合国区域开发中心(UNERD)联合组织实施。以云南省为主,联合国区域开发中心(UNERD)同国际湖泊环境委员会(ILEC)积极合作,在一些研究领域、研究内容和现代研究技术等方面提供支持。参加课题研究的单位,国内方面有云南省科学技术委员会、云南省环境保护委员会、大理白族自治州人民政府、云南大学软件科学与系统工程研究中心、云南省科技信息研究所、云南省科学学研究所、云南省环境科学研究所、云南省城乡规划设计研究院、大理州科学技术委员会、大理州城乡建设环境保护局、大理州计划委员会、大理州环境科学研究所等;国外方面有联合国技术合作开发部、联合国区域开发中心、国际湖泊环境委员会、日本琵琶湖研究所、大阪国际大学、名古屋大学、大阪府立大学、东京电机大学、东京工业大学、宗都官大学、大阪地区中国现代化研究会等。

课题于 1991 年 1 月开始启动,至 1993 年 6 月完成,1995 年获云南省 1995 年度科技进步二等奖。

1) 规划的主要目的和意义

共同为云南省人民政府和大理州人民政府提供旨在促进洱海湖区区域综合开发和环境管理的重大决策的咨询信息。

从云南实际情况出发,通过合作研究,为科学研究人员、管理人员提供研究进修机会,促进与国外研究机构和人员的互访交流,在提高研究、管理水平。同时,使软科学研究逐步向产业化、国际化迈进。

对联合国区域开发中心来说,选择洱海湖区为合作研究对象,不仅符合其帮助发展中国家进行区域性开发研究、咨询的宗旨,而且对建立广泛的信息交流,对不同湖泊进行对比分析和提供多样化的区域发展参考范例等,都具有重要意义。

2) 合作研究的主要范围

研究的地理范围是以洱海为中心和联系纽带,包括大理市、宾川县、洱源县与漾濞县构成的洱海湖区,同时,将洱海湖区置于广域圈内进行研究。从社会经济系统的角度,广域圈分为三个层次:一是大理州全境;二是云南省;三是中国、东南亚地区及世界。从环境管理角度看,广域圈主要是洱海流域。

3) 主要研究内容

(1) 洱海湖区经济发展和生态环境的历史和现状分析。包括区域自然条件,建制沿革、人口与民族组成的变化、经济结构的演变、经济效益分析以及对重要产业的分析。研究经济社会发展过程中生态环境的变化,总结发展的经验和教训,探索经济社会发展与生态环境变化的相互影响。

（2）分析和评价洱海湖区在广域圈内的战略地位。探讨洱海湖区开发的潜力、问题、障碍、机遇、目标、动力,研究这个区域发展的主要优势和制约因素。

（3）研究洱海湖区综合开发的目标、思路、模式、重点、途径和政策。制定切实可行的区域发展规划、对策与措施。

（4）区域开发中的环境问题。以生态环境的改善作为经济、社会发展的基本条件和出发点。在经济发展、社会进步的同时,治理、保护和改善生态环境,制定环境治理、保护的规划和环境管理的对策与措施。

（5）与洱海湖区总体发展战略与规划相互协调的大理市、宾川县、洱源县、漾濞县的发展战略与规划。

（6）对洱海湖区综合开发与环境管理有重大影响的若干专题研究:如泰国、越南、缅甸、老挝的经济社会发展及其对云南省的影响;大理古城保护及以古城为中心的旅游资源的综合开发;洱海流域水资源平衡与综合利用,洱海湖区土地、矿产、生物资源的综合开发;洱海流域环境变化的原因分析;以及洱海水质、水生生物的研究分析等。

6.2.2　《大理苍山洱海国家级自然保护区总体规划（2000—2010）》

编制单位:大理苍山洱海国家级自然保护区管理处。

1994 年 4 月,大理苍山洱海经中华人民共和国国务院国函（1994）26 号文批准为国家级自然保护区。1995 年 5 月,大理白族自治州人民政府批准建立"大理苍山洱海国家级自然保护区管理处",为大理州城乡建设环境保护局下属科级事业单位。人员编制 6 人。管理处下设三个管理所（苍山东坡管理所、苍山西坡管理所和洱海管理所）,每个所人员编制为 6 人。

1996 年,根据国家环境保护局环函（1996）507 号文件《关于编制国家级自然保护区总体规划的通知》精神,按照《国家级自然保护区总体规划编制规范（讨论稿）》的要求,在云南省环保局的指导下,大理苍山洱海国家级自然保护区管理处组织了规划班子,在 1988 年完成的规划纲要的基础上,编制完成《大理苍山洱海国家级自然保护区总体规划》（以下简称《总体规划》）。同年 11 月,由云南省环境保护局主持,邀请了国家环境保护总局自然司、中国科学院生态研究中心和地方有关部门的专家和领导,对《总体规划》进行了评审,对该《总体规划》进行了充分肯定,同意作适当修改后按程序上报审批。

修改后的《总体规划》由云南省环境保护局上报国家环境保护总局。为保证《总体规划》在技术上的可行性,同时为国家局批复《总体规划》提供科学依据,国家环境保护局委托国家环保总局南京环境科学研究所对《总体规划》进行技术审查。南京环科所按照国家环保总局自然司提出的技术审查要求,结合自然司有关领导对保护区实地考察后的建议,于 1997 年 4 月提出了具体的技术审查意见,并建议国家环保总局批准该《总体规划》。

2000 年 11 月,国家环境保护总局以环函[2000]444 号《关于大理苍山洱海国家级自然保护区总体规划审核意见的复函》函复云南省环境保护局,原则同意《总体规划》提出的规划原则、规划目标、保护区总面积、功能区划、资源保护和管理规划、资源可持续开发利用规划和基础设施建设规划,并要求省局按审核意见,对《总体规划》做进一步修改完善。《云南苍山洱海国家级自然保护区总体规划(1996—2010 年)》由苍山洱海国家级自然保护区管理处于 2003 年 8 月修编,2003 年 12 月省人民政府批准执行。

6.2.2.1　自然保护区的区域背景

1) 地理位置

苍山洱海自然保护区位于滇中高原西部与横断山脉南端相互交汇的大理白族自治州境内,其地理位置为东经 90°57′—100°18′,北纬 25°26′—26°00′。

2) 管辖范围

管辖范围为苍山、洱海,地跨 2 县 1 市,苍山西坡为漾濞县,东坡为大理市,洱海北端为洱源县,南端为大理市。总面积 797 km²,其中:

苍山:东坡海拔 2 200 m 以上,南至西洱河北岸海拔 2 000 m 以上;西坡海拔 2 000 m(由西洱河北岸合江口平坡村至金牛村)和 2 400 m(由光明村至三厂局)以上;北至云弄峰余脉。规划面积约 546 km²,占总面积的 68%。

洱海:东起海东环湖公路,西沿湖岸线;南起洱海公园,北止洱海弥苴河三角洲(包括弥苴河段)。包括整个洱海湖面及部分滩涂,规划面积约 251 km²,占总面积的 32%。

3) 主要保护对象

主要保护对象包括高原淡水湖泊水体湿地生态系统;第四纪冰川遗迹高原淡水湖泊的以苍山冷杉、杜鹃林为特色的高山垂直带植被及生态景观;以大理弓鱼为主要成分的特殊鱼类区系。

4）自然保护区类型

依据《自然保护区型与级别划分原则》（GB/T14529—93），大理苍山洱海自然保护区属于自然生态系统类别，同时兼属自然遗迹类别，其中包含三种类型：森林生态系统类型、内陆湿地和水域生态系统类型和地质遗迹类型。因此，大理苍山洱海自然保护区是一个多层次、多功能、大容量的综合型自然保护区。

5）保护区现状及评价

（1）高山和高原湖泊生态系统脆弱，生境破坏严重。

（2）资源的过度利用和不合理开发。

（3）外来种的引入。

（4）非点源污染成为洱海湖泊环境污染的主要因素。

（5）洱海湿地生态系统面临严重威胁。

（6）人口的激增和城市化进程加快，大大加重了保护区的生态负荷。

（7）缺乏有效控制管理而不断发展的旅游业对保护区构成了潜在威胁。

6.2.2.2 自然保护区规划

1）规划指导思想

根据"全面规划，积极保护，科学管理，永续利用"的方针，坚持可持续发展和以保护为主的原则，以保护自然资源和生物多样性为中心，以减缓和控制生态环境恶化，最终实现自然资源的持续利用及生态环境与经济发展的良性循环为目的。根据本区域自然资源的现状和特点以及保护的需求，结合本地实际，合理确定规划目标和划定保护区域，做到全面规划、科学管理、持续发展，实现生态效益、社会效益和经济效益的同步发展。争取到规划期末，将大理苍山洱海自然保护区建设成为具有较高科学管理水平和技术能力的高标准的保护区。

2）规划原则

有如下规划原则：

（1）系统性原则。

（2）保护和合理开发相结合的原则。

（3）生物多样性原则。

（4）景观优先原则。

（5）易操作性原则。

3）规划的技术路线

在规划原则指导下，保护区规划主要由生态评价、功能分区、管理目标、行动方案、管理系统和管理政策五个部分组成。

4）规划目标

总体目标(2000—2010 年)

保护并逐步提高自然保护区目前生态质量等级(较好)。将苍山保护区的森林覆盖率从 48.6％提高到 80％。保护洱海水质为Ⅱ类地表水。

建成具有较高科学管理水平和技术能力的国家级自然保护区。

将保护区建设成为以保护为主,集科研、宣传教育、生态示范和旅游开发等为一体的自然保护区。

功能区规划

根据保护区的自然地理状况、不同区域生态功能及保护管理的要求,将保护区划分为 3 个功能区,即核心区、缓冲区和实验;同时,根据一些区域特殊的生态价值及开发状况,在实验区中划定 4 个生态旅游亚区,将保护和适度开发有机地结合起来。

(1) 苍山保护区规划。将苍山保护区划分为核心区、缓冲区、实验区和生态交错带。

苍山核心区:海拔 3 000 m 以上。苍山核心区界线范围,由海拔 3 000 m 起向山顶及苍山东西坡的主要溪谷向左右两岸延伸 1 000 m 地段。面积约为 165 km²。主要植被类型有高山草甸、垫状灌丛、矮曲林、亚高山灌丛、苍山冷杉林、云南铁杉林、杜鹃灌丛林、杜鹃苔藓林等,以杜鹃和苍山冷杉林成林成片分布。海拔 3 000 m 以上范围分布的主要植物种类是苍山冷杉、云南铁杉、西南红豆杉、高山香柏、灰叶杉、多种杜鹃、山茶、雪茶、贝母、滇藏木兰、黄花岩梅、马樱花、延龄草、豹子花、假百合、大理独花报春、美报春、滇黄芩、高河菜、黄背栎、黑穗箭竹、苔藓等。在主要溪谷地带,多为湿性常绿阔叶林、半湿性常绿阔叶林类型,是以高大乔木为主的原生性森林,主要分布有领春木、水青树、扇蕨、楠木、榕树、云南油杉、龙女花、栎、栲、兰属植物、黄牡丹等。

苍山缓冲区:海拔为 2 600～3 000 m。苍山缓冲区的范围是:海拔 2 600～3 000 m 范围的区域,面积约为 269 km²。该区主要为常绿栎林、暖温性针叶林、灌草丛及萌生灌丛等,为次生植被类型,在山谷中还存在有部分原生性植被。林木常为华山松、云南松、栎、栲、马樱花、山杨、杜鹃、山茶、云南油杉、樟、木荷、枫、旱冬瓜等。山杨梅和次生栎丛、蕨类等最为繁茂。林下多为山地红壤、棕壤。东坡华山松群落总盖度多为 90％,林木茂密,郁闭度 0.5～0.7。针阔混交林受人为破坏,林下药用和花卉植物等近年破坏更为严重,特别是杜鹃花资源遭到严重破坏。

苍山实验区:东坡海拔 2 200～2 600 m,西坡海拔 2 000 m 和 2 400 m 至 2 600 m。实验区中的生态旅游亚区,海拔从 2 000 m 延伸至 3 000 m 以上。东坡 2 600 m 以下至保护区界线,西坡 2 600 m 以下至保护区界线,部分在海拔 3 000 m 的花甸农场、漾濞苍山贝母场等区域,面积约 112 km²。苍山实验区主要是次生植被类型及荒山荒地,由于森林植被砍伐严重,原始的自然景观遭受破坏。东坡以华山松、栎林、云南松林为主,西坡以云南松、樟、栎混交林及沟谷常绿阔叶落叶林带为主。主要植物有华山松、云南松、樟树、楠木、栎树、栲、杜鹃、马樱花、滇冬青、竹类、木棉、榕树、芭蕉、核桃、木瓜、蕨类、茅草等。

苍山实验区中的 4 个生态旅游亚区分别如下。

莫残溪—隐仙溪生态旅游亚区,南起莫残溪,北至隐仙溪,面积为 2 901 hm²。具体范围是:北沿隐仙溪至玉带云游路,并向南至梅溪南面山脊向上至中和峰;南沿莫残溪至玉带云游路,并向北至七龙女池沿山脊向上至玉局峰。

石门关生态旅游亚区面积为 147.4 hm²。

岩桥生态旅游亚区面积为 317.4 hm²。

苍山大、小花甸坝生态旅游、科研引种、生产综合实验区(海拔 2 900～3 100 m,面积 1 066 hm²)。

苍山生态交错带(即植被垂直分布带谱):马龙峰顶向东顺沿龙溪、清碧溪至山麓,向西顺沿西坡三岔河至平坡沟头箐。面积约为 36 km²;三阳峰顶向东顺沿白石溪、双鸳溪至山麓,向西顺沿白沙河、二岔河至雪山河电站。面积约为 16.25 km²。生态交错带是指相邻生态系统间的过渡地带,有一定的时间和空间内涵,并受相邻生态系统的作用。在水文、景观、生物多样性等方面具有突出的价值,它包括水陆交错带、森林交错带、农牧交错带等。

(2) 洱海保护区规划。洱海保护区划分为 4 个功能区和 1 个生态交错带:

洱海核心区:北部弥苴河三角洲—西闸河尾;位于洱海北部弥苴河三角洲外围 500 m 水面和西闸河尾外围 200 m 水面两处,面积约 5 km²。湖底地势平坦,砂质底,水深 1～5 m。该区是洱海水源的入湖口,年入湖水量占全湖入湖水量的一半以上。弥苴河上游无大型工业污染,目前,沿河汇入农田及生活污水、生活垃圾,对该区水质有一定的影响。雨季由于弥苴河挟带大量泥沙进入,透明度较差,为 0.5～1 m,其他月份湖水清澈见底。各项水质指标较好,属清洁级,营养状态为贫中营养。该区的水生维管束植物有马来眼子菜、亮叶眼子菜、狐尾藻、黑藻、苦草、菹草、金鱼藻、满江红等;浮游植物有硅、隐、绿、蓝、甲、金藻门的种类,优势种为尖尾兰隐藻、扭曲小环藻,年内数量变化范围为每升37.6万～65.15万个。

洱海北部缓冲区:双廊碧源河箐入湖口—沙村海舌;位于洱海北部,东起双廊以北约1 km的碧源河阱入湖口,西至沙村海舌为界,除核心区以外的水域为北缓冲区。面积约44 km²。该区湖岸线发达,湖湾较多,水深2～12.6 m,底质多黑色淤泥。洱海入湖水源多集中在本区,主要水源河有弥苴河、永安江、罗时江、西闸河、万花溪、霞移溪、海潮河等。水质属清洁级,营养状态为中营养。该区水生维管束植物种类丰富,群落组成较为齐全,分布有苂草群落、荇菜群落、菹草群落、马来眼子菜群落、亮叶眼子菜群落、海菜花群落、狐尾藻群落、微齿眼子菜群落、黑藻群落、红线藻群落等。洱海中所有61种水生维管束植物在本区都有分布。浮游植物有硅、隐、绿、蓝、甲、金藻门,优势种为尖尾兰隐藻、水华束丝藻、梅尾小环藻和镰形纤维藻等,数量为每升61万～195万个。海舌湾是全湖生物量最大的水域,其水生维管束植物和浮游植物的种类最多,数量最大。本区是洱海土著鱼类和经济鱼类产卵繁殖的场所,其中有三个幼鱼保护区,面积约5万亩。鱼类有大理鲤、洱海鲤、春鲤、老头鲤、鲫鱼、鲢鱼、鳙鱼、草鱼、武昌鱼等,同时又是50多种候鸟和留鸟的栖息地。

洱海西南部缓冲区:西岸生久岸—洱海小海舌—东岸下河湾;位于西岸北起生久岸,南至洱滨小海舌,湖岸内约1 km宽水面,又拐向东岸的下河湾,成一勺形,面积约30 km²。该区分两个部位,西岸狭长带和南部水域。西岸狭长带是深槽,深槽中部最深处达18.8 m。该区水容量大,水流交换快,净化作用强,且有苍山龙溪、清碧溪、莫残溪和葶溟溪的水流汇入,底质为砾石及沙质。水质属清洁级,营养状态为贫中营养。西岸狭长带水较深,岸边分布有苦草、黑藻,深水处无水草。浮游植物有硅、隐、蓝、绿藻门,优势种为梅属小环藻、尖属蓝隐藻,藻类数量每升44万～97万个。鱼类种群数量不多。从长远考虑,该区可作为饮用水源区。南部水域由于受工厂及波罗江上游的农田和生活废水的影响,水质较其他水面差,透明度为1.1～1.5 m。水质属清洁级,营养状态为中营养。南部水域水生维管束植物生长茂盛,有马来眼子菜群落、海菜花群落、穿叶眼子菜群落、狐尾藻群落、微齿眼子菜群落、黑藻群落、金鱼藻群落、苦草群落等,种类多,生物量大。浮游植物有隐藻门、硅藻、绿藻门及金藻门,优势种为尖尾蓝隐藻、梅尾小环藻和扭曲小环藻,数量为每升 28 万～87 万个。该区既是鱼虾产卵、索饵、越冬和幼鱼活动的良好场所,又是洱海渔业区的幼鱼保护区,更重要的是下关地区的饮水源区。

洱海实验区:洱海实验区包括除上述核心区和缓冲区以外的中部水域。面积 182 km²。该区水深面宽,水容量大,湖岸线发育程度小,湖湾少,海印与古生轴线约三分之一的地方是洱海最深点,水深达 20.7 m。与南部金梭岛相对的湖心部位又是一隆起,成为湖心平台,水深仅 5～6 m,沿岸形成地堑、深槽,水深 10～17 m。东岸的入湖河有凤尾阴河、玉龙河等;西岸有 15 条溪流入湖。各入湖河口有堆积性水下冲积扇,沉积物较多,为砾石和粉沙。湖心底质为泥质,东岸为腐质,湖心平台底质为黑色淤泥。水质属清洁级,营养状态为贫中营养。其中,挖色、海东、康廊、长育、下河湖湾等处,人为活动影响较大,农田径流及农村生活污水汇入,使湖湾水质变差,营养程度增加,水生动植物种群结构发生变化。该区水较深,水深 10 m 以上的地方无水生维管束植物。湖边浅水区和南部湖心平台有苦草、黑藻、微齿眼子菜、亮叶眼子菜等群落,西部有海菜花群落,湖湾部有狐尾藻、菹草、野菱、金鱼藻等群落。浮游植物主要有硅藻、隐藻门、蓝藻、绿藻门植物,优势种为尖尾蓝隐藻、梅尾小环藻、扭曲小环藻等,数量在每升 30 万～160 万个,挖色湾和海东湾的数量最多。由于该区水深,水生维管束植物生物量少,浮游植物数量不多,鱼类饵料贫乏,鱼类的繁殖和生长受到一定限制,鱼虾生物量比其他区小。

洱海生态交错带:洱海海拔为 1 971～1 974 m 的环湖水陆交错带,西岸向两边各延伸 50 m,东岸向两边各延伸 50 m,北岸在弥苴河等河流入口一带,成片状,边界沿南园—东湖村一线,总面积 30 km²。生态交错带是指相邻生态系统间的过渡地带,有一定的时间和空间内涵,并受相邻生态系统的作用。在水文、景观、生物多样性等方面具有突出的价值,它包括水陆交错带、森林交错带、农牧交错带等。该区具有极其丰富的生物多样性,对于净化水质,增强洱海自身的缓冲和适应能力具有非常重要的作用。

(3) 面积比例。整个保护区的总面积为 797 km²。各功能区面积如下。

核心区:总面积为 170 km²,占保护区总面积的 21.3%。其中苍山核心区面积为 165 km²,洱海核心区面积为 5 km²。

缓冲区:总面积为 333 km²,占保护区总面积的 41.8%,其中苍山缓冲区面积为 269 km²,洱海缓冲区面积为 64 km²。

实验区：总面积为 294 km²，占保护区总面积的 36.9%，其中苍山实验区面积为 112 km²，洱海实验区面积为 182 km²。

保护区的各功能区的面积比例为核心区：缓冲区：实验区 = 1：2：1.7。

5) 总体规划内容

规划主要内容包括保护区现状及评价、保护管理规划、科研监测规划、宣传教育规划、基础设施规划、社区共管规划、生态旅游规划、重点工程建设、投资估算与资金筹措、组织机构与人员配置、实施规划保障措施及效益评价，总投资概算为 3 661.21 万元。

6.2.2.3　保护区规划总体效益评价

苍洱自然保护区的效益评价重点是评价规划目标期预期产生的效益状况。生态效益和社会效益的评价以定性为主，定性和定量相结合；经济效益的评价采用定量评价的方法。

1) 生物资源的保护

苍山洱海保护区由于多样的生态类型和复杂的植物区系成分，因而动植物资源十分丰富。经鉴定查实，保护区内种子植物约 2 330 种，隶属 170 科 755 属，约占云南省种子植物总数的 15%。苍山杜鹃花有 44 种，约占中国杜鹃花总数的 10%，占云南省杜鹃花总数的 18%。保护区内有国家级及省级珍稀濒危植物 26 种，其中国家二级保护植物有水青树、银杏、云南山茶花、云南梧桐 4 种；国家三级保护植物有扇蕨、黄牡丹、领春木、硫黄杜鹃、蓝果杜鹃、和蔼杜鹃、似血杜鹃、假乳黄杜鹃、延龄草、黑节草等 10 种；中国特有种有滇藏木兰、豹子花、假百合 3 种；云南特有种有龙女花、云南红豆杉、滇黄芩、高河菜 4 种；苍山特有种有苍山杜鹃、阔叶杜鹃、美报春、大理独花报春、兰报大叶报春 5 种。

苍山洱海动物种类也十分丰富。根据调查统计，哺乳类、鸟类、两栖爬行类、鱼类等动物就达 433 种，其中国家一级保护动物 8 种，二级保护动物 15 种。

苍洱自然保护区是集苍山森林生态系统，洱海水生生态系统以及南北动植物交错过渡地带区系的自然综合体，是一个多样性生物资源富集的区域，它包含了生态系统多样性、遗传多样性、物种多样性以及自然景观的多样性。正因为如此，它的建成和有效保护，对于探讨地域生态系统的天然和人工演化的方向，人为活动对自然环境的影响，提供了评价依据。同时对于全球环境问题中最突出的生物多样性保护，有效控制森林面积的减少，保护鸟类动物等显得十分重要而有效。

2）生态环境效益

保护区是洱海流域的主体,保护区自然生态状况的好坏决定了洱海湖区人民的生存环境质量。

苍山是云南植物王国中植物资源富集的宝库之一,植被垂直分布明显,从山脚到山顶具备暖性、温凉性和高山寒温性的各种植被类型,地处世界高山植物区系丰富的区域。目前调查表明,苍山植物种类有 2 330 种。苍山的森林资源具有涵养水源、保持水土、调节气候、防止自然灾害的巨大作用。

洱海是云南第二大高原湖泊,属断层构造湖,是云南高原湖泊中水生植物资源最丰富的湖泊。其湖泊生态系统尚属良好,水质为清洁级。洱海在调节气候、改善区域自然生态方面具有重要作用。

3）社会经济效益

（1）苍山森林为本地国民经济建设提供一定数量的木材、燃料和各种林副产品;东坡十八溪,多年平均地表径流量为 2.747 亿米^3,占洱海流域天然水资源总量（10.3 亿米^3）的 26.7%,对确保洱海常年有足够的水量储备和保障大理盆地的农业生产及水电发展具有举足轻重的作用;西坡森林涵养的水源,对漾濞县热区经济建设同样重要。

（2）洱海每年为人们提供 7 亿多米^3 水用于发电,1.2 亿米^3 农灌用水滋润湖周 15 万多亩农田,引洱入宾 5 000 万米^3,工业用水 3 800 万米^3,城镇生活用水 800 多万米^3,鱼塘养殖用水数十万米^3。洱海不仅为人们提供舟楫之便,而且每年出产 8 000 多吨水产品供应市场,出口创汇。洱海风光旖旎,每年有 30 多万海内外游客慕名而来,旅游直接收入 4 000 多万元。

（3）苍山由于冰川的塑造作用,形成大量的角峰、脊、冰斗（洗马塘、黑龙潭、黄龙潭）、冰积湖（大小花甸坝、鸡茨坝）和槽谷等冰川地貌,以高山森林和高山杜鹃花作为背景,真是美不胜收,是不可多得的旅游资源。

4）科学研究

（1）苍山处于滇中高原与横断山区两大地貌单元的结合部。其地质史上曾发生过第四纪冰川中最后一期的大理冰期,山地中上部保存有大量明显的冰川遗迹,因此,在地质科学、古地理、古气候研究上具有重要价值。

（2）苍山位于横断山南端,地处世界近代高山植物丰富的区域,是我国高山植物模式标本的产地之一,其中尤以高山杜鹃种类丰富、数量多而闻名;由于处在几个植物区系的交汇点上南北动植物区系在这一地区进退交错混杂更为显著,具有许多我国西南、云南和苍山特有的植物种类,是很多植物的分布和分化中心。从 19 世纪开始,法国人、英国人曾在此进行过大量的标本采集活动,我国许多老一辈植物学家也到这里进行过考察研究。近年来,又对苍山植物进行了中英、中美联合考察。因此,苍山在生物科学上享有较高的国际知名度,是具有一定地位的名山和基地。

(3)洱海具有丰富的水生植物资源和以弓鱼为特色的土著鱼类区系,其广阔的水域又是众多水禽良好的越冬栖息地;洱海水质仍属清洁级,对水体污染最为敏感的国家保护植物海菜花尚有分布,并形成一定面积的植物群落,黑藻、金鱼藻、微齿眼子菜、光叶眼子菜等对水质污染中等敏感的水生植物能在湖中大量繁殖。从水生生物和湖泊学研究上看,洱海具有独特而重要的科学研究价值。

(4)保护区的建立,为科学研究提供了理想的场所,未来将有更多的科研人员进入保护区进行科学考察,教学实习及科普性旅游活动。

(5)保护区的建立和保护活动的开展,将有助于提高当地城乡居民对环境保护的意识。通过宣传、教育,当地人民逐步地了解自然、认识自然,进而去改造自然,利用自然,使自然朝着有利于人类生产、生活、生存的方向发展。自然资源的适度开发利用,旅游和其他经营活动的开展为当地群众提供了就业机会,并将拓宽当地产业渠道,对当地经济的发展和群众的脱贫致富起到积极的作用。

5)《洱海流域环境规划(2000—2020 年)》(云南省九大高原湖泊环境规划之二)

编制单位:大理州城乡建设环保局。

滇池、抚仙湖、杞麓湖、异龙湖、星云湖、洱海、阳宗海、泸沽湖、程海是云南省 9 个较大的高原湖泊,在防洪、灌溉、工业用水、生活用水、水产养殖、旅游和发电等方面发挥着重大作用,促进了湖区社会经济的发展。但近年来,随着湖区社会经济的发展,人口增加和城市规模的扩大,滇池、杞麓湖、异龙湖、星云湖已受到严重污染,其他几个湖泊的生态环境也开始遭到破坏,严重威胁着湖泊社会经济发展和人民生活用水的安全。省委、省政府高度重视这几个高原湖泊的保护,在省政府批准的《云南省环境保护"九五"计划和 2010 年长远规划》中,将这 9 个湖的保护作为实施"1369"跨世纪绿色工程计划的主要内容。

为贯彻省政府指示,抓紧实施九大湖泊的保护,云南省环保局决定在昆明市召开九大湖泊水污染防治规划会议,传达省委、省政府领导关于九大湖泊保护的指示,交流湖泊环境规划经验,讨论制定《云南省九大高原湖泊流域水污染防治规划实施方案》。

　　根据省政府领导和省环保局的要求,大理州成立了以大理市、洱源县、州发计委、州土地管理局、州林业局、州农业局、州乡镇企业管理局、州旅游局、州洱海管理局主要领导为成员的洱海流域环境规划编制工作领导小组,由大理州城乡建设环保局承担编制工作。

　　1999 年 3 月 17 日,《洱海流域环境规划》通过由省环保局主持召开的专家评审会。

6.2.2.4　规划的目的和任务

1) 规划的主要研究目的

　　研究洱海流域存在的主要环境问题及环境保护的对策、措施,在深入诊断环境问题的基础上制定洱海流域可持续发展的环境规划,使流域资源经济与环境趋于协调,从而促进地方国民经济的发展。

2) 规划的具体任务

　　向决策部门提供较全面的洱海流域环境系统质量现状及其主要的环境问题(水环境、流域生态、水土流失等)。

　　结合当地社会经济发展"九五"计划和十年规划等有关资料,对规划区的水环境、生态环境进行预测,按照现行环保法规、政策、制度和标准体系分析产生环境问题的成因,进行环境区划。实事求是地确定规划期内要达到的环境保护目标和环境保护任务,提出切实可行的对策措施,保证规划的可操作性,促进当地国民经济和社会发展"九五"计划和 2010 年远景目标的实现。

　　为地方政府提供可持续发展及缓解环境影响的依据。洱海流域经济—环境发展必然走持续发展方向,最为重要的一条是产业结构和产品结构的调整。这种调整要建立在经济社会和环境的最佳结合上,在洱海流域的主要产业类型有九类,它们是农业、造纸纤维、纺织、卷烟、旅游、食品加工、养殖、建材、采掘业等。这些产业形成的经济效益和对环境造成的影响各不相同,在经济和环境目标的约束下,从保护水质、保护生态和生物多样性出发选择最佳的发展方案,无疑是十分重要的,经济环境规划的研究在这方面提供了重要的依据。

6.2.2.5 规划指导思想及规划设计的基本原则

1）规划指导思想

以区域经济、社会发展为基础，流域生态环境保护为核心，洱海水污染综合防治措施为内容制定规划，以期通过组织实施，有效保护和改善洱海水环境质量，从而促进全流域环境与经济、社会的协调发展。

2）规划设计的基本原则

流域社会、经济、环境可持续发展的原则；预防为主，防治结合，综合整治原则。坚持治理措施与管理措施相结合，工程措施与生物措施相结合，点源治理与面源治理相结合。全面规划，合理布局，突出重点，分步实施。依靠科学技术，强化监督（法规）管理。

6.2.2.6 规划范围及期限

1）规划范围

洱海及洱海汇水区，面积为 2 565 km²。涉及的行政区主要有大理市和洱源县。

2）规划期限

规划基准年为 1995 年（考虑到规划文本完成的滞后，规划基准年与 1996、1997 年为对比分析），近期为 2005 年；中期为 2006—2010 年；远期为 2011—2020 年（重点是考虑宏观对策）。

6.2.2.7 规划目标

1）近期目标

流域森林覆盖率达到 30%；点源污染物总量消减 40%；城市污水处理率为50%；面源污染物（TN、TP）消减得到目标控制，生态环境趋于良性循环，洱海水质保持地面 Ⅱ 类标准。

2）中远期目标

流域森林覆盖率达到 45%；苍山十八溪水土流失得到根治，面源控制工程和流域生态系统的恢复，可减少流域内营养盐的 40%～50%，洱海湖体水质优于地面水 Ⅱ 类标准。

6.2.2.8 规划的主要技术路线

洱海流域的环境规划主要是解决区域经济发展与环境保护综合协调的问题。洱海流域现存的环境质量是受到工业、农业、社会意识诸多因素综合影响的结果,要建立以环境质量为目标的规划必然要限制诸多因素,因此其规划必然是多目标和不确定性。因而,规划采用的技术路线是在对流域环境各要素和经济社会各部分深入调查、研究、诊断的基础上,根据流域社会经济发展态势,资源开发和环境的要求,围绕洱海湖为中心的环境保护,突出重点。应用系统分析的方法和生态学原理,辅以面向公众的计算机技术(IFMOP 规划模型)和人工智能,定性判断、定量决策,综合分析、评价、预测,确立它们之间的相互作用和关系,根据不同的环境功能和现行的技术经济条件制定切实可行的环境保护目标和规划方案(点源、面源控制;固体废弃物处置;水资源的综合利用方案等)。在环境系统中以保护洱海水量、水质和生物多样性为目标进行规划,洱海水量、水质环境指标是规划的主要依据。

6.2.2.9　规划研究的重点（主要研究内容）

1）环境问题的评估

在对流域自然条件,资源以及社会经济发展的现状和趋势调研的基础上,正确深入地研究流域环境问题以及它们的发展规律,重点探索流域经济发展与协调问题;洱海流域生态环境与生态多样性问题;洱海湖水质水量问题;流域水资源的综合利用问题;土壤侵蚀与非点源污染问题,采用定性和定量的手段深入阐述上述问题,为下一步从规划设计、环境技术应用和管理、环境综合整治打下基础。

2）流域经济发展对环境的影响以及经济-环境的协调研究

针对洱海流域坏境系统中社会、经济、环境和资源等众多因素构成的复杂巨系统,具有多目标和不确定性的特征,建立动态的管理信息系统(管理计算机化),制作环境与经济的调控界面,运用现代科技手段对流域内各行业的发展进行环境影响综合评定。

依据规划指导思想,进行流域环境总体规划和各单项规划方案的设计,通过环境技术的应用和科学的管理手段来控制和减缓经济发展对环境保护造成的压力。并在现有发展方案的基础上进行产业结构的优化,力求得到区域社会经济发展和环境的最好协调。

6.2.2.10　规划主要结论

（1）洱海流域的环境问题,主要包括如下几个:

洱海水量平衡失调,入不敷出,枯水期水位下降,湖泊沉积过程加速,同时

影响了工农业用水和生活供水;

洱海水质已经具备了发生富营养化的潜在条件。1996 年蓝藻水华突发事件给人们敲了警钟;

山地侵蚀和农业面源是洱海的主要污染源;

湖泊周围地区经济活动严重破坏了流域生态条件并威胁流域生物多样性;

湖泊网箱养鱼和机动捕鱼船污染是富营养化的主要内源;

旅游资源丰富,具有集自然景观、民族文化于一体的多方位开发条件。

旅游开发的主要环境问题是污水和固废的收集及处置不当,以及设施建设引起的水土流失。

(2) 洱海流域的经济发展仍处于中国区域发展的中下级水平。但是发展速度很快,大理州工农业生产总值在 2000 年以前增长速度为每年的 8.9%,从 2000 年到 2010 年为 8.1%,总人口每年以千分之十速度增加。在目前的开发强度下,已经对流域生态环境造成相当大的破坏。随着发展强度的加大,速度的加快,必然对流域生态环境进一步恶化在所难免。

(3) 洱海流域目前的环境状况是局部得到控制,总体仍在恶化。最主要的表现是目前洱海水质已从 1985 年贫营养化发展到中营养化,进而到目前的富营养化突变阶段,而洱海富营养化过程是综合因素影响的结果。它必须进行各种领域和各个层次的调整。

(4) 要根本解决洱海流域生态环境保护和经济发展的矛盾,必须改变区域发展模式,必须实行保护性开发,即在保护的前提下开展开发活动。开发活动本身是一种保护,因此在经济开发活动中要增加生态保护和恢复的投入,包括生态恢复、资源优化配置、产业结构和产品结构调整全过程环境控制以及强有力的管理系统。

(5) 在以洱海水质目标优先的条件下进行产业结构调整。调整总体方针为稳步发展第一产业,扩大调整第二产业,大力提高第三产业,使三产比例向先进结构靠拢。

第一产业要考虑进行农业生态结构调整,加强林牧副渔综合发展。种植业适当缩小水稻种植面积,增加杂粮、蔬菜、花卉的种植比例。采用节水农业技术和合理耕作制度,在不适合发展耕地的地区,要坚决退田还林或退田还滩。既增加第一产业收益又保护环境,保护洱海水质。

第二产业要关闭一批收益低、环境污染严重的中小企业。对于收益较好的但有一定环境污染的大中企业要进行限制发展或近期限制发展。对于一些污染较小而效益高的大型支柱产业,应在政策上加以扶植,促进其发展。对于一些污染严重,但又是十分重要的大型企业要进行迁址,改革生产工艺或加强污水治理,在保证不污染洱海的前提下予以集中发展。

第三产业需大力发展。应充分利用大理市的交通区位优势,大力发展旅游业、交通服务业和仓储服务业,形成以旅游业为主的服务业的支柱产业势态,加强大理市作为滇西经济中心的战略地位。

(6) 洱海流域应当大力加强环境治理力度。要统筹安排,逐步实行,环境治理预可行性研究反映了洱海环境治理的主要方向。从保护洱海流域角度来看,环境工程的实施和环境管理措施的完备是解决洱海环境问题的重要途径。

① 非点源治理工程,包括上游前置库工程、河道拦水净化工程、农业节水防污工程。

② 城市污水治理工程,包括城市污水收集系统、二级污水处理厂。

③ 小区污水治理工程,包括分散性旅游景点的污水治理设施、城镇污水处理系统、乡镇企业污水处理系统。

④ 湖滨带治理工程,包括湖滨带恢复工程、湖滨带污染缓冲工程。

⑤ 内污染消除工程,包括局部湖区疏浚工程、大型水生植物恢复工程、底栖类生物恢复工程。

⑥ 全流域绿化工程,包括湖岸绿化工程、景点植被恢复工程、护坡绿化工程、面山区绿化工程、道路绿化工程。

(7) 实施本规划,无论近期和远期 COD、BOD_5 排放总量均能得到有效的消减,实现目标控制。面源控制工程和流域生态系统的恢复,可减少流域内营养盐的 40%～50%,对洱海水环境的改善将起到重要的作用,洱海水质保持Ⅱ类标准,洱海水体营养水平可保持到中营养型,洱海水清澈透明。

6.2.3 《洱海湖滨带规划(方案) 2000—2010 年》

1) 规划范围

规划范围为洱海东边的环海路以西,大丽路以东、以南,石屏、团山路以北,以及洱海水面 1 970 m(海防高程)以上区域。

2）规划的总目标

建立生态过渡带结构,维持或改善湖滨带的生境,为湖泊生态系统的物质和能量流动提供缓冲区和蓄积库。通过实施大规模的湖滨带生态恢复工程,湖滨区内非点源污染得到有效控制,整个湖滨带生态系统基本恢复到良性循环状态,区域内的自然景观有明显的改善或得到恢复。

3）规划主要内容

该规划列出了适合洱海湖滨带生态恢复的 8 种工程模式:滩地模式、河口模式、陡岸模式、生态鱼塘模式、堤防模式、少废农田模式、湖滨景区模式、其他专有模式,提出了洱海湖滨带生态恢复工程设计方案,确定了北部河口湿地生态恢复区、西部非点源污染控制湖滨区、风景旅游湖滨保护区、防治水土流失湖滨保护区等 4 个功能区生态恢复工程项目和规模。该规划还制订了实施方案及行动计划。

6.3　2001—2010 年出台的规划

2001—2010 年出台的规划共 8 个,含 3 个综合规划与 5 个专项规划。

6.3.1　《洱海流域保护治理规划（2003—2020）》

洱海是云南省第二大高原淡水湖泊,是国家级大理风景名胜区和苍山洱海国家级自然保护区的核心。洱海是白族人民的“母亲湖”,孕育了大理地区近四千年的文明历史,是流域区主要的水源地,具有自然保护、景观旅游、城市用水和维护水生生物多样性等多种功能。

根据 2003 年 9 月省政府大理城市建设现场办公会及《云南省人民政府关于加大洱海保护治理有关问题的通知》（云政发［2003］179 号）的有关精神,大理州及时成立了以州长为组长,相关人员组成的“洱海流域保护治理规划”编制课题组,委托中国环境科学院进行编制。课题组在认真总结多年保护和治理工作经验的基础上,根据省政府批复的《洱海流域环境规划》和《洱海水污染综合防治“十五”计划》,针对洱海水环境现状、水质发展趋势以及存在的主要问题,结合当前本地区社会经济发展情况,以科学发展观为指导思想,站在“没有洱海,就没有大理”的战略高度,在充分调研和反复论证的基础上,几经讨论和修改,历时一年完成了《洱海流域保护治理规划（2003—2020）》（后文简称

《规划》)。

6.3.1.1　规划指导思想

规划的指导思想如下:针对洱海富营养化转型阶段的抢救保护要求和洱海资源持续利用的长远要求,以洱海水环境质量安全和富营养化最终控制为目标,以流域产业经济结构和布局调整为根本措施,以城镇、农村生活污水处理和主要入湖河流综合治理为重点,流域生态改善和环境管理为配套,形成洱海综合保护治理的完整体系,采用政府主导、市场推进、统筹规划、突出重点、经济可行、分步实施的战略,实现洱海水环境质量的改善提高和富营养化的持续控制。

6.3.1.2　规划主要内容

1) 服务"一个目标"

洱海保护以保持湖体Ⅱ类水质和恢复中营养水平为目标,促进区域社会、经济与环境的可持续发展。

2) 体现"两个结合"

内源、外源治理相结合,工程、生物措施与管理措施相结合。

3) 实现"三个转变"

湖内治理向流域保护治理转变,专项治理向综合治理转变,州级专业部门管理、治理向县市、乡镇管理、治理转变。

4) 突出"四个重点"

洱海的主要水环境问题是富营养化,磷、氮是最主要的污染原因。

富营养化控制以磷氮为重点指标,磷氮控制以城镇生活污水处理为重点,湖滨带的生态恢复建设为重点,入湖河流和农村面源治理为重点。

5) 坚持"五个创新"

观念创新——树立环境是资源的观念,以保护治理获得洱海环境资源增值;

机制创新——实行收费制度、筹资渠道、投资主体、运作模式等方面的机制创新,引入市场化运作机制和奖惩激励考评机制,建立多元化的污染防治投资、运行机制和多层次的行政管理责任考核机制;

体制创新——建立"政府主导、部门负责、舆论监督、公众参与"的洱海污染防治体制;

法制创新——坚持立法管理,依法管理,严格执行《大理州洱海管理条例》

《大理州洱海流域村镇、入湖河道垃圾污染物处置管理办法》《大理州洱海滩地管理实施办法》等法规；

科技创新——开展科学研究，依靠创新科技，提高流域水污染防治工作水平。

6）抓好"六大工程"

洱海生态修复和建设工程——组织实施环洱海 128 km 湖滨带生态恢复建设，洱海湖泊生态系统恢复与重建，洱源海西海、茈碧湖水源保护区等项目；

污水处理及截污工程——组织实施西洱河南岸综合管网、大理古城至下关截污干管、大理至下关环洱海截污干渠、机场路排污总干渠、凤仪波罗江截污干管、关凤路截污干管、洱源县城污水处理厂、大理市城市供排水管网建设等项目；

洱海流域农业、农村面源污染治理工程——组织实施控氮减磷优化平衡施肥技术示范推广、良田种草养畜、畜禽粪便无害化处理、流域"禁磷"等项目；

主要入湖河道综合整治和城镇垃圾收集、污水处理系统建设工程——组织实施弥苴河、永安江、罗时江、波罗江、灯笼河、苍山十八溪等洱海主要入湖河道环境综合整治，沿湖 11 个乡镇垃圾中转站、大理、洱源垃圾处理场建设，以及流域村镇污水收集处理系统建设等项目；

洱海流域水土保持工程——组织实施流域面山绿化、小流域水土流失治理等项目；

洱海环境管理工程——按照生态环境要求调整洱海水资源调动运行方式，实行半年全湖休渔，强化滩地保护和管理，加强苍山洱海自然保护区能力建设，加强流域环境监测能力建设，严格审批流域新建项目等各项日常性工作，通过经常性、规范化的管理，提高洱海保护的能力。

6.3.2   《大理风景名胜区总体规划修编（2005—2020 年）》

编制单位：北京土人景观规划研究院、北京大学世界遗产研究中心。

大理风景名胜区是 1982 年国务院公布的第一批国家重点风景名胜区。1986 年在清华大学指导下，由编制组完成《大理风景名胜区总体规划（1985—2010 年）》。2004 年进行修编。

6.3.2.1   规划修编的重点

（1）上一轮规划按大理与漾濞的行政界线，未将苍山东坡划入风景区范围,本次规划修改考虑保持苍山的地貌和生态完整性,将漾濞苍山西坡 2 400 m 以上山体纳入苍洱风景区范围,有利于今后的保护和管理。

(2) 由于原洱源茈碧湖风景区功能单一,面积偏小,又与洱海关联,与大理苍山洱海紧邻,不具备作为一独立风景区,本次规划将茈碧湖并入苍山洱海风景区范围,有利于洱海流域保护,资源的互补和协调利用,有利于区域的经济发展。

(3) 将洱海西岸的坝区、南岸的洱海公园调整出风景名胜区范围,作为风景名胜区的外围保护控制地带,按照《大理市城市总体规划》进行规划管理,使大理风景名胜区与滇西中心城市建设在布局和功能上形成合理分区,互相照应,统一协调的格局,将洱海西片成为民族风情浓郁、人文景观丰富、自然风景优美、田园风光迷人的休闲旅游度假居住的片区,成为大理滇西中心城市的重要组成部分。

6.3.2.2　风景区性质定位

以地理区位独特的高原高山——湖泊自然生态和景观为基础,以独特的南诏大理历史文化、特色鲜明的白族文化和悠久的宗教文化相融合,具有科研科普、山水审美、游览休闲、教育启智等功能。

6.3.2.3　发展目标

洱海的发展主要期望达到如下目标:

(1) 国内外知名的世界遗产地。

(2) 国内一流的国家重点风景名胜区。

(3) 生态环境得到严格保护。

(4) 自然与人文相得益彰。

(5) 四大片区特色发展。

(6) 风景资源得以有效利用。

(7) 观光休闲胜地。

(8) 科研教育宝地。

(9) 管理机制健全高效。

(10) 国内外知名的旅游胜地,云南旅游的副中心,大香格里拉旅游的龙头和枢纽。

(11) 适宜人类居住和发展的城市。

（12）促进滇西中心城市形成。

（13）延续城市文脉，凸现山水城市特色，城镇与风景有机协调，基础设施完善配套，城市具有良好竞争力和活力。

景区与保护区的划分如下。

1）景区划分

风景区由原5大风景区调整为苍山洱海风景区、鸡足山风景区、巍宝山风景区和石宝山风景区4大风景区。范围涉及大理市、洱源县、漾濞县、宾川县、剑川县、巍山县1市5县，风景名胜区总面积1012平方公里，其中核心区750.8平方公里。

苍山洱海风景区位于大理市、洱源县、漾濞县境内，面积960平方公里。它又包括下面4个片区。

（1）苍山片区：东坡海拔2200 m以上（蝴蝶泉、周城、庆洞圣源寺观音阁、太和城遗址、佛图寺、将军洞等景点），西坡和南坡海拔2400 m以上（包括石门关），北端同苍山自然保护区界限。

（2）洱海片区：洱海1966 m（85高程）以下，包括洱海沿线的天镜阁、鹿卧山、双廊、洱海北端湿地、喜洲（含海舌）、古生戏台、马九邑本主庙、洱水神祠等主要景点。

（3）三塔古城片区：三塔重点文物保护单位保护范围，古城城墙以内。

（4）茈碧湖片区：茈碧湖以及邻近的田园村寨和温泉。

2）苍山洱海风景区保护区划分

（1）特级保护区：洱海裂腹鱼、洱海鲤及大理鲤鱼类保护区（繁殖季节机动船禁止驶入）；苍山3800 m以上。

（2）一级保护区：苍山3200～3800 m；国家级文物保护单位及其相关环境。

（3）二级保护区：苍山2800～3200 m；洱海鱼类保护区以外的其他水域和湿地，茈碧湖水域；省级文物保护单位及其相关环境。

（4）三级保护区：苍山东坡2200 m（西坡2400 m）～2800 m；蝴蝶泉、清碧溪（含感通寺）至玉带路、大花甸坝、石门关、玉矶岛、金双岛（南诏风情岛）、金梭岛、九气台等；市级文物保护单位及其相关环境。

6.3.3 《洱海流域水污染综合防治"十一五"规划（2005—2010年）》

2003年底，在原洱海水污染综合防治领导小组基础上成立了州洱海保护治理领导组,并在州环保局设置了领导组办公室。按照省政府大理城市建设现场办公会的总体要求,重新编制《洱海流域保护治理规划(2003—2020)》。通过《洱海流域保护治理规划(2003—2020)》全面总结了多年来洱海保护治理的经验,认真汲取洱海两次暴发蓝藻的深刻教训,深入分析了洱海污染及保护治理的特点和规律,提出"洱海清,大理兴"的理念,并规划实施污水处理和截污工程,入湖河道和村镇垃圾、污水治理工程,流域农业、农村面源污染治理工程,洱海生态工程,洱海环境管理建设等工程,总投资估算为 14 亿元。按照总体规划分期实施的原则,结合《洱海流域保护治理规划(2003—2020)》,编制《洱海流域水污染综合防治"十一五"规划》,使洱海保护治理工作逐步走上了科学的轨道。2006 年 12 月,云南省人民政府批复同意规划实施。

6.3.3.1　编制原则

服务"一个目标":洱海保护以保持湖体 Ⅱ 类水质和恢复中营养水平为目标,促进区域社会、经济与环境的可持续发展。

体现"两个结合":洱海治理体现控源与生态修复相结合;工程措施与管理措施相结合的污染控制理念,全面推进洱海富营养化综合防治。

实现"三个转变":洱海治理保护工作实现湖内治理向流域保护治理转变;专项治理向综合治理转变;由个别专业部门管理向一体化管理及社区管理转变。

突出"四个重点":洱海的主要水环境问题是富营养化,磷、氮是最主要的污染原因。富营养化控制以磷氮为重点指标,磷氮控制以城镇生活污水处理、湖滨带生态恢复建设以及入湖河流和农村面源治理为重点。

坚持"五个创新":观念创新,树立环境是资源的观念,以保护治理获得洱海环境资源增值;机制创新,实行收费制度、筹资渠道、投资主体、运作模式等方面的机制创新,引入市场化运作机制和奖惩激励考评机制,建立多元化的污染防治投资、运行机制和多层次的行政管理责任考核机制;体制创新,建立"政府主导、部门负责、舆论监督、公众参与"的洱海污染防治体制;法制创新,坚持立法管理,依法管理,严格执行《大理州洱海管理条例》《大理州洱海流域村镇、入湖河道垃圾污染物处置管理办法》《大理州洱海滩地管理实施办法》等法规;科技创新,开展科学研究,依靠创新科技,提高流域水污染防治工作水平。

实施综合治理:既针对当前水质急剧恶化的紧迫问题,又统筹富营养化最终防治的长远规划,实施工程的、技术的、生态的、法治的、管理的以及水资源合理调度和产业结构布局优化调整等综合治理措施。

因地制宜,分步实施的原则:注重目标的可达性和项目的可操作性,优先安排环境效益显著、技术条件成熟及前期准备工作较充分的项目。

政府主导、全民参与;科技先导、市场推进的原则。

湖泊治理是区域性、社会化的系统工程,首先需要政府部门的主导组织,也需要社会公众的积极参与。各级政府层层分解任务、落实目标、履行职责、按期考核是主要的推动机制;舆论发动、公众支持则是重要的群众基础;讲求科学,注重实效;引入市场化机制,拓宽资金筹集渠道,又是规划实施的重要条件。

6.3.3.2　规划范围及期限

1)规划范围

涉及整个洱海流域,总面积 2 565 平方公里,行政范围包括:大理市的下关镇、大理镇、银桥镇、湾桥镇、喜洲镇、上关镇、双廊镇、海东镇、挖色镇、凤仪镇等10 个镇,洱源县的邓川镇、右所镇、茈碧湖镇、凤羽镇、牛街乡、三营镇等 6 个乡镇,以及大理省级经济开发区和大理省级旅游度假区。

2)规划期

规划期为 2006—2010 年。2004 年为规划基准年,2007 年和 2010 为规划目标年。

6.3.3.3　规划目标

到 2007 年,主要入湖河流水污染得到初步控制,水质基本达到Ⅲ类,洱海水质稳定保持Ⅲ类,富营养化有所减缓,流域生态环境有所改善;到 2010 年,全部主要入湖河流水污染基本控制,水质达到Ⅲ类;洱海水质总体达到Ⅱ类,富营养化得到初步控制(中—富),湖泊生态安全隐患基本消除,流域生态环境明显改善。

6.3.3.4　指标体系

1)水环境质量指标

洱海富营养化指标:营养状态指数(TLI$_c$)

洱海水质指标和主要入湖河流水质指标:总磷(TP)、总氮(TN)

洱海规划水质目标见表 6-1。

表 6 - 1　洱海规划水质目标(85%保证率)

时期		指标项目	洱海	弥苴河	罗时江	永安江	波罗江
现状	2004	TP/(mg/L)	0.031	0.086	0.088	0.168	0.144
		TN/(mg/L)	0.57	0.838	1.731	2.469	1.856
		TILc	58	—	—	—	—
规划期	2007	TP/(mg/L)	≤0.026	≤0.06	≤0.05	≤0.05	≤0.06
		TN/(mg/L)	≤0.40	≤0.5	≤1.0	≤1.0	≤0.5
		TILc	<55	—	—	—	—
	2010	TP/(mg/L)	≤0.025	≤0.05	≤0.05	≤0.05	≤0.05
		TN/(mg/L)	≤0.38	≤0.5	≤0.5	≤0.5	≤0.5
		TILc	≤50	—	—	—	—

2) 污染物总量控制指标

洱海污染物入湖总量控制指标为总磷与总氮。作为我国水污染总量控制重要指标的 COD,本规划列为污染源达标排放控制指标。规划期洱海入湖总量控制目标见表 6 - 2。

表 6 - 2　规划期洱海氮、磷总量控制目标

项目	年份	水质目标/(mg/L)	预测入湖量/(t/a)	允许入湖量/(t/a)	应削减量/(t/a)	削减率/%
总磷	2007	0.026	141.64	86.3	55.34	39
	2010	0.025	161.95	83.0	78.95	49
总氮	2007	0.40	1 802.3	690.4	1 111.9	62
	2010	0.38	2 125.7	655.9	1 469.8	69

6.3.3.5　水环境变化

1) 洱海水质变化趋势

近十年来,洱海总磷、总氮呈逐年缓慢上升的趋势,透明度则维持在平均约 3.5 m 的稳定状态,直至 2002 年出现一个急剧下降的重要拐点,2003 年则出现历史最低的 0.88 m。洱海 1992—2004 年水质评价结果见表 6 - 3。

表 6-3 洱海 1992—2004 年水质评价结果

年份	主要水质参数						评价类别
	DO/(mg/L)	COD$_{Mn}$	BOD/(mg/L)	TP/(mg/L)	TN/(mg/L)	透明度	
1992	7.22	3.40	0.96	0.014	0.20	3.97	Ⅱ
1993	7.04	1.65	0.86	0.017	0.30	3.36	Ⅰ
1994	6.89	1.39	0.51	0.016	0.25	3.36	Ⅱ
1995	6.73	1.39	0.57	0.015	0.29	3.0	Ⅱ
1996	6.75	1.53	0.75	0.020	0.22	3.45	Ⅱ
1997	7.42	1.64	1.34	0.020	0.28	3.22	Ⅱ
1998	7.16	2.04	1.39	0.020	0.38	3.59	Ⅱ
1999	7.25	2.53	1.37	0.030	0.30	3.34	Ⅲ
2000	7.08	2.46	1.12	0.027	0.32	3.10	Ⅲ
2001	7.14	2.59	1.57	0.025	0.34	3.63	Ⅱ
2002	6.91	2.87	1.83	0.030	0.40	2.39	Ⅲ
2003	—	3.45	—	0.034	0.57	1.52	eⅢ
2004	—	3.42	—	0.031	0.57	1.77	Ⅲ
水质标准	≥6	≤4	≤3	≤0.025	≤0.50	—	Ⅱ
	≥5	≤6	≤4	≤0.05	≤1.0	—	Ⅲ

2) 入湖河道水质变化趋势

2002 年,洱海主要入湖河道 2002 年水质多已降为或劣于 V 类,迫切需要综合治理。2004 年主要入湖流 V 类及其以上水质占 72.91%(按湖库标准评价);2004 年入湖河流均超 Ⅱ 类水质。2003—2004 年洱海主要入湖河流总氮变化见表 6-4。

表 6-4 洱海主要入湖河流总氮变化趋势图

月份	弥苴河		永安江		罗时江		波罗江	
	2003 年	2004 年	2003 年	2004 年	2003 年	2004 年	2003 年	2004 年
1	Ⅲ	V	Ⅲ	>V	>V	V	V	>V
2	Ⅲ	Ⅲ	>V	>V	>V	>V	Ⅳ	>V

（续表）

月份	弥苴河		永安江		罗时江		波罗江	
	2003 年	2004 年	2003 年	2004 年	2003 年	2004 年	2003 年	2004 年
3	Ⅳ	>Ⅴ	>Ⅴ	>Ⅴ	Ⅳ	>Ⅴ	Ⅳ	Ⅳ
4	Ⅲ	Ⅴ	>Ⅴ	Ⅴ	Ⅴ	Ⅴ	Ⅴ	Ⅴ
5	Ⅲ	>Ⅴ	Ⅴ	>Ⅴ	Ⅴ	>Ⅴ	>Ⅴ	Ⅴ
6	Ⅳ	Ⅴ	>Ⅴ	>Ⅴ	Ⅴ	Ⅴ	>Ⅴ	>Ⅴ
7	Ⅲ	>Ⅴ	>Ⅴ	Ⅳ	Ⅳ	>Ⅴ	Ⅴ	>Ⅴ
8	Ⅴ	Ⅴ	Ⅴ	Ⅴ	Ⅴ	>Ⅴ	Ⅳ	Ⅳ
9	Ⅱ	Ⅴ	Ⅴ	Ⅴ	Ⅴ	Ⅴ	Ⅳ	Ⅳ
10	Ⅱ	>Ⅴ	Ⅴ	Ⅴ	Ⅴ	Ⅳ	Ⅳ	Ⅳ
11	Ⅲ	>Ⅴ	>Ⅴ	>Ⅴ	Ⅳ	Ⅴ	Ⅴ	Ⅳ
12	Ⅳ	>Ⅴ	>Ⅴ	>Ⅴ	>Ⅴ	>Ⅴ	>Ⅴ	>Ⅴ

注 评价标准为《地表水环境质量标准》（GB3838—2002），总磷执行湖库标准。

3）洱海富营养化及水生植物生态系统变化趋势

（1）洱海富营养化变化趋势。国家环境监测总站统一规定的综合指数：2001—2004 年洱海为中营养；2001—2003 年综合指数逐年上升，到 2004 年综合指数有所下降，降幅为 7％。

修正卡森指数：2001 年为中营养；2002—2004 年三年为富营养，2002 年作为洱海进入富营养化拐点，标志着洱海进入富营养化突变期；2003 年富营养化程度加重，7—10 月变为重富营养，洱海由草型清水湖泊转变为藻型浊水湖泊；2004 年修正卡森指数较 2003 年下降 7.1％，富营养化程度有所减轻、生态系统有所改善。2001—2004 年洱海富营养化指数变化情况见表 6-5。

表 6-5 2001—2004 年洱海富营养化指数变化情况

年度	修正卡森指数及评价	综合指数及评价
2001 年	52.0 分、中营养	30.9 分、中营养
2002 年	55.0 分、富营养	39.0 分、中营养
2003 年	62.4 分、富营养	45.6 分、中营养
2004 年	58.0 分、富营养	42.4 分、中营养

（2）洱海浮游植物蓝、绿、硅藻变化趋势。湖泊富营养化从生物学角度分析，实质是蓝绿硅藻极速大量繁殖形成绝对优势种群的过程。2001—2003 年洱海蓝藻门细胞数逐年上升，2003 年升至 1995 年以来最高值，为 2 020.1 万个/升，2004 年洱海富营养化标志着蓝藻细胞数较 2003 年每升减少 1 238.6 万个，减幅达 61.31%。1995—2004 年藻类各门统计结果见表 6 - 6。

表 6 - 6   1995—2004 年藻类各门统计结果

单位:万个/升

目	1995	1996	1997	1998	1999	2000	2001	2002	2003	2004
蓝藻门	212.4	353.7	356.2	831.2	910.2	476.9	566.7	729.3	2 020.1	781.5
绿藻门	131.3	42.8	61.0	38.2	154.5	87.4	115.5	116.8	103.9	195.9
硅藻门	76.4	92.6	203.0	103.6	71.2	79.4	56.9	191.4	494.1	421.2

（3）洱海大型维管束植物群落动态变化。2000—2003 年，水体由中营养向富营养突变，使洱海水生维管束植物演替为"微齿眼子菜 + 金鱼藻"的优势种；2004 年由于洱海水体富营养化程度有所减轻，生态系统初步改善，形成以"微齿眼子菜 + 金鱼藻 + 黑藻 + 苦草 + 竹叶眼子菜"为主的群落结构。2003 年洱海水草分布区域退缩到 4 m 水深以内，主要群落盖度仅达 10%，单位面积生物量仅达 1 kg/m²，2004 年透明度增加，沉水植物分布下限达 6.5 m 水深以内，主要群落盖度仅达 40%，单位面积生物量为 3 kg/m²。洱海不同年代水生植物群落生态学特征见表 6 - 7。

表 6 - 7   洱海不同年代水生植物群落生态学特征

年代	分布水深	主要群落盖度/%	生物量/(kg/m²)
20 世纪 70 年代前	<3 m	50%	4～5
20 世纪 80 年代—90 年代	<10 m	80%～100%	10～12.4
2003 年	<4 m	10%	1
2004 年	<6.5 m	40%	3.0

（4）洱海富营养化影响因子及多元贡献性分析。根据《洱海富营养化突变研究及控制对策》课题研究，2001—2004 年，洱海富营养化突变期，主要影响因

子及贡献率如下：

第一主成分为藻类、总氮、总磷、透明度、叶绿素，贡献率 45.05%；

第二主成分为气温、水温、降雨量，贡献率 16.65%；

第三主成分为水位，贡献率 10.3%；

第四主成分为溶解氧，贡献率 7.2%；

第五主成分为氨氮，贡献率 6.3%。

6.3.4　《大理生态州建设规划（2009—2020 年）》

编制单位为西南林学院。

1）规划范围

大理州 12 个县市，面积 28 316.42 平方公里。

2）规划目标

2020 年，80% 的县市达到国家生态县考核标准，大理州达到并通过国家生态州（市）的考核验收标准，助推绿色经济，回归生态家园。

3）生态功能分区

东部高原盆坝生态区、西部高中山河谷生态区。洱海处于东部高原盆坝生态区的苍山洱海高原湖盆农业与旅游生态亚区，面积 191 147.22 hm^2。其中：

洱海高原湖盆农业与旅游生态功能区，包括大理市挖色镇、海东镇、凤仪镇，下关镇的东南绝大部分地区，七里桥镇、大理镇、银桥镇、湾桥镇、喜洲镇五个乡镇的东区域。洱源县双廊镇以南的部分区域，江尾镇及邓川镇大部分地区，右所镇大部分地区，面积 131 758.14 hm^2。

4）保护和建设的重点

推行清洁生产，发展循环经济，防治面源污染；

加强基本农田建设，改善耕地质量；

调整农业结构，发展农、林、副、渔结合的大农业；坚持退耕还湖，严禁澡湖耕作，防治水体污染；

采用生物措施、生态措施和工程措施，防治水体污染。

6.3.5　《云南洱海绿色流域建设与水污染防治规划（2010—2015 年）》

编制单位为大理州人民政府。

由于近几年来流域人口与经济压力的增加,洱海水质出现由Ⅱ类向Ⅲ类明显下降趋势,湖泊由中营养状态向富营养状态转变,并已处于富营养化初期阶段。大理州多年来牢固树立"洱海清,大理兴"的理念,倾全社会之力,实施洱海的综合治理与保护,由"防护与治理""保护与治理"进入到目前的"生态文明建设"阶段。在各级政府高度重视下,洱海的保护与治理已经取得令人瞩目的成果,2008年有8个月水质处于Ⅱ类,2008年水质评价为Ⅱ类,洱海水污染趋势得到初步遏制。但是,洱海保护治理的形势依然十分严峻,流域优化的经济结构尚未形成,保障清水入湖的清水产流机制亟待修复,整个流域尚未形成与洱海Ⅱ类水质保护相适应的绿色流域,加之"非生态文明"的人为活动与理念,难以保障洱海的"生态安全"与"休养生息"。

6.3.6 《云南洱海流域水污染综合防治"十二五"规划(2010—2015年)》

由于近年来流域人口的增加与经济的快速发展,对湖泊的压力越来越大,本次"十二五"规划的编制在中长期规划的基础上开展,针对洱海流域目前突出的重点环境问题,提出"十二五"期间的规划方案与工程内容,为"十二五"期间的洱海环境保护治理工作提供指导。

6.3.6.1 洱海水污染防治理念与总体方案

1)洱海湖泊营养状态、阶段特征与定位分析

洱海属于"富营养化初期湖泊",其特征为:营养盐处于中等水平,水质优良;初级生产力以藻类低等植物和维管束类高等水生植物为主;水生态系统退化、"草藻"共生、自净能力降低。富营养化初期湖泊的治理理念既应有别于富营养状态的滇池、异龙湖及杞麓湖,也应不同于处于"贫营养"状态的抚仙湖和阳宗海。

洱海治理应当在调查研究现场与历史演变的基础上,对湖泊的流域特征、污染源强度与排放规律、水化学变化与生态系统的演替等进行全面剖析,形成一套独立的防治思路、理念与技术,不能生搬硬套其他湖泊的治理方式,否则治理效果会适得其反。洱海水污染防治定位为"富营养化初期湖泊"的治理。

2)指导思想与理念

规划以加快建设面向西南开放重要桥头堡和西部大开发为契机,以坚持科

学发展观、"让湖泊休养生息"、建设绿色流域为指导思想,贯穿生态文明理念,落实"七彩云南"保护行动,全面保护我国典型高原淡水湖泊、典型城郊优良水质湖泊的生态环境。

6.3.6.2 规划目标

1)中长期规划目标(2010—2030)

从洱海流域治理的高度综合考虑,针对洱海富营养化初期的湖泊特征,经过 20 年的努力,完成绿色流域及其六大体系的建设,主要入湖河流水质均达到地方规划要求(Ⅲ类),形成保障Ⅱ类水质湖泊的绿色流域,确保洱海水质稳定保持在Ⅱ类水质状态与健康水生态系统。

2)"十二五"规划目标(2011—2015)

通过对洱海污染影响重点区实施全面治理以及流域管理,确保全湖水质稳定达到Ⅲ类水质标准,力争达到Ⅱ类水质标准。

以北部三河弥苴河、苍山十八溪小流域为重点污染防治区,开展区域产业结构调整、重点污染源系统治理、低污染水净化体系建设、入湖河流清水产流体系建设;加强流域管理,开展生态文明体系建设。

到 2015 年 COD 入湖量削减力争达到 1986.3 t/a,TN 入湖量削减力争达到 1315.3 t/a,TP 削减 89.2/a,氨氮入湖量削减力争达到 116.9 t/a。全湖水质稳定保持在Ⅲ类,力争达到Ⅱ类,控制规模藻类水华发生,流域生态环境与湖泊水生态系统得到改善。

6.3.6.3 规划指标

本规划的指标体系分为水环境质量指标、入湖污染物目标削减量和水环境管理指标。

1)水环境质量指标

洱海水质指标:COD、TN、TP、$NH_3 - N$。

洱海富营养化指标:TLIc(富营养化综合指数)。

洱海入湖河流水质指标:COD、$NH_3 - N$、TP。

"十二五"湖泊水质指标见表 6-8。"十二五"洱海主要入湖河流水质指标见表 6-9。

表 6-8　"十二五"湖泊水质指标

单位：mg/L

规划年	指标	洱海湖泊
基准年	COD	17
	TN	0.6
	TP	0.023
	$NH_3 - N$	0.145
	TLIc	45.0
2015	COD	＜15
	TN	＜0.5
	TP	＜0.023
	$NH_3 - N$	＜0.145
	TLIc	＜43

表 6-9　"十二五"洱海主要入湖河流水质指标

单位：mg/L

规划年	弥苴河	永安江	罗时江	波罗江	十八溪
基准年	Ⅳ类	Ⅳ～Ⅴ类	Ⅴ	Ⅴ～劣Ⅴ类	5条劣Ⅴ类
2015 年	稳定Ⅳ类	稳定Ⅳ类	Ⅳ类	稳定Ⅴ类	消除劣Ⅴ类

2）入湖污染物目标削减量

控制指标为：TN 入湖削减量、TP 入湖削减量、COD 入湖削减量、$NH_3 - N$ 入湖削减量。"十二五"污染物目标削减量见表 6-10。

表 6-10　"十二五"污染物目标削减量

规划年	预测入湖负荷量/(t/a)				目标削减量/(t/a)			
	COD	TN	TP	氨氮	COD	TN	TP	氨氮
2015 年	11 034.9	2 798.4	188.5	708.4	1 986.3	1 315.3	89.2	116.9

3）生态环境指标

2015 年生态环境指标见表 6-11。

表 6‑11　2015 年生态环境指标

单位：mg/L

生态环境指标	目标值
沉水植被覆盖度	＞8％
湖滨带 Simpson 物种多样性指数	0.9
新增森林覆盖率	＞3％
湖滨缓冲区湿地生态恢复指标	92.4 km

4）水环境管理指标

水环境管理指标：工业企业废水稳定达标率、城镇生活污水集中处理率、城镇生活污染物削减率、农村生活污水集中处理率、城镇生活垃圾收集无害化处理率、农村生活垃圾收集处理率。"十二五"水环境管理指标见表 6‑12。

表 6‑12　"十二五"水环境管理指标

水环境管理指标	目标值
工业企业废水稳定达标率	100％
城镇生活污水集中处理率	70％
农村生活污水集中处理率	50％
城镇生活垃圾收集无害化处理率	90％
农村生活垃圾收集处理率	90％

6.3.6.4　规划范围与时限

1）规划范围

本规划的范围为整个洱海流域，跨大理市和洱源县，总面积为 2 565 km²。

2）规划时限

规划基准年为 2010 年。

洱海水污染防治"十二五"规划时限：2011—2015 年。

6.3.6.5　技术路线

针对洱海自然环境特征和目前所面临的主要环境问题，对洱海流域水污染防治与水体富营养化控制开展整体规划，分区实施综合防治。

洱海水污染防治"十二五"规划技术路线见图 6‑1。

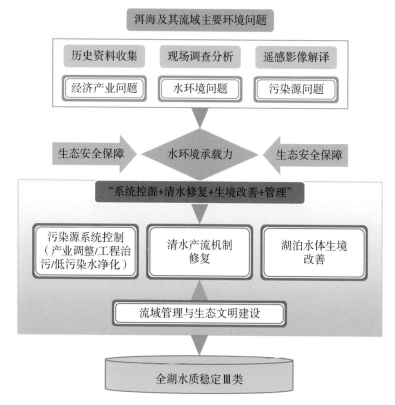

图6-1 洱海水污染防治"十二五"规划技术路线

6.3.6.6 水污染防治的重点

流域水污染治理规划方案,应强调对重点区域的工程和投资的倾斜,本规划综合分析流域污染源分布、经济发展、水环境现状和未来趋势,在流域水污染控制区划的基础上,确定重点控制片、重点控制区、重点控制单元、重点污染源和重点控制指标。

重点控制片:考虑洱海流域社会经济相关规划和各大片区污染源分布和入湖污染贡献,确定海北片区和海西片区为污染控制的重点片。

重点控制区:根据入湖污染贡献,污染源分布等因素确定洱海湖滨带与缓冲带区,北部洱源坝区污染防控区,西部苍山十八溪污染防控区为"十二五"期间的重点控制区。

重点控制单元:根据各控制单元的入湖污染负荷削减分析,洱海流域17个控制单元中,上关镇、喜洲镇、右所镇、大理镇、茈碧湖镇、邓川镇是重点控制单元。

重点控制污染源:根据污染源计算和分析,流域重点控制污染源为畜禽养殖污染、农村生活污水、城镇生活污染。

重点控制指标:根据洱海水质调查结果和分析,确定流域重点控制指标为TN、TP、COD、氨氮。

6.3.6.7　洱海水污染防治"四大工程"与"六大体系工程方案"

本规划在充分调查研究、主要环境问题诊断及其产生原因分析的基础上,从流域高度,结合"两保护,两开发"的城市发展规划,并根据洱海富营养化湖泊治理的思路和定位,确定洱海水污染防治"十二五"规划的六大重点任务,总体方案布置包括四大类六大体系 22 项工程 61 项子工程。

针对洱海流域污染现状,结合"十五""十一五"期间洱海流域水污染综合防治工作的进展以及流域中长期规划内容,提出"十二五"规划的重点任务。

开展产业结构调整示范和适度推广。根据流域产业经济发展阶段、产业结构现状,综合考虑产业发展带来的各方面影响,坚持"保护优先、合理有序、适度开发"的原则,实行控制性、优化性、生态性的产业结构调整和经济开发措施,探索产业结构调整模式。

加强城镇和农村"两污"处理能力建设,全面控制城村"两污"。开展城镇污水处理厂建设工作,同时以农村"两污"为重点,采用"整村推进、连片治理"的思路,充分整合城镇污水收集管网和农村分散式污水处理系统,对城镇和农村生活污水进行全面治理。以"无害化、资源化、减量化"为重点,进一步完善流域垃圾收集清运处理体系。

实施万亩湿地建设,构建重点子流域低污染水净化体系。低污染水净化系统的初步建立是洱海"十二五"水环境治理的重点任务之一。"十二五"期间通过对洱海流域万亩湿地的建设与保护,并结合流域其他低污染水处理工程,初步建立洱海流域低污染水净化系统,重点子流域低污染水得到系统净化。

初步修复主要入湖河流清水产流机制。以清水产流机制保育与修复理念作指导,参照滇池入湖河道整治"158"原则,对洱海主要入湖河流弥苴河、永安江、苍山十八溪(灵泉溪、中和溪等)、波罗江等小流域进行综合整治和生态修复,以及重点区域湖滨缓冲带建设,初步修复流域清水产流机制,全面提升主要入湖河流水质。

加大洱海流域生物多样性的保护力度。针对洱海水体生态退化、流域生物多样性降低及内源污染等问题,"十二五"期间以湖滨带及流域内湿地生态修复和保护为主要措施,改善洱海、西湖等水体生境,保护流域特有物种,提高流域生物多样性。

初步建设现代流域生态环境管理体系。洱海流域多年来形成"一龙治水,多龙合作"的湖泊管理系统,对洱海保护起到重要作用,"十二五"期间,将在此基础上,以科普教育中心的建设为重点,进一步完善和强化管理,提高洱海流域环境监察、监察、监管、宣教及科研能力。

6.3.6.8　总体方案

四大类六大体系 22 项工程

1) 第一类:流域污染源系统控制方案

第一大体系:流域产业政策与结构调整控污减排体系。

(1) 流域土地流转与农业产业结构调控方案。

(2) 流域产业结构调整配套工程。

第二大体系:洱海污染源工程治理与控制体系。

(1) 城镇生活污水治理工程。

(2) 流域重点村落环境综合整治工程。

(3) 流域垃圾处理处置工程。

(4) 畜禽养殖污染治理与资源化工程。

(5) 农田面源污染控制工程。

(6) 水土流失治理与生态修复工程。

(7) 洱海流域服务行业排污综合整治工程。

第三大体系:洱海流域低污染水净化与处理体系。

洱海万亩湿地修复与低污染水处理工程。

2) 第二类:入湖河流水污染治理与清水产流机制修复方案

第四大体系:流域清水产流机制修复体系。

(1) "北三江"流域水污染控制与清水产流机制修复工程。

(2) 苍山十八溪水污染控制与清水产流机制修复工程。

(3) 波罗江水污染控制与清水产流机制修复工程。

(4) 洱海缓冲带生态建设工程。

3）第三类：洱海湖泊水体生境改善方案

第五大体系：洱海湖泊水体生境改善体系。

（1）湖泊湖滨带生态修复与完善工程。

（2）洱海重点入湖河口、湖湾底泥疏浚工程。

（3）洱海水生生物多样性恢复与保护工程。

（4）流域生态安全调查与评估工程。

（5）湖泊外围环境管理工程。

4）第四类：流域环境管理与生态文明建设方案

第六大体系：洱海流域生态环境管理体系（ILBM）。

（1）洱海流域生态环境管理工程。

（2）洱海科普教育中心建设工程。

（3）规划项目长效运行机制建设。

洱海流域水污染防治"十二五"规划总方案见图 6 - 2。

6.3.7　《大理市海西田园风光保护及村庄整治规划（2010—2030）》

编制单位为大理州城乡规划设计研究院。

大理市集"国家级历史文化名城""国家级风景名胜区""国家级自然保护区""中国优秀旅游城市"和"中国最佳魅力城市"于一身，洱海西片是大理厚重历史文化积淀、传承、发展和集中展示的核心区域。随着中国城市化进程的不断加快，城乡经济的发展，无序建设活动的蔓延，环洱海田园风光正遭受严重的威胁。景观环境不协调，田园色调单一，作物类型杂乱，景观斑块破碎化，整体景观格局和重要视廊通道遭受严重破坏；土地利用不合理，空心村现象严重。特别是近几年来在洱海西片区特别是大理至丽江公路、大理古城至凤仪公路两侧出现了许多不批乱建、少批多占、舍本求洋、缺失白族民居风格特色的违章建筑物，严重破坏了大理的自然田园景观，并且呈现出蔓延之势。为此，有必要针对相关问题，对环洱海流域景观风貌进行专项整治和规划。

6.3.7.1　规划的意义

海西田园风光的保护，有利于实现建设山水园林大城市的目标。

针对发展过程中的景观、生态环境问题，贯彻可持续发展思想，有利于创造以人为本的良好人居环境，实现经济效益、社会效益、环境效益的最优化；有利于实现土地的更合理利用；有利于振兴旅游业，提高居民经济收入水平；有利于

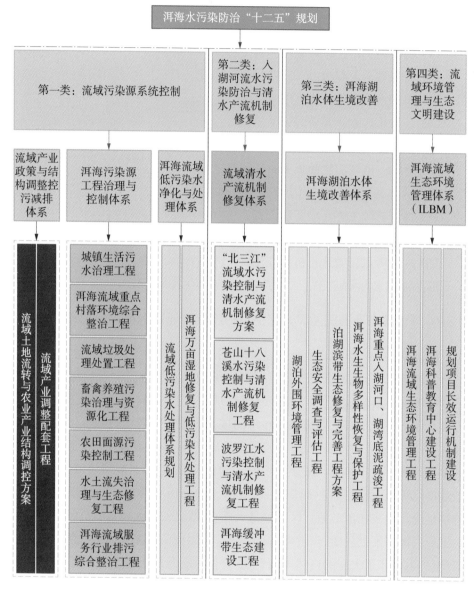

图6-2 洱海流域水污染防治"十二五"规划总方案

改善城市形象。

6.3.7.2 规划原则

（1）政府引导，以自然风光、历史文化、田园风光为主体，突出苍洱之间自然的、历史的、田园的主体地位。

（2）规划成果表达力求简明扼要、通俗易懂，确保广大群众关心规划、了解规划、支持规划，进而保障规划的顺利实施。

（3）循序渐进，务求实效，尊重客观规律，因势利导，遵循先主后次、先急后缓，先焦点后一般，以点带面，点面结合的有序整治。

（4）实事求是，量力而行，从实际出发，以保护及整治能够实施和实现为原则，不增加群众负担，不搞形象工程和脱离实际的政绩工程，用求真务实的态度和真抓实干的工作作风推进保护田园风光及村庄整治工作。

（5）整合资源，集约用地，规划着眼于保护田园风光，盘活农村资源，维护苍洱景观，落实农村"一户一宅基地"政策，节约用地，提高土地利用率，完善公益基础设施配套。

（6）因地制宜，分类指导，依据客观条件，尊重地方风俗，结合现状及近远期发展目标，针对海西片区的地理位置、环境特征、功能定位、视线关系，分类指导，分步实施，正确处理城镇村发展与人口、资源、环境的关系，合理确定城镇村发展规模与控制边界，科学地进行保护田园风光及村庄整治。

（7）注重保护，突出特色，结合自然条件和人文特色，加强生态建设，避免大拆大建，注重保护富有特色的村庄。

（8）区域规划全覆盖，不留空白，审视和衔接已有的规划，控制和引导后续规划设计。

（9）坚持田园风光保护利用、环境建设、经济建设、城镇建设同步规划、同步实施、同步发展的方针，实现环境效益、经济效益、社会效益的统一。

（10）坚持污染防治与景观环境保护并重、产业景观控制与生态环境建设并举。预防为主、保护优先，统一规划、同步实施，努力实现城乡景观环境保护利用一体化。

（11）多规协合、突出重点。区域八线缝合环洱区域：黄线管城镇村、红线管路、绿线管林、蓝线管水、紫线管文、褐线管农、粉线管工、黑线管矿，区域缝合基础上，以田园风光保护利用规划为主线，重点突出黄线、红线、绿线、蓝线、褐线的规划控制及其要素组合。规划既要满足当代经济和社会发展的需要，又要为后代预留可持续发展空间。

（12）坚持将城镇村传统风貌与城镇现代化建设相结合，农业景观、自然景观与历史文化名胜古迹保护利用相结合。

（13）坚持海西景观生态环境保护利用规划服从区域、流域的环境保护规划。注意本规划与其他专业规划(城镇村规划、农业区划、林业区划、区域综合交通规划、水利设施规划、旅游规划、风景名胜区规划等)的相互衔接、补充和完善,充分发挥其在环境管理方面的综合协调作用。

6.3.7.3　规划范围

大理市海西田园风光保护及村庄整治规划范围为:环洱海区域全覆盖,重点突出大理市市域内阳南河以北至上关镇;东至洱海西岸;西至苍山东坡海拔2200 m线以东。南北长40 km,东西宽2.8～7.7 km,大理市海西田园风光保护及村庄整治规划范围涉及大理市行政管辖范围内的7个乡镇,共58个村委会,253个自然村。规划控制范围573.79平方公里;规划保护区面积284.27平方公里。

6.3.7.4　用地预测

现状耕地面积:13.5万亩,现状村庄建设用地面积:46530亩;

海西片现状涉及人口258505人,海西片现状户数56237户,海西片2030年规划户数58764户,共增加2527户。

宅基地的审批按大理市规划局相关规定执行,已编制村庄整治规划或建设规划的村庄严格按照规划实施。

6.3.7.5　规划构想

规划着眼于苍山—洱海之间的溪水、林地、农田、村庄、道路、湿地、历史文化遗产,通过空间管制和"反规划"的技术手段,突出土地的生态安全和健康,城市和社会的可持续发展,结合"看"与"被看"的思想方法;视线及视域控制的工作方法和区域景观单元及界面控制为主的成果编制方法进行规划。

6.3.7.6　规划重点

大理市海西田园风光是环洱地区整体风貌的重要载体,规划需综合协调区域山水格局、生态环境、文化特色、建设风貌、农林景观等要素,以视线景观控制为主线,划分景观功能区,针对重要景观节点,对田、村、水、山、景点和重要道路等要素制定规划控制导则(规划结论),规范建设行为,统筹城乡发展,保护自然文化景观,为规划管理提供政策性依据。

1) 区域空间管制

对区域内各自然、人文要素进行"八线缝合"空间管制,实现土地的全面管制;在对区域内各相关规划整体研究的基础之上,严格执行相关条例、政策,实现此次规划多规合一。

2）区域空间整治

（1）沿路建筑立面、沿街广告，区域内村镇进行整治。

（2）田园整治：严格控制基质比例下降，努力恢复原本的田园景象。

（3）溪水整治：实现四季水长流，严格控制生产生活废水废物的排入，努力恢复和保护其作为景观界线的功能。

（4）林木整治：严格管理，禁止随意破坏活动，结合季相变化合理配置景观林木。

（5）镇村整治：掩整为零、掩大为小、拆乱为绿、拆挡为透、化零为整。

（6）生产设施整治：控制规模和形态，合理配置。

（7）道路附属设施整治：规范各类管线、设施管道的综合布置，实现统一。

6.3.7.7　区域田园风光保护利用规划

重点为村落整治（填充空心村，拆分连绵村，迁并散置户）；田园色调搭建（通过有效的作物种植、轮作，实现田园风光的美化，四季有景；由此带动旅游节庆和旅游服务产业的发展）；重要视线、视域的整治（拆除违法建筑；重要界面村边宅旁的绿化）。

6.3.7.8　控制导则

控制导则包括田园风光的模式化解析；城镇村景观要素的控制；田、村、山、水、景点、路等要素的控制。规划在保护田园风光的同时，要改善当地群众的经济条件，提高其生活水平。保护的同时也要考虑可持续发展的问题，不仅是针对海西片区，而且要考虑整个环洱海区域。总体的策略可概括为：利用过去积淀的文化风景资源解决将来的发展问题。

保护现有农田及田园景观，严格控制新的建设。

保护现有的传统村落，限制其无序发展，传统村落和城镇应有一定的"绿廊"作为联系，其边界应与外部新建设区之间保留缓冲区域。

6.3.7.9　空间结构形态

山林、水体、土地和城镇是环洱海地区赖以生存发展的最主要的空间要素，并已形成了一种生态联系，保护利用这种关系是该地区未来可持续发展的重要前提。根据苍山洱海地区的地形、开发情况、1 966 m 洱海控制保护线、苍山海拔 2 200 m 保护线等地理因素，将环洱海地区组织为"一核、一区、一带、一圈、多廊"的空间结构。

一核,即生态核。洱海素以"高原明珠"著称,海中三岛,沿岸四洲,水有九曲,景致优美,是游览洱海、休闲度假的好去处。洱海滩涂地是湖泊水生生态系统和陆地生态系统之间的过渡带,具有截污、过滤、改善水质、控制沉积和侵蚀的功能。因此,保护洱海滩涂地与保护洱海一样重要。我们以洱海 1 966 m 控制线为基线加上一定的缓冲空间,包括洱海及洱海滩涂地、生态湿地、风景林地等组成环洱海区域的重要组成部分——生态核。

一区,即生态缓冲区,由农田及分散于其间的农村居民点构成。洱海沿岸分布着大大小小几十个村落,以前村民们依靠捕鱼种植为生,过着靠湖吃湖的劳作生活,是发展水平相对较低的一种社会形态。但包括大丽路两侧在内的农田仍是大理重要的农业经济区,也是洱海保护区向城镇过渡的区域,对社会与自然的冲突起分隔缓冲作用,即环洱海地区的生态缓冲区,此区应发展成为有机农业观光区。

一带,即城镇带。规划区的七个城镇基本都是沿 214 国道和大丽路建设和发展起来的。古代靠山面水选择居住点,后来依托便利的交通建设城镇,随着岁月的流逝,两者逐渐合二为一,形成了现在的滨海城镇带。环海路的建设,将极大地促进城镇带的发展。

一圈,即自然生态圈。洱海西面以苍山东坡海拔 2 200 m 以上,南至西洱河北岸海拔 2 000 m 以上,北至云弄峰余脉为界;洱海东面以玉案山等面海的自然山体为主,形成一条组成环洱海区域的最边缘的自然屏障。自然生态圈是以天然山林和人工山林为主的环状围合区域,是洱海流域水资源等生态物质的发源地和生态脆弱区,其品质的好坏直接影响着整个流域资源、环境的容量和品质。

多廊,即多条生态走廊。苍山景区的十九峰、十八溪名闻遐迩。十八溪似十八根锦带将苍山与洱海紧紧相连,将位于城镇之间的,且水流量相对较大的溪流进行保留,甚至作部分人工修葺,形成规划区内的多条生态走廊。生态走廊是使环洱海地区各个空间能够互相沟通、形成整体所必需的自然连通空间。

6.3.7.10　分区规划控制

禁建区:整个保护区内除城市和村镇建设用地以外的区域均属禁建区。此区域包括洱海、苍山、水源保护区、湖滨湿地、田园保护区、溪水廊道保护区及道路两侧的禁建区等。

限建区:整个保护区内的城市和村镇建设用地均属限建区。

适建区:规划区内除保护区外的城市和村镇建设用地均属适建区。此区域包括下关镇和海东镇的可建设用地。

6.3.7.11　保护区划

规划的保护区划分为核心保护区、建设控制区、环境风貌协调区三个等级。公共建筑的管理按照大理市相关规定执行。

1)核心保护区

核心保护区范围:此区域是反映田园风光风貌特色的主要部分,包括洱海保护区、苍山保护区、溪水廊道保护区、湖滨湿地保护区、古城三塔保护区、喜洲古镇保护区、蝴蝶泉景观保护区、双廊古镇保护区、田园保护区、水源保护区等。核心保护区总面积 124.9 km²,其中田园保护区 58.8 km²,水源保护区面积 2.5 km²,其余核心保护区面积 63.6 km²。

规划要求保护此区域传统村落的建筑街巷格局和周边的田园风光风貌,开展文化展示、观光休憩等活动,要求此区域内的建筑宜保持传统样式,以求如实反映历史遗存。所有街巷应采用地方特色石板铺地,维持其现有的原住民生活状态,着重展示村落居住形态的历史价值及典型的地方特征。

此区域内的建筑应按传统样式修复整治为主,对与传统风貌不相协调的建筑,应进行整治。

绿化树林的种植应为孤植或丛植,避免城市化的种植方式,在全面保持传统风貌的同时,要逐步改善环境质量,完善设施水平,所有街巷应按地方传统特色形式铺地。规划从建筑体量,屋顶和天际线,立面装饰材料,店铺的铺面,窗、围墙、门的形式和材料等方面对整治建筑做出如下规定:

(1) G214 路、大丽路两侧退红线 50 m 为新增建、构筑物禁建区,包括苗圃、石场(现有石场建议异地集中安置,产业化经营),原有建筑禁止私自加层、超占红线。

(2) G214 路红线两侧 50～100 m 范围内新增建筑限二层、檐口高度限 6.5 m,100 m 以外新增建筑限三层、檐口高度限 9.5 m。

(3)大丽路红线两侧 50～100 m 范围内新增建筑限二层、檐口高度限 6.5 m,100 m 以外新增建筑限局部三层、檐口高度限 9.5 m。

(4)十八溪两侧退蓝线 50 m 为新增建、构筑物禁建区,原有建筑禁止私自加层、超占蓝线。

（5）建筑主体色彩宜以白、青、灰为主导，建筑外装饰面材料宜采用青砖、青石或白色、浅灰色外墙漆；门窗色彩以仿木色或深红、褐为主，门窗材料采用木质或木色铝合金等。

（6）屋顶：屋顶宜采用传统坡屋顶。

（7）铺面：店铺形式、大小、材料、比例尽量采用传统的样式。

（8）窗：窗子的样式、大小、材料、比例尽量采用传统的样式。

（9）门、围墙：宜按传统风格制作，建筑材质应尽量古朴、自然。

2）建设控制区

建设控制区范围：核心保护区外围，包括 G214 到苍山脚控制区、苍山缓冲区。建设控制区面积：153.3 平方公里。

划分建设控制区的目的是在村落和新发展区域之间建一个和谐的过渡带。规划要求此区域内的建筑应按传统风貌形式进行修缮改造。对与传统风貌不相协调的建筑，应进行整治或更新。建设控制保护区应保留规划区的特色，在与传统民居风格相协调的基础上，允许在空间和比例上进行小改变和调整。在保持传统风貌的同时，要较大地改善环境质量，提高设施水平。该范围内与田园风光保护区功能、性质有冲突的单位应搬迁出保护区。现有空地允许建设的，应严格控制其建（构）筑物的性质、体量、高度、色彩及形式。规划从建筑体量，屋顶和天际线，立面装饰材料，店铺的铺面，窗、围墙的形式和材料等方面对更新整治及修缮建筑做出如下规定：

建筑体量：建筑层数原则上不超过三层。

屋顶：尽量采用传统坡屋顶及其他传统的屋顶形式。

铺面、门、窗、围墙尽量和传统风格建筑及周围环境相协调。

3）环境风貌协调区

（1）环境风貌协调区范围：主要是城市建设区、村镇建设区。

（2）保护规划区周边形成的山脉、农田、水系交相辉映的整体布局特色，保护原有历史遗存，保护现有的农田及田园风景，保持现有的农田耕作方式，村落之间发展模式采用组团紧凑建设、分散布局的模式，村落之间及周围的田园、林地应予保留，禁止建设。

（3）维护规划区外围环境的完整性，防止外部环境对田园风光的破坏，同时考虑视觉的完整性，环境风貌协调区要保持田园风貌。

（4）此区域建筑高度、体量、色彩及屋顶要和大环境协调。

6.3.7.12　镇、村景观控制规划

1）现状及评价

现状规划区内城镇建设活动无序蔓延情况严重,国道 214 线、大丽高速公路两侧违规、超尺度建筑大量存在,同时由于建筑风格各异,各类建筑设施杂乱无章,对田园风光的环境破坏严重;现状村落存在大量空心村,镇村用地集约利用率低,村落空间错乱,交通不畅,基础设施不完善,人民生产生活十分不便。

2）规划要点

整治原则:掩整为零、掩大为小、拆乱为绿、拆挡为透、化零为整。

(1) 严格控制镇、村新增宅基地规模。

(2) 规模小于 10 户以下的聚居点分别搬迁归并到邻近村庄。

(3) 沿国道 214 线东侧、大丽路两侧 200 m 范围内的村庄向后靠与邻近的村庄归并。

(4) 南北向边界长度大于 80 m 的村庄利用密集绿化在边界中部进行掩蔽;大于 150 m 的村庄在边界中部利用密集绿化掩蔽,由两端进行拆除,使总长度不超过 120 m。

(5) 东西向边界长度大于 500 m 的村庄利用密集绿化在边界中部进行掩蔽;大于 1 000 m 的村庄在边界中部利用密集绿化掩蔽,并由南北向宽度小于 80 m 的部位开始拆除,拆除的边界长度不小于 100 m。

(6) 规划范围内的所有村庄内部开敞地带和周围边界地带均以乡土树种进行景观绿化。

(7) 规划范围内的所有新增建构筑物均以白族传统民居风格进行建设,建筑形式异化的均按传统白族民居风格进行改造。

(8) 规划范围内的现状空心村应按照宅基填充(原址重建)、拼合发展(合并邻近小宅基地单元)的模式进行改造;有条件拆除的应布置小型公共开敞空间,并根据各村情况配置公共建筑。

(9) 规划范围内各村落入口应进行形象设计,采用布置公共空间和乡土植物集中绿化的方式形成村落的标识景观。

(10) 规划范围内各村落入村道路、村内主干道需拆除临时建筑,不得占道经营,不得占道进行农业生产活动。

6.3.7.13　道路空间视觉管制

1）现状及评价

规划区内主要道路国道 214 线、大丽高速公路承担了区域的主要交通功能,同时也是区域内田园风光的重要构成,无序建设活动的蔓延造成了沿路的景观混乱,同时也遮挡了通往洱海,观赏田园风光的视廊通道。

（1）道路分级控制。

一级道路控制:以建设控制为主(沿街控制进深 150～200 m),控制道路沿线的建设风格、体量、颜色、功能,且尽可能减少广告布置,严格限制广告体量、材质、字体、颜色。

二级道路控制:以禁止建设控制为主(以沿街 300 m 左右为最小单元,控制开敞空间),控制道路沿线的建设风格、体量,颜色、功能,且尽可能减少广告布置,严格限制广告体量、材质、字体、颜色。

三级道路控制:对田园风光影响不突出的道路,街巷、村内道路等(控制力最弱),以环境整治为主。

（2）沿街建设控制评价。

一级建设控制区:田园风光控制区(开敞区域控制、种植控制)。

二级建设控制区:沿街建设开发控制协调区域。

三级建设控制区:背景建设控制区。

四级建设控制区:对田园风光几乎无影响的区域。

2）规划要点

（1）沿国道 214 线、大丽高速公路两侧的新增建筑物退道路红线 50 m,该范围为建筑禁建区,以绿化美化为主。

（2）退线范围内已有建筑严禁扩建、私自改建,根据建筑质量、建设年限、总体高度、立面外观等情况综合考虑后,按照规划统一采取立面整治等整改措施。

（3）所有沿路电力、电信、电视线缆分批进行入地改造。

（4）国道 214 线和大丽高速公路两侧进行重点景观提升改造。

（5）东西向道路视线延展至洱海边,整体建设前导空间,精选视点,增加观景空间,增设与国道 214 线和大丽路交叉口的公共节点空间。

（6）三塔景观大道两侧各 500 m 范围内为禁止建设区。

6.3.7.14　水环境景观控制规划

1）现状及评价

规划区内的水环境包括洱海湖面,十八溪、弥苴河、罗时江、永安江、西闸河、棕树河,以及散布在田野之间的各种水塘沟渠,其中洱海的保护成绩显著,但随着建设活动的无序蔓延面临着很大的压力,规划区内的十八溪及其他溪流面临断流问题,受采石厂、生活垃圾、农田废弃物污染严重。

2）规划要点

（1）依照《洱海管理条例》等制定水环境景观整治措施。

（2）根据洱海管理条例,确定洱海 1 966 m（1985 高程）界桩范围线以外到洱海环湖公路红线为禁止建设区,原有村落应逐渐拆除。

（3）洱海界桩线内 5 m,界桩外 50 m 为洱海环湖林带,应保护现有的植物禁止砍伐,同时积极营造。

（4）规划范围内临洱海湿地不得占用和围填,禁止任何形式的人工养殖活动,同时逐步退出农业种植活动。

（5）规划范围内的水塘严禁用于从事非农业生产活动,对于农业生产严禁使用高毒性农药,控制使用化肥,对于用于水产养殖的控制污染型饲料使用量。

（6）规划范围内的溪流、人工水渠应组织清淤和河道改造,进行节点景观设计,禁止占用河道从事经营活动,禁止向河道投扔垃圾和农业生产废物废料;溪流上游根据实际情况筑坝蓄水,实现溪流常年有水。

（7）规划区范围内的村落应根据实际情况逐步建立生活污水收集系统,减少并最终实现生活污水向河道、洱海的零排放。

（8）十八溪及弥苴河、罗时江、永安江、西闸河、棕树河两侧留出 50 m 溪水生态廊道,溪水生态廊道范围内禁止一切建设,已有建构筑物应逐步进行立项整治。

（9）苍山十八溪历史上时有洪水暴发。其防洪应结合水土保持进行:上游治理滑坡,加强水土保持,防止乱掘乱采,修筑拦沙坝,阻止沙石冲出山口;中、下游支砌河堤,疏挖与铺砌河床,降低坡度,减少冲刷,并对溪流两岸进行绿化美化。苍山十八溪流域是大理和下关城区的水景区域,溪流两岸的绿带既要满足防洪防汛的要求,又要各具特色,不同的季节形成不同的植物景观。

（10）控制滨水天际线。滨河绿地景观包括两个层次:一是滨河绿地中的植物、建筑、构筑物、园林小品等;二是作为滨河绿地背景,通过人的视觉与滨河绿地相联系的沿河建筑群等。滨河绿地中的各景观要素在风格、形式、色彩、体量等方面强调统一。滨河绿地景观合理布置，以形成高低错落、重点突出、生动有致的天际线。

（11）在滨水区的景点、景区设计中，以滨水区域性的内在秩序为依据，以延展的水体为景线，形成从序曲、高潮直至尾声的视觉走廊，在提供感知水景最佳视点的同时，也成为一道滨水风景线。

3）滨河绿地景观保护

（1）滨河绿地自然景观因素保护。江河湖海是城市难得的自然景观资源，是应当珍惜并保护的现有资源。滨河绿地的自然景观因素主要包括地形、水体、植被等。自然的岸线、清洁的水质以及丰富的植被是构成滨河绿地优质的景观环境基础。

（2）滨河绿地历史文化景观因素保护。历史文化遗产是一个城市的真正财富，对于滨河绿地中的一些具有历史意义的建筑、街道、构筑物以及能反映历史面貌的物质实体应给予保护。

（3）滨河绿地景观保护手法的多样性。自然景观因素采用保存加合理改造以取得更佳的景观效果。而历史文化类的景观因素则要具体情况具体分析，具体的物质实体，或保存，或修复，或加以整治调整再利用。而文化传统、风俗习惯，可创造相适应的空间环境进行保护。此外，对滨河绿地景观的保护还有赖于经济、科技的支持，以及市民保护意识的提高。

6.3.7.15 环境整治规划

1）洱海湖滨带的整治

（1）洱海湖滨带的主要功能定位。洱海湖滨带在满足生态恢复基本原则的前提下，考虑区域经济发展和洱海作为旅游湖泊的客观条件，优先考虑恢复湖滨带的生态环境功能，增加湖滨景观的旅游观赏性，发挥湖滨带的经济效益，补偿由于湖滨带生态恢复占用土地短期内造成的损失，并尽量做到工程长期运行经费基本自给自足。主要功能定位如下：①以历史上存在过的某营养水平阶段下的植物群落结构为恢复的生物群落结构模块，适当引入经济价值较高、有特殊用途、适应能力强及生态效益好的物种，配置多种、多层、高效、稳定的生态型人工植物群落；②改善湖泊近岸水质；③提高生物多样性和协调性；④提供鱼类繁育和鸟类栖息的场所；⑤改善水陆生态之间物质流动和人类对水域利用的通道，使其符合生态要求；⑥在苍洱大背景下规划湖滨带景观，使生态恢复与景观恢复有机结合,充分发挥湖滨带景观的美学效益,为大理发展可持续发展的生态旅游的城市定位提供帮助。湖滨带是健康的湖滨生态系统的最后一道屏障,必须与湖滨水环境治理的各项措施综合应用,才能发挥最佳效果。

(2) 生态控制范围。生态控制实施范围:洱海西区大关邑至罗时江河口约 88 km 的湖滨带核心区(海防高程为 1966~1962.8 m)。《洱海管理条例》(修订)规定的洱海防洪高程为 1966 m,原则上海防高程 1966 m 以下均为洱海保护范围。

(3) 目标与原则。湖滨带生态恢复的目标是去除人为干扰,降低入湖污染负荷,建立健全过渡带生态系统结构,维持湖滨带的生态环境及栖息其间的动植物群落,保持湖滨带功能尽可能高的多样性。多数情况下,湖滨带的许多功能是相互依存、相互促进、相互制约的,人们希望湖滨带能发挥尽可能多的作用。生态功能和人类需求的有机结合是生态工程的基础,生态工程的设计必须因地制宜,充分利用现有条件,将湖滨带内的不利因素转化为有利因素,伴随流域内居民环境意识的提高,逐步实现湖滨带生态系统的恢复。

湖滨带整治的具体目标是:①去除湖滨带核心保护区的人为干扰及对湖滨带的各种不合理的侵占,恢复洱海西区湖滨带健康的物理基底;②恢复控制区湖滨带生态系统的规律性,建立健康的湖滨带生态结构,使湖滨带生态系统由失调的病态恢复为正常的良性循环状态,并能正常发挥其各项功能;③恢复工程区湖滨带的截污、过滤和净化功能,削减面源污染负荷,降低入湖污染物量,促进洱海西区水质的改善;④恢复控制区湖滨带的景观优美性。

为了保证湖滨带生态建设工程能够顺利建设、长期运行、充分发挥效益,应在满足生态恢复的前提下,根据湖滨带不同区域的不同生态敏感性,因地制宜地兼顾湖滨带的经济效益。

湖滨带整治的基本原则是:①因地制宜,紧紧围绕当地的自然、社会和经济条件进行;②着眼于生态系统的功能,特别是环境功能,而不是形式;③系统必须与周围的景观相协调,而不能与之对抗;④合理减少系统的维护需求,充分利用自然能源;⑤系统应该具有生态交错带特征;⑥系统的结构功能应达到整体优化;⑦优先考虑使用土著植物,为土著动、植物物种提供合适的生存环境;⑧从长远考虑,适度补偿湖滨带的土地和湖面占用所带来的经济损失,将生态环境功能和人类需求有机结合,以利区域经济的可持续发展。

(4) 湖滨带整治思想。根据对洱海湖滨带的结构和功能分析及对湖滨带破坏情况的调查,引起湖滨带生态退化的主要因子是水流及以水为载体的相关物质循环,主要原因是人类活动的强烈干扰。

根据湖滨带的生态敏感程度将洱海湖滨带的保护划分为三个等级:

第一级:湖滨带的水位变幅区作为核心区,生态上极为敏感,景观独特,自然干扰频繁,宜恢复其自然原貌;

第二级:湖滨带的辐射区作为保护区,生态敏感性较高,景观较好,宜在保护和恢复的基础上进行有限度的开发利用;

第三级:陆地和水域作为开发区,宜在维持主体生态系统动态平衡的基础上,遵循生态学原理进行合理的开发利用。

2)水环境综合整治

(1)水环境现状。目前溪流水体污染主要是村镇居民生活污水和农田径流,主要污染物是总磷,水质处于规划二类水质范围内。

湖泊水质状况:洱海枯水期和平水期为Ⅲ类水质,丰水期为Ⅱ类水质,全年综合评价为Ⅲ类水质,主要超标项目为总磷、总氮,有机污染物指数 2.3,毒物污染物指数 0.81。主要污染物为城镇、生活污水,农田径流,生活垃圾。洱海原水生生态系统完整、稳定;水生植物垂直带谱分明,湖滨湿地、水陆交错带挺水植物,浅水带浮叶植物和深水带沉水植物组成结构合理的不同群落。20 世纪 70 年代中后期,洱海流域生态环境发生变迁,生物多样性遭到破坏,主要表现为人类活动侵占滩涂地,围湖造田,湖滨带湿地明显减少,鱼类回游产卵受到影响;人为调控水位,改变了湖岸交替带水生植物的生活环境,对原有生物多样性造成影响。浮游植物种属组成上,20 世纪 90 年代藻类群落结构为以隐藻门、硅藻门占优势的典型贫—中营养类型结构,现藻类群落结构已演变为以绿藻、硅藻、蓝藻为主,蓝藻门占绝对优势的典型中—富营养类型。

(2)水环境整治措施。村镇居民生活污水和农肥污染是造成规划区水体污染的主要因素,水环境整治应从污染源头上进行调控和治理,主要有以下几方面:①配套村镇污水处理管网建设,村镇生活污水经处理达标后再排入自然环境中。②区域内不再设置二、三类工业,严格控制产业用地与洱海的距离,保证洱海水体不再受到污染,现有工厂排放入洱海的水体要经处理达标后才能排放。③加强对工业企业污水的防治工作,通过合理的工业布局来实施对工业污染源的有效控制和有效处理,通过使用新工艺、新技术,提高工业用水的重复使用率,减少废水排放量。④倡导生态型农业、绿色农业,推广使用有机肥、低毒高效农业和节水型灌溉技术,通过农作物间的有效轮作、间作和生物防治技术减少或避免对化肥、农药的依赖,减少农田径流污染。⑤退田还湖,逐渐恢复洱海原有的湿地生态系统。⑥加强对苍山、洱海流域水源涵养地的保护和建设工作,建设绿色生态屏障。

(3) 村落污水处理。由于湖滨带内分布有大量的村落,村落污水对洱海水质有一定影响,因此提出采用投资少、运行管理简单、又能推广的村落污水处理技术,对解决洱海的村落面源污染具有一定的指导意义。

不同层次的村落污水处理技术:人工湿地处理技术和土壤渗润分离处理技术。

人工湿地处理技术:规划在新溪邑村、金圭寺、和乐下村、河矣江村、江上村、河矣城等几个村落用人工湿地法处理村落污水,处理范围长约 6 km,面积 79 万 m²。利用村落前的鱼塘,建立湿地净化体系,布设宽大乔草防护带,挺水植物带,沉水、浮叶植物带,通过植物和湿地土壤对过流污水吸收、吸附,达到净化水质的目的。

土壤渗润分离处理技术:设计在周城建设 200 m³/d 的村落污水处理站。建立规范的排水系统,集中收集、处理污水。其他村落的污水,利用村落排污口简易配水设施及恢复的湖滨带来削减。

(4) 入湖河口污染控制。入湖河流是湖泊水生生态系统向陆地生态系统的枝状延伸,也是陆源污染物进入湖泊的主要通道。城镇排水和上游水土流失等污染源通过溪流汇入洱海,通常河口及河道下游段污染物沉积较多。洱海西岸有苍山十八溪,经对河流水量、两岸沿途植被、基底及污染恶劣程度和对景观影响程度等情况进行比较,选择具有洱海入湖河道典型特征的溪流——桃溪、莫残溪、万花溪和白石溪,采用因地制宜的方案分别进行适度的污染控制。桃溪、白石溪河口净化工程分别利用桃溪和白石溪入湖河口的废弃鱼塘,建立控制污染的河口净化系统。整个系统包括沉淀池、生物池、配水排水和生物配置等。

莫残溪河道生态修复工程:拆除硬质护岸,对河道进行生态修复,并利用岸边水生植物、生物膜、跌水、渗滤等工艺技术措施减少入湖河流排入洱海的污染负荷总量。

万花溪河口污染控制工程:设计采用植物净化的方式,拟在万花溪河口处堆积一个左右不对称的纺锤形小岛,进行分水,使河水分流到植物净化区后再排入洱海。其他入湖河流,利用恢复的湖滨带来减轻其带来的污染。

3）大气环境综合整治

（1）现状。根据大理市环境监测站监测数据,大理市二氧化硫小时平均浓度为 $0.000\sim0.097\,mg/m^3$,日均浓度为 $0.002\sim0.048\,mg/m^3$;二氧化氮小时平均浓度为 $0.001\sim0.086\,mg/m^3$,日均浓度为 $0.004\sim0.043\,mg/m^3$;总悬浮颗粒物(TSP)小时平均浓度范围 $0.019\sim0.303\,mg/m^3$,日均浓度为 $0.042\sim0.159\,mg/m^3$(2003 年数据)。二氧化硫,二氧化氮日、年平均数均在一级标准范围内,总悬浮微粒物年日平均值在二级标准范围内,总体上规划区内空气环境质量符合国家一级标准,主要污染物为总悬浮微粒。大理州监测站,大理市气象站,云南省地质三大队 3 个监测站测得降水 pH 值范围为 $7.04\sim8.25$,均值为 7.29,规划区内无酸雨,大气环境趋于稳定。根据大理市空气环境质量区划,2011—2015 年,规划区大理古城,东至大丽高速公路,南至白鹤溪,北至隐仙溪,西至苍山东麓 2 200 m 以下为一类空气质量功能区,规划区其余范围为一类空气质量功能区。规划区内大气污染型企业性质简单,主要的几个大气污染型企业分别为食品相关企业和宾馆饭店。

（2）整治要点。大理市风速较大,有利于污染物转移和扩散,但易造成TSP 污染严重;根据大气环境质量功能区划和污染状况分析,提出整治要点如下:①改变能源结构,使用清洁能源,提高清洁能源在能源结构中的比重。目前市域范围内市民使用蜂窝煤仍占相当比例,城市气化率不高,根据地方优势,生活燃料除使用液化石油气外,要大力推广电能、太阳能和地热能的使用。②加强绿化工作,提高绿地覆盖率。不同类型的空气质量功能区之间要设置一定宽度的缓冲带。缓冲带的宽度根据区划面积、污染源分布、大气扩散能力确定。一类空气质量功能区和二类空气质量功能区之间的缓冲带不小于 300 m,缓冲带内的空气质量应向要求高的区域靠近。③加大环境卫生管理力度,主要街道必须定时清扫,及时清除路面粉尘,旱季采用洒水降尘;对施工地区加强管理,城内施工因设置防尘网,及时清扫建筑垃圾。④加强机动车污染防治工作。推广环保型机动车,按国家要求淘汰老旧机动车。推广无铅汽油和其他清洁燃料,以及防治污染新技术,强化机动车尾气排放污染管理,加强汽车尾气的路检和抽检,随时掌握机动车的车况和排放情况。

4）声环境综合整治

根据国家规定,规划区域的乡村居住环境应执行Ⅰ类标准:古城城区执行

Ⅱ类标准;古城主干道、214国道和大丽高速公路沿线两侧区域执行Ⅳ类标准,各类环境噪声的标准值如表6-13所示。

表6-13　噪声标准值/分贝

类别	昼间	夜间
0	50	40
Ⅰ	55	45
Ⅱ	60	50
Ⅲ	65	55
Ⅳ	70	55

根据噪声统计结果,Ⅰ、Ⅱ、Ⅳ类区噪声均有不同程度超标,其中Ⅰ类区白天超标率3.1%,夜间6.3%,Ⅱ类区白天超标率3.1%,夜间没有超标;Ⅳ类区白天超标率32.8%,夜间78.1%(2003年统计数据);从统计结果来看,交通道路沿线两侧区域噪声超标严重,应重点对该区域进行声环境整治。

区域内声环境整治要点如下:①对规划区域进行科学布局,严格执行噪声功能区的噪声标准,不达标的噪声源限期整改或搬迁。②加快城区道路和市政建设,为缓解城市交通噪声创造物质条件。修建环海路,分流过境交通;古城区路面采用低噪声路面,降低噪声。加强对噪声源的管理、交通协管、及时疏散堵塞交通、对过境车辆进行限速和禁止鸣笛的管理。③景观建设时结合降噪作用,噪声源附近建设树形高大的隔音树,隔音林或隔音装置。④加强对噪声的监测,及时发现问题,及时提出解决措施加以解决。⑤规划区游客车辆较多,季节性人流明显,应加强对宾馆饭店附近的停车场、相关路段、重点时段的噪声管理,营造安静和谐的旅游度假环境。

5)固体废物的综合整治

规划区内固体废弃物有两类:生活垃圾和医疗危险废弃物。目前,规划区内的生活垃圾,包括大理古城和各村镇均实行集中收集,统一运至大风坝垃圾填埋场填埋处理的方式,有效解决了固体废弃物的处理问题。现从资源有效利用,提高垃圾收集效率的角度提出以下整治要点:

(1)提倡裸倒垃圾和其他垃圾的分类投放、收集。取消街区垃圾收集房,生活垃圾自收集点直接到转运站或处理场,减少垃圾收集环节的停留时间,提高垃圾收集的工作效率,避免二次污染;容器化收集率达到95％。大理古城垃圾清运管理由专用小型垃圾车每天定时定点到固定街区收集住户和容器垃圾;乡村垃圾实行以自然村为单位的集中收集,由村委会选出专人负责垃圾打扫和清运至指定地点,与环卫部门的垃圾清运车对接。

（2）对危险性医疗垃圾单独收集、单独运输,进入规划医疗垃圾焚烧厂单独焚烧处理,灰渣运至大风坝垃圾填埋场填埋。

（3）镇区粪便经处理后进入城市污水管网,经城市污水处理厂处理后达标排放;乡村居民粪便妥善处理转化为可供农业生产利用的肥料,沼气燃料。

（4）建筑渣土运往建筑渣土处理场处理或作为路基等回用。

（5）推广垃圾处理无害化、减量化、资源化;可回收废物综合利用;出台生活垃圾处理收费办法,对区域范围内单位和个人收取城市生活垃圾处理环节所发生的设施建设、维修和营运费用,并规范管理规划区内自运垃圾的单位,做好统计、监测、分析工作,力争大风坝垃圾场垃圾分选线上马,开展多渠道垃圾无害化资源的再生利用。

（6）实现垃圾管理处理的企业化运作,带动各项工作的深化改革,引入市场竞争机制,走市场化管理路子,成立清运公司、清扫公司、回收公司,最终实现市场化、企业化和优质高效的环卫企业服务。

（7）加强对乡镇居民住户、村民农户和游客的环境意识宣传。宣传内容以环境责任感和垃圾分类知识体系等实用知识为主;相关地带设置教育宣传栏和环保标识系统,以提倡环保行为,加强对相关环保行为的约束和管理。区域内导游、教师、村干部、居委会负责人要承担起对相应工作服务对象的环保宣传责任。

6）生态环境保护

规划区内生态环境问题表现为以下几个方面:湖滨区湿地生态系统演化,脆弱性加剧;坝区农药、化肥面源污染造成规划区内河流水质、生物多样性降低,物种组成变迁;山麓缓坡带森林砍伐,造成水土流失、原生植被遭到破坏。

湖滨围湖造田、填湖造地,坝区农农药化肥面源污染,山麓缓坡带森林砍伐是造成规划区内生态环境问题的主要因素。

洱海湖滨带原湿地生态系统结构完整稳定,呈现出从湖滨湿地水陆交错带挺水植物,浅水带浮水植物到深水带沉水植物的有机过渡;现由于湖滨周围村庄大面积围湖造田,填湖造地,湖滨湿地的生物群落结构遭到破坏,生物多样性骤然降低;水生动物的生殖产卵受到影响;与此同时,人为调控水位,也改变了湖滨湿地带生物群落的生活环境,给这一地带的生物多样性造成影响。

水际植物群落根据水位的变化及水深情况,选择乡土植物形成水生—沼生—湿生—中生植物群落带,所有植物均为野生乡土植物,使滨海生态湿地公园成为多种乡土水生植物的展示地,让久居城市的人们有机会欣赏到自然生态和野生植物之美。同时随着水际植物群落的形成,使许多野生动物和昆虫也得以栖息、繁衍。所选野生植物包括:水生的荷花、茭白、菖蒲、旱伞草、慈姑等;湿生和中生的芦苇、象草、白茅和其他茅草、苦苡等。

坝区农业使用农药除虫,化肥增强土壤肥力,农业径流中含有大量氮、磷及有毒物质,造成区域内面源污染和洱海水质变化;洱海湿地浮游植物种属组成发生变化,由原来隐藻门、硅藻门占优势的贫中营养结构类型转化为以绿藻、硅藻、蓝藻为主,蓝藻门占绝对优势的中富营养类型。

山麓缓坡地带人为砍伐破坏森林植被造成了该区域植被多样性减少,类型单一。规划区所在范围地带性植被主要为半湿润常绿阔叶林和云南松林,原半湿润常绿阔叶林主要由元江栲、高山栲、滇青冈、滇石栎、黄毛青冈、光叶石栎等树种组成,后由于人为破坏,现此类森林仅局部地段有小片残存;大面积分布的是在森林植被演替过程中与其紧密联系的云南松林,成为本地带植被的重要标志,分布的灌丛和草坡都是森林遭受不同程度破坏后形成的产物。

6.3.7.16 村庄整治规划

以《大理市海西田园风光保护及村庄整治规划》为依据,通过制定相关整治工作技术要求、整治项目,以及对村庄整治规划中确定的"保留型、撤并型、城镇型"三种类型村庄有计划、有重点、分步骤的整治时序安排,既有法可依、切合实际,又可避免重复建设所造成的不必要投入与浪费,使"大理市海西村庄整治实施方案"在良性的环境中制定、实施与实现。

1)村庄整治目标

村庄整治工作的实施,将结合中央建设社会主义新农村的要求,以"大理海西村庄整治规划"为龙头,以保护洱海环境、再现海西田园风光为宗旨,以配套建设农村交通、文体、环境卫生等公共设施为重点,以治理农村"脏乱差"为关键环节,统筹建设,协调推进,最终实现农村生产、生活环境的根本改善。通过近、远期的努力,使全市广大农村都能建设成为生态村、文明和谐村和小康村。

按照"一年突破,三年见效,五年变样"的发展目标,充分调动全市广大干部群众的积极性和各方面的力量,力争五年内实现全部村庄内部的道路硬化,完成"三清五改六化",全县 80％以上的村庄基本达到社会发展、收入增加、生活安康、环境整洁优美、思想道德良好、公共服务配套、人与自然和谐、治安秩序良好的文明镇村标准,全面完成海西内选定村庄的整治任务,使大理市经过整治的村庄人居环境得到显著改善。

（1）总体目标：①建设新农村。全面开展村庄规划设计工作,引导农民在规划区内拆旧建新,改造民房;规划区内新建的民房设计美观,格调鲜明,具有浓郁白族民居特色;建立和完善村庄服务体系,完善医疗卫生、文化体育、供电、电视、电信等配套设施,所有中心村达到"规划科学、布局合理、设施配套、功能齐全、环境优美"的目标。②塑造新风貌。以"三清五改六化"为突破口,以创建文明村庄为动力,整体推进精神文明建设;所有村庄基本达到道路硬化、庭院净化、街道亮化、村庄绿化的要求,基本实现"生态村、文明村和小康村"。

（2）规划编制与整治目标：

2010 年完成全市 40％的村庄规划编制,35％的村庄整治工作;到 2015 年完成全市 85％的村庄规划编制,80％的村庄整治工作;到 2030 年,完成全市 100％的村庄规划编制和 100％的村庄整治工作。

2）村庄整治策略

为全力打好"整治海西,保护田园风光"攻坚战,全面整治大理市村庄建设中存在的"脏乱差"现象,真正落实大理市村庄整治工作中群众最关心、要求最迫切、受益最直接的整治要求,更好地实施"大理市海西田园风光保护与村庄整治规划",特制定如下村庄整治策略：

（1）以村庄环境综合整治为切入点。集中整治村庄环境、农民住房、村内道路、给排水、厕所、污水、垃圾处理和亮化绿化等关系村民切身利益的环境整治配套建设项目。依法拆除违法建设项目,有重点地对各村庄建设实施硬化、净化、绿化、亮化工程,提高农民的环保意识,全面推进对大理市村庄环境的整治与改造,再现海西秀美的田园风光。

（2）以村庄土地复垦整理为切入点。通过适当撤并自然村,整合旧村庄,加强对"城中村""空心村"的改造,以土地复垦整理为支撑,腾村缩地,盘活土地资源,集约利用土地,进行基础设施和农民新居、新型农村社区的建设,全面改善村庄的居住生活环境和村庄形象。

（3）以环洱海周边特色村庄整治为切入点。环洱海周边村庄应以环境提升和风貌保护为重点,对与白族民居特色不相符、影响海西景观的建筑必须进行改造或拆除,突出环境保护、文物古迹保护、田园风光保护和白族特色的保护,严格控制村庄的自由扩散,促进农村人口向城镇转移,形成低密度、组团状、串珠式的镇村分布格局。保护田园风光、白族民居和众多的文化遗存,使大理的历史和民族文化得到有效延续。

（4）以对山区、半山区村庄整治为切入点。由于山区、半山区村庄的地理位置相对比较偏远,远离城市,各村之间交通联系不便,空间距离较大,经济落后,村庄发展动力不足,整治内容更多,整治需求更迫切,整治难度更大,故对于山区、半山区村庄的整治与规划实施,是大理海西村庄整治工作中最基本、最迫切的工作重点,也是规划对改善村民最基本生存、生活条件的具体体现。

6.3.8　《大理环洱海自然文化遗产资源保护与利用规划（2010—2030）》

编制单位为云南省城乡规划设计研究院。

大理苍山洱海之间,大理风景名胜区、大理苍山洱海国家自然保护区、大理国家历史文化名城、大理苍山国家地质公园,大理苍山与南诏历史文化遗存等多项桂冠昭示了其重要的价值。苍洱景区的自然和文化遗产资源是大理的根,是大理的魅力和价值所在。但长期以来,尚未对环洱海区域的文化与生态进行系统和整体的研究,也没有对保护与发展进行系统规划。为大力促进滇西中心城市的健康可持续发展,推动大理文化旅游产业的二次创业,必须对环洱海区域的自然文化遗产和生态环境进行系统性研究分析,对整体保护与发展进行系统规划。

6.3.8.1　划定规划范围及规划层次

本规划分为两个层次,其中第一层次重在提出保护发展的战略性指导意见,规划重点为第二层次。

第一层次:规划地域范围为大理市域行政辖区内的1 815平方公里。

第二层次:规划范围即环洱海区域,规划区的东侧、南侧以道路为界,西侧以自然保护区范围为界,北侧以行政区划为界,形成以洱海为核心的环洱海区域。主要涉及大理市行政管辖范围内的9个乡镇。

规划重点突出大理市域内大保高速—大宾高速公路以北至上关镇;东至洱海西岸规划的大丽高速公路;西至苍山东坡海拔2 200 m线以东的区域。南北长约 40 km，东西宽约 2.8～7.7 km。规划面积约 661 平方公里。

6.3.8.2 规划内容

现状资源调查分析：对环洱海区域自然文化遗产资源以及历史、民族、宗教文化等进行全面的调查和分析。

现状资源评价：对环洱海区域的自然和人文资源进行分类、分级、空间分布等综合总结评价。

保护区划范围：将环洱海周边相关乡镇的相关区域纳入规划范围统一规划，并进行具体的保护区划，同时制定相应的保护措施。

统筹各类规划：全面研究和统筹协调环洱海区域现有的各类规划。

保护发展战略：在大理社会经济发展的框架下，以保护为前提，明确环洱海文化生态圈的发展方向，提出科学合理的发展战略。

保护发展规划：提出环洱海区域保护与发展的相关对策、管理措施。包括：环洱海区域空间结构形、分区保护控制、产业发展构想、综合交通工程、旅游线路规划等。

细化重点项目：进一步明确环洱海区域文化和自然遗产重点保护发展项目。在大力发展文化产业、生态旅游产业的指导思想下，提出环洱海文化生态产业的发展方向，细化重点保护发展项目。

6.3.8.3 规划目的

（1）通过遗产普查，建立档案库，使大理环洱海自然文化遗产得到充分展示，重塑大理"文献名邦"的形象地位。

（2）通过保护规划，使见证沧桑变幻、历史变迁的自然文化遗产得以完整保存和保护，使城市历史文脉得以延续，文化得以传承。

（3）通过发展规划，保护性开发茶马古道、选择性恢复佛塔寺院等重要历史资源，重现"亚洲文化十字路口的古都"的风采和"妙香佛国"的胜景。

（4）通过规划保留特色文化所植根的土壤和环境，开发与文化旅游产业相结合的项目，展示独一无二的"白族本主文化"以及独特的民俗民风、传统技艺。

（5）使千年古都与历史同发展，与生活相协调，融入现代的文明、功能、审美、服务，城市保持旺盛的生命力、持续的吸引力和无与伦比的魅力。

（6）通过对环洱海自然和文化遗产资源的挖掘与提升，展南诏大理国之大气，享山水田园之福气，取妙香佛国之灵气，借国家级历史文化名城之名气，融白族本主文化之和气。使自然文化遗产得到切实的保护和发展，打造"风花雪月、逍遥之城"的大理新形象。

（7）通过产业结构调整，发展低碳经济，使环洱海自然和文化遗产保护和发展的生态环境得到进一步改善，建设一个自然和文化资源丰富而独特，环境优美，集旅游、康体、休闲、养生于一身的国际宜居城市。

6.3.8.4　保护原则与指导思想

1）保护原则

（1）分层保护与分级保护相结合。制定出从宏观控制到具体保护和整治的要求，使保护内容的各种特色要素及其周围空间环境和传统风貌得到有效保护。

（2）整体保护和重点保护相结合。整体保护有价值的历史文化遗存及其相关地段的空间环境，重点保护好现存文物古迹和古城空间环境，提高古城的环境质量。通过保护规划的制定，保护区域将得到法律性保护。

（3）物质与非物质遗产保护并重。非物质文化遗产与物质文化遗产共同承载着人类社会的文明，非物质文化遗产所蕴含的中华民族特有的精神价值、思维方式、想象力和文化意识。在保护文物古迹、城市格局、建筑等有形历史文化的同时，应重点保护支撑有形历史文化形成、发展的无形历史文化资源，包括传统价值观、宗教信仰、民风民俗、民间工艺等。

（4）积极保护与合理利用相结合。以保护为主，合理利用并进行必要的完善和更新，对保护区内不适应现代生活的配套设施和生活环境进行必要的整治和改造，使其得到有机、持续的发展。利用的方向必须限制在旅游开发、文教、公共娱乐、民俗活动等方面，有利于提高文物的价值和知名度。

2）指导思想

既保护自然山水格局，又保护历史人文资源，延续城市发展文脉。保护好现存文物古迹、历史文化保护区及其赖以生存的空间环境，加强对优秀的历史文化和民族文化的挖掘、整理和保护工作，同时对濒危文化遗产进行抢救发掘和保护。在立足于保护的同时，突出并发扬文献名邦特色，创造条件促进经济建设和旅游事业协调发展。文化资源的保护与文化内涵的发扬、文化景观的创造相结合，"在保护中发展、在发展中保护"，实现保护与发展双赢。

6.3.8.5　保护规划内容框架

保护规划内容框架见图 6-3。

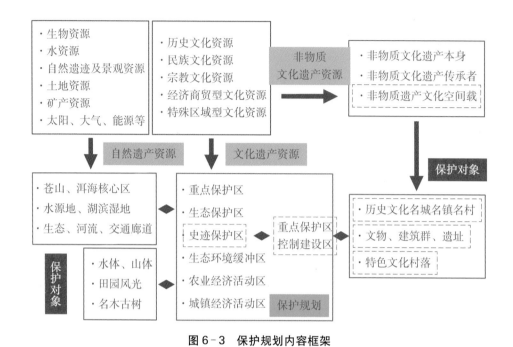

图 6-3　保护规划内容框架

6.3.8.6　分层保护规划体系

1）宏观保护层面

宏观保护层面主要是指苍洱自然生态格局和古城风貌保护，维护遗产所在大环境的自然生态系统，保护整体空间格局和田园风光风貌，包括苍山、洱海、湖滨带保护、田园风光保护，以及十八溪保护等，保护控制地带内必须对村镇建设的无序蔓延作出严格限制，重点解决农居整治、保护农田、生态保护、恢复自然田园景观特色的问题。

2）中观保护层面

中观保护层面主要是指历史文化名城、名镇、名村的保护，应划定三级保护范围：重点保护区、建设控制地带、环境协调区，包括大理古城、喜洲传统民居历史文化保护区、周城历史文化保护区、双廊历史文化保护区、挖色大城村历史文化保护区、湾桥古生村历史文化保护区、龙尾关历史文化保护区等。

3）微观保护层面

微观保护层面主要是指文物古迹保护。根据遗产评价体系划定各文物保护单位的保护类型，并提出具体分类保护措施。

（1）保护分类。规划将保护类评分在 7 分及以上的物质文化遗产评定为优良级，分值小于 7 分的评定为一般级。基于这一评定结果，将物质文化遗产划分成为重点保护型遗产和一般保护型遗产两个级别。

物质文化遗产保护类别一览表见表 6－14。

表 6－14　物质文化遗产保护类别一览表

评价级别	保护类别	数量/个	遗产名称
优良	重点保护型遗产	16	崇圣寺三塔、喜洲白族民居古建筑群、元世祖平云南碑、杜文秀元帅府、太和城遗址（含南诏德化碑）、圣源寺观音阁、感通寺（含担当墓）、佛图寺塔、龙尾城遗址、大理文庙大成门（含明兰）、大理城（含城墙、城楼）、洱海小普陀（俗称观音阁）、杜文秀墓、弘圣寺塔、西云书院（含杨公祠）、圣源寺
一般	一般保护型遗产	44	洱水神祠（龙王庙）、神都、大唐天宝战士冢（万人冢、千人冢）、蒋公祠、无为寺（含元衫、铜钟）、周保中故居、双鹤桥、龙口城遗址（龙首城）、金梭岛遗址（含银梭岛）、日本四僧塔、周城古戏台、古生古戏台、观音塘（又名大石庵）、大理天主教堂、革命烈士纪念碑、弓兵碑、天衢桥（又名青索桥）、阳和塔、双廊莲花曲本主庙、大理城城隍庙大殿、大理基督教堂、段功墓、大理州人民政府办公楼、凤鸣桥、普贤寺、李元阳墓、武庙照壁（含二碑）、杨杰故居、苍山神祠、羊苴咩城遗址、金镑寺（又名漂来寺）、三阳城遗址、马龙遗址、将军洞（含大青树）、古佛洞造像、大展屯东汉墓遗址、白王洞（又称白王果）、大理府考试院、龙泉寺、高兴文笔塔、御前侍卫府门楼、鲍杰墓、天威径古道及题刻、高兴龙绕石石窟造像

（2）保护分类。规划将保护类评分在 7 分及以上的非物质文化遗产评定为优良级，分值小于 7 分的评定为一般级。在这一评定结果的基础上，规划将非物质文化遗产相应地分为重点保护型遗产和一般型保护遗产两个保护级别，以便提出具体的、有针对性的保护与控制引导措施和建议。

6.3.8.7　区域总体发展构想

1）空间管制规划

借鉴城市与区域精明增长（smart growth）、增长管理（growth management）的空间管治模式，综合现状土地开发状况、未来发展态势和生态环境保护要求，运用"反规划"途经，根据遗产资源保护的要求，并结合其他生态、环保、土地等要求，同时考虑环境容量等因素，将滇西中心城市空间分为适建区、限建区和禁建区三大类和调整优化区、优先拓展区、预留控制区、专属用途发展区、环境基质区和强制保护区六亚类,分别对这些区域内的开发活动进行差别化的控制引导,以实现区域空间紧凑、高效的集约利用,从而为城市的可持续发展提供方向和可能。

2）空间形态规划

山林、水体、土地和城镇是环洱海地区赖以发展的最主要空间要素之一,并已形成了一种生态联系,保护利用这种关系是该地区未来可持续发展的重要前提。根据苍山洱海地区的地形情况、1 966 m 洱海控制保护线、苍山海拔2 200 m 保护线等地理因素,将环洱海地区构筑成"一核(洱海)、一环(环洱海)、一圈(生态圈)"的空间结构,形成"基质—斑块—廊道"生态格局,以及"珠落玉盘、众星拱月、山水相依、田城相伴"的空间形态。

3）规划发展思路

发展思路:一个目标,二个主题,三个环节,四大战略,五个结合。

实现一个目标:实现自然文化资源的动态保护和可持续发展。

紧扣两个主题:以生态文明为本,以历史文化为魂。

强化三个环节:整合激活自然文化资源要素;实现资源与资本的无缝对接;系统宣传和项目的推介营销。

实施四大战略:优化升级、适度发展的战略;精品、名品、特品发展战略;产业化、效益型的发展战略;区域资源整合协调发展战略。

抓住五个结合:将自然文化遗产资源开发利用与社会经济建设相结合,提升影响力。将自然文化遗产资源开发利用与城市文化建设相结合,提升感染力。将自然文化遗产资源开发利用与旅游产业发展相结合,提升吸引力。将自然文化遗产资源开发利用与文化产业发展相结合,增强生命力。将自然文化遗产资源开发利用与新农村建设相结合,提升渗透力。

6.4　2011—2016 年出台的规划

这一阶段出台 8 个规划,含一个"十三五"规划,其余为专项规划。

6.4.1　《洱源县湿地保护规划（2011—2020 年）》

编制单位为西南林业大学、国家高原湿地研究中心。

规划将洱源湿地划分为五个功能区：

(1) 水源保护地。范围为三岔河水库及其汇水面山、海西海及其汇水面山。内容为大岭山植被保护，封山育林，林分改造，缓冲带构建和水源保护，水土流失治理，湖滨带构建等。不规划任何开发建设项目。

(2) 湿地生物多样性保育区。范围为茈碧湖及附近区域。内容为南岸码头及内外湖大堤拆除，退田(塘)还湿，茈碧莲极小种群培育基地建设，引种繁育保护及越冬候鸟生境恢复，湖滨恢复，梨园村道路扩建和新建码头，封山育林，林分改造，缓冲带构建，生态防护林带建设，人工湿地构建，污染治理工程等。不允许开展任何破坏环境的开发建设项目。

(3) 河道整治及生态河流廊道建设区。范围为洱源县内属于洱海流域的弥苴河水系各条河流。内容为河道治理，引水渠建设，生态河流廊道建设，以及退田还湿，缓冲带构建，污染治理工程；保持河流廊道的自然属性。

(4) 湿地生态恢复区。范围为东湖、西湖和茈碧湖湖滨区被开垦为农田、池塘及其他用途的地域。内容为东湖退田还湿，湖滨恢复，珍稀濒危物种栖息生境恢复等。恢复流域退化湿地。

(5) 湿地资源可持续利用区。范围为西湖湿地及湖内村庄和农田，东湖、茈碧湖区域。内容为国家湿地公园建设，面源污染治理，鱼藕混养，水生经济植物海菜花、野菱角种植，渔农休闲观光等。通过社区参与，建立湿地资源有效保护与合理利用的模式。

6.4.2 《中国大理洱海流域低碳经济试验区战略规划（2013—2020）》

编制单位为南京大学城市规划设计研究院。

近年来，传统工业文明的发展模式对我国和全球的能源、资源、环境等物质要素构成了极大的压力。人类在高速消费地球上有限的能源和资源，对环境造成了巨大的影响，大量二氧化碳等温室气体的排放，使全球变暖，气候反常，海平面上升，各种自然灾害频发。全球已经对气候问题的严峻性达成了共识。作为一个快速工业化发展中的大国，国际上对于我国选择何种发展道路十分关切，而中国自身也面临着日益严峻的可持续发展和能源安全问题。可以说，温室气体减排与发展低碳经济是全球，特别是中国这样的发展中大国在 21 世纪面临的重大挑战。

近年来，在贯彻落实科学发展观、建设生态文明的大背景下，我国政府对能源与环境问题高度重视。国家"十一五"规划指出要把节约资源作为基本国策，发展循环经济，保护生态环境，加快建设资源节约型、环境友好型社会，促进经济发展与人口、资源、环境相协调。在此背景下，为了落实国家建设两型社会的要求，以及州政府两保护两开发的战略路线，同时进一步推进大理滇西中心城市建设的步伐，探索中国低碳经济的发展模式，大理州政府于 2009 年底再次委托南京大学城市规划设计研究院承担《中国大理洱海流域低碳经济试验区战略规划》的编制工作。规划调整共分为三个阶段：从 2009 年 12 月初至 12 月底为前期调研阶段，2010 年 1 月是方案初步形成阶段，4 月至 6 月是方案交流与征求意见阶段。2012 年 10 月至 11 月，根据州委、州政府的最新发展思路和政策文件，对征求意见稿做了深化，并形成最终成果。

6.4.2.1　规划范围

规划范围为整个洱海流域，总面积 2 565 km²。其中，湖面面积 251 km²。跨大理市和洱源县两个行政单位，共有 16 个乡镇，170 个行政村，2011 年末人口为 92.7 万人。规划区域包括大理市 10 个镇（下关镇、大理镇、银桥镇、湾桥镇、喜洲镇、上关镇、双廊镇、海东镇、挖色镇、凤仪镇）、洱源县 6 个乡镇及相关经济开发区、旅游度假区（邓川镇、右所镇、茈碧湖镇、凤羽镇、牛街乡、三营镇、大理省级经济开发区、大理省级旅游度假区）。为方便统一管理和协调，本规划将大理市和洱源县作为低碳经济试验区的行政实施主体，将其管辖的4 429 km² 作为低碳经济试验区的控制范围。

6.4.2.2　总体目标

综合考虑洱海流域低碳经济试验区的可持续发展、能源安全、经济竞争力和节能减排能力，努力改变经济发展模式、转变生产和消费方式、强化技术进步。促进节能设备制造业、新能源产业的加快发展，并形成相应规模；同时构建方便、快捷、低排放的城市公共交通体系；引导形成节约型的生活方式和消费理念；进一步考虑国际交流合作，共同开发节能减排技术，并实现关键技术的普遍利用；加大对低碳区建设的投入，完全杜绝先污染、后治理的现象，在试验区基本形成低能耗、低排放的生产、生活方式。

1）总体目标

2015 年，率先在云南省建成低碳经济试验区，初步建立起低碳支撑的产业体系、空间模式、生活方式、能源系统，低碳发展的效益逐步显现。

2016—2020 年,建成国家级低碳经济试验区,构建形成较为成熟的低碳发展模式,试验区的示范效应不断强化,成为滇西中心城市的新品牌和宣传口号。

2020 年后,成为国际一流的低碳经济试验区,成为云南省一张新的国际名片。

2)碳排放控制目标

2010 年,大理市和洱源县共消费能源相当于 245.03 万吨标准煤,按照 1 吨标准煤燃烧排放 2.45 吨二氧化碳计算,则 2010 年大理市和洱源县共排放二氧化碳 600.32 万吨。2010 年,洱海流域净碳排放量为 163.72 万吨,人均二氧化碳排放 6.51 吨。同年洱海流域碳汇总量为 147.6 万吨。

建设洱海流域低碳经济试验区,要求尽管二氧化碳排放量绝对值呈持续增长趋势,但增长速度不断放缓,2020 年以后碳排放总量要实现由增加向减少的逆转,要达到此目标,流域二氧化碳排放量年均增长要控制在人均 GDP 年均增长的 1/5 以内。

参考《大理州“十二五”规划》《大理滇西中心城市总体规划》以及其他相关政府文件中的经济发展预测:

2015 年前,人均 GDP 年均增长 11%,到 2015 年达到 29 000 元,碳排放量年均增长 2.2%,到 2015 年控制在 670 万吨标准煤;

2016—2020 年,人均 GDP 年均增长 12%,到 2020 年达到 51 000 元,碳排放量年均增长 2.4%,到 2020 年控制在 750 万吨标准煤。

3)节能减排目标

我国确定“十二五”期间单位 GDP 能耗要降低 16%,同期云南省确定的单位 GDP 能耗下降 13.5%。在哥本哈根气候大会前夕,我国公开承诺:2020 年单位 GDP 能耗在 2005 年的基础上降低 40%~45%。参考国家和云南省设定的节能减排目标,并考虑试验区碳排放控制目标和节能减排的潜力,确定:

2020 年前,洱海流域单位 GDP 能耗比 2010 年降低 55%左右,高于我国的减排承诺目标。

2015 年单位 GDP 能耗比 2010 年降低 30%,达到 0.84 t 标准煤/万元 GDP;

2020 年再比 2015 年降低 25%,达到 0.63 t 标准煤/万元 GDP。

4)能效目标

能效是指能源的转化和使用效率,直观的体现是每吨标准煤燃烧所释放的二氧化碳量。释放的二氧化碳越多，能效就越低；反之，能效就越高。

目前，我国能源资源探明储量中96％是煤炭，油气资源仅占总量的4％左右，且人均能源资源拥有量显著低于世界平均水平。煤炭占一次能源消费量的70.4％，每吨标准煤燃烧释放2.45吨二氧化碳，以高碳能源为主的资源基础决定了向低碳转变的难度较大。转变以煤为主的能源结构，是实现能效目标的关键。

通过调整能源结构，提高能源转化效率和技术水平，从而降低碳排放。在碳排放总体控制目标下，规划确定2020年，洱海流域能效比2011年提高20％以上。

2015年前能效年均提高3％，到2015年燃烧1 t标准煤释放的二氧化碳降低到1.98 t。

2016—2020年间能效年均提高2％，到2020年燃烧1 t标准煤释放的二氧化碳降低到1.79 t。

5）碳汇目标

碳汇是指由绿色植物通过光合作用吸收固定大气中二氧化碳，通过土地利用调整和林业措施将大气中的温室气体储存于生物碳库。森林、草地、湿地系统是洱海流域碳汇的主体。目前，洱海流域的碳汇总量147.6万吨。规划通过提高森林覆盖率、保护和修复湿地、增加城镇公共绿地，增加洱海流域的"绿当量"。规划2020年前，洱海流域碳汇增加27万吨以上。其中：

2015年前，碳汇增加21.4万吨；

2016—2020年，碳汇再增加6.6万吨。

同时，为保证碳汇增加目标的实现，洱海流域需要提高绿色基础设施的面积和内涵：

森林覆盖率：2015年需提高到58％，2020年需进一步提高到60％以上；

湿地面积：2015年需增加到2万亩左右，2020年前需增加到3万亩以上。

城镇公共绿地：2015年城镇人均公园绿地达到10 m^2，2020年达到12 m^2。

6）结构调整目标

按照试验区建设的总体目标，低碳试验区建设不仅要实现经济发展效率的提高，同时也要建立低能耗、低排放的生产、生活方式。因此，低碳建设目标的实现需要城乡人口、产业、能源、交通出行等全方位的结构调整。

城乡人口结构：提高人口集聚化程度和城市化水平。2015年洱海流域城市化水平达到 50％,2020 年提高到 60％。

产业结构:提高相对低碳的第三产业的比重。规划到 2015 年,第三产业占
GDP 的比重提高到 45％,2020 年进一步提高到 55％。

能源结构:转变原有以高碳能源为基础的能源结构,提高非化石能源和可
再生能源的比重。规划到 2015 年,非化石能源占一次性能源消费的比重达到
15％,其中水能 7％,风能 5％,生物质能 2％,太阳能和地热能 1％;2020 年进一
步提高到 25％,其中水能 8％,风能 8％,生物质能 4％,太阳能和地热能 5％。
三次产业能源强度见图 6‑4,2015 与 2020 年能源结构比较见图 6‑5。

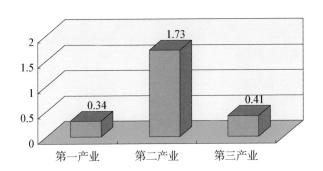

图 6‑4　三次产业能源强度(单位:吨/万元增加值)

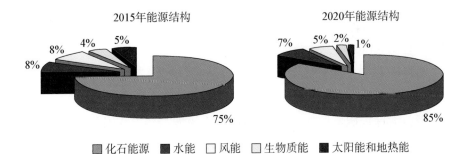

图 6‑5　2015 与 2020 年能源结构比较图(单位:吨/万元增加值)

交通出行结构:大力发展城市公交系统,建成以大容量快速轨道交通为骨
干、地面公交为基础、小汽车出行为补充的交通基础设施网络,争取实现各个交
通方式直接无缝连接,从结构调整目标上来说,就是提高公交、自行车、步行等
低碳交通方式的出行比例。

规划到 2015 年,公交出行比例达到 50％,自行车出行比例达到 15％,步行
出行比例 10％,其他出行 25％;到 2020 年,公交出行比例 60％,自行车 20％,

步行 5%,其他出行 15%。

7) 生态环境建设目标

充分发挥大理经济特色和洱海流域的特色优势,在发展中注重绿色基础设施建设,对试验区的生态空间进行重新塑造,到 2015 年基本形成可持续利用的资源保障体系、舒适优美的生态环境体系,实现低碳示范的建设目标;到 2020 年把洱海流域建设成为低碳高效、环境优美、安全可靠、人与自然和谐相处、生态结构合理的现代化低碳试验区。生态环境建设指标体系见表 6 - 15。

表 6 - 15   生态环境建设指标体系

建设指标	2015 年	2020 年
城镇生活垃圾收集处理率/%	90	100
农村生活垃圾收集处理率/%	70	90
工业固体废弃物处置利用率/%	100	100
森林覆盖率/%	58	60
环境空气质量	年平均达 I 级	稳定达到 I 级
城镇污水集中处理率/%	70	100
农村污水集中处理率/%	50	
工业用水重复率/%	60	80
工业废水稳定达标率/%	100	100
秸秆综合利用率/%	95	95
规模化畜禽养殖场粪便综合利用率/%	85	95
公众对环境的满意率/%	90	100

6.4.2.3   发展战略

1) 产业结构升级

首先,必须改变当前以环境污染严重、资源大量消耗为代价的外延式粗放型增长方式,推动产业结构的优化调整,严格限制高耗能产业的发展,积极发展第三产业,特别是技术密集型、附加值高的产业。通过技术进步提升产业整体技术水平和国际竞争力;利用世界经济分工和国际贸易机制,合理规划和布局产业发展,实现区域内 GDP 增长的绿色化。

其次,坚持企业作为低碳产业技术创新主体的地位,以减量化(reduce)、再使用(reuse)和再循环(recycle)"3R"原则为指导,减少能源消耗和废气废水等废弃物的排放量,通过技术进步提高废弃物的回收利用率以及循环利用,实现经济的"低碳"化、"碳水"化和可循环。同时,企业也是低碳消费品的提供主体,是联系低碳生产性消费和低碳非生产性消费的桥梁。只有企业提供了低碳节能的消费品,使公众在超市或商场购买产品时根据低碳化程度有所选择,才有可能有更广泛、深入地推行全民低碳消费方式的物质基础。

最后,构建政府、市场与企业"三位一体"化的监管体制。政府与企业以低碳消费市场为中心的制度监管,需从以下三方面着手。①低碳产品市场监管。完善相应的市场准入制度,减少能源密集型的产品进入市场,创造低碳、合理的产品供应结构。②组织开展能源及耗能相关产品专项打假活动,严厉打击制售假冒伪劣能源及耗能相关产品的违法行为;加大对强制淘汰不符合要求高耗能设备和产品的行政执法工作力度。③建立完善的能源和耗能相关产品质量监督制度,加强对石油等能源产品、建筑节能产品、燃煤燃气产品、绿色照明产品、节水产品、机电产品、可降解产品等耗能相关产品的强制监督抽查力度。

2) 空间功能重组

低碳经济试验区规划范围面积较大,各区域具有不同的发展条件,必须对空间做出因地制宜的功能性安排。空间功能的重组必须遵循以下原则。一是优先保护生态环境,规划区范围内海西、洱源坝区等地是洱海的上游地区,其生态环境的优劣将直接影响洱海水质,生态较为脆弱,不宜进行城市化建设,在保护的前提下,适宜发展以都市农业为载体的休闲度假和旅游。二是积极引导中心建设,开发海东地区作为未来新城区已成为当前大理市城市建设的主要方向,作为低碳经济试验区重要的城镇空间,规划要求新城建设必须空间规划与产业功能研究先行,优先发展与低碳经济试验区规划目标相符的产业门类与城市功能。三是逐步提升老城品质,下关、凤仪地区作为城市建成区,其空间拓展已极为有限,未来其空间与功能主要以城市更新为主,规划要求环洱海一带应当尽快实现退二进三改造,下关、凤仪地区应当加快产业升级,淘汰高能耗高污染传统产业,大力发展创新型产业。

3) 慢行交通建设

低碳经济试验区慢行交通建设将是提升规划区旅游功能,改善人居环境,促进生态文明的重要举措。规划要求低碳经济试验区落实公交优先政策,体现以人为本理念,集约利用资源,建设低碳城市。慢行交通建设应当以环洱海地区为重点,结合都市休闲节点,农家旅游设施、沿湖湿地公园以及自然风景规划建设连续的自行车道和步行道,客流量较大的地区实现环保公交接驳,力争将环洱海地区的交通碳排量降到最低。公共交通系统规划如图6-6所示。

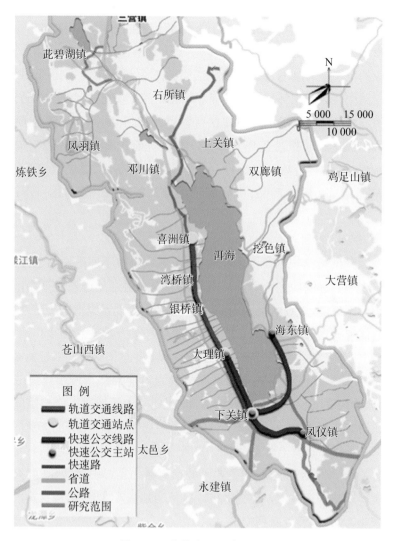

图6-6　公共交通系统规划图

4）能源结构优化战略

低碳试验区发展所面临的资源、环境、安全问题，必须依靠大力发展可再生能源和新能源来解决。减少化石燃料使用，充分利用各类新能源和可再生能源是低碳区乃至更大范围内发展的必然趋势和最优选择。总体而言，能源结构优化战略需要在以下几个方面做出努力：

（1）引导合理需求、抑制交通、建筑能源服务水平的急速扩张，推动形成节约型的生活能源结构体系。通过调整交通战略和空间战略来促使人们养成依赖步行、自行车及公共交通的绿化交通方式，同时改变以往高消费、高浪费的生活方式。以社会、经济、资源、环境的协调和可持续发展为目标，建设资源节约型和环境友好型社会，引导、建立高效、可持续的低碳交通、建筑能源结构。

（2）优化调整工业经济结构。选择节能型的消费和生产道路，构建科技含量高、经济效益好、资源消耗低的经济结构；加快技术研发和创新，推进终端用能部门能源效率水平的提高；建设高效、清洁、低碳的能源工业，构建清洁、高效的能源供应体系。

（3）加快政府节能标准体系建设。对低碳试验区内的特色产业以及国家标准未能涵盖的特色产品，制定地方标准：重点耗能产品的能耗（或电耗）限额；建筑节能标准；新能源与可再生能源标准，包括生物质能源树木的栽培技术、农村生活污水净化沼气池标准、家用生物质气化炉、农村家用太阳能热水器的安装、沼气综合利用规范、家用沼气池配套设施的要求；能源计量产品标准。

洱海流域碳排放空间管制见图 6-7。

5）生活方式转变

倡导低碳生活理念，树立低碳消费观，需要从政府、社会、居民三个方面着手：

政府率先倡导并实践低碳生活的理念。低碳生活的核心是节约，节约能源资源，自然也就降低了环境污染，包括大气污染。首先，政府要在生活方式向低碳型转变上起到引领和榜样的作用。政府机构应从自身入手，带头示范，建立节约、低碳的工作方式。其次，要对各级政府机关的办公建筑进行能源审计，在审计中清楚把握政府节约状况，发现问题，并针对具体问题，制定切实可行的具体措施，严格执行。

广泛宣传与发展低碳生活方式与文化。政府要充分利用各种宣传媒体，广泛营造低碳生活的文化氛围。各级各部门、社会团体、高等院校、科研院所、企

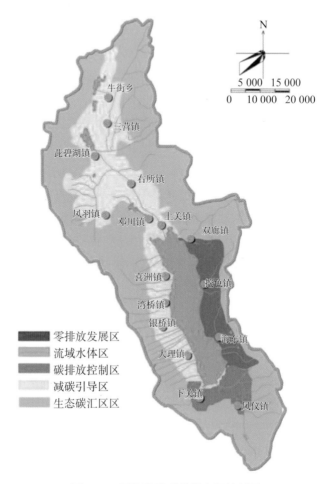

图6-7 洱海流域碳排放空间管制图

业要广泛动员,开展形式多样的宣传活动,形成低碳节能的社会舆论影响,不断
增强全社会的节能意识。要组织新闻媒体大张旗鼓、深入持久地开展宣传。各
级节能主管部门及有关单位要积极搭建节能宣传平台,及时为新闻单位提供节
能方面的宣传素材和典型,充分发挥舆论的引导和监督作用。教育部门要制订
计划,加强指导,在全省中小学中组织开展国情省情教育和节约能源教育活动。
同时,民间社会组织也要积极推进低碳消费理念的宣传工作。要广泛、深入地
开展节能减排、低碳经济的宣传教育活动,并积极实践、热忱推广。政府要重视
这些民间环保组织,多为他们提供政策上的便利,加大对这些环保组织活动的
宣传与支持力度。

　　低碳试验区要实现生活方式向低碳的转型,必须在居民的生活方式上加以合理引导,提高居民在这些消费行为上的节约意识,从而减少能源消耗和二氧化碳排放。根据低碳试验区发展的要求,可以基本确定低碳生活方式转变的"三低"原则,即低能耗、低污染、低浪费原则。低能耗要求居民尽量多消费节能产品,如节能灯、节能空调等;低污染要求居民使用消费品时尽可能减少碳排放,减少环境污染;低浪费则主要针对那些奢侈消费行为以及不节约消费行为,倡导及时关灯,关紧水龙头等。

　　在对生活方式进行引导的同时,还必须制定相应的低碳生活的标准。使具体措施可以落实到低碳化转型的进程中来,可以从以下四个方面设立参考标准:一是健康标准,人们的低碳消费首先要达到健康生存的基本要求。二是能耗标准,人们的衣食住行要达到低能耗的基本要求。三是环境标准,即生态环境的承载能力,尤其要考虑到不可再生性资源的承载限度。同时,要尽可能减少对环境的污染,如汽车消费要控制用车,减少尾气排放。四是社会标准,低碳消费活动要在一定的社会认可范围内进行,遵守社会法律制度与社会公共道德规范,要有利于和谐人际关系的发展,要符合社会可持续发展的目标要求。

　　倡导低碳的生活方式不仅不会降低生活水平和质量,而且将提高本区域生活质量。这表现在物质生活、精神文化生活、人居和生存环境、社会公共设施和服务的享有、社会治安状况等各个方面。低碳型生活方式所追求是适度的物质生活与充实的精神生活相结合的生活方式。

　　6)低碳技术支撑

　　目前来看,低碳技术主要包括四个方面:

　　(1)能效技术:改善燃油经济性、提高建筑能效、提高电厂能效。

　　(2)减碳技术:天然气替代煤炭、风力发电、光伏发电、氢能、生物燃料、核聚变。

　　(3)碳封存与碳捕获技术:地质封存、海洋封存、富氧燃烧捕集。

　　(4)碳汇技术:森林管理、农业土地管理。

　　在低碳技术的研发上,与国际先进水平相比,中国的低碳技术还处在相对落后的水平,各大行业实现低碳化发展的难题都基本集中在技术支撑上。因此,必须提高低碳技术的自主研发能力,为低碳技术的发展优先提供资金和专业人才上的支持。大力推进低碳技术研发,制定关于二氧化碳分离、运输和储藏的法律框架。同时加强低碳技术国际合作,积极引进和发展二氧化碳捕捉以及清洁能源开发等新技术。

在低碳技术的推广上,充分利用本区域良好的自然环境,进一步推广本地已有的原生态、低成本的碳汇技术,并且通过改良和系统建设,形成支撑低碳区域发展的体系。同时,制定相应的法规,为区域内的生产生活,特别是交通体系、城市建设提供必要的低碳技术支持,并对低碳技术的应用情况进行监督和检测。

此外,由于可再生能源发电(除水电外)具有起步晚、规模小、成本高,没有独立的电力传输网络等缺点,应在政策上向可再生能源作相应的倾斜,降低可再生能源技术的成本。出台相应的法规政策,规定可再生能源发电的并网办法和足以为发电企业带来利润的收购价格。制定可再生能源输送优先原则,促使能源运营商必须优先利用低碳技术、输送沼气等可再生能源,并参考低碳技术的市场价格,从而确定补贴额。

6.4.3 《大理市环洱海空间管制规划(2013)》

编制单位:云南省城乡规划设计研究院、大理天作测绘规划院有限公司。

在保护规划区内各类自然文化遗产资源的基础上,以统筹兼顾为基本方法,统筹各项相关规划,使得资源保护等强制性控制内容、保护措施及要求等不相冲突,达到统一。明确强制性管控区域,合理永续利用资源、严格保护生态,维护开发建设有序性,统筹城乡可持续发展,对不同空间实施不同的管制措施,最终使管制对象明确化、管制范围定量化、管制措施具体化,对规划区内城乡建设用地规模和发展方向起到指导作用,将严格保护与合理建设有机结合。

6.4.3.1 规划范围

大理市行政辖区范围,总规划面积1 815平方公里,重点范围为北至上关,南达下关,西以大凤路以西100 m为界,东止于大丽铁路,面积470平方公里。

6.4.3.2 规划指导思想和原则

1)规划指导思想

以科学发展观为指导,按照实施"两保护、两开发"战略的部署要求,正确处理保护与建设的关系,做好区域空间管制规划,强化对基本农田和各类自然文化遗产资源的保护,合理布局城乡建设用地,实现区域社会经济与环境的可持续发展。

2）规划原则

协调原则、刚性与弹性相结合原则、强化控制原则、生态优先原则。

6.4.3.3　生态限制要素分级与分类分析

根据大理市环洱海区域生态系统特征和可持续发展的要求，本次规划选取生态保护性、建设安全性和建设经济性三大因子进行分析，作为城乡建设用地适宜性评价的参评因素。通过因子分类，确定控制类型及级别的方法，梳理和整合各类保护规划和建设规划，以此确定空间管制分区和措施。

6.4.3.4　空间管制分区和措施

规划综合多类生态限制要素的分析，建立城乡土地适宜性评价准则，并进行多因子空间叠加，划出大理市环洱海区域空间管制分区，明确划定禁建区、限制区（有条件建设区）、适建区和建成区等空间管制分区。

1）分区（四区）管制规划

（1）禁建区——生态首位，刚性保护。禁建区主要针对生态空间和保护空间，具体包括基本农田、自然保留田地，国家级和省级公益林、洱海湖区、洱海入湖河道保护区、洱海环湖湿地、各水厂水源地保护区，自然保护区中的核心区和缓冲区、风景名胜区中的生态保护区、自然景观保护区和风景恢复区，坡度大于25°的区域，地质灾害隐患点和地震断裂带，铁路、高速公路及公路沿线区域，三塔大道沿线区域，高压走廊控制区，污水处理厂厂址周边100 m区域。

禁建区属于强制性管制地区，作为生态培育、生态建设的首选地，以维持生态平衡、保护环境质量为第一要务，原则上禁止任何与保护功能无关的建设行为，杜绝任何形式的破坏活动。凡涉及的区域在国家相关法规、条例中有明确规定与要求的，必须服从国家相关法规条例的规定与要求。

禁建区（不含自然保护区内的核心区和缓冲区）内可结合旅游产业发展和景区建设，基于保护的前提下，适当布置游路、小型旅游服务和休憩设施。

禁建区内现有人口须逐步迁出，居民建设点须逐步拆除，禁止有城镇和村庄功能的用地开发，以及一切有损生态环境的工程和项目。当因重大市政基础设施（能源、交通等）和水利设施项目建设需要占用禁建区的，须经相关主管部门审批后方可进行建设。

（2）限建区——以控为主，限制开发。限建区（有条件建设区）主要针对农业和林业空间,包括一般耕地、园地、荒地、未利用地以及与农业相关的池塘、水渠等用地。除此之外,还包括不具生态保护功能林地、地质灾害活动区和潜在活动区、自然保护区中的实验区,以及坡度在 15°～25°之间的区域。此外,根据《大理市城市总体规划(2010—2025)》要求,将各文物保护单位以及历史文化名城、名镇、名村保护区纳入限建区。

限建区(有条件建设区)作为禁建区和适建区的过渡地带,既与两者有共性,又具有自身的一些特点,因此对其空间管制应灵活处理,保证此区生态缓冲带的作用,同时应对其适当引导控制,进行低强度控制性开发建设,不可盲目圈地建设。

限建区(有条件建设区)内各项建设必须以保护历史文化遗迹、自然遗产、耕地等资源为前提,进行环境评价,切实做好环境保护工作;在地质灾害活动和潜在活动区内进行必要的工程项目,必须严格做好地质灾害评估,事先做好地质灾害防治工程。

对一般的荒地、未利用土地应进行保护,加强此区的生态环境建设,植树造林、绿化荒山、治理废弃地,优先进行农业开发耕作,增强区域的生态自净能力。

限建区(有条件建设区)应保持现状土地使用性质,不符合法定城乡建设规划、未经相关规划批准部门的同意,不得在限建区内进行大规模建设项目开发。

限建区(有条件建设区)允许农田水利设施建设和有限度的农业旅游观光,保证农业生产的基本需求,大力发展都市型农业、景观林业和经济林业,促进农业产业化发展。

城乡建设占用土地,尤其是涉及一般耕地转为建设用地的,应当符合土地利用总体规划和土地利用年度计划中确定的农用地转用指标。城市和村庄、集镇建设占用土地,涉及农用地转用的,还应当符合城市规划和村庄、集镇规划,不符合规定的,不得批准农用地转为建设用地。

(3) 适建区——城乡建设,有序发展。适建区主要针对城乡建设空间,指尚未开发建设且适宜进行集中建设的地区,主要包括用地评定为适宜建设的区域,大多为基于现状城乡建设用地基础上的发展区域,地基承载力良好,现状已有一定的开发基础,该区域用地生态敏感度较低,无地质灾害,不受地形约束,适宜城乡建设发展。

这些空间地域内以高效益土地利用为主、鼓励按规划优先开发建设。同时应严格按照已批准实施的城市总体规划、各片区控制性详细规划、各乡镇总体规划和村庄整治与建设规划划定的城乡建设用地增长边界范围,不可在规划区范围外另辟建设用地,不得占用禁建区,限建区确需纳入建设用地的,须经主管部门审批同意,并宜进行低强度开发。

该区域内需要保护的历史文化名城、名镇和名村、文物、遗址等,须根据情况制定相应的专项保护规划,同时应避免在保护区范围内进行建设。

适建区是城乡建设优先选择的区域,但建设行为也要根据资源环境条件,在保障生态资源的情况下,严格按照相关规划确定的范围、性质、规模、发展方向及控制指标、设计条件和环境要求开展进行。此外,结合《云南省人民政府关于加强耕地保护促进城镇化科学发展的意见》(云政发〔2011〕185 号),深入贯彻"城镇朝着山坡走,田地留给子孙耕"的思想,以国土部门划定的 8 度线(即山地与坝区分界线)为主要依据,将适建区细分为调整优化区和优先拓展区两类:将位于山地的建设用地划为优先拓展区,将位于坝区内的建设用地划为调整优化区。

适建区的建设应当尊重自然山水机理,选择适宜的城乡形态结构,因地制宜,形成具有地域文化特色空间形态。

(4) 建成区——整治为主,提升优化。建成区为现状城市、集镇及村庄建设用地(即城乡建设用地)。规划期内应对已建区从资源保护、环境整治的角度逐步进行更新改造和环境整治,进一步的发展应以城乡更新和内涵提高为主。对现状位于禁建区内的不符合禁建区保护要求的建成区须逐步进行清退。

2)"四线"管制规划

"四线"即四种城乡规划强制性要素控制线,包括绿线、蓝线、黄线、紫线。

(1) 绿线:绿线是指区域内各类绿地、林地(含风景林地、公益林地)范围的控制线,绿线内的用地,不得改作他用,不得违反法律法规、强制性标准以及批准的规划进行开发建设,有关部门不得违反规定,批准在绿线范围内进行建设。因建设或者其他特殊情况,需要临时占用绿线内用地的,必须依法办理相关审批手续。在绿线范围内,不符合规划要求的建筑物、构筑物及其他设施应当限期迁出。任何单位和个人不得在绿线内进行拦河截溪、取土采石、设置垃圾堆场、排放污水以及其他对生态环境构成破坏的活动。

(2) 蓝线:蓝线是指城乡规划确定的江、河、湖、库、渠和湿地等地表水体保护和控制的地域界线,具体包括洱海、苍山十八溪、罗时江、永安江、弥苴河、波罗江等水体和岸线自然生态环境用地,各水厂水源保护区,以及上关万亩湿地、环洱海128公里湖滨湿地等。在蓝线内禁止进行下列活动:违反蓝线保护和控制要求的建设活动;擅自填埋、占用蓝线内水域;影响水系安全的爆破、采石、取土;擅自建设各类排污设施;其他对水系保护构成破坏的活动。

在蓝线内进行各项建设,必须符合批准的城乡规划。在蓝线内新建、改建、扩建各类建筑物、构筑物、道路、管线和其他工程设施,应当依法向建设主管部门(城乡规划主管部门)申请办理城乡规划许可,并按照有关法律、法规办理相关手续。

(3)黄线:黄线是指对城乡发展全局有影响的、城乡规划中确定的、必须控制的基础设施用地控制界线,主要包括规划区内主要交通通道、高压走廊保护控制带、污水处理厂、垃圾填埋场、取水点保护范围等。

在黄线内禁止进行以下活动:违反城乡规划要求,进行建筑物、构筑物及其他设施的建设;违反国家有关技术标准和规范进行建设;未经批准,改装、迁移或拆毁原有基础设施;其他损坏基础设施或影响基础设施安全和正常运转的行为。

在黄线内进行建设,应当符合经批准的城乡规划。因在黄线内新建、改建、扩建各类建筑物、构筑物、道路、管线和其他工程设施,应当依法向建设主管部门(城乡规划主管部门)申请办理城乡规划许可,并依据有关法律、法规办理相关手续。迁移、拆除黄线内基础设施的,应当根据有关法律、法规办理相关手续。建设或其他特殊情况需要临时占用黄线内土地的,应当依法办理相关审批手续。

(4)紫线:紫线是指国家级历史文化名城大理、省级历史文化名镇喜洲、省级历史文化名村周城村的保护范围界线,以及经各级人民政府公布保护的各级重点文物保护单位的保护范围界线。

在紫线内禁止进行下列活动:违反保护规划的大面积拆除、开发;对名城、名镇、名村传统格局和风貌构成影响的大面积改建。损坏或者拆毁保护规划确定的建筑物、构筑物和其他设施;修建破坏保护区传统风貌的建筑、构筑物和其他设施;占用或者破坏保护规划确定保留的园林绿地、河流水系、道路和古树名木等;其他对名城、名镇、名村和文物保护单位的保护构成破坏性影响的活动。

在紫线范围内确定各类建设项目,必须先由城乡规划行政主管部门依据保护规划进行审查,组织专家论证并进行公示后核发选址意见书。在紫线范围内建设或者改建各类、构筑物和其他设施,对规划确定保护的、构筑物和其他设施进行修缮和维修以及改变、构筑物使用性质,应当依照相关法律、法规的规定,办理相关手续后方可进行。在紫线范围内进行建设活动,涉及文物保护范围的,应当符合国家有关文物保护的法律、法规的规定。

6.4.4　《大理白族自治州主体功能区和生态文明建设规划（2013—2030）》

编制单位为华中师范大学、大理州政府规划办。

2006 年 3 月,国家"十一五"规划提出编制全国主体功能区划规划,明确主体功能区的范围、功能定位、发展方向和区域政策。2006 年 10 月,《国务院办公厅关于开展全国主体功能区划规划编制工作的通知》发布,正式启动全国和包括云南在内的八个试点省区的主体功能区规划编制工作。之后,党的十七大报告、国家"十二五"规划先后进一步深入阐述主体功能区规划的意义、目标和措施。2010 年 12 月,国务院印发《全国主体功能区规划》,将其作为国土空间开发的战略性、基础性和约束性规划。党的十八大报告将生态文明纳入五个总体布局之一,深度解析了生态文明与主体功能区的关系,提出"国土是生态文明建设的空间载体",并将加快实施主体功能区战略作为优化国土空间开发格局和生态文明建设的重要支撑。从国家"十一五"规划到党的十八大报告的一系列理论创新,为大理州的主体功能区与生态文明建设规划提供了有力的理论指导。

云南省是省级主体功能区规划编制的八个试点省区之一,规划编制工作启动早、基础扎实,云南省也是较早提出加强生态文明建设的省区,在同步推进和协同实施主体功能区布局与生态文明建设方面具有先发优势。《云南省主体功能区规划》和《中共云南省委云南省人民政府关于争当全国生态文明建设排头兵的决定》等科学分析了主体功能布局与生态文明建设的相互关系,已经成为云南"生态立省、环境优先"和"争做全国生态文明建设排头兵"发展战略的重要基础,也为大理州编制和实施主体功能区与生态文明建设规划提供了实践基础与方法指南。

大理州位于中国西南边陲、云南省中部偏西位置,在全国和全省国土空间开发与生态建设方面的战略地位十分突出。长期以来,大理州委、州政府十分重视优化国土空间开发秩序和主体功能布局,全方位推动大理生态州的规划建设,在洱海保护、洱源县国家生态文明试点县和剑川县重点生态功能区建设等方面已经走在全国前列,具有成为"国家生态文明先行示范区"的基础条件。2013 年,大理州委、州政府审时度势,决定编制《大理州主体功能区和生态文明建设规划(2013—2030)》,成立以州委书记为组长的工作领导小组和以副州长为主任的领导小组办公室,并委托华中师范大学作为规划编制的技术服务单位。华中师范大学具有完成省级主体功能区规划、副省级城市主体功能区实施计划与生态文明建设规划的丰富经验。抗战期间,华中师范大学的前身之一华中大学与大理结下深厚的历史情缘。近年来,双方又在洱海保护等方面进行了紧密的合作,建立了双方高度融合的协同创新编制队伍。大理州国土开发与生态建设的战略地位与良好基础,州委、州政府和华中师范大学在编制工作方面的组织保障与协同创新,为编制高水平的规划提供了强力保障。

本规划以大理全州为规范区域,包括 1 市 11 县,规划面积 29 459 平方公里。规划期限为 2013—2030 年,分近期(2013—2015)、中期(2016—2020)和远期(2021—2030)三个阶段。本规划的主要任务是:以加快推进大理州的主体功能区布局和生态文明建设为目标,以大理州情研究和国土空间综合评价为基础,以主体功能区划分的空间单元为空间载体,探索一条符合州情、特色鲜明、协同实施、科学高效的主体功能布局和生态文明建设道路。

在半年多的时间内,大理州主体功能区和生态文明建设规划编制领导小组办公室和华中师范大学规划编制组的全体成员一起,完成了大理全州 1 市 11 县的规划调研,认真听取了市县的意见和建议,并对重点工业园区、生态功能区、城镇建成区和旅游景区进行了实地考察,完成了规划文本的初稿,并针对文本的核心内容多次召开全州范围的意见咨询会,广泛听取了州党政机关和各县市的意见,并针对各单位的咨询意见进行了初步修改。由于时间较短,规划内容还需要进一步的深化和修改。本规划将为大理州主体功能区和生态文明建设提供可操作性的行动指南,为建设生产空间集约高效、生活空间宜居适度、生态空间山清水秀的美丽大理提供基础性和长远性的理论指导。

6.4.4.1　主体功能类型及区划

1)主体功能区划意义

优化国土空间开发格局是生态文明建设的基础工程,主体功能区划是优化国土空间开发格局的基本工具。随着国家推进实施"西部大开发"战略和云南省推进实施"两强一堡"战略、"生态立省、环境优先"战略以及"七彩云南保护行动计划",大理州作为滇西中心城市,积极践行争当全国生态文明建设排头兵的理念,将迎来一个全新的发展时期。从现在起至 2030 年,将是大理州国土空间开发快速变化的时期,要立足全州国土空间开发现状,解决突出问题,化解潜在风险,明确优化国土空间开发的基本导向,积极推进全州主体功能区建设。这对推进大理州生态文明建设具有基础性作用。

2)主体功能类型体系

全国:根据《全国主体功能区规划》,全国范围内的国土空间,按开发方式,被划分为优化开发区域、重点开发区域、限制开发区域、禁止开发区域四大主体功能类型;按开发内容,被划分为城市化地区、农产品主产区和重点生态功能区;按层级,被划分为国家和省级两个层面。云南省仅有滇中地区(云南省中部以昆明为中心的部分地区)纳入国家层面的重点开发区,没有优化开发区。

云南省:《云南省主体功能区规划》以《全国主体功能区规划》为依据,将滇中地区纳入国家层面的重点开发区域,将其他城镇化地区纳入省级重点开发区域,并相应地划定限制开发区域和禁止开发区域,按层级看,也划分为国家级和省级两个层面。

大理州:《大理州主体功能区和生态文明建设规划》以《全国主体功能区规划》和《云南省主体功能区规划》为依据,其国土空间按开发方式分为重点开发区域、限制开发区域和禁止开发区域三个类型;按开发内容分为城市化地区、农产品主产区和重点生态功能区;按层级分为国家、省级和州级三个层面。其中,重点开发区域分为省级和州级两个层面,农产品主产区域分为国家级和州级两个层面,重点生态功能区域分为国家级、省级和州级三个层面。

3)主体功能类型划分

(1)按开发方式,大理州的主体功能类型按开发方式分为重点开发区域、限制开发区域和禁止开发区域三种,是基于区域资源环境承载能力、现有开发强度和未来发展潜力,以是否适宜或如何进行大规模高强度工业化城镇化开发为基准划分的。

重点开发区域:重点开发区域是指大理州有一定经济基础、资源环境承载能力强、发展潜力较大、集聚人口和经济的条件较好,应重点进行工业化、城镇化开发的城市化地区。

　　限制开发区域：限制开发区域是指大理州关系到农产品供给安全、生态安全，不应该或不适宜进行大规模、高强度工业化和城镇化开发的农产品主产区和重点生态功能区。

　　——农产品主产区：即耕地面积较多，农业发展条件较好，尽管也适宜工业化、城镇化开发，但从保障农产品安全及永续发展的需要出发，须把增强农业综合生产能力作为首要任务，从而限制大规模高强度工业化、城镇化开发的地区。

　　——重点生态功能区：即生态系统脆弱、生态功能重要、资源环境承载能力较低，不具备大规模高强度工业化、城镇化开发条件，须把增强生态产品生产能力作为首要任务，从而限制大规模高强度工业化、城镇化开发的地区。

　　禁止开发区域：禁止开发区域是指大理州依法设立的各级各类自然文化资源保护区域，以及其他禁止进行工业化和城镇化开发、需要特殊保护的重点生态功能区，具体包括三个层面。

　　——国家层面的禁止开发区域包括世界文化自然遗产、国家级自然保护区、国家级风景名胜区、国家森林公园、国家级湿地公园和国家地质公园等。

　　——省级层面的禁止开发区域包括云南省省级各类自然文化资源保护区域、省级自然保护区、省级风景名胜区以及其他省级人民政府根据需要确定的禁止开发区域。

　　——州级层面的禁止开发区域为大理州州级自然保护区、城市饮用水源保护区、水产种质资源保护区。

　　（2）按开发内容，大理州的主体功能可划分为城市化地区、农产品主产品、重点生态功能区。

　　城市化地区：以提供工业品和服务产品为主体功能的地区，但也提供农产品和生态产品。

　　农产品主产区：以提供农产品、保障农产品供给安全为主体功能的地区，但也提供生态产品、服务产品和工业品。

　　重点生态功能区：以提供生态产品、保障生态安全和生态系统稳定为主体功能的区域，也提供一定的农产品、工业品和服务产品。

　　主体功能区分类及其功能见图6-8。

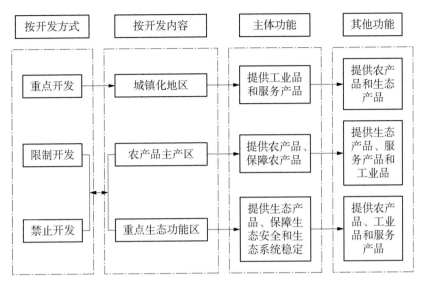

图 6-8　主体功能区分类及其功能

主体功能不是唯一的功能,明确一定区域的主体功能及其开发的主体内容和发展的主要任务,并不排斥该区域发挥其他功能。各类主体功能区,在全州经济社会发展中同等重要,只是主体功能不同,开发方式不同,保护的内容不同,发展的首要任务不同,国家和云南省支持的重点不同。推进形成主体功能区,既要根据主体功能定位开发,也要重视科学有序地发挥其他辅助功能。在本规划中,将适宜大规模、高强度工业化城镇化开发的国土空间确定为重点开发的城市化地区,使之聚集主要的经济活动和大部分人口,为全州农产品和生态产品的生产腾出更多空间;将不适宜大规模、高强度工业化城镇化开发的国土空间确定为限制开发的重点生态功能区或禁止开发区域,使之成为主要提供生态产品,保障全州、全省乃至全国生态安全的生态空间;将农产品的主要提供区域确定为限制开发的农产品主产区,保障农产品供给安全,防止过度占用耕地,使之成为保障国家农产品安全的农业空间。

《大理州主体功能区和生态文明建设规划》在《云南省主体功能区规划》县级行政单元上进一步下调和细化,以乡、镇为区划基本单元。大理州现辖 12 个县级行政单位(1 市 11 县),共 110 个乡、镇级行政单元。

在分主体功能类型时,在宏观上遵循《全国主体功能区规划》和《云南省主体功能区规划》等规划对大理州及各县市的功能界定,在微观上对各乡镇的主体功能进行进一步明确和细化,在保证各县市主体功能与上位规划基本一致的前提下,进一步体现不同级别主体功能区划分的异质性和多样性。

6.4.4.2　区划方案

按照国家和云南省相关要求,依据大理州国土开发理念,立足全州实际,采用国土空间开发综合评价指数方法,结合主导因素分析、综合判别划定、空间辅助分析和专家系统分析,确定大理州主体功能区划方案(见表6-16)。

表6-16　大理州主体功能划分方案

类型	级别	县域	乡镇
重点开发区 (36个)	省级 (22个)	大理市	下关镇、凤仪镇、海东镇、挖色镇
		祥云县	祥城镇、沙龙镇、云南驿镇、刘厂镇、禾甸镇
		弥渡县	弥城镇、红岩镇、新街镇、寅街镇、苴力镇
		宾川县	金牛镇
		剑川县	金华镇
		南涧县	南涧镇
		鹤庆县	云鹤镇、西邑镇
		洱源县	邓川镇
		云龙县	漕涧镇
		巍山县	永建镇
	州级 (14个)	宾川县	宾居镇、州城镇、鸡足山镇、大营镇
		巍山县	南诏镇、大仓镇
		洱源县	茈碧湖镇
		漾濞县	苍山西镇、平坡镇
		永平县	博南镇
		鹤庆县	辛屯镇、金敦乡
		云龙县	诺邓镇
		南涧县	公郎镇

（续表）

类型	级别	县域	乡镇
限制开发区（74）	农产品主产区（27个）		
	国家级（22个）	宾川县	力角镇、乔甸镇、平川镇
		巍山县	庙街镇、巍宝山乡、马鞍山乡、紫金乡、五印乡、牛街乡
		云龙县	宝丰乡、关坪乡、长新乡、团结彝族乡、民建乡
		洱源县	三营镇、牛街乡、右所镇、凤羽镇、炼铁乡
		鹤庆县	松桂镇、龙开口镇、黄坪镇
	州级（5个）	祥云县	下庄镇
		弥渡县	德苴乡
		永平县	龙门乡
		剑川县	甸南镇、沙溪镇
	重点生态功能区（47个）		
	国家级（5个）	剑川县	羊岑乡、弥沙乡、象图乡、马登镇、老君山镇
	省级（18个）	漾濞县	漾江镇、富恒乡、太平乡、瓦厂乡、鸡街乡、顺濞乡、龙潭乡
		永平县	龙街镇、水泄彝族乡、北斗彝族乡、杉阳镇、厂街彝族乡
		南涧县	宝华镇、无量山镇、小湾东镇、拥翠乡、乐秋乡、碧溪乡
	州级（24个）	大理市	大理镇、银桥镇、喜洲镇、湾桥镇、双廊镇、上关镇、太邑彝族乡
		祥云县	米甸镇、普淜镇、东山彝族乡、鹿鸣乡
		宾川县	钟英傈僳族彝族乡、拉乌彝族乡
		弥渡县	密祉乡、牛街彝族乡
		云龙县	功果桥镇、白石镇、检槽乡、苗尾傈僳族乡
		洱源县	乔后镇、西山乡
		鹤庆县	草海镇、六合彝族乡
		巍山县	青华乡

（续表）

类型	级别	县域	乡镇
禁止开发区 （53 个）	国家级 （13 个）		自然保护区 3 处、风景名胜区 1 个、地质公园 1 个、湿地公园 2 个、森林公园 5 个、水产种质资源保护区 1 处
	省级 （11 个）		自然保护区 3 处、湿地公园 2 个、风景名胜区 5 个、水产种质资源保护区 1 处

省级层面重点开发区域是指区位条件优越、发展基础较好、资源环境承载能力较强、具备较好的经济和人口集聚条件，相对连片，并能对全省区域经济格局产生较大影响的区域，主要分布在大理-祥云-宾川发展极经济走廊上。

国家层面限制开发区域（农产品主产区）是指对全国粮食安全具有重大或较大影响的区域，是指具备较好的农业生产条件，以提供农产品为主体功能，以提供生态产品、服务产品和工业品为其他功能，需要在国土空间开发中限制进行大规模高强度工业化城镇化开发，以保持并提高农产品生产能力的区域，主要分布在巍山、鹤庆、洱源、宾川和云龙等地区。

国家层面限制开发区域（重点生态功能区）是指生态系统十分重要，关系全国或较大范围区域的生态安全，目前生态系统有所退化，需要在国土空间开发中限制进行大规模高强度工业化城镇化开发，以保持并提高生态产品供给能力的区域，主要分布在滇西横断山脉的剑川县。

省级层面限制开发区域（重点生态功能区）是指资源环境承载能力较弱，或生态环境问题比较严峻，或具有较高生态功能价值，以及矿产资源衰竭或富集区的区域，主要分布在永平县和漾濞县。

州级重点开发区域是指区位条件较好，有一定的社会经济发展基础，具备较好的经济和人口集聚条件，对全州和各县市社会经济发展具有重要意义的区域，主要包括各县市城关镇及中心集镇。

州级层面限制开发区域（农产品主产区）是指耕地面积较多、发展农业生产的条件较好、对全州粮食安全具有重大或较大影响的区域，主要分布在南涧县、弥渡县和祥云县。

州级层面限制开发区域（重点生态功能区）是指资源环境承载能力较弱，或生态环境问题比较严峻，或具有一定生态功能价值区域，主要分布在哀牢山、无量山区域。

禁止开发区域是指依法设立的各类自然文化资源保护区域,包括世界自然文化遗产、国家级和省级地质公园、国家级和省级风景名胜区、国家级和省级州级自然保护区、国家级森林公园、国家级湿地公园等。大理州禁止开发区以点状形态分布于上述各种类型主体功能区中。

6.4.4.3　重要指标统计分析

大理州 110 个乡镇中,重点开发区 36 个,占全州总面积的 28.18%;农产品主产区 27 个,占全州总面积的 26.70%;重点生态功能区 47 个,占全州总面积的 45.12%。各类禁止开发区 53 个。大理州主体功能分区指标统计见表 6-17。

表 6-17　大理州主体功能分区指标统计

类型	级别	数量	面积	人口	工业总产值
重点开发区	省级	20.00%	15.83%	35.84%	52.52%
	州级	12.73%	12.34%	15.31%	12.16%
农产品主产区	国家级	20.00%	21.91%	16.65%	6.41%
	州级	4.55%	4.79%	4.35%	2.76%
重点生态功能区	国家级	4.55%	5.09%	1.99%	6.89%
	省级	16.36%	15.84%	8.99%	6.40%
	州级	21.81%	24.20%	16.87%	12.86%

6.4.4.4　发展目标

以全国生态文明先行示范区创建统领经济社会发展和生态环境保护,努力构造科学、集约、高效的空间开发格局,着力打造绿色、循环、低碳的产业经济体系,致力推广理性、节俭、文明的大众消费模式,倾力建设山清、水秀、天蓝的生态环境系统,生态文明观念更加深入人心,生态文明制度更加完善有效,生态文明自觉成为公众时尚,逐步实现从工业文明向生态文明的跨越,争创生态文明先行示范区,建设美丽和谐幸福的新大理。

根据规划发展的指导思想、基本原则和总体目标,参照国家发改委关于创建全国生态文明先行示范区建设的要求,遵循人类社会经济活动与自然生态环境质量相互映射的原则,提出大理州未来生态文明建设的具体指标。

规划基准年为 2013 年,基础数据为 2012 年,发展分为近期(2013—2015)、中期(2016—2020)和远期(2021—2030)3 个阶段。大理白族自治州生态文明建设主要指标见表 6‐18。

表 6‐18　大理白族自治州生态文明建设主要指标

类别		指标名称	单位	指标值					
				2012 年	2017 年	变化率	2020 年	2030 年	变化率
经济发展质量	1	人均 GDP(现价)	元	19 282	35 000	＋82%			
	2	服务业增加值占 GDP 比重	%	35.9	43	＋7.1			
	3	战略性新兴产业增加值占 GDP 比重	%	1.3	3.5	＋2.2			
	4	文化产业增加值占 GDP 的比重	%	3.96	5.0	＋1.04			
	5	农产品中无公害、绿色、有机农产品种植面积比例	%	31	58	＋27			
	6	洱海流域无公害、绿色、有机农产品种植面积比例	%	33	61	＋28			
	7	城乡居民收入比例	—	3.5	3.2	－8.6%			
资源能源节约利用	8	国土开发强度	%	2.65	2.89	＋0.24			
	9	耕地保有量	10^4 hm²	29.85	29.85	完成省下达任务			
	10	单位建设用地生产总值	亿元/平方千米	0.896 8	1.481 2	＋65%			
	11	水资源开发利用总量	亿米³	14.19	17.95	＋26.5%			
	12	万元工业增加值用水量	吨/万元	116	70	－40%			
	13	农业灌溉用水有效利用系数	—	0.46	0.52	＋0.06			
	14	再生水利用率	%	10	20	＋10			

（续表）

类别	指标名称		单位	指标值					
				2012 年	2017 年	变化率	2020 年	2030 年	变化率
15	万元 GDP 能耗（2012 年价）		吨标煤/万元	1.073 8	0.952 8	−11%			
16	万元 GDP 二氧化碳排放量		吨/万元	2.17	1.83	−15.7%			
17	非化石能源占一次能源消费比重		%	30.2	34.8	+4.6			
18	能源消费总量		万吨标煤	672（含开口数）	934（含开口数）	+39%			
19	资源产出率	万元GDP煤炭消费量（不变价）	吨/万元	0.718 8	0.688 5	−4.2%			
		万元GDP石油消费量（不变价）	吨/万元	0.175 7	0.157 6	−10.3%			
20	矿产资源三率（开采回采率、选矿回收率、综合利用率）	铁	%	86.62 88.12 24.52	87 89 25	+0.38 +0.88 +0.48			
		铜	%	82.27 86.34 45.72	83 87 46	+0.73 +0.66 +0.28			
21	主要再生资源回收利用率		%	65	75	+10			
22	工业固体废物综合利用率		%	63.5	73	+9.5			
23	工业用水重复利用率		%	91.5	93.0	+1.5			
24	新建绿色建筑比例		%		10	+10			

（续表）

类别		指标名称		单位	指标值					
					2012 年	2017 年	变化率	2020 年	2030 年	变化率
生态建与环境保护	25	湿地保有量		10^4 hm²	4.5	4.75	+5.6%			
	26	受保护地区占国土面积比例		%	13.55	16.07	+2.52			
	27	森林覆盖率		%	58.61	61.81	+3.2			
	28	草地覆盖率		%	40	45	+5			
	29	森林蓄积量		10^4 m³	9 140	10 700	+17%			
	30	湖泊面积		10^4 hm²	3.01	3.03	+0.7%			
	31	水土流失面积		10^4 hm²	97.03	87.53	−9.8%			
	32	城市人均公园绿地面积		m²	5.18	10	+93%			
	33	二氧化硫排放量		10^4 t	14 111					
	34	氮氧化物排放量		10^4 t	34 032	控制在省规定范围内				
	35	COD 排放量		10^4 t	44 449					
	36	氨氮排放量		10^4 t	5 065					
	37	洱海入湖污染物削减量	COD	t/a	10 049.6	2 120.7	−78.9%			
			TN	t/a	2 628.2	1 385.6	−47.3%			
			TP	t/a	176.1	92.3	−47.6%			
	38	空气质量优良率		%	100	100	0			
	39	主要水功能区水质达标率		%	62.75	72.25	+9.5			
	40	高原湖泊（洱海）水质		—	Ⅲ类	Ⅱ类以上				
	41	城镇供水水源地水质达标率		%	75	85	+10			
	42	县城以上城市污水集中处理率		%	76.43	86	+9.57			
		城镇污水集中处理率		%	60	65	+5			

（续表）

类别		指标名称	单位	指标值					
				2012 年	2017 年	变化率	2020 年	2030 年	变化率
	43	县城以上城市生活垃圾无害化处理率	％	62.05	85	＋22.95			
		城镇生活垃圾无害化处理率	％	53.7	58	＋4.3			
生态文化教育	44	中小学生生态保护教育实际开课率	％	100	100	0			
	45	党校及行政学院生态环保教育实际开课比例	％	65	100	＋35			
	46	生态文明知识普及率	％	85	97	＋12			
	47	公共交通出行比例	％	30	40	＋10			
	48	二级及以上能效家电新产品市场占有率	％	70	90	＋20			
	49	城区居住小区生活垃圾分类达标率	％	30	35	＋5			
	50	有关产品政府绿色采购比例	％	53.18	98	＋44.82			
生态文明制度建设	51	生态文明建设占党政实际考核的比重	％	10	40	＋30			
	52	资源节约和生态环保投入占财政支出比例	％	6.2	6.7	＋0.5			
	53	研究与实验发展经费中用于生态环保的比重	％	5	8	＋3			
	54	环境信息公开率	％	60	100	＋40			

6.4.4.5 建设任务与实施路径

1) 建设任务

(1) 建设集约高效的生产空间。

以生产活动内容区分生产空间类型,以主体功能分区划清生产空间边界,以生态文明水平评估生产空间效率,在此基础上,诊断生产空间增长方向(外延增长—内涵增长)、明确生产空间增长模式(极化增长—均衡增长)。

以现实产业结构解读生产空间特征,以内外交通联系透视生产空间组织,以未来市场需求丰富生产空间内涵,以特色制造业为基础,以现代服务业为重点,以战略性新兴产业为引领,以产业结构轻型化和人文化为方向,明晰区域主导产业,构建适应大理跨越发展要求的"两型"产业体系。

以资源环境条件解析生产空间基础,以资源节约水平审视生产空间绩效,以生态环境效应评价生产空间品质,以企业清洁生产为基础,以循环经济发展为重点,以主要行业、骨干企业和关键环节为突破口,通过制度约束、政策激励和科技支撑,创新适应生态文明发展要求的循环经济模式。

(2) 建设宜居适度的生活空间。

以日常生活内容区分生活空间类型,以生产空间关联明确生活空间边界,以人居环境水平评估生活空间效用,在此基础上,诊断生活空间发展方向(空间整合—空间提升),明确生活空间发展模式(收入导向—环境导向)。

以城乡社会结构解读生活空间特征,以城乡地域联系透视生活空间组织,以城乡融合发展丰富生活空间内涵,以城镇化为动力、网络化为纽带、一体化为方向,以产业发展引导农村人口转移,以空间整合重构城乡聚落体系,以基础设施密切城乡地域联系,构建"点-面"结合的生活空间结构。

以自然环境条件解析生活空间基础,以社会发展水平审视生活空间效用,以生态环境效应评价生活空间品质,以充分就业为基础、公平分配为支撑,完善公共服务体系,保障居民消费能力;以生态文化为先导、生态技术为动力,革新传统生活行为,推广绿色消费模式;大力进行环境基础设施和生活服务设施配套布局,不断优化人居环境,努力建设美丽家园。

(3) 建设山清水秀的生态空间。

以主体功能分区为基础,以生态红线理念为约束,区分重点生态功能区、生态环境敏感区和生物多样性保育区等不同生态空间类型,疏通生态廊道,完善生态功能,构建联系紧密、功能多样、保障有力的生态空间格局。

以重点生态功能区管理为手段,以水源涵养、水土保持和生物多样性保育等功能保障为目标,实施更加严格的生态环境保护制度,通过完善区域产业环境准入标准,提高生态环境保护准入门槛等,切实减少人为干扰;严格执行林地保护和植树造林政策,保大理一方绿洲。

以洱海湖泊水生态保护为核心,以洱海流域水污染防治为重点,积极推动洱海保护的战略转型,主要通过"管理控污""结构减污"和"湿地净污"等长效机制建设,配套实施"工程治污""生态化污"等技术措施,切实恢复洱海上游水源涵养功能,还洱海一泓清水。

2)实施路径

(1)优化空间结构,提高承载能力。

优化空间开发格局是生态文明建设的基础工程。以滇西中心城市建设为核心,着力构建"主城—副城—新区—市镇"的城镇结构体系,推动形成"一区两轴、圈层推进、极点联动"的城镇空间格局;以大理-祥云-宾川联动发展为抓手,重点打造以下关-海东、凤仪、祥城和金牛为节点的黄金三角,通过向周边辐射,带动滇西中心城市快速崛起;以外围极点建设为支撑,加强空间整合,形成"一县一园、产城融合"的空间发展模式,努力提高空间承载能力和集约利用水平。

(2)优化产业结构,提升产业层次。

优化区域产业结构是生态文明建设的内在要求。科学发展矿冶、建材等基础产业,积极发展以汽车生产为主体的特色制造业,大力发展清洁能源、生物资源等新兴制造业,加快推进生产物流、生活物流等综合物流业,努力开拓以文化、教育、医疗、卫生为特色的生活服务业,创新提升以养生、休闲、度假为主体的高端旅游业,超前培育生物医药、环保节能、文化创意、科技服务等战略性新兴产业,不断提高产业结构的轻型化和生态化水平。

(3)转变生产方式,推进循环经济。

转变经济发展方式是生态文明建设的根本途径。构建区域—园区—市场主体三级循环经济体系。以企业清洁生产(小循环)推行为基础,以骏马、飞龙等重点企业为引领,分阶段实施规模以上工业企业清洁生产达标验收;以循环经济园区(中循环)创建为重点,以创新、财富等重点园区为示范,构建纵向、横向相结合的循环经济链条;以生态经济系统(大循环)培育为方向,以生产-流通-消费为主线,构建跨地区、跨行业、跨领域、覆盖全州的循环经济网络。论证并选择适当区位创建静脉产业园区,切实推进废弃物质的资源化。

(4)转变生活方式,推动绿色消费。

转变社会生活方式是生态文明建设的重要内容。加快推进农村人口的城镇化聚集。坚持集中城市化(核心区)与分散城镇化(小城镇)相结合,引进外部动力、激发内在活力,以新型工业化带动新型城镇化,以户籍管理制度和土地流转政策创新引导城镇化良性健康发展。大力推动低碳生活和绿色消费。完善城乡公交网络,鼓励居民绿色出行;推广节能家电和节水器具,构建生活垃圾分类收集及储运系统,鼓励居民绿色消费;以生态社区和美丽乡村创建为抓手,规范布局绿地系统和环卫设施,建设宜居适度的生活空间。

(5)强化资源节约,保障利用效率。

强化能源资源节约是生态文明建设的基本任务。实施清洁能源替代战略,统筹规划、科学开发水能、风能和太阳能资源,切实提高非石化能源占一次能源消费比重;创新水资源有效利用机制,实施水资源跨区域调配工程,重点解决祥云和宾川缺水问题;创新建设用地管制制度,在严守基本农田底线的基础上,建设用地指标尽可能向重点开发区倾斜;实施农业科技创新工程,以科技支撑推动集约农业和节水农业发展。制定分阶段、分部门和分行业的单位 GDP 能耗、水耗和资源消耗指标,通过过程监管和目标考核严格落实。

(6)强化污染防治,保护生态环境。

环境污染防治是生态文明建设的有效保障。以水污染防治为重点,牢固确立洱海水质保护目标的刚性约束,强化洱海流域污染综合防治。加强农业面源污染防治,以农业结构调整和生物技术替代推动污染减排,以农畜粪便资源化和生态湿地建设推动污染减效;加强农村生活污染治理,以环境基础设施建设推动生活"两污"处理,以环境综合整治推动农村人居环境优化。注重大气污染防治,以矿冶、建材等重点行业和重点企业为对象,大力推广清洁生产,切实减少生产污染和二氧化碳排放。实施生态系统修复工程、生物多样性保护工程和减灾防灾工程,维护区域生态平衡。

6.4.5 《云南苍山洱海国家级自然保护区总体规划(2014—2025年)》

编制单位为国家林业局昆明勘察设计院、西南林业大学。

《云南大理苍山洱海国家级自然保护区总体规划(1996—2010年)》由大理苍山洱海国家级自然保护区管理处 1996 年开始编制,2003 年 8 月修编,

12 月省人民政府批准执行。到 2010 年底总体规划已到期,按照国家自然保护区条例的相关规定,大理州委托西南林业大学、国家林业局昆明勘察设计院开展新一轮保护区总体规划的编制工作,在编制工作中,多次征求大理市、漾濞县、洱源县人民政府和省级、州级相关部门领导和专家的意见,数易其稿,2014 年 3 月完成了总体规划(2014—2025 年)送审稿的编制工作。2015 年 4 月 10 日,环保部生态司在北京主持召开了《云南苍山洱海国家级自然保护区总体规划(2014—2025 年)》(以下简称《总体规划》)国家级评审会,与会专家认真听取了编制单位的汇报,仔细审阅了相关材料。经充分讨论,一致同意《总体规划》通过评审,并按照专家评审意见进行了修改完善,经环保部审核通过,2015 年 9 月省人民政府以政复〔2015〕56 号文批复,同意规划实施。

6.4.5.1　规划修编原则

规划在原有规划(1996—2010 年)的基础上,按照"全面规划、积极保护、科学管理、永续利用"的自然保护工作方针,坚持主要保护目标和不变,保护范围和面积不变的原则,有利于保护区的保护管理实现规范化、标准化和制度化,使保护区内自然资源得到合理保护和永续利用,并根据县域经济发展的要求,特别是结合漾濞县社会经济发展的需求,在苍山西坡功能区的规划中预留一定的发展空间。同时将大理至瑞丽铁路经过苍山段的线路,通过正确的海拔修正将其部分范围调整出保护区,支持了重点项目的建设,最大程度地实现保护区与地方经济协调发展。

6.4.5.2　规划总体目标

规划总体目标如下:到规划期末,苍山冰川地质遗迹、高山垂直带植被及生态景观得到有效保护,森林覆盖率达到 90%;洱海水质保持在 Ⅱ 类,湖泊生态系统稳定;把云南大理苍山洱海国家级自然保护区建设成为功能区划合理、设施完善、管理效能高、保护信息系统与监测手段先进、运行机制灵活多样,国内领先、世界知名的综合型国家级自然保护区。规划主要内容包括:保护区现状及评价、保护管理规划、科研监测规划、宣传教育规划、基础设施规划、社区共管规划、生态旅游规划、重点工程建设、投资估算与资金筹措、组织机构与人员配置、实施规划保障措施及效益评价。总投资概算为 17 404.25 万元。

6.4.5.3　性质定位

《云南苍山洱海国家级自然保护区总体规划(2014—2025 年)》总规将苍山

洱海国家级自然保护区性质定位为：属于自然生态系统类别，同时兼属自然遗迹类别，其中包含森林生态系统、内陆湿地和水域生态系统和地质遗迹三种类型，是一个多层次、多功能、大容量的综合型自然保护区。

6.4.5.4 规划范围

规划范围如下：苍山、洱海两大片区，地跨 2 县 1 市，苍山西坡为漾濞县，东坡为大理市，洱海北端为洱源县，南端为大理市。保护区总面积为 79 700 hm²，其中，核心区面积 17 000 hm²，缓冲区面积 38 500 hm²，实验区面积 24 200 hm²。

6.4.5.5 规划分区

1）苍山片区

东坡海拔 2 200 m 以上，南至西洱河北岸海拔 2 000 m 以上；西坡海拔 2 000 m（由西洱河北岸合江口平坡村至金牛村）和 2 400 m（由光明村至三厂局）以上；北至云弄峰余脉。规划面积约 546 hm²，占总面积的 68%。

2）洱海片区

东起海东环湖公路，西沿湖岸线；南起洱海公园，北止洱海弥苴河三角洲（包括弥苴河段）。包括整个洱海湖面及部分滩涂，规划面积约 251 hm²，占总面积的 32%。

主要保护对象为：高原淡水湖泊水体湿地生态系统；第四纪冰川遗迹高原淡水湖泊；以苍山冷杉——杜鹃林为特色的高山垂直带植被及生态景观；以大理弓鱼为主要成分的特殊鱼类区系。

3）保护分区

自然保护区分为核心区、缓冲区、实验区三大功能区。其中：

洱海核心区为北部弥苴河三角洲外围 500 m 水面，西闸河尾外围 200 m 两处。面积 5 km²。核心区除进行必要的瞭望观测、定位监测与科考调查项目外，不得设置和从事任何影响或干扰生态环境的设施和活动。

洱海缓冲区分为北部缓冲区和西南部缓冲区。北部缓冲区位于洱海北部，东起双廊以北约 1 km 的碧源阱河入湖口，西至沙村海舌为界，除核心区外的区域，面积 34 km²。西南部缓冲区位于洱海西岸，北起生久岸，南至洱滨小海舌，湖岸内约 1 km 宽水面，又拐向东岸的下河湾。面积 30 km²。缓冲区可进行有组织的科学研究、试验观察，安排必要的监测项目、野外巡护和保护设施建设。

洱海实验区包括除核心区和缓冲区以外的区域,面积 182 km²。实验区为保护经营区域,可适度建设和安排生物保护、资源恢复、科学试验、教学实习、参观考察、宣传教育、社区共管、生态旅游、多种经营项目,以及必要的办公、生产、生活等基础设施和道路、通信、给排水、供电等配套工程项目。

6.4.5.6 规划实施结论

通过总体规划的实施,保护区在保护、科研、教育培训、开发利用等方面的功能将得以充分发挥。从根本上改变保护区的保护管理手段,提高其保护、管理、科研水平,加速周边地区生产力的发展,促进广大职工、当地群众观念、意识和思维方式的转变,社区居民更加积极参与保护,使自然资源和自然环境的保护更有成效,使保护区的自然生态系统、生物物种资源得以保存。保护区在调节改善区域气候、涵养水源、保持水土、净化空气以及人类健康和社区经济发展等各方面,都将发挥重要作用。

综上所述,苍山洱海国家级自然保护区的开发与建设不仅生态效益巨大,社会效益显著,而且还具有较高的经济效益。这是一项功在当代、利在千秋,集保护、拯救、科研于一身,融生态、社会、经济效益为一体的宏伟工程,对于保护高原淡水湖泊水体湿地生态系统、高山垂直带植被、生态景观、冰川遗迹和生物物种多样性及其栖息地等多种保护对象,增强保护区自身和社区可持续发展的能力,不断满足社会发展和人类生活的需要,促进和发展我国的自然保护事业,具有重要的现实意义和深远影响。

6.4.6 《大理白族自治州湿地保护规划(2014—2025)》

编制单位:云南省林业调查规划院、云南省自然保护区研究监测中心。

规划将大理州湿地生态功能区划分为:①中北部高原湖泊湿地生态系统保护与恢复区;②西部河流湿地水源涵养与生物多样性保育区;③南部、西南部河流湿地源头水土保持区;④东部、东南部库塘湿地保护与综合利用区。

洱海流域的洱海、西湖划入中北部高原湖泊湿地生态系统保护与恢复区。该区主要保护内容是加强湿地自然保护区(地)的建设与管理,特有湿地生物种类及其生态环境的研究和保护,开展社区共管,重点湿地的污染治理和湖周环境综合整治,湖泊面山绿化和湿地文化的建设。在全面恢复湿地生态环境的基础上,实施湿地示范项目,发挥湿地资源的多种作用。

6.4.7 《大理海东山地新区健康水循环系统建设专项规划（2015—2025年）》

编制单位为云南省环境科学研究院、南京智水环境科技有限公司。

根据经云南省人民政府批准实施的《大理滇西中心城市总体规划（2009—2030）》，大理市将建设成为滇西中心城市的中心城区，海东是大理市城市空间发展布局结构"一心两轴四组团"的主要组团之一；在州级层面，海东是中共大理州委、州人民政府全面推进"保护洱海、保护海西、开发海东、开发凤仪"的核心和关键，以及推动全州跨越发展的增长极。2015年1月20日，习近平总书记在大理考察时指出，"一定要保护好洱海"。2015年4月11日至13日，省委书记李纪恒在大理州就贯彻落实总书记指示精神做专题调研时指出：要高度重视海东片区开发的环境风险隐患，科学规划、把握节奏、稳慎推进，必须突出保护优先，把保护洱海、维护湖泊生态系统完整性放在首位，把环保意识、环保理念、环保措施和环保红线贯穿海东规划和开发建设全过程，绝不让一滴污水进入洱海。将海东建成环保城市的样板和典范，构建海东健康水循环系统。

健康水循环是指通过水资源的循环利用，使水的社会循环体系和自然循环体系相互融合，实现经济社会发展、水资源可持续利用和生态环境保护的整体目标。相关的技术体系对于海东开发建设和洱海水质保护有着特殊的借鉴意义，为实现海东新区建设过程中的"四个安全""四个率先"，有必要依托健康水循环的管理理念对新区的水资源管理进行纲领性的设计。因此，海东开发管理委员会委托相关机构开展《大理海东山地新区健康水循环构建专项规划》编制。

6.4.7.1 规划范围

大理海东山地新区，总面积53.89 km²，包含中心片区29.77 km²，北片区14.01 km²，金牛片区10.11 km²。中心片区总面积29.77 km²，建设面积17.4 km²，规划人口16万人。规划协调区域为洱源县三岔河水库一、二级保护区5 km²。

6.4.7.2 规划思路

海东山地新城中心城区面临着丰枯失衡、径流增加、污染增多的突出问题，主要表现在：开发建设前即存在水资源丰枯失衡的突出问题；开发建设后将进一步加剧丰枯失衡，同时面临着本区径流输出增加、蓄积水量减少以及污染程度增加的局面。健康水循环构建需要通过人为干预，促进社会水循环与自然水循环的有机融合。

1）规划目的

增加截留：有效增加降雨入渗，提高水资源在区域内的有效蓄积；

降低输出：控制地表径流量，减少地表径流带来的水量和污染物输出，降低对洱海的影响；

均衡丰枯：地表径流应最大化蓄积下来重新循环至城市内部作为生态用水，调节水资源供需上的丰枯失衡；

循环利用：污水应按照"应收尽收"的原则，把城市生活污水全面收集处理后回用，减少由于人口增加带来的生活污染输出；

自然补给：河道生态需水主要依靠雨水入渗补给。

由以上分析可知，本规划是对海东山地新区涉水事务的总体统筹，是为建设"水安全、水控制、水利用、水排放、水循环、水涵养"全面达标的环保模范城市绘制蓝图，需要通过综合手段实现"扩充水系空间、确保水质优良、平衡丰枯水量、保证生态健康"。

2）规划的总体思路

以合理配置水资源在区域内的时空分布、保障防洪排污安全、最大化控制与截留雨水并充分利用，以及确保排水达标和生态健康为总体目标。

通过在地块层面优化配置低影响开发措施、在城市骨架优化设计河流水系系统、在区域总体层次形成雨水及再生水的循环利用，形成"源头控制、途径减量、末端减排、多级循环、丰枯调配"的健康水循环系统。

通过健康水循环体系的构建，为海东"高起点、高标准"的环保模范城市建设提供水资源可持续发展的基础。

6.4.7.3　规划目标

1）总体目标

合理配置水资源在海东新区的时空分布，开发涵盖"地块—水系—城区"三个尺度、传统与非传统水资源集成优化的平衡体系；保障城区防洪排涝安全，实现对雨水的最大化控制、截流与充分利用，确保排水达标和生态健康；通过再生水的梯级净化实现水资源的循环利用，在优化海东社会经济发展所需的水资源配置的同时，实现对洱海最大程度的保护。

2）自然循环目标

通过海绵城市建设，海东建成后降雨总量和初期污染负荷得到有效控制，年径流总量控制率达到 80% 以上，初期雨水污染负荷控制率达到 80% 以上。

3）社会循环目标

城市非传统水资源综合利用能力显著加强，雨水调蓄系统能够有效蓄积雨水资源并在城市内循环利用，雨水资源循环利用率达到 50%，污水收集处理后再生回用、污水回用率达到 90% 以上；有效提高建成后城区的防洪排涝标准，全面达到或优于国家规范要求；以低影响开发系统建设的技术标准为准则，系统补充完善城市建设相关制度和规划，构建"以水定城"的制度保障体系；城市涉水事务管理能力、防洪预警能力和应急抢险能力显著加强；建成具有明显示范效应的湖泊近郊健康水循环山地新城。

6.4.7.4　健康水循环六大格局

健康水循环的六大格局如下：

（1）水资源保障格局。

（2）城乡供水格局。

（3）污水处理及资源化利用格局。

（4）海绵化水环境格局。

（5）健康水生态保护格局。

（6）防洪排水格局。

6.4.7.5　规划指标

（1）径流总量控制：年径流总量控制率高于 80%。

（2）雨水资源化利用：雨水资源化利用率达到 50% 以上，按照实施低影响开发措施后多年平均径流量计算，多年平均地表径流资源化利用量应达到 100 万米³/年以上，占多年平均降雨总量的 5%。

（3）地下水补给：多年年均蒸发量达到开发建设前的水平，即多年年均蒸发量达到总降雨量的 70%；年际间的水量蓄变量达到开发建设前的水平，即年际间的水量蓄变量达到总降雨量的 16%。

（4）城市面源控制：雨水口或主要河流的入湖断面降雨期间的径流水质优于地表水Ⅳ类水质标准。

（5）污水处理：污水收集处理率达到 100%。

再生水回用：再生水回用达到 90% 以上，按照水资源需求计算，再生水回用量达到 10 000 万米³/年。

6.4.8　《洱海保护治理与流域生态建设"十三五"规划（2016—2020 年）》

6.4.8.1　规划目标和指标

1）规划目标

"十三五"期间，洱海湖心断面水质稳定达到Ⅱ类，全湖水质确保 30 个月、力争 35 个月达到Ⅱ类水质标准，水生态系统健康水平明显提升，全湖不发生规模化藻类水华；到 2020 年，主要入湖河流永安江、中和溪消除劣Ⅴ类，弥苴河、罗时江、波罗江、白石溪、万花溪、茫涌溪总氮、总磷较 2015 年降 20%。水质评价标准统一采用 GB 3838—2002《地表水环境质量标准》（湖库标准）。

2）规划指标

规划指标包括水环境质量指标、流域生态环境指标、流域水环境管理指标共 29 项指标，具体指标详见表 6‑19。

表 6‑19　洱海保护治理与流域生态建设主要指标

指标类型	指标名称	基准年	2020 年	备注
湖泊水质与富营养化	总氮	0.52	≤0.50	参考指标
	总磷	0.025	≤0.023	约束指标
	高锰酸盐指数	3.10	≤3.00	约束指标
	富营养化综合指数 TILc	41	≤38	约束指标
湖泊水生态	水华影响面积/%	<30	≤20	约束指标
	水生植被覆盖率/%	8.2	≥9.0	参考指标
入湖河流水质	永安江、中和溪	劣Ⅴ类	Ⅴ类	约束指标
	波罗江	Ⅴ类	总氮总磷降 20%，其它指标达Ⅲ类	约束指标
	罗时江	Ⅴ类	总氮总磷降 20%，	约束指标
	弥苴河	Ⅳ类	总氮总磷降 20%，其它指标稳定保持Ⅲ类	约束指标
	白石溪、万花溪、茫涌溪	Ⅳ类	总氮总磷降 20%	约束指标

（续表）

指标类型	指标名称	基准年	2020 年	备注
流域生态建设	流域植被覆盖度/%	50.36	50.50	参考指标
	强度和极强度流失区比例/%	11.1	10	参考指标
	新增湿地面积/hm²	—	666.7	参考指标
流域水环境管理	中心城区污水处理率/%	60	90	约束指标
	洱源县城污水处理率/%	50	85	约束指标
	中心集镇污水处理率/%	40	80	约束指标
	村落污水处理率/%	30	60	约束指标
	工业污水达标排放率/%	100	100	约束指标
	城镇生活垃圾无害化处理率/%	96	99	约束指标
	农村生活垃圾无害化处理率/%	80	90	约束指标
	环湖旅游业污水处理率/%	40	95	约束指标
	畜禽粪便资源化、能源化利用率/%	75	90	参考指标
流域水环境管理	中心城区污水处理率/%	60	90	约束指标
	洱源县城污水处理率/%	50	85	约束指标
	中心集镇污水处理率/%	40	80	约束指标
	村落污水处理率/%	30	60	约束指标
	工业污水达标排放率/%	100	100	约束指标
	城镇生活垃圾无害化处理率/%	96	99	约束指标
	农村生活垃圾无害化处理率/%	80	90	约束指标
	环湖旅游业污水处理率/%	40	95	约束指标
	畜禽粪便资源化、能源化利用率/%	75	90	参考指标
流域节水与水资源保护	大理市新增高效节水灌溉面积/hm²	—	1 333	参考指标
	灌溉水有效利用系数	0.55	0.60	参考指标
	新增中水回用量（万 m³/d）	—	5	参考指标

（续表）

指标类型	指标名称	基准年	2020 年	备注
产业结构调整	新增绿色无公害农产品种植面积/hm²	—	3 333	参考指标
	湖滨缓冲区规模超过牛 2 头、生猪 10 头的养殖禁养率/%	—	100	约束指标
	海西-上关片区非种养一体化型的规模化畜禽养殖禁养率/%	—	100	约束指标

6.4.8.2　主要任务

针对洱海水质良好,处于富营养化转型期的特征,坚持保护优先、保护与治理相结合原则。从流域系统治理理念出发,以水质改善为核心,以湖泊水环境承载力为依据,采用"空间管控与经济优化-污染源系统治理-水资源统筹与分质利用-清水产流机制修复-湖泊水生态功能提升-流域综合管理"为主的思路,以湖滨及沿河区治理为重点,以洱海保护治理抢救模式"七大行动"为抓手,构建流域治理工程体系和管理体系,统筹解决流域水环境、水资源、水生态问题,实现"山水林田湖"一体化保护,促进流域经济发展与环境保护的协调统一。

1) 优化区域空间结构,着力构建可持续发展的空间格局

以洱海流域水环境承载力为重要依据,加快编制洱海流域空间规划,划定城镇、农业、生态空间,划定流域禁建区、限建区和生态红线,严格红线管控;加快流域乡镇总体规划、村庄建设规划的修改完善,进一步优化流域村镇布局和产业发展格局,推动建立与洱海水环境承载力相适应的生态安全格局。

从流域源头至洱海依次划定水源涵养区、绿色发展和优先发展区、湖滨缓冲区和洱海水生态保护核心区。水源涵养区和洱海水生态保护核心区,严禁土地开发,实施最严格的管控制度。严格控制湖滨缓冲区的开发规模和强度,引导人口向区外转移;禁止发展工业企业;逐步取缔大牲畜及生猪养殖和投饵水产养殖,严格控制高施肥作物种植。实施"两保护,两开发"战略,优化坝区绿色发展区和优先发展区经济发展,实现区域功能组团的重组,促进重点区域可持

续发展;严格控制海东优先发展区的开发规模和强度,节约集约用地,把节地理念、环保意识、环保措施和环保红线贯穿海东开发的全过程。

大力调整工业产业结构,以洱海保护优化流域经济增长方式。综合考虑流域水环境承载力、水资源承载力、生态经济指标,大力推进以新能源、新材料为主的高新技术产业和绿色食品开发产业的发展,积极推动精深加工、延长产业链,促进工业转型升级。加快邓川工业园等清洁生产和生态工业园区的创建。在区域层面实施产业布局统筹,严禁高污染、高排放企业和重化工项目在流域内布局,对流域内的水泥、造纸等企业实行异地搬迁;严格控制用水量大、对水环境影响和风险较大的工业项目建设,逐步将重污染工业调整到流域外县市。

优化流域农业产业空间格局,分区制定准入机制。科学控制流域畜禽养殖规模,逐步将流域过载规模化畜禽养殖业调整到流域外;将流域主要入湖河流周边 200 m、洱海及重要湖库周边 500 m 和城市建成区划定为规模化畜禽禁养区,流域其他区域为限养区,限养区合理控制养殖规模,推行适度集中规模化养殖,严格按规定配套建设畜禽养殖废弃物处理设施。优化农业种植空间布局,弥苴河、永安江、罗时江两岸各 100 m,苍山十八溪两岸各 50 m,其他主要入湖河流两岸各 30～50 m,洱海及重要湖库周边 500 m 禁止种植大蒜等高肥作物,鼓励和扶持实施规模化生态种植。

加快流域生态农业建设。大力发展绿色水稻、观赏花卉、海菜花、特色水果等低化肥高附加值农业;加快高肥作物种植结构转型升级;增施有机肥,实施化肥农药零增长行动,大力推行清洁农业标准化生产模式,着力推进农业面源污染防治与农业增收的结合。优化种养结构、构建新型种养关系,加强农作物秸秆、畜禽粪便资源化利用;加强绿色农业产业化基地建设、农产品加工业以及高端生态农业观光旅游一体化示范建设,强化农产品加工业等供给侧结构性改革,着力推进全产业链和全价值链建设,实现农村一二三产业融合发展。

强力调整沿湖旅游业无序、低端发展现状。根据生态环境承载力和城乡规划要求,科学确定发展规模,实施动态更新管理;加强沿湖村庄民房和经营性建筑规划许可及批后监管、建设验收,坚决拆除洱海 1 966 m 界桩外延 15 m 范围内的所有违章建筑和违规经营设施;符合环保要求的客栈实施严格的排放许可制度。大力推动村庄土地规划建设专管员制度,加大日常沿湖建设和排污情况巡查。大力推动高端特色生态旅游业发展,做精自然山水、民族风情两大传统旅游产品,推动洱海旅游业跨越升级与控污减排。

2)加强水资源统筹利用,着力节水减污

加强流域水资源的保护力度,统筹流域水资源分质利用。严格保护洱海、三岔河水库、鸡舌箐、茈碧湖等集中饮用水源地,严防污染及藻华风险;以预防为主,制定不同风险源的应急处理处置方案,形成应对突发事故应急处理处置能力,保障居民生活的用水安全。加强河流、湖泊、地下水等天然水资源以及城市再生水、农田退水、城市雨洪水等再生水资源的分质统筹利用,保障再生水及雨水资源安全利用。

以海西为重点,加快推进环洱海城乡统筹供水建设。规范取水点,加强饮用水源地建设,保障水源安全;加强供水管网建设,供水管网漏损率控制在12%以内;实施阶梯水价制度,减少水资源浪费。

加强流域农业节水及退水回用,提高用水效率。大力发展农田节水灌溉,加快推进农田水利改革进程,按照"先建机制、后建工程"的要求,建立完善机制后推广喷灌、滴灌、微灌等节水灌溉技术,大力推动农业节水减排。逐步取缔大水漫灌,规范农业取水,实施农业定额取水制度,着力提高用水效率。与湖滨缓冲区库塘湿地生态建设和低污染水净化工程相结合,实施环洱海地区农业灌溉用水提升改造工程,加大农田高营养退水的重复利用率,减少农田在河流的清水取水量。

大力推进城市污水再生和回用,同步减排和节约水资源。加快推进海东、凤仪、双廊等区域污水再生回用,工业园区、高耗水行业、城镇景观绿化、道路冲洒等优先利用再生水。

积极推行低影响开发建设模式,建设滞、渗、蓄、用、排相结合的雨水收集利用设施,加快海东海绵城市建设,加强雨水资源利用,可渗透地面面积达40%以上,径流系数不高于0.35。

加强流域地表水资源调度和配置,统筹协调十八溪小流域生活用水取水、农业灌溉取水、河流生态用水,进一步规范十八溪取水许可及取水量管理,恢复苍山十八溪自然水循环;强化北三江流域茈碧湖、西湖、东湖、库塘的水质水量联合调度,发挥其对洱海保护作用。

3)系统截污治污,着力削减入湖污染负荷

强力推进环湖旅游污染治理。加快整顿违法违规餐饮、客栈、商铺。加快推进环湖客栈、餐饮、商铺等污水并网集中收集处理,并网集中收集处理前应实现纳管分片区收集深度处理,并加强尾水综合利用,未实现分片收集深度处理的纳入无序发展范畴予以停业整顿。

强力推进流域村镇截污治污体系全覆盖。以 PPP 模式加快推进城镇污水处理厂及配套管网建设,加强污水处理厂污泥的处理、处置。2017 年底前完成环湖十镇污水处理厂、配套管网建设。全面排查网管错接、漏接、破损、堵塞,以古城、下关北和凤仪为重点,加快推进雨污分流改造,全面提高城镇污水处理厂管网收集率,严防污水溢流。加强流域现有城镇污水处理厂的提标改造;加快推进环湖镇区暴雨径流及处理设施尾水调蓄净化库塘系统建设,降低暴雨径流对洱海水华暴发的风险。加强低污染水的净化和综合利用,促成健康水循环体系的形成。至"十三五"末,流域内大理市中心城区、洱源县城、中心集镇的生活污水处理率分别达到 90%、85% 和 80%。

加快推进流域近镇、环湖、沿河村落污水并入城镇污水管网集中处理,加强村落连片综合整治,加快推进偏远地区村落生态型污水设施建设,逐步实现村落污水收集处理全覆盖。村落污水收集要实现村外来水、农田灌溉水与村内污水分流;加强村落污水管网入户漏接排查,管网破损、渗漏、连通性排查,提升污水收集率和污水浓度。畜禽养殖密度较低的村落,养殖污水应一并收集处理。规划并入城镇污水管网的环湖、入湖河流等敏感水体附近村落,在并网前的过渡期需采取一体化分散设施处理、生态处理等方式减少入湖污染负荷。2017 年底前,大理市尚未建成污水收集处理设施的 184 个村落和洱源县主要入湖河流、重要湖泊、水源地等的周边村庄实现污水收集处理全覆盖;至"十三五"末,实现流域村落全覆盖,村落污水处理率达到 60% 以上。

加快推进城镇垃圾分类收集及资源回收利用;推进洁净清运体系建设,标准化垃圾卫生转运站建设;加快推进餐厨垃圾的回收利用。加快完善农村垃圾的收集、转运和处理体系建设。完善村收集、镇转运、市县处理的体系建设,进一步规范农村垃圾收集点建设,最大限度减少垃圾对洱海的影响。

加大规模化畜禽养殖的治理力度。以奶牛养殖污染治理为重点,加强畜禽粪便处理和资源化利用。规模化养殖场实施雨污分流,粪便污水资源化处理利用;散养密集区要实行畜禽粪便污水分户收集、集中处理利用。

加强农田面源污染防治。以环湖氮磷流失严重的蔬菜(如大蒜)种植区为治理重点,结合洱海缓冲带建设与低污染水处理、河道缓冲带建设与沿河低污染水处理对策,采用生态沟渠建设,库塘调蓄、湿地净化等生态工程措施净化农田径流污染。2020 年完成临湖、主要入湖河流下游高施肥农田种植区种植业结构调整和面源污染防治。

强化工业污水治理。以污水深度处理与回用推动工业污染减排和水资源节约。加快推进凤仪工业园区污水处理厂、配套管网、回用管网建设。

4）综合整治入湖河流，着力保障清水入湖

制定洱海主要入湖河流水质提升计划，控制入湖氮、磷污染负荷。北三江水系上游结合沿河村落污水治理，开展河道生态修复，重点实施崩岸河道及水土流失治理，保持水质良好状态；中下游结合村落和农田面源污染治理，重点实施茈碧湖、西湖、东湖、海西海等重要生态节点的生态修复，沿河低污染水截蓄净化、河滨带修复、生态堤岸建设、河道清淤、入湖河口湿地修复等，大力削减入湖氮、磷污染，永安江水质提升一个等级，弥苴河及罗时江水质明显改善。

苍山十八溪上游河道开展取水整治及泥石流防治，中下游结合环湖截污工程的沿河截污，重点开展沿河排污口整治，沿岸库塘湿地建设，低污染水截蓄净化与农田回用，河滨缓冲带建设等，保障入湖水质和水量，中和溪消灭劣Ⅴ类，茫涌溪、白石溪、万花溪水质明显改善。

加强波罗江中上游建设污水管渠，在关键汇水处建设人工湿地或库塘湿地对来水进行处理；加强波罗江中下游排污管理，整治排污口，加强雨污错接、漏接管网排查，加快流域规模化畜禽养殖业淘汰或转移，加强流域风险源的管控，严防化学品污染，提升入湖河流水质。

加强入湖河流水生生物保护，入湖河道生态净化工程应充分考虑水生动物的保护措施，重点保护鱼类及大型底栖动物栖息地。

5）优化调控流域生态，着力保障洱海生态安全

加强水源涵养林建设，加大苍山林区和洱海源头森林生态治理与修复力度，建立健全森林生态安全保障体系，确保林区生态安全。同时加强海东裸露山体和石漠化综合治理，加大绿化力度，争取"十三五"期间海东片区荒山绿化率达 60％、森林覆盖率达 45％。实施以凤羽、右所、海东为重点的退耕还林、陡坡地生态治理、城乡绿化及水土流失防治工程，加强林草地建设，强化面山绿化和公路沿线破损山体综合治理。加强崩塌、滑坡、泥石流等灾害的防治。

大力推进洱海缓冲带建设与低污染水处理净化。以海西、海北为重点，以库塘湿地低污染水截蓄净化为主要内容,大力推进洱海缓冲带建设与低污染水处理净化。在海西大丽高速公路以东全面实施退塘还湿,建设调蓄库塘湿地,着力实施以农田面源为主的低污染水处理净化,大幅削减入湖沟渠低污染水,至2020年,实现海西、上关片区农田暴雨径流主要污染物削减30%以上。加快推进新一轮环洱海"三退三还"与湖滨带生态修复工程,洱海1966 m界桩以内及外延15 m范围实验退塘、退田、退房与生态修复,构建洱海生态屏障。

加强洱海水体生境改善、水体内负荷控制、渔业结构调整和水生态系统保育等,结合蓝藻水华控制,促进洱海生态修复。实施重点湖湾综合治理。加强洱海重点湖湾、河口高氮磷区以及海西淤泥堆积区疏浚,并实施疏浚后沉水植物恢复,有效控制泥源内负荷。

加强洱海水生态科学调控。加大洱海渔业资源保护增殖放流与封湖禁渔力度,加强土著鱼种保育,改善洱海渔业结构,强化洱海食物网下行调控措施,降低水华风险;加强湖滨及近岸区水生植物群落管理,及时清理水葫芦等漂浮植物以及死亡水草,增强洱海脆弱生态的恢复能力,促进湖滨沉水植物的恢复,抑制沉积物底泥营养释放,增强水生植物抑藻能力,降低水华暴发风险。

优化洱海水位运行调度,优化茈碧湖等来水、西洱河出水、引洱入宾出水联合调度,优化洱海水循环,改善洱海水动力;加强流域外调水研究论证。加强湖泊蓝藻水华发生机理研究,采取切实有效的措施,降低洱海蓝藻水华暴发的风险。

6)强化依法治湖,着力构建监管保障体系

严格环境执法。完善环保、公安、监察等部门和单位联合联动执法工作机制。加大执法力度,严格洱海生态保护红线管理,拆除红线内违章建筑,严厉打击侵占湖面滩地、私搭乱建等违法违规行为;排查企事业单位、宾馆客栈、餐饮、洗浴等排污单位的排污情况,规范污水纳管及治理;加强流域"禁磷""禁白""面山禁牧""禁高毒农药"的执法管理。

创新保护治理机制。落实排污单位主体责任,各类排污单位特别是餐饮、客栈要加强开展自检自测,落实环保自律机制,加强环境污染风险防范责任。明确州级部门及县市职责分工,建立分级网格化管理责任制,严格政府及相关部门目标任务考核;环保部门要加强统一指导、协调和监督;加快建立洱海保护治理市场化运作机制,建立污水管网、污水处理设施和湿地等环保设施市场化和专业化的运营管理机制。进一步健全"成本共担、效益共享、合作共治"的洱海生态补偿机制,制定切实可行的生态补偿办法;完善自然资源产权制度、排污交易机制、有机肥补贴等各类资源环境类收费调控机制与激励政策。

加强流域水环境监管。加强流域保护治理精准化、网格化管理,持续开展"三清洁"整治;加强重大污染治理工程建设过程环境监管,减轻流域面源排放。加强洱海水环境风险管控,强化交通运输、污水事故排放、暴雨洪水等对饮用水源地水质安全的风险管理;强化规模化蓝藻水华风险的管理,做好蓝藻水华高风险期的应急预案;强化环境风险源管理,制定环境污染事故应急处置措施。

加大监测能力建设及部门环保信息共享。完成环境监测能力标准化建设;建立流域污染源及水文气象信息采集、管网重要节点及污水处理厂水质水量监测、洱海及主要入湖河流水质水生态监测、藻华暴发监测等生态环境监测网络;加强环保、住建、水文、水利、农业、林业、统计等部门环保信息共享,构建流域信息分析与综合决策系统。

加强环境治理工程绩效管理。加强规划工程项目等前期论证,强化工程建设质量过程管理和相关工程的协同推进,建立并强化规划工程污染负荷削减、生态环境保护效益的评估和考核。

强化科学治湖。加强洱海生态环境的研究和问题解析,加强藻类水华发生机制及预警研究;加强旅游承载力、水资源承载力、水环境承载力等研究;加快水污染综合治理技术成果应用;加强重大保护治理工程项目的示范研究,加强大型 PPP 治理工程治理方案的研究和论证,加强规划工程生态环境效益的跟踪评估。

发挥群众主体作用,深入推进全民治湖。持之以恒地做好以"清洁家园、清洁水源、清洁田园"为主要内容的"三清洁"环境卫生整治活动,建立全民参与的长效机制。开展多形式、多层次、多方位立体化宣传教育,建设科普教育基地,开展环保志愿者活动,引导公众积极参与环保社会实践,提升公众生态文化意识。

洱海流域水环境保护治理分区见图 6-9。规划工程布局见图 6-10。

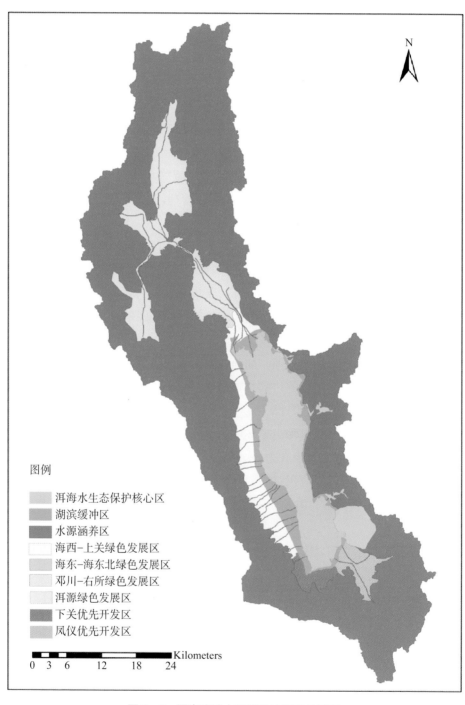

图例

- 洱海水生态保护核心区
- 湖滨缓冲区
- 水源涵养区
- 海西-上关绿色发展区
- 海东-海东北绿色发展区
- 邓川-右所绿色发展区
- 洱源绿色发展区
- 下关优先开发区
- 凤仪优先开发区

Kilometers
0 3 6   12   18   24

图 6-9 洱海流域水环境保护治理分区图

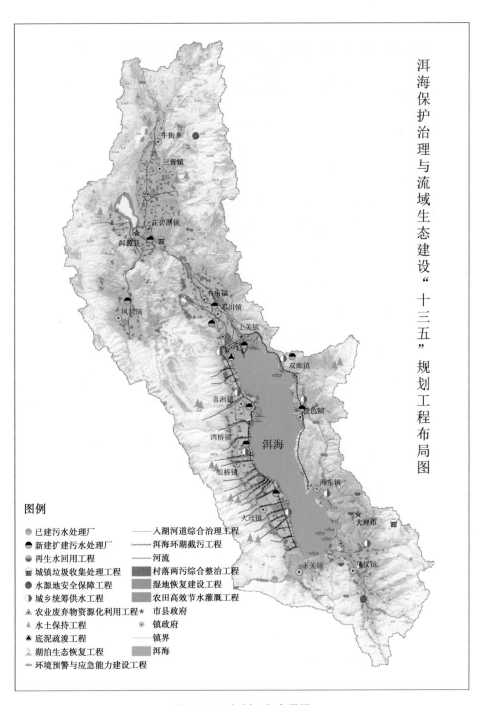

洱海保护治理与流域生态建设"十三五"规划工程布局图

图例
- 已建污水处理厂　——入湖河道综合治理工程
- 新建扩建污水处理厂　…洱海环湖截污工程
- 再生水回用工程　——河流
- 城镇垃圾收集处理工程　村落两污综合整治工程
- 水源地安全保障工程　湿地恢复建设工程
- 城乡统筹供水工程　农田高效节水灌溉工程
- 农业废弃物资源化利用工程　★市县政府
- 水土保持工程　◎镇政府
- 底泥疏浚工程　——镇界
- 湖泊生态恢复工程　洱海
- 环境预警与应急能力建设工程

图 6‑10　规划工程布局图

第 **7** 章

洱海保护的协调、管理机构

洱海,被誉为"高原明珠";洱海,是大理人民的"母亲湖"。1949 年以来,历届州委、州政府都高度重视洱海的管理与保护,并在不同的历史时期和不同的经济发展阶段,建立相应的组织和协调、领导机构,成立相应的洱海保护、管理部门,对洱海进行有效的管理。随着经济社会的进一步发展,过去单纯的洱海管理,已提升为全方位、多学科的保护与管理。

7.1 州洱海保护治理和生态文明建设领导组

1960 年 12 月,为加强洱海管理,发展渔业生产,大理县委、县政府决定成立洱海区委会,洱海区人民政府,为大理县人民政府的派出机构,主要管理洱海渔业和航运。1965 年,洱海水产管理机构与鱼种站合并,成立了大理州洱海水产管理站,主要从事洱海鱼种推广、技术培训、水产资源保护及渔政管理等工作。

2001 年,为加强洱海保护的统筹和协调工作,大理州成立了洱海水污染综合防治领导组。由州长担任组长,分管联系的州人大常委会副主任、州政府副州长、州政协副主席为副组长,大理市、洱源县两市县党政主要领导和分管领导及州级相关部门主要领导为成员,办公室设在大理州城乡建设环境保护局。

2003 年,州人民政府印发的《关于成立州洱海保护治理领导组的通知》明确:将洱海保护治理范围扩大到整个洱海流域,由此在原州洱海水污染综合防治领导组的基础上,成立州洱海保护治理领导组,领导组在州环保局下设办公室,为洱海保护治理的常设机构,负责处理有关日常工作;原州洱海水污染综合防治领导组及办公室的职能,由新成立的州洱海保护治理领导组及办公室执行。

2004年,大理州将洱海保护治理范围扩大到整个洱海流域,由此将领导组更名为"大理州洱海流域保护治理领导组",办公室设在大理州环保局,并专门新增了人员编制5名。

2012年,中共大理州委关于印发《大理州实现洱海Ⅱ类水质目标三年行动计划》的通知,结合大理州生态文明建设,洱海保护治理领导组再次更名为大理州洱海流域保护及生态文明建设领导组,办公室设在州环保局。

2013年,州委、州政府印发的《关于精简调整部分州级议事协调机构的通知》当中,将洱源生态文明试点县建设领导组合并至大理州洱海流域保护及生态文明建设领导组。

2015年3月,州委办、州政府办印发的《关于调整充实大理州洱海流域保护及生态文明建设领导小组的通知》文件明确:为全面深入贯彻落实习近平总书记在云南考察工作时重要讲话和对大理工作的重要指示精神,进一步加强对洱海流域保护及生态文明建设工作的领导,全面落实洱海保护"党政同责",推动流域保护及生态文明建设各项工作的落实,州委、州政府决定调整充实大理州洱海流域保护及生态文明建设领导组。领导组成员增加州委秘书长、州纪委书记、州委宣传部部长、州政府联系此项工作的副秘书长、州监察局、州工信委、州教育局、州审计局、州气象局、州公安局、省水文水资源局大理分局、人行大理州中心支行等。

2015年6月,州委办、州政府办印发的《关于成立大理州生态文明建设委员会的通知》文件明确:为进一步树立尊重自然、顺应自然、保护自然的生态文明理念,切实把生态文明建设放在更加突出的位置,融入经济建设、文化建设、社会建设、党的建设各方面和全过程,实行党政同责,落实环境保护责任,建立保护治理统一领导、决策、规划、协调、督查的长效机制,积极建设国家生态文明先行示范区,促进全州经济社会发展与生态文明建设相协调,实现永续发展,努力争当全国、全省生态文明建设的排头兵。州委、州政府成立了大理州生态文明建设委员会,专项负责全州生态文明建设相关工作,同时将大理州洱海流域保护及生态文明建设领导组更名为"大理州洱海流域保护治理领导小组"。

7.2 机构改革进行时

目前设立的洱海保护治理机构,在管理和保护方面得到了进一步加强和理顺,但在行政执法方面仍然还存在多头、多层执法和趋利避责、相互推诿等一些问题。

针对存在问题,为提高洱海流域综合执法效能,加大对违法犯罪案件的查处力度,依据《中共中央关于全面推进依法治国若干重大问题的决定》中"推进综合执法,大幅减少市县两级政府执法队伍种类,重点在食品药品安全、工商质检、公共卫生、安全生产、文化旅游、资源环境、农林水利、交通运输、城乡建设、海洋渔业等领域内推行综合执法,有条件的领域可以推行跨部门综合执法"的精神,根据国家新修订的《环境保护法》和大理州的《洱海保护管理条例》,大理州将洱海流域综合执法列为全州生态文明体制改革的重要内容之一,正在着手进一步整合公安、国土、规划、住建、农业、林业、水务、环保等部门的行政执法力量,重新组建州、市、县洱海流域行政综合执法支队(大队),采用授权的方式,在规定执法范围内相对集中行使行政执法权。同时还将通过强化职责、完善制度,着力构建科学规范、运转高效、查处及时、监管到位、协作有力的洱海流域综合执法长效机制,真正做到防范在先、发现及时、制止有效、查处到位,使企图违法者"不敢违、不想违、不愿违",从根本上提升综合执法效能,实现洱海流域保护管理的规范化、法制化。目前已完成《关于进一步加强洱海流域综合行政执法力量的意见》。

7.3 洱海管理保护机构沿革

元代,洱海水上运输由宣慰使指令官员负责,并于府州设训导署管理。明代,各府设通判,清续明制,县设训导署。民国时期,渔业、渔令由建设局负责,河道水利则组成专门临时机构,委官员负责。民国后期,大理、邓川、宾川、洱源四县在下关设船舶管理所,下设督查和分会,将洱海分为九段,按各自地域进行管理,船舶管理所属地方军事管理性质,主要任务是派款、派船运输军事物资。

中华人民共和国成立后,1950 年,以军管形式接管了洱海船舶管理所,下设分会,以海上治安为主,并成立洱海派出所,派出所人员 20～30 人,隶属州公安处。1956 年,洱海管理纳入合作社领导体制,保留派出所,撤销分会,同时成立洱海航运管理站,组建飞轮、前进、双廊、金星四个运输合作社。1958 年,运输合作社、航运管理站合并,成立航运公司,负责洱海运输;洱海水产品及渔需物资供销业务由供销合作社负责,1958 年后改由商业局食品公司负责。

1960 年 12 月,中共洱海区委会、洱海区人民政府成立,洱海区人民政府作为大理县人民政府的派出机构,主要管理洱海渔业和航运。洱海区人民政府下设洱海水上派出所、航运管理站,同时成立大理、喜洲、挖色、海东 4 个管理大队,各大队负责管理各自范围内的渔业、航运生产和征收渔业、航运管理费。为适应渔业生产发展需要,还成立大理县水产公司,负责收购鱼产品和供应渔需物资。洱海区政府在中共大理县委、县政府的领导下,配合水产公司和沿湖各人民公社对洱海渔民实行定期生产任务和交售任务,并实行奖惩政策,是洱海实行统一管理的首次。1964 年底,中共洱海区委、区人民政府撤销,4 个管理大队相应撤销,同时成立洱海区办事处(驻沙村),继续管理洱海渔业、航运生产。1965 年 4 月,洱海水产管理机构与鱼种站合并,成立大理白族自治州水产管理站,隶属州人委农林科主管,主要从事洱海鱼种推广、技术培训、水产资源保护及渔政管理。1966 年 7 月,撤销州水产管理站建制,分别设大理州鱼种推广站和大理州洱海水产管理站,其中洱海水产管理站下放大理县人大常委会代管(驻喜洲龙湖,为大理县人委直辖的事业单位)。1974 年,撤销洱海水产管理站,成立大理州洱海水产管理委员会,州洱海水产管理委员会办公室设在大理州水产工作站内,对外挂两块牌子,对内统一领导,归州管。1981 年 6 月,成立大理州洱海管理处筹备组。1982 年 2 月 1 日,正式成立大理州洱海管理处(区科级),直属州水利电业局领导,主要任务是管理洱海渔政工作。1983 年底,州洱海管理处下放大理市主管,更名为大理市洱海管理局。1984 年 9 月 20 日,根据省政府办公厅和州政府的决定,大理市洱海管理局收归州管并升格为二级局(副县级),更名为大理州洱海管理局,党务工作直属州政府机关直属党委领导,业务归州水利电业局领导。1988 年《大理白族自治州洱海管理条例》规定,洱海管理局是自治州人民政府统一管理洱海的职能机关,洱海水域中的治安管理,分别由大理市、洱源县水上公安派出所负责,洱海航运安全由大理州航运管理站负责。

为加强洱海管理,州政府决定成立大理州洱海公安分局,编制 18 人(科级行政单位)。行政关系隶属洱海管理局,业务工作接受州公安处的领导,实行双重领导体制。1996 年 12 月 15 日,大理州航务管理处划归洱海管理局,为科级事业单位,编制 20 人。经省人大常委会批准,于 1998 年 10 月 1 日起施行的《大理白族自治州洱海管理条例(修订)》框定了大理州洱海管理局是自治州人民政府统一管理洱海的专门机构,在洱海管理区域内综合行使水政、渔政、航务、自然环境保护、公安五项执法权,大理州洱海管理局机关设四科一室:水政水资源科、渔政科、环境保护科(2002 年成立)、计划财务科、办公室,下属渔政管理站、水产技术站、下关水资源管理所、"引洱入宾"工程水闸管理所、洱海公安分局、洱海航务管理处(2001 年划归州交通局),按照"保护第一,统一管理,科学规划,永续利用"的原则,对洱海实施保护管理。2004 年 1 月,大理州洱海管理局划归大理市,更名为大理市洱海保护管理局。

7.4　洱海流域保护局

2012 年 10 月,大理州将洱海保护治理范围由原来单一的湖面管理扩大整个到洱海流域,为进一步加强和理顺洱海流域保护治理工作机构,新设立了大理州洱海流域保护局,作为州环境保护局所属的副处级行政机构,负责洱海流域生态文明建设环境保护工作,并承担州洱海流域生态文明建设环境保护领导组办公室的日常工作。2013 年 5 月,根据《关于印发大理白族自治州洱海流域保护局主要职责内设机构和人员编制规定的通知》,成立大理白族自治州洱海流域保护局,暂定人员数 14 名。其中设局长 1 名高配正处级,副局长 1 名高配副处级;科级领导职数 6 名;内设 4 个科室、1 个直属事业单位、2 个派驻单位,即:4 个正科级科室分别是综合科、规划建设科、监督管理科、宣教信息科,大理州洱海流域保护局信息中心为直属事业单位,派驻单位为大理州洱海流域生态文明建设环境保护治安大队、洱海环境监察大队,2 个派驻单位组成大理州洱海流域保护局综合执法支队。

大理州洱海流域保护局主要职责:一是负责宣传、贯彻执行国家、省、州相关法律、法规和政策,指导、检查和监督大理、洱源、宾川等县市及各有关部门依法保护洱海流域生态环境。二是负责根据国家、省、州有关法律、法规和政策,拟订适用于洱海流域保护、建设与发展的有关管理办法和实施细则等政府规章及规范性文件,经批准后,组织、协调和监督大理、洱源、宾川等县市及其有关部门实施。三是承担编制洱海流域保护治理中、长期规划、专项规划及年度实施计划(意见),经批准后,组织、协调、指导和监督大理、洱源、宾川等县市及其有关部门实施。四是拟定洱海流域保护治理目标责任,并对目标责任的执行完成情况及项目前期工作、工程进度、资金使用、环保设施运营情况等进行监督、检查、协调和指导。同时组织做好工程项目的考核、验收和评估工作。五是组织、协调和指导大理、洱源、宾川等县市及其有关部门开展洱海流域保护治理项目初步设计、实施方案、可研报告的审查、审核等项目前期工作。六是组织、协调和参与开展有关洱海流域保护治理的科研工作。七是组织、协调和指导开展洱海流域保护治理宣传教育和信息管理工作。八是承担大理州洱海流域生态文明建设环境保护治安大队和大理州洱海环境监察大队的日常管理工作。九是承担州洱流域生态文明建设环境保护领导组办公室日常工作。十是承担大理州洱海水污染综合防治督导组办公室日常工作,以及承办州委、州政府和上级机关交办的其他事项。

同时,根据中共大理州委办公室印发《关于调整充实大理州洱海水污染综合防治督导组的通知》,明确州洱海水污染综合防治督导组下设办公室在州建设项目督查专员办公室,原大理州洱海流域保护局承担的大理州洱海水污染综合防治督导组办公室日常工作一并划入州建设项目督查专员办公室,大理州洱海流域保护局不再承担。根据中共大理州委办、州政府办印发的《关于成立大理州生态文明建设委员会的通知》,州委、州政府成立了大理州生态文明建设委员会,专项负责全州生态文明建设相关工作,同时将大理州洱海流域保护及生态文明建设领导小组更名为大理州洱海流域保护治理领导小组。原大理州洱海流域保护及生态文明建设领导组办公室涉及生态文明建设的相关工作职责一并划入大理州生态文明建设委员会,大理州洱海流域保护局不再承担。2017年3月,调整充实大理白族自治州洱海流域保护治理领导小组,领导小组办公室设在州洱海流域保护局,州委书记、州长任组长,分管副州长任办公室主任,州环境保护局局长任常务副主任。在州洱海流域保护治理领导小组构架下,成立洱海保护治理“七大行动”指挥部和派驻工作队,由州委副书记、大理市委书记任指挥部指挥长,分管副州长任副指挥长,下设11个工作组。选派“七大行动”工作队,成立16个工作队赴流域16个乡镇开展工作,进一步充实加强了洱海保护治理的力量。

现行大理州洱海湖区主要管理机构如图7-1所示。

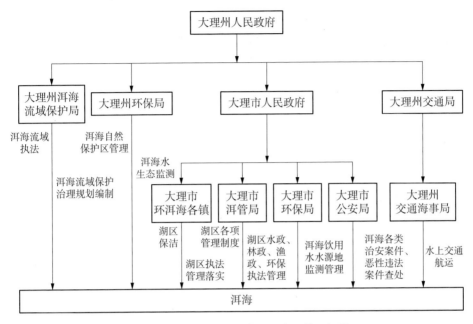

图 7-1　现行大理州洱海湖区主要管理机构

7.5　大理州气象局

多年来,大理州气象局积极做好洱海保护治理的气象保障服务工作。基于洱海保护的关键是水量和水质保护,以及洱海汇水流域地面水资源不足的实际情况,大理州气象局主要从参与洱海用水调度、水质分析决策、实施以增加洱海蓄水为目的的人工影响天气作业,提供洱海流域气象资料实时实况服务等,做好洱海保护治理相关工作。

7.5.1　提供洱海用水调度决策气象保障服务

做好洱海蓄水和防汛的用水调度决策服务,是大理州气象局预报服务工作的重点之一,主要是在提供洱海流域每年的降水与来水量预报服务,以及各月天气预报和实况的同时,参与用水调度决策,遇有重要情况随时做好气象决策服务工作,既要最大限度地蓄水,又不能出现洪灾。

大理州气象局从 1995 年起,开始提供洱海保护与治理的专项气象服务,但仅根据州洱海管理局的工作需要,简单地提供年度、季、月的长期天气预报,以及特殊情况下的降雨实况、用水调度决策气象分析依据。如：2001 年降雨偏多，汛中期洱海水位已接近 1 974.20 m 的防洪水位，大理州气象局在参与决策服务中先后三次提供后期降雨和最大降水的专题材料，及时提供中、短期预报和逐日降雨实况，确保在安全渡汛的前提下，超计划完成蓄水任务。2006 年汛期降雨偏少，到 9 月初洱海蓄水明显偏少，大理州气象局在洱海用水调度决策会上，提出"充分利用雨季结束前的自然降水，力争多蓄水、蓄好水，提前做好节约用水和计划用水工作，并抓住有利时机积极开展人工增雨作业"的建议，并被采用。洱海管理局高度评价为："大理州气象局 2006 年气象服务工作在特殊干旱少雨的年景下，能及时提出意见建议，为控制洱海水位，科学调度洱海水资源提供准确及时的科学决策依据，从而使洱海保护治理工作得以顺利进行"。2007 年进入主汛期后，洱海流域降水偏多，10 月中旬大理出现为期 11 天的连阴雨天气，洱海处于高水位运行，10 月 17—21 日，大理州气象局通过预警平台，每天向主要领导发布 6 小时一次的预报和降雨实况，做到重大天气及时报，重要天气随时报，特别是在洱海处于高水位运行阶段，遇有降雨过程，做到天天报、时时报，为洱海调度运行及蓄水泄洪的决策提供了有力保障和依据，为保护洱海作出了贡献。

2013 年起，州气象局按照与州人民政府签订的《年度洱海流域保护治理目标责任书》要求，提供的洱海流域保护治理的气象保障服务工作实现了规范化。根据统计，2013—2015 年，大理州气象局主要提供了以下服务，供管理部门决策参考。

（1）每年年初提供 1 份年度气候趋势预测及蓄水对策建议，共提供 3 份。每月、每季度提供短期气候预测 1 份，共提供 48 期，每期短期气候趋势预测均对前期降水、气温情况进行分析，对后期气候趋势进行预测。

（2）根据天气实况及工作实际不定期撰写"洱海流域天气气候及后期气候趋势预测"，三年共提供 19 份。

（3）每周一发布未来一周天气预报，共发布 156 期。当预计出现灾害天气时及时发布气象预警信息，经统计，2013—2015 年发布重要天气消息 42 期、大风蓝色预警信号 25 期、霜冻黄色预警信号 4 期、高温黄色预警信号 11 期、雷电黄色预警信号 57 期、暴雨蓝色预警信号 24 期、暴雪黄色预警信号 1 期、寒潮蓝色预警信号 2 期，道路结冰黄色预警信号 8 期。

（4）从 2013 年 8 月起，洱海流域出现有效雨量时，第二天上午 9 点前通过州气象局"移动 MASQ 气象信息发布平台"将雨量实况通过手机短信发送给洱海保护治理领导组成员及相关工作人员。从 2015 年 6 月起按照《2015 年洱海蓝藻水华控制及预警应急工作方案》,每周向州洱海流域管理局上报大理市、洱源县每天的温度、日照时数、日蒸发量、风向、风速、阵雨量等 6 个气象要素观测资料。

(5) 在特殊天气条件下,及时向州洱海流域管理局提供专题服务,如:2014 年 4—6 月上旬干旱最严重时期提供了"大理州将持续高温晴热天气,气象干旱将发展加重"和"大理州当前气象干旱分析与预测""近期大理州持续高温晴热天气旱情发展严重,预计 6 月降水逐渐增多严重气象干旱有望解除"等 6 期专题服务材料;2015 年 5—7 月上旬,大理州出现严重干旱,从 5 月 27 日起至 7 月 14 日期间,撰写了"5 月以来大理州无有效降水,气温偏高,气象干旱发展迅速"和"预计未来一周仍将维持高温晴热天气,气象干旱将发展加重"等 7 期专题决策服务材料。

7.5.2　实施以增加洱海蓄水为主的人工增雨作业

近年来,受气候异常的影响,洱海入水量呈现下降趋势,用水供需矛盾突出,对大理州经济建设以及洱海生态环境造成了影响。大理州气象局积极实施以增加洱海蓄水为主的人工增雨作业。

1995 年 5—10 月,在州政府统一领导下,成立以州气象局和洱海管理局为主的"洱海人工增雨蓄水作业指挥部",共投入人员 15 人、1 部气象雷达、2 辆人工增雨作业车,首次开展洱海人工增雨蓄水试验。从 5 月 25 日开始外场作业,至 10 月 9 日,抓住一切有利天气条件开展人工增雨作业。在洱海周围 11 个作业点,采取流动作业方式,先后作业 38 天 86 点(次),作业效果显著。洱海水位从 1971.37 m 上升到 1974 m(法定最高水位),实现了连续多年未达最高控制水位目标,超计划完成当年洱海蓄水任务,受到州政府表彰奖励。

1996 年 9 月份,洱海部分水域富营养化严重,导致蓝藻暴发,洱海水出现异味。根据州政府领导指示,9 月 24—28 日,州气象局调集州内五辆人工增雨火箭发射车,利用有利作业天气条件,苦战 4 天 4 夜,共发射火箭弹 200 多枚,作业后连降大雨,过程雨量达 155 mm,比周围未作业地区多 1.5～2 倍,洱海水位迅速上升,几天之内净增高 45 cm,洱海蓄水量大幅增加,有效地抑制了蓝藻的继续暴发。

1998年10月15—24日,大理州气象局投入四辆人工增雨火箭发射车及一辆指挥车,利用有利天气过程开展联合作业37点(次),用弹318枚,作业区内过程降雨量达97.2 mm,比相邻未作业地区降雨量偏多37.1～69.9 mm,洱海水位净增高22 cm,增加洱海蓄水1 000多万立方米。州气象局开展的"洱海人工增雨蓄水项目"1998年获"中国科协第二届金桥工程优秀项目"三等奖。

2005年12月20日,为配合做好保护洱海水资源和苍山洱海生态环境工作,投资325万元,在大理苍山东坡沿线喜洲镇永兴、大理镇阳和、银桥镇双阳建设的三个人工增雨(雪)固定作业点投入使用。三个固定作业点建成后,紧紧围绕苍山、洱海自然保护区的生态环境建设,每年11月至次年4月开展降低森林火险等级人工增雨(雪)作业,5月至10月开展增加洱海蓄水,改善洱海水质和保障工农业生产、生活用水的人工增雨作业,对保护洱海水资源和苍山洱海生态环境起到了积极的作用。

2006年,进入主汛期后,大理州降水异常偏少,洱海水位持续偏低,大理州气象局8月23—25日,组织大理、洱源各固定、流动作业点,在苍山、洱海周边流域开展多轮次、大范围的人工增雨联合作业。经测算,增加洱海蓄水约1 200多万立方米。8月24日,大理州政府李雄副州长实地察看洱海的蓄水及水体情况后,对州气象局组织实施的洱海人工增雨联合作业表示满意,并指示要继续抓住有利时机,及时开展好洱海流域的人工增雨作业。

2009年以来,大理地区降雨持续偏少。大理州气象局按照州政府领导的要求,在大理市、洱源县重点实施以增加洱海蓄水为主的人工增雨作业。经统计,2013—2015年,大理州气象局每年投入15名人工增雨作业人员、5名管理指挥人员,雷达2部,组织苍山东坡3个人工增雨固定作业点、大理市12个人工增雨流动作业点和洱源县1个人工增雨固定作业点、2个人工增雨流动作业点,实施以增加洱海蓄水为目的的人工增雨作业。作业人员抓住时机,及时实施人工增雨作业;每年年度提交年度人工增雨作业效益评估报告。经统计,2013—2015开展人工增雨作业297点次,按照《年度人工增雨作业效益评估报告》测算,三年共增加洱海蓄水2 342万立方米。

7.5.3　开展洱海保护治理的气象科研工作

大理州气象局在做好气象日常业务工作的同时,积极开展气候、生态、资源、环境等领域的气象科研工作,有关洱海保护治理的科技论文发表情况列于表 7－1。相关研究课题中,《洱海人工增雨蓄水》获 2000 年全国"金桥工程"优秀项目三等奖;《洱海流域气候变化分析及水资源预测系统研究》课题获云南省人民政府科学技术三等奖。

表 7－1　发表、刊载的论文目录

序号	文章名	发表刊物信息
1	洱海鱼腥藻优势种的形态鉴定与 16S rRNA 基因序列分析	武汉植物学研究,2008(03):229－234.
2	洱海流域奶牛等畜禽养殖总氮污染形势分析及控制对策	中国环境科学学会,中国环境科学研究院,武汉市人民政府,国际湖泊环境委员会.第十三届世界湖泊大会论文集中卷,北京:中国农业大学出版社,2009.
3	洱海水华蓝藻多样性初步研究	环境科学导刊,2010,29(03):32－35.
4	厌氧/接触氧化/砂滤组合工艺处理洱海流域农村生活污水的试验研究	昆明理工大学学报(理工版),2010(04):93－97.
5	大理市生活垃圾采用新型干法水泥回转窑协同处置模式浅析	环境科学导刊,2010,29(S1):44－47.
6	载铁活性炭的制备及对水中 P(V)的吸附性能研究	昆明理工大学学报(自然科学版),2012,37(02):72－77＋87.
7	洱海浮游桡足类群落结构对季节性休渔的响应	应用与环境生物学报,2012,18(03):421－425.
8	一座季节性休渔湖泊——洱海轮虫的季节动态特征	湖泊科学,2012,24(04):586－592.
9	洱海浮游植物群落结构及季节演替	水生态学杂志,2012,33(04):21－25.
10	洱海的浮游蓝藻布氏常丝藻及其分类学的讨论	水生生物学报,2012,36(06):1171－1175.
11	洱海主要污染物允许排放总量的控制分配	湖泊科学,2013,25(05):665－673.
12	洱海湖泊及湖湾水质水生态模型及特征分析	昆明理工大学学报(自然科学版),2013,38(02):93－101.

（续表）

序号	文章名	发表刊物信息
13	洱海湖泊及湖湾三维水动力模型构建及特征分析	昆明理工大学学报（自然科学版），2013，38（01）：85-95.
14	洱海动态水环境容量模拟研究	生态科学，2013，32（03）：282-289.
15	云南辣椒种植区土壤中总砷的水平分布特征及其影响因素分析	云南农业大学学报（自然科学），2014，29（03）：380-385.
16	让洱海休养生息，生态系统健康发展——进一步延长封湖禁渔期的研究报告	在 2015 年中共大理州委宣传部、大理白族自治州社会科学界联合会编写出版的《洱海保护与治理研究》中录用
17	洱海流域湿地生态系统建设案例分析——以罗时江河口湿地为例	湖泊湿地与绿色发展——第五届中国湖泊论坛文集，长春：2015-09-22.
18	洱海湖滨带生态恢复工程综述	湖泊湿地与绿色发展——第五届中国湖泊论坛文集，长春：2015-09-22.
19	洱海流域村落污水类型及污染特征分析	环境科学导刊，2016，35（03）：59-63.

7.6　云南省水文局大理分局

7.6.1　机构沿革

云南省水文水资源局大理分局的历史可追溯到始建于 1947 年的下关水文站。1986 年 8 月合并大理、迪庆、怒江三个地州水文业务工作，成立云南省水文总站下关分站，1993 年更名为云南省水文总站下关水文水资源勘测大队，1997 年 10 月更名为云南省水文水资源局大理分局，同年成立云南省水环境监测中心大理州分中心，2002 年 6 月机构升格为副处级。2009 年，根据省编办和州编委批复，加挂"大理白族自治州水文水资源局"牌子，实行双重领导、双重管理。

大理分局辖大理、迪庆和怒江三个民族自治州 19 个县市的水文工作，总面积约 6.8 万平方公里。范围涉及 5 大流域、6 大水系，共有 25 个国家基本水文站、2 个基本水位站、48 个中小河流水文（位）站、25 个水位站、470 个遥测雨量站、216 个水质站(含 93 个洱海入湖河沟站点监测点)、4 个墒情站、14 个地下水监测站(新建 13 个)、15 个蒸发站、3 个泥沙站及 7 个专用水文站。

7.6.2　水文站网点发展情况

洱海流域的水资源监测工作源于 1951 年设立的下关水文站。"十一五"后期,在洱海流域共设立雨量站 14 个,水文站 5 个,湖泊水位站 2 个,水质监测站 11 个。

"十二五"期间,利用中小河流水文监测系统建设等机遇,以及结合州政府对洱海保护治理的需求,多渠道争取经费 300 多万元用于洱海流域水文站网建设,到目前为止,全流域共建有遥测雨量站 50 个,遥测水位监测断面 37 处(湖区 5 个)、陆地蒸发观测 1 处,河道流量监测断面 39 处(有遥测水位的 32 个)、沟渠流量监测断面 13 处,水质监测断面 53 处,流量监测断面覆盖了 27 条主要入湖河流,1 条出湖河流,1 个跨流域引水隧洞,水文站网已具有一定规模。洱海流域水文站网的完善在流域防汛减灾、洱海保护治理、水资源调查评价以及水情预警预报等工作中发挥了重要作用,随着资料的不断积累,为摸清洱海水资源量打下了坚实的基础,对解决洱海流域日益严峻的水问题发挥关键性作用。

7.6.3　洱海特征水位调整分析

多年来,在各级政府的关心支持下,大理水文水资源局为洱海流域防汛抗旱、水资源管理、水环境保护、生态建设以及地方社会经济发展等做了大量基础性工作。特别是在防汛抗旱、水资源调查及分析评价中发挥着重要作用。

2003 年 9 月,大理州政府提出修订《大理白族自治州洱海管理条例》要求,大理水文水资源局承担了洱海特征水位调整分析工作。通过对大量水文监测资料和历史洪水调查成果进行认真分析和反复论证后,最终拟定上报洱海最低、最高运行水位分别为 1964.30 m、1966.00 m。2004 年 4 月,大理州人大常委会批准了洱海特征水位的调整方案。洱海最低、最高运行水位的科学调整,加之州政府对洱海管理力度的加大和一系列保护治理措施的落实,在一定程度上提高了洱海水资源与水环境的承载能力,洱海水质逐渐好转,水体富营养化加重的趋势得到初步扼制。

自 2004 年《洱海管理条例》实施以来,大理水文水资源局常年为大理市洱海管理局提供洱海及其主要控制站的实时水情信息,并不定期提供洱海水情水资源趋势预测及其水量调度方案,为顺利实施《洱海管理条例》起到了较好的参谋作用。

7.6.4 苍山水资源调查

2009 年 7 月,大理水文水资源局承担了苍山水资源调查工作,监测、整理了 2004—2007 年间苍山主要溪流的流量、水质等同步数据,调查收集了大量水质污染源资料和水资源开发利用等资料,综合分析计算了苍山水资源总量、十八条溪流的产水量,并对其时空分布特性和现状水质情况做了全面分析评价,形成《苍山水资源调查报告》《洱海地表水资源监测系统建设可行性研究报告》,为苍山、洱海保护治理工作奠定了坚实的基础。

7.6.5 参与水动力模型研究

2009—2010 年,大理水文水资源局与大理州洱海湖泊研究中心共完成了洱海 6 个典型湖湾水动力模型研究实施方案及洱海北部湖湾水动力模型,得到国内知名专家的认可,为洱海水体污染与治理奠定了强有力的基础科技支撑。

7.6.6 合作开发计算机软件

2013 年 3 月,与河海大学进行技术合作,开发洱海流域水资源承载力模型研究计算软件,研究周期 3 年,2015 年结题。该课题研究成功后将为洱海流域实施"三条红线"的最严格水资源管理、洱海流域综合治理,尤其是洱海流域水资源开发利用、优化配置和管理保护,以及关于州政府提出的 3 年内实现洱海Ⅱ类水质目标提供强有力的技术支撑,同时也为大理水文事业持续健康发展提供了人才保障。

7.6.7 洱海水资源监测

为掌握洱海主要入湖河流水资源状况,积极配合州人民政府顺利开展洱海主要入湖河流水质水量考核工作,成立了以局长为组长的洱海水文水资源监测工作领导小组,制定了《洱海水资源监测方案》,抽调了 5 名技术骨干,组成洱海水文水资源监测组,专职负责洱海水资源监测工作。从 2014 年 1 月起对流域

29 条主要入湖河流的 32 个考核断面进行了水量监测,全年共施测 942 次,撰写了洱海流域水量监测分析报告 4 期。

7.6.8　开展系列水资源调查分析评价

围绕洱海保护,组织开展了一系列水资源调查分析评价工作,主要分析成果报告有《洱海汛限水位分析报告》《洱海流域雨量站网调整分析报告》《洱海流域地表水资源分析报告》《洱海流域水文监测报告》《洱海流域降雨径流预报方案》《大理市水资源调查评价报告》《大理市西洱河防洪规划报告》《苍山水资源调查报告》《云南省滇中引水工程规划水文分析报告》(大理州部分)、《苍山假日公园防洪评价报告》《苍山假日公园水文分析计算报告书》等,为洱海流域的水资源保护和水环境治理、水资源调度等工作提供了科学的决策依据,为实现洱海水资源的优化配置奠定了基础。

7.7　州环境监察支队

环境监察是环境保护监督职能中的现场执法工作,是监督、检查、督促、处理的总称,是贯彻国家环境保护法律、法规、方针、政策的关键环节,是环境保护的哨兵、耳目和铁拳头。多年来,这支队伍始终站在洱海保护的前列,为保护洱海良好生态环境,维护洱海流域人与自然和谐做了许多工作。

7.7.1　机构设置

7.7.1.1　州级机构设置

1990 年 5 月,在大理州城乡建设环境保护局设立大理州环境监理所,编制为 5 人。

2002 年 12 月,大理州机构编制委员会批准成立大理州环境监察支队,为负责全州环境监督检查、环境污染事故纠纷查处和排污收费管理的正科级事业单位,编制 10 人,2004 年增加至 15 人。

为强化洱海保护流域环境执法工作,州委、州政府不断增强洱海执法队伍建设。2008 年 6 月,大理州机构编制委员会同意在大理州环境监察支队内设立"洱海环境监察大队",编制 3 人,专职负责洱海流的环境监察执法工作。2012 年,大理州编委再次发文,在大理州环保局下设"大理州环境监察支队",

为事业单位,编制增加至20人。

7.7.1.2　大理市机构设置

1990年,在国家环保总局环境监理试点取得突破性进展的基础上,大理市城乡建设环境保护委员会成立排污监理站,建制为4级,为大理市环境保护的执法队伍,在岗4人。

2002年,大理市环保局所属的"大理市排污监理站"更名为"大理市环境监察大队",编制10人。

7.7.1.3　洱源县机构设置

2003年初,洱源县成立环境监察大队,编制4人。

7.7.2　工作职责

根据国家《环境监理工作暂行办法》和《关于进一步加强环境监理工作若干意见的通知》有关规定,环境监察的主要职责是开展排污费征收、现场监督检查、"三同时"监察、环境污染事故纠纷的调查处理等工作。归纳为"三查二调一收费",即:一是对辖区内单位和个人执行环保法律法规的情况进行监督检查;二是对各项环境保护管理制度的执行情况进行监督检查;三是对海洋环境和生态保护情况进行监督检查。二调是调查污染事故和污染纠纷并参与处理,调查海洋和生态环境破坏情况并参与处理。一收费就是全面实施排污收费。

大理州环境监察支队,作为受大理州环保局委托的执法单位,除日常检查职能外,可以对事实确凿、情节轻微的环境违法行为进行简易程序的处罚,即:对公民处以50元以下,对法人或者其他组织处以1000元以下罚款或警告的行政处罚。

2012年7月4日,环境保护部部务会议审议通过《环境监察办法》,并以环境保护部第21号令公布,从十个方面规定了环境监机构的职责,明确了查处环境违法行为的职能,增加了开展环境稽查工作等内容。

2013年8月,大理州环境保护局《关于委托实施环境保护行政处罚的通知》对委托事项进行了调整,将一般环境案件的行政处罚交由环境监察支队实施办理,即:环境行政处罚金额在10万元以下的环境违法案件由支队办理。

7.8　大理州洱海湖泊研究中心

7.8.1　机构设置

根据州人民政府第 38 次常务会议精神,2005 年 12 月 13 日,大理州编委批准,同意成立"中国大理洱海湖泊研究中心";2014 年 5 月 7 日更名为"大理州洱海湖泊研究中心"。更名后,其机构性质、级别、职责和编制不变。

大理州洱海湖泊研究中心,作为一个湖泊生态环境研究平台和开放性实验室,通过与国内外知名的湖泊治理专家及科研院所的交流与合作,不断引进国内外先进技术和成功经验,就洱海水污染防治技术与管理中的关键科技问题开展应用性研究,制定切实可行的适合洱海水污染防治与管理的技术方案,积极主动地为洱海保护、管理及治理做好服务。依托中国环境科学研究院、中国科学院水生生物研究所、中国科学院南京地理与湖泊研究所、上海交通大学、大理州环境保护局及其直属的大理州环境监测站等友好单位,可以有效地实现技术合作与资源共享。与此同时,不断壮大湖泊研究队伍,逐渐培养一批本土的湖泊治理领域的优秀人才,为洱海的水污染防治与管理提供人才基础。

7.8.2　职能

大理州洱海湖泊研究中心职能:对洱海开展长期的科学研究,为洱海保护管理服务;开展长期基础研究、查清其富营养化发生原因及趋势;制定洱海水污染治理与管理的科学方案,引进、研发集成适宜防治技术;作为科技平台及实验室,组织研究机构及专家参与洱海研究,培养当地湖泊治理人才。

7.8.3　编制及人员情况

大理州洱海湖泊研究中心,是大理州环境保护局所属正科级全额拨款事业单位;编制为 4 名,含中心主任 1 名;2008 年 6 月编制增加为 6 名,其中管理人员 1 名,专业技术人员 5 名;2010 年编制增加为 9 名,其中管理人员 1 名,专业技术人员 8 名;2013 年编制增加为 11 名,其中管理人员 2 人。目前实有人数10 人,其中专业技术人员 9 人,高级工程师 2 人,工程师 2 人,助理工程师 3 人,其他 3 人。

7.8.4 科研仪器设备

大理州洱海湖泊研究中心,目前已初步建成现代化化学、生态研究实验室以及洱海研究平台与数据信息管理中心。实验室已配备 ADCP 走航仪、离子色谱分析仪、哈希紫外可见分光光度计、尼康 80I 显微镜、总有机碳分析仪、原子吸收分光光度计等一批大型精密仪器设备,实验室总资产超过 300 万,中心现已具备地表水、污水水质及湖泊生态监测分析能力。

7.8.5 科研工作

大理州洱海湖泊研究中心自成立以来,积极开展相关科研工作,搭建研究平台,推动了洱海保护治理工作的积极开展。

7.8.5.1 "十一五"期间取得的主要成绩及经验

1)洱海科研课题与保护治理工作

配合完成洱海"国家水专项"项目的前期工作,积极参与资料收集、现状调查、方案筛选等工作;主持"十一五"国家洱海水专项第六课题子课题"洱海北部湖湾水文水动力学研究及周边部分村落污水处理技术研究","十一五"国家洱海水专项第一子课题"流域生态调查与解析";参与"十一五"国家洱海水专项第三、第四子课题洱海湖滨带、内负削减和洱海生态系统的研究。

完成《洱海控藻技术研究》编写,通过大量研究,取得了内外源控藻、生物控藻、应急控藻等多项洱海控藻技术科研成果,填补了洱海保护与科研相关重点领域的若干空白。通过在洱海保护治理中运用控藻技术,有效削减了污染负荷,遏制了富营养化进程,杜绝了藻华发生,改善了水质,促进了生态系统结构和功能恢复。首次系统研究了洱海藻类发生发展的关键环境因子,形成了洱海控藻核心理论、关键技术和现代化管理技术体系,为洱海控藻提供了坚实的理论基础和科技支撑。

搭建开放式洱海研究平台,开拓奋进,积极推动洱海科研工作的发展,与中国科学院水生生物研究所、暨南大学水生生物研究所等单位合作,开展洱海富营养化变化规律的研究、洱海藻类种群变化规律及蓝藻优势种藻毒素研究、洱海浮游动物生物学性状及种群变化规律研究等洱海保护与治理相关研究,调查洱海藻类、浮游动物生物量、种类构成、分布,分析研究洱海藻类、浮游动物优势种生物学性状、多样性指数,研究洱海藻类、浮游动物种群变化规律,进行优势种藻毒素及 DNA 序列研究,发现一个国内未记录蓝藻种。

与日本京都大学、上海交通大学合作,开展洱海生态学及鱼类生态学变化的研究。

与天津航道院合作开展完成洱海北部湖湾底泥疏浚及内负荷削减工程可行性研究报告和环保疏浚勘察报告。

完成《大理市主要饮用水水源地——洱海水安全预警及应急预案》编写,通过州级评审,将极大地加强洱海饮用水资源保护工作,避免或减少水污染造成的各种直接或间接经济损失,对构建健康友好的生态环境,保护人民群众的生命财产安全,维护社会稳定和经济建设的持续发展,发挥重要的作用。

完成洱海湖湾藻华控制技术研究,编制《洱海重点湖湾藻类水华暴发控制应急预案》《洱海重点湖湾藻华控制应急技术研究项目实施方案》;开展硅藻土絮凝应急控制藻华试验示范,完成《硅藻土絮凝应急控制洱海藻华试验示范研究报告》;与云南平桥生物科技有限公司合作,完成《水体流动超声波杀藻实施方案》编写,并完成超声波杀藻室内试验,完成《超声波灭藻实验报告》;与中国科学院水生生物研究所合作,完成硅藻土加壳聚糖絮凝控制蓝藻水华试验。

完成 2006—2008 年洱海水生植被时空变化研究和洱海水生植被现状调查及变化研究,完成洱海水生植被恢复技术及综合利用示范研究;与中国环境科学研究院合作,完成《洱海湖滨带调查与维护管理方案》中沉水植物生物量及生物多样性的调查工作。

完成洱海富营养化临界状态水生生物多样性现状研究。

编写完成《洱海研究平台和信息管理中心建设可行性研究报告》。

参与完成苍山洱海国家级自然保护区湿地保护建设项目洱海水生生物栖息地恢复工程可行性研究及初步设计工作。

2) 洱海流域面源污染研究与治理工作

完成洱海流域农业面源污染形势初步分析及控制对策研究,对洱海流域农业面源污染的时空分布、贡献率、产生量等进行了初步的科学分析,首次提出洱海面源污染是农业面源污染,而农业面源的污染又主要是畜禽养殖业的污染,尤其是奶牛养殖的污染,并提出了洱海流域农业面源污染的控制对策,为洱海保护治理关键问题的把握及国家洱海"水专项"专题的设置提供了技术支撑。

主持完成农村户型净化槽污水处理技术创新研究，完成 2009 年上关镇、邓川镇、右所镇、喜洲镇户型村落污水处理系统调查并提出技术改造意见。

主持完成环保部中日合作项目《农村生活污水分散处理示范项目建议书》。

与美国 Bio-Microbics 公司、东南大学等知名单位合作，在大理市进行生活污水处理示范工程。

3）成功申请并召开洱海的保护与控源对策研讨暨培训会

2008 年，成功申请并召开 WWF EFN 中国保护利益相关者研讨会小额基金资助的"洱海的保护与控源对策研讨暨培训会"，大会共收到论文 70 余篇，邀请了九湖办以及大理州人大常委会、大理州人民政府的领导，中国环境科学研究院、中国科学院水生生物研究所、哈尔滨工业大学、上海交通大学、东南大学、云南省环境科学研究院等从事湖泊流域、水环境管理研究与工程技术方面的专家、学者；参加会议的还有大理州科技局、云南省水文水资源局大理分局、大理州气象局、大理州农业局、大理州旅游局等相关部、委、办、局的领导；大理市、洱源县、流域各乡镇相关单位和社会团体，从事水环境治理的研究设计与工程建设的企业和公司的相关技术人员。会议规模大、层次高、人数多、涵盖面广，公众参与度高，代表们畅所欲言，集思广益，为科技人员展示成果、互通信息、交流思想、开阔视野提供了难得的机遇。参会人员从不同的角度回顾、总结了洱海保护治理工作，充分讨论了洱海保护治理中存在的主要问题，预测了这些问题发展变化的趋势，及时对洱海流域工作面临的新的严峻形势、任务进行了深入、系统的分析；认真探讨了洱海保护目标、内容、治理计划和策略，控制洱海富营养化的流域社会经济发展友好模式，环境管理体系及能力的建设；介绍了国内外水环境保护治理的现状与先进的经验、技术，洱海水质保护项目前期工作情况；提出了洱海控源对策，特别是流域农业及农村面源污染控制、洱海水安全管理预警及应急预案、完善创新洱海管理体系、洱海生态环境保护与修复、洱海生态水位及水资源调度、主要入湖河流水环境综合整治、流域水土保持、旅游业污染控制等的措施方法，以及很多有益的建设性的意见、建议，并对相关环保人员进行了培训。

4）项目评价工作

完成《洱海流域水污染综合防治"十一五"规划执行情况中期评估自评报告》；

完成《大理市环洱海（上和-登龙河段）截污干渠典型项目自评报告》；

完成《洱海流域村落污水收集处理系统典型项目自评报告》；

完成《洱海东区湖滨带生态修复典型项目自评报告》；

完成《洱海流域农村生态旱厕调查评价报告》。

7.8.5.2　"十二五"期间取得的主要成绩及经验

1）洱海科研课题工作

主持"十一五"国家洱海水专项第七课题"流域面源污染处理设备研发及产业化基地建设"子课题"洱海流域农村面源污染污染物排放特征调查研究、产业化测试平台建设工作"，完成《洱海流域农村面源污染、旅游面源污染污染物排放特征研究及洱海流域农村面源污染、旅游面源污染治理产业化前景分析报告》。该报告对洱海流域面源污染——奶牛为主的牲畜养殖污染、农田污染、农村居民生活污水污染、旅游污染等污染源进行污染物排放规律、特征、污染物发生量和区域分布进行调查、研究分析，总结洱海流域农业面源污染发生特征和未来发展趋势，集合国内及洱海污水治理先进技术与设备并比较分析和筛选，结合课题和国家对面源污染治理的产业化要求，进行洱海流域面源污染治理设备产业化市场前景需求分析评估。

主持"十一五"国家洱海水专项第六课题"洱海典型湖湾水体水污染防治与综合修复技术及工程示范"子课题"洱海北部湖湾水文水动力学研究及周边部分村落污水处理技术研究"。课题已于 2012 年验收。

主持"十一五"国家洱海水专项第一课题"洱海全流域清水方案与社会经济发展友好模式研究"子课题"流域生态调查与解析"。课题已于 2012 年验收。

参与"十二五"国家洱海水专项课题"富营养化初期湖泊（洱海）防控整装成套技术集成及流域环境综合管理平台建设"方案编制工作。

与云南省环科院共同主持完成"洱海流域乳牛养殖业污染调查及循环经济发展规划研究"，通过对洱海流域乳牛养殖污染进行详细调查，摸清污染的现状及结构，提出管理措施，2013 年验收，为洱海保护治理提供科学依据。

主持"苍山十八溪水资源利用研究"课题，与云南财经大学、云南加中环保科技有限公司等单位合作开展，完成《苍山十八溪水资源利用研究报告》，于2014 年通过了州级验收评审，合著出版《苍山十八溪水资源利用研究》。

主持"洱海流域分散型污水处理技术集成研究及运行管理示范"课题，与云南财经大学、大理山水环保科技有限公司合作开展，完成洱海流域分散型污水处理技术集成与研究及运行管理示范项目技术研究报告、《洱海流域村落分散型污水处理设施运行维护管理手册》《洱海流域农村村落污水处理适用技术汇编》，于 2014 年通过了州级验收评审。

主持开展"洱海富营养化藻类关联因子研究与藻种保存"课题，与中国科学院水生生物研究所合作开展，2016 年验收。课题通过洱海藻类和水质等指标的相关性分析，探索研究洱海藻类生长发育的影响因子及机理，同时通过实施藻种培养，对实际水环境进行模拟，建立洱海富营养化藻类研究与藻种库，为研究藻类生长、发育的关联因子，为洱海保护治理提供科技支撑具有非常重要的现实意义。

承担《大理洱海环保控藻新技术推广示范》，依据大理州科委的安排计划并按照实施方案正在组织开展。项目已实施洱海藻类堆积强度鉴定、识别及水质监测（每月）、洱海水体流动控藻技术示范、洱海水面蓝藻打捞清除技术示范、水草打捞与水草恢复控藻技术示范、洱海蓝藻水华浮子式陷阱拦截与机械去除技术与示范等内容。

主持《洱海流域湿地物种选择试验示范工程》，完成《洱海流域湿地物种选择实验示范工程实施方案》的编写，目前完成湿地水生植物筛选、示范工程场地建设。

与省环科院生态中心合作，承担国际山地湿地保护以发展相关课题研究，已结题。

与中国环境科学研究院合作，承担洱海流域生态基线调查——洱海流域污染负荷调查工作，洱海流域生态基线调查分为洱海主要入湖河流水质调查、洱海流域社会经济调查、洱海流域生态环境保护调查、洱海流域污染负荷调查等，准备结题验收。

2）洱海保护治理专项工作

根据大理州环保局《洱海保护应急管理工作制度》的要求，负责对洱海（重点是南部）藻类优势种群变化情况进行监测，此项工作有序开展，均已按时完成监测并报送州洱海流域管理局。

承担《洱海流域"十二五"水污染综合防治规划》中期评估工作，已全面完成《洱海流域"十二五"水污染综合防治规划——自评价报告》工作，报告通过州级评审并已上报云南省政府。该报告对规划项目执行情况、规划目标和考核指标可达性、规划任务落实情况、规划监督管理和保障措施落实等五个方面工作进行全面评估,并针对典型项目进行深入分析,总结实施经验和存在问题,提出下一阶段实施的重点和思路,对推动规划的顺利实施,强化规划的约束力,提高规划的可操作性与指导性,确保规划目标实现,保障洱海流域水污染防治工作适应发展需求,水质与生态环境得到改善等方面具有重要的意义。

完成 2011 年、2012 年、2013 年洱海生态环境保护试点项目年度绩效评价工作。

完成 2014 年洱海流域污水处理系统的调查、监测工作。一是开展洱海流域污水处理设施调查研究工作,通过对流域环洱海土壤净化槽施、一体化净化槽等村落污水处理设施、流域县城和集镇污水处理设施进行取样分析等工作,基本摸清洱海流域目前污水处理设施的处理现状,并就存在的问题提出相应对策措施。二是根据调查实际,编制了土壤净化槽改造提升技术方案。

完成洱海生态环境保护数据手册编制工作。完成了《洱海生态环境保护数据手册》(2013 年版、2014 版),手册主要介绍了洱海流域自然环境概况、洱海流域社会经济概况、洱海船舶概况、洱海生态及底泥现状、洱海及主要入湖河流水质水量、洱海水体置换周期、大理市主要供水厂概况、洱海流域面源污染负荷、洱海流域"两污"及湿地建设、洱海保护重大措施、洱海相关法规共十一个版块内容。

承担州委组织部安排的洱海宣传宣讲工作。根据州委组织部的安排,承担以"洱海蓝藻暴发之谜""洱海保护,刻不容缓"为主题的宣讲工作,截至目前,已组织 12 场次,相继对大理市副科以上干部、大理学院、下关镇、人理州/市旅游局、大理州/市/镇妇联等约 1 000 人进行宣讲,并取得了很好的宣传、培训、教育效果。

完成苍山十八溪等 20 条入湖河流水质监测工作。根据《洱海流域保护治理目标责任考核水质监测方案》要求,中心承担了苍山十八溪、棕树河及西闸河共 20 条入湖河流水温、pH、溶解氧、化学需氧量、氨氮、总磷、总氮、石油类共 8 项指标的监测,每月监测 1 次,为洱海流域保护治理目标责任考核提供重要的数据依据。

进行洱海藻类监测、预警预报。根据《2015 年洱海蓝藻水华控制及预警应急工作方案》要求,负责对洱海(重点是南部)藻类优势种群变化情况进行监测,现均已按时完成监测并报送州洱海流域管理局。

7.8.6   成果

"十一五"至今,大理州洱海湖泊研究中心在核心期刊发表学术论文 16 篇,普通期刊 3 篇。"十一五"至今,出版专著《洱海控藻技术研究》(2013 年 6 月出版)1 本;出版合著《苍山十八溪水资源利用研究》(2014 年 9 月出版)1 本;洱海控藻技术研究获 2007—2011 年度大理州科技进步一等奖。

7.8.7   研究平台规划

随着基础性、应用性、前瞻性和战略性研究的深入,洱海现代信息管理和宣教工作的开展,中心将通过各种渠道筹集资金,购置新的仪器设备、改善科研条件,计划增加相关较高层次科研人员 5~8 人,规划建设规模 10 000 m² 以上,建筑面积达 4 500 m²,进一步提高研究水平。目前正在分步建设现代化研究实验室,洱海研究平台与数据信息管理中心总体规划见图 7 - 2。

7.8.7.1   生态研究实验室

生态研究实验室包括细菌、浮游生物、底栖生物、鱼类、高等水生植物、生态系统、藻毒素、分子生物学等研究实验室,具备对洱海流域的水生生物、水生生态要素的样品采集、鉴定长期连续定位观测能力,对样品的定性和定量常规分析和分子生物学能力,以及具备对水生生物养殖和培育的实验能力。利用生态研究实验室平台,开展洱海流域水生生物多样性和保护研究,以及水域生态系统的结构与功能的研究,并搭建研究平台和构建科学的洱海流域水生生物多样性评价体系,为保护洱海流域水生生物的生物多样性,提高水域生物生产力和改善水体环境质量提供科学依据和解决方案。

7.8.7.2   水化学研究实验室

水化学研究实验室具备对洱海流域的水文、水质等环境要素高端研究分析仪器、化学分析手段,以及长期连续观测能力。利用实验室平台,按照国标和国际标准开展洱海流域水质状况现状和趋势分析以及问题诊断研究,为解决洱海的水生态环境、污染水平和富营养化问题提供科学依据和方案。

7.8.7.3   沉积物研究实验室

沉积物研究实验室主要是利用先进的设备仪器和手段,对洱海流域的沉积物的类型和各物质进行测定和分析,评价洱海流域沉积物的营养类型和分布现

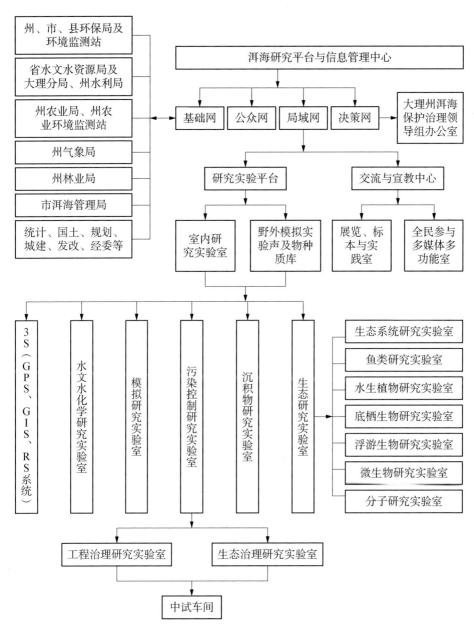

图 7-2 洱海研究平台与数据信息管理中心总体规划示意图

状以及发展趋势,开展洱海流域古环境演变历史的研究和回顾,为全面了解洱海流域沉积物状况,以及内负荷水平和释放潜力提供科学依据并提出解决方案。

7.8.7.4　流域污染控制研究实验室

流域污染控制研究实验室就洱海流域生产及生活废水、粪便和垃圾等污染物开展资源化、无害化、减量化等方面的研究并提出解决方案,以便为洱海及其水源地保护奠定基础。

7.8.7.5　模拟研究实验室、中试车间

模拟研究实验室、中试车间是为研究人员在湖泊研究中提供对照用至少两组以上试验环境模拟平台,具有室内外中小型湖泊模拟装置和室外生态区系、面源废水、入湖河流水、富营养化水体处理试验场,研发污染控制的关键技术,为应用推广提供科学依据和技术支撑。

7.8.7.6　种质库

种质库就洱海流域生物物种开展基因保存、物种繁育、扩增、利用等方面的研究,以便为维持洱海流域乃至大理州生物多样性及其开发利用奠定基础。

7.8.7.7　3S 信息系统

3S 信息系统利用 GPS、GIS、RS 和其他手段、方法可以对流域社会经济、水化学、水文、气象、水生生物、水生生态等洱海流域基本环境要素进行综合分析,进一步深化和提升洱海流域的生态环境认识。3S 信息系统主要是利用数字摄影、全球定位系统、遥感等先进的技术手段和科学方法,对洱海流域的生态环境实现数字化、图像化、自动化。

7.8.7.8　数据信息管理系统

数据信息管理系统具有数据管理、数据处理、维护功能。

(1)数据管理:分配和管理数据中心的所有数据。

(2)数据处理:数据中心需要经过良好定义、清理的数据。

(3)数据维护:数据维护功能用于检查、修复损坏的数据,保持数据的完整性和有效性。

数据信息管理系统收集、整合云南省水文水资源局大理分局、大理州气象局洱海自动监测站、大理州环境监测站在建的洱海水质自动监测站、洱海管理局等单位的水文、水质、水位等洱海环境信息,为政府决策者提供全面的决策基础。数据信息中心数据库涵盖了来自环保、气象、水文、水利、农业、统计、国土、规划、城建等不同部门的多种信息,数据来源格式与数据标准不尽相同,但这些

信息资源是宝贵的财富,应当充分利用和共享。数据信息中心就是为了与各有关部门建立数据交换机制,统一数据管理平台,实现信息资源共享,整合形成有机的、有效的统一数据库。

从国家对信息技术资料管理的角度出发,本信息管理系统所获得的数据和由此衍生的其他信息数据的所有者是大理白族自治州人民政府;数据和信息的管理和发布单位为大理白族自治州环境保护局及其下属的环境信息中心。大理白族自治州人民政府所辖的流域内的各相关部门和科研院所及国内各大专院校和科研院所,和其他以科学研究为目的的团体,在得到政府信息管理部门的授权下,都可以无偿使用所有本系统获得的数据和衍生信息。

7.9　州农业环境保护监测站

7.9.1　机构设置

大理州农业环境保护监测站于 1996 年 3 月 5 日成立,与州农业科学研究所合署办公。2009 年 8 月,州农业环境保护监测站与州农业科学研究所分设,成立大理州农业环境保护监测站,是大理州农业局下属的全额拨款事业单位,监测站下设办公室、财务室、分析室、资源与环境保护室、农产品安全管理室 5 个部门,主要职能是贯彻国家有关农业环境保护、农产品质量安全的法律法规和政策,开展农业环境、农产品质量安全的调查与监测,宣传普及农业环境保护及农产品质量安全知识,开展农业面源污染防治与监测,指导全州农业生产经营者正确施用化肥、农药、推广生态农业建设等。

2012 年 12 月组建大理州农业科学院,将大理州土壤肥料工作站与大理州农业环境保护监测站合并成立大理州农科院土壤肥料与农业环境监测研究所。下设土壤室(农建办)、肥料室、资环室、菌类室、办公室、土壤肥料与农业环境检测中心,负责农业土地资源综合利用技术研究推广、野生植物资源综合利用、科学施肥、农业环境保护、农业环境监测、耕地质量建设、高稳产农田建设、旱作节水农业、农业可持续利用等应用技术研究推广;承担农作物全程综合配套技术与关键技术、生态恢复与生态农业应用技术;食用菌常规栽培种的提纯、复壮及生产、野生食用菌的采集、组培技术研究以及承担州土肥站的业务职能及日常事务工作。

大理州农业环境保护监测站成立 20 年来，在州委、州政府的领导下，在各级各部门的支持下，突出洱海保护的重点，在农业面源污染防治的科研、试验示范、成果推广等方面，做了大量工作，取得了一些成绩。

7.9.2　大理市七里桥生态示范园建设（1999—2001 年）

针对洱海流域化肥农药用量超标，作物病虫害加剧，土壤酸化板结，农产品品质下降，污染物出现超标，食品安全性受到影响，市场竞争力减弱，氮磷流失，有机污染严重，农田污染负荷增加，洱海水体环境受到污染的实际，在州委、州政府的领导下，在洱海周边选择农业集约化程度较高、代表性和干群科技意识较强、群众基础好的大理市七里桥乡实施生态农业科技示范园的建设任务。确立以市场为导向，水污染防治为目的，依托科技成果支撑、大力发展优势特色产业，提高农业效益，增加农民收入为核心，加大农业产业结构调整力度，推进农业产业化、现代化进程，开发无公害农产品，实施农业无公害环保战略；以高起点、代表性、先进性、效益性、科学性为原则，采用边试验、边示范、以试验促示范、以示范验证试验结果，深化试验，以深化试验拓展示范和节本增效的技术路线，实现环境保护与经济效益协调发展的总目标。

大理州农业环境保护监测站以农业面源污染控制工程为中心，积极开展"生物肥、高效叶面肥"的引进试验及示范；减少氮磷化肥使用量、增施有机肥、生物肥、高效叶面肥，同时实施湖滨带建设工程等工作。

试验研究方面，2001—2002 年在七里桥大庄村水稻、蔬菜上实施高效叶面肥、生物肥正规小区试验 5 组；同田对比监测试验 14 组。其中：水稻上实施 10 处理 3 重复随机区组排列正规小区筑埂试验 1 组，结果以亩用土壤磷素活化剂 500 g 代替普钙作中层肥，减少尿素用量 20% 的处理产量最高，平均亩产量为 725.5 kg，较当地习惯施肥亩增产 35.0 kg，增 5.07%，试验结果经方差分析，各处理与空白对照比产量差异达极显著水平，与当地习惯施肥比产量差异不显著。实施 11 处理 3 重复随机区组排列正规小区筑埂试验 1 组，结果充分肯定了土壤磷素活化剂、昂力素与同丰 20 的减氮控磷和增产增值效果。新筛选出缓释复合肥、绿源宝等供下一轮试验验证。

示范推广方面，2001 年举办水稻生物肥、高效叶面肥中心示范样板 150 亩，平均亩产量 699.48 kg，较当地习惯施肥平均亩产 625 kg 增产 74.48 kg；2002 年在凤仪、挖色、江尾、七里桥水稻上扩大生物肥"土壤磷素活化剂"示范推广 1.5 万亩,平均亩产量 594.04 kg,较常规施肥亩产 527.15 kg,亩增产 66.89 kg,亩增产值 90.31 元,总产增 100.34 万元,新增纯收益 155.34 万元,减少尿素用量 3.93 万千克,普钙 55.2 万千克。

2001—2002 年共举办水稻蔬菜高效生物肥、叶面肥示范 18 250 亩,水稻累计示范 15 150 亩,蔬菜累计示范 3 100 亩。该项目 2002 年 9 月 28 日通过州农业局主持的成果鉴定。

湖滨带建设工程方面,在七里桥镇大庄村委会的洱海湖滨区,实施葭蓬村至南罗久邑段,海防高程 1971～1974 m,全长 2.4 km 的湖滨带建设任务。在 2001 年完成本底调查的基础上合理区划,2002 年扦插柳树 46 158 株,茭瓜 1 500 丛,席草 1.0 万株,芦苇 300 丛,竹类 485 丛 1 940 株。完成沙袋护栏建设 105.6 m³,同时积极响应政府号召,参与宣传发动完成辖区内 276.39 亩农田的退田还湖工作。洱海湖滨带建设工程的实施,为恢复湖滨湿地生态系统,保持生物多样性,增强湖滨带对氮磷的自净能力,改善洱海水环境,提高洱海水质,并为今后全面实施湖滨带建设积累了经验。

7.9.3　洱海湖周水稻应用土壤磷素活化剂研究与示范（2000—2002 年）

为探索控制洱海流域农田氮、磷流失,减轻洱海水体氮、磷污染负荷,协调解决减少化肥施用量,增施生物肥,控制农田面源污染与农民增收农业增效的矛盾,大理州农业科学研究所采取引进、消化吸收的路子,走试验、监测、示范有机结合的技术路线。1999 年从东北农大引进高效生物肥"土壤磷素活化剂",在洱海湖周水稻上经过连续三年的应用研究与示范,成功筛选、探索出用土壤磷素活化剂 500 克/亩代替普钙作中层肥一次施用,较常规施肥减少尿素用量 10%～30%的"土壤磷素活化剂优化施肥配套技术"。2001—2002 年在洱海湖周大理市的凤仪镇、挖色镇、七里桥乡和洱源县的江尾镇水稻上累计示范 2.78 万亩,总产量较常规施肥增加 159.22 万 kg,总产值增加 238.24 万元,总节支 37.23 万元,新增纯收益 281.84 万元,减少氮肥用量 10%～30%,折合尿素用量 7.322 万千克,减少磷肥用量 100%,折合普钙用量 101.60 kg。农田排水总氮加权平均削减 11.75%～15.17%,总磷平均削减 19.15%～24.86%,提高尿素利用率 12.76%～15.99%,经济、生态、社会效益显著。2003 年 5 月获云南省农业厅科技推广二等奖。

7.9.4 洱海湖滨地区农村面源污染综合防治技术试验示范（2002—2005年）

本项目由大理州科技局提出，并列入当年的大理州重大科技计划项目，也是州科技局第一次提出面向全国招标的科技计划项目。该项目得到云南省科技厅的支持，进入省院省校合作计划，并向全国公开招标。最终由国家环境保护总局华南环境科学研究所和大理州农业科学研究所联合投标而中标。项目围绕考核的任务指标开展了以下五个方面的工作：

一是人工湿地污水处理技术：根据仁里邑村污水分布情况，设计村北、村南各建一座人工湿地污水处理场，湿地分别占地 600 m²、450 m²；人工湿地对生活污水处理的效果明显；其平均去除率 TN50. 56％～72. 30％、TP62. 76％～86. 10％。

二是农村固体废弃物处理技术：全村已建成垃圾池 19 个，实行分类收集处理，农田垃圾进行垫圈堆肥处理后还田增肥；煤渣和建筑垃圾用于回填建筑地基、填路，其他生活垃圾通过垃圾车运送到镇垃圾填埋场处理，垃圾综合处理率达 90％以上。

三是农田径流污染控制技术：主要通过 7 条穿田的农田排水沟建设径流滞留槽，并填充砾石使农田径流排水流向砾石槽，漫流进入湖滨带湿地后，利用湿地的自净能力，消减农田外排水的污染负荷，最终使净化的外排水流入洱海。湖滨带湿地对农田径流水的 BOD、TN、NH₃‐N、TP、SS 具有较好的去除效果；N、P 平均去除率为 60. 58％、83. 08％。

四是湖滨带恢复与建设技术：试验示范区已建成 1000 m 湖滨植物缓冲带，其生态系统结构功能逐渐得到了恢复，植物覆盖度恢复到现在的 80％～90％；群落数恢复到 8 个，在建有植物群落缓冲带的土壤上，地表径流的入渗率增加了 8 倍，对泥沙的控制可达 50％以上，对湖滨带中氮、磷营养盐去除率达到70％～80％。

五是少废农田控制技术：依据自主研制的"控磷减氮、优化施肥技术"的应用开发，开展了水稻、蚕豆、大麦等主要作物"控磷减氮、优化施肥技术"配套试验和示范。累计示范"控磷减氮优化施肥技术"4 117 亩，较习惯施肥减少化肥施用量 10. 12 万千克，减 52. 28％；增产粮食 7. 45 万千克，增加总产值 12. 58 万元；总节支 2. 36 万元，新增纯收益 14. 94 万元；农田排水较习惯施肥总氮削减

27.66%～35.53%,总磷削减 49.11%～53.86%,技术覆盖率达 96.75%,超额完成合同规定的任务目标。

该项目通过省科技厅项目验收及成果鉴定:该示范研究达到了合同规定的任务要求,该研究成果在农村面源污染治理技术集成及应用方面达到国际先进水平,获得国家环保总局环境保护科学技术二等奖和云南省科技进步三等奖。

7.9.5　洱海流域农业污染源普查（2008 年）

大理州第一次污染源(农业源)普查工作按照国家、省普查办的统一安排部署,在省普查办的大力支持及各级政府的领导下,以 2007 年为调查基准年,经过全州各级普查机构的共同努力,较出色地完成了农业污染源普查工作,并获国务院优秀技术报告三等奖和省先进个人等荣誉。

7.9.6　洱海流域农田地表径流监测试验研究（2008—2012 年）

2008—2012 年,大理州农业环境保护监测站与云南省农业环境保护监测站、农业部环境保护科研监测所合作,五年内在洱海流域的下关镇、湾桥镇、银桥镇、喜洲镇、上关镇、凤仪镇等地,在水稻、玉米、烤烟、蔬菜、蚕豆、大蒜、油菜、麦类、茭白、牧草等作物上开展不同作物轮作模式的地表径流监测试验研究,共计 36 组。通过五年 11 种种植模式 34 组地表径流试验的监测,获得了洱海流域内主要农作物种植模式下化肥因地表径流造成氮、磷流失量,为实现农作物结构调整、生态补偿,控制农业面源污染,大面积示范推广"控源、减排、循环、利用"环保型种植模式,治理农业面源污染,减少农田氮磷流失,制定农业环保新技术措施提供技术支撑。

7.9.7　洱海流域农产品质量安全认证监管（2003—2013 年）

大理州高度重视农产品质量安全,以无公害农产品产地认定和产品认证为重点,绿色食品认证为先导,有机食品、地理标志认证为补充的"三位一体"整体推进的农产品质量安全认证监管工作。截至 2013 年,流域内认证绿色食品 13 个(其中:茶叶 1 个,乳制品 3 个,林果产品 9 个),产地面积 5.35 万亩;无公害农产品 16 个(其中:水产品 11 个,蔬菜 4 个,畜禽产品 1 个),产地面积 8.71 万亩;通过 1 个地理标志认证"大理独头大蒜";洱源县实施 103 万亩无公害农产品生产基地认定整体推进(其中果蔬种植产地 55.35 万亩,水产产地 2.70 万亩,粮油产地 45.75 万亩),无公害农产品标准化现代农业生产基地的建设,有力地促进了农业面源污染治理。

7.9.8 洱海流域稻田养鱼示范（2010 年）

2010 年组织实施大面积稻田养鱼生态环保种养模式推广示范项目。项目由政府专门出台文件并下拨专项资金,用于稻田生态养鱼种养模式的推广示范。实施面积达 3 000.76 亩,涉及示范农户 1 638 户,其中有 950.65 亩面积实施了茭白养鱼示范。在推广示范的基础上,又在银桥镇开展了 160 亩多种模式的稻田养鱼对比试验。经多点实际测产统计,每亩稻田养鱼鱼类净增收入 740元左右,稻谷增收 70 元左右,减少施用除草剂 100 g,尿素 18 kg,普钙 40 kg,加上节省下来的农药化肥成本及人工成本,实际稻田养鱼每亩增收在 1 000 元左右。开展稻田养鱼示范项目,既能增加农民收入,又能保护生态环境,同时为市场提供健康安全的农产品,在节本增效、减少面源污染、保护洱海、改善生态环境上取得了较显著的社会、经济和生态效益,是洱海农业面源污染控制的主要农技措施之一。

7.9.9 洱海流域农业污染控源减排技术集成与生态补偿模式研究与示范（2008—2010 年）

大理州农业环境保护监测站与农业部环境保护科研监测所合作完成。该项目立足洱海流域农业面源污染物质控源减排,以大理市原种场为试验示范基地,针对洱海流域种植业和畜禽养殖业所造成的农业污染问题,重点围绕奶牛养殖小区废弃物的循环利用和农田净化以及农田径流水的末端治理,开展奶牛粪污与秸秆混合快速生物发酵有机肥制备技术、养殖废水农田循环利用与净化技术、农田径流水三级塘生物生态净化技术等关键技术的集成和示范研究,构建了养殖—种植一体化、面源点源化治理的技术模式;重点在农田种植和肥料施用技术和优化方面,开展水稻—大蒜、水稻—蚕豆两种常规轮作模式下,不同施肥条件氮磷减排技术研究与示范,保证农业生产在不减产的前提下,提高农田肥料利用率,减少农田径流水中的氮磷流失量;围绕新型缓控释肥料,以及粪污处理与储存设施、食用菌发酵基质、生物有机肥、农田径流水的处理等技术实施,在调查研究和试验示范的基础上,采用了意愿调查和机会成本相结合的方法,确定了环境友好型技术应用的定量化生态补偿标准,并进行了试点示范。

　　项目实施期间,授权发明专利 3 项,实用新型 2 项,分别为:一种养殖废水综合处理工艺及系统,一种用于养殖废水深度处理的仿生态塘系统,一种推流式厌氧生物反应器,农田低浓度面源污水生态净化设施,有机废弃物好氧发酵设施。形成了 1 套洱海流域农业污染控源减排技术集成与农业生态补偿综合技术模式,建立了养殖废弃物有机肥制备技术、养殖废水农田循环利用技术、三级塘生物净化技术、常规轮作模式不同施肥条件下,氮磷减排技术等关键技术示范基地;形成配套的技术规程 3 套;提出了洱海流域农业生态补偿办法和政策建议各 1 套。该研究成果已在洱海流域进行了广泛的示范和应用,通过项目的实施,对洱海流域农业污染源的源头控制、过程阻断和末端治理等发挥积极而有效的作用,加强了对洱海的有效保护,维护了洱海流域农业生态的良性循环和长远发展,经济、社会、环境效益显著。2012 年 11 月该项目获大理州人民政府科技进步二等奖,2013 年 3 月获云南省人民政府科技进步三等奖。

7.9.10　农村与农田面源污染区域性综合防治技术与规模化示范

　　大理州农业局与中国农业科学院农业资源与农业区划研究所签订了《国家水体污染控制与治理科技重大专项国家“十一五”重大水专项湖泊主题洱海治理课题科研合作任务书》。项目名称:富营养化初期湖泊(洱海)水污染综合防治技术及工程示范;子课题名称:大规模农村与农田面源污染的区域性综合防治技术与规模化示范。

　　根据大规模农村与农田面源污染的区域性综合防治技术与规模化示范项目合同的要求,测土配方施肥建议卡发放入户率达到 95% 以上,上关、喜洲、邓川、右所四个重点镇的覆盖率达 100%。开展技术培训 241 场次,指导培训农民 9.03 万人;畜牧业及农田地表径流监测开展技术培训 31 场次,指导培训农民 1.67 万人,合计 10.70 万人,印发各种技术资料、宣传资料 2.20 万份。12.54 万亩耕地应用测土配方施肥技术,完成了 11 组种植模式地表径流试验;新改建猪舍 2 670 m^2,生物发酵床 1 020 m^2,通过生物发酵床“零排放”养猪技术试验、示范、推广项目,年生物发酵床饲养生猪可达 0.6 万头,直接减少养猪造成的污染物排放 1 万多吨。

7.9.11　大理市桃源村农村清洁工程建设(2011—2012 年)

　　在云南省农业环境保护监测站的统一部署指导下,大理州农业环境保护监测站于 2011—2012 年完成了中央财政农业生态环境保护项目,支持大理州在大理市喜洲镇桃源村建设 2 个农村清洁工程示范村的建设任务。项目通过家园清洁设施、田园清洁设施、公共清洁设施的建设实现项目村垃圾处理率、生活污水处理率、农田废弃物回收利用率 80% 以上,农民的认知度达 90% 以上的目标。具体做法:村内垃圾处理主要是通过家园清洁设施和田园清洁设施的建设,分户配置生活垃圾收集桶、修建田间有机废弃物发酵处理池、无机垃圾中转设施,实行源头分拣废品回收和堆肥发酵的处理方式,建立"户分、村收、集中处理"的模式,使示范村垃圾处理利用率达 90% 以上。村内污水处理,采用两种方式进行,一部分农户通过修建庭院污水处理池进行生活污水处理,大部分农户通过安装生活污水排污管网,将生活污水经排污管网接入村落污水处理设施,实行集中处理,生活污水处理利用率达 90% 以上。在提高农田废弃物回收利用率方面,桃源村共有耕地 620 亩,亩均化肥施用量为 50~80 kg,农药用量为 0.50 kg,一些农业废弃物随意丢弃,严重影响了农田生态环境,按 40 亩设一个弃物收集池的原则,在田间修建农田废弃物收集池 15 个,落实专人回收,实现:"田间回收—专人收集—资源化利用",示范村农田废弃物回收利用率达 90% 以上。在提高农民认知度方面,通过宣传栏、标语、发放科技培训资料等形式加大宣传力度,使农村清洁工程深入人心,取得了广大群众的积极支持。项目建设改善了农户居住环境,美化了村容村貌,受到农民的普遍欢迎,示范村农户认知度达 95% 以上。

7.9.12　高原湖泊流域农业源防控关键技术示范(2013—2015 年)

该项目是中国农科院"公益性行业专项"——"典型流域主要农业源污染物入湖负荷及防控技术研究与示范"项目的一部分,又作为农业部"打好农业面源污染攻坚战"的 4 个示范区之一,旨在全面调查了解洱海凤羽河流域农业面源污染现状的基础上,摸清典型流域农业面源污染排放、迁移过程与入湖负荷等信息。通过在典型区域——凤羽河小流域的上寺自然村建设农村生活污水处理工程;畜禽粪便干湿分离、收集处理利用工程;农田径流水收集、处理、循环利用示范工程,集成养殖源、生活源、农业源污染防控单项技术,探索并初步构建农业面源污染防控体系。

通过该项目的实施,在凤羽河流域建设农业面源污染系统防控核心示范区,形成综合防控体系,削减核心示范区农业面源污染负荷。同时,填补了高原湖泊流域农业面源污染综合防控模式空白,为洱海流域面源污染综合防控提供典型经验和示范样板。

7.9.13 洱海流域农业面源污染农灌沟水质检测

为保护洱海流域农业生态环境,改善洱海水质,根据州委、州政府有关文件精神,2014 年大理州农业科学研究院在洱海流域的洱源县和大理市选择代表性较强的 10 条农灌沟,利用 GPS 进行定点采样监测,通过监测洱海流域农灌沟总氮、硝氮、氨氮、总磷、pH 的变化情况,为洱海流域制定农业面源污染防治措施提供理论依据。2015 年增加玫瑰花、蓝莓、车厘子、水稻-油菜 4 种轮作模式的 4 条农灌沟,共进行 9 种不同种植模式 12 条农灌沟水质变化情况的监测。监测结果与《地表水环境质量标准》(GB 3838—2002)比较:10 条农灌沟均值氨氮入水口与出水口均为Ⅲ类,总氮均为大于Ⅴ类,总磷入水口为Ⅳ类,出水口为Ⅴ类;经综合评价,出水口与入水口水质类别没有变化,均为大于Ⅴ类。主要超标项目为总氮。

7.9.14 洱海流域农业面源污染定位监测(2013—2015 年)

根据云南省农业环境保护监测站的部署,2013—2015 年在洱海流域的大理市喜洲镇的仁里邑村、下关镇的大庄村分别设置常规施肥、主因子优化施肥、综合因子优化施肥 3 处理 3 重复稻豆轮作、常年露地蔬菜 2 组农业面源污染定位监测点,由大理州农业科学研究院承担并负责对 2 个监测点开展地表径流水、灌溉水、降水、植株、农产品以及土壤取样监测,对各类样品的氮、磷、钾、有机质等项目进行测定。通过实地监测摸清洱海流域水稻—蚕豆轮作模式、常年露地蔬菜种植模式农田氮磷排放量,为准确测算农田面源污染负荷及减排潜力提供技术支撑。2013 年完成项目选点、工程建设等工作,2014 年完成 2 个监测点 18 个小区的地力调匀和建设工程的维护保养等工作,2015 年正式启动监测工作。

7.9.15 洱海流域农业面源污染综合防控研究与示范

洱海流域农业面源污染综合防控方案研究与示范项目,是由中国农业科学研究院区划所牵头,大理州农业科学研究院负责实施,课题通过研究分析洱海流域农业生产结构、空间布局及农业面源污染产生排放特征,合理划定农业面源污染防控分区,优选各类农业源污染控制技术,汇编洱海流域农业面源污染综合防控技术方案。同时,在洱海流域中的海西片区、北三江北区推广农田清洁生产技术体系 10 万亩以上,推广内容主要包括农田氮磷化肥减量技术和以碳控氮技术。通过推广该技术,农业废弃物种养一体化循环利用量达 30 万吨以上,包括畜禽粪便集中式收集站建设及规模化运行机制、农业废弃物食用菌基质化利用、奶牛粪便高效处理与肥料化增值利用、农业废弃物农田消纳利用等,其中畜禽粪便集中收集利用量达 5 万吨以上,分散利用规模达 25 万多吨;培训各级技术员以及农民群众 5 000 多人次。

项目自 2014 年开始实施,截至 2016 年 6 月,主要完成如下工作:

一是基础产业及基础信息调研,澄清底子、找准问题突破口;围绕目标任务对流域种植业农药、化肥施用及流域畜禽养殖情况进行摸底调研,基本摸清污染负荷的产生,为综合防治提供技术支撑。二是按照项目的总体目标和考核指标,积极实施完成农田清洁生产技术体系辐射推广面积达 10 万亩以上。三是有效开展农业废弃物种养一体化循环利用达 30 万吨以上。其中:集中收集畜禽粪便,并将收集的畜禽粪便资源化利用生产商品有机肥。项目依托顺丰实业科技发展公司,收集散养户、标准化养殖场和家庭牧场的养殖废弃物(牛粪、猪粪等),实现畜禽粪便的集中收集和资源化利用。四是采用不同培训方式,积极开展流域农业面源污染综合防治技术培训。依托流域专业化经营主体、种植大户、养殖大户及村委会,累计直接培训 21 场次,培训农技人员及群众 1800 多人次,间接培训 428 场次,培训农技人员及群众 13 万多人。五是参与编制完成《洱海流域高效生态农业示范区建设及"十三五"农业面源污染防治规划》。

7.9.16　洱海流域农田土壤重金属污染普查

洱海流域农产品产地土壤重金属污染防治普查项目,旨在摸清洱海流域农产品产地土壤重金属污染状况、分布、特征等基础信息,做好产地安全区划和等级划分,为科学设置国控点、开展动态预警监测提供依据,以保护和合理利用土地资源、保障农产品质量安全、保护人体健康服务。

项目自 2012 年到 2016 年 6 月主要完成了以下工作:

一是精心编制实施方案和技术方案。按照云南省农业环保站的要求,并结合大理州实际情况编制《大理州农产品产地土壤重金属污染防治普查实施方案》和《大理州农产品产地土壤重金属污染防治普查技术方案》。

二是加强培训、提高素质。在洱海流域共召开培训会 11 场次,培训普查技术人员和采样人员 584 人次。

三是加强基础资料调查、收集和整理,确保按时完成普查任务。

四是全面完成点位的布设、样品采集和制备。洱海流域共布设土壤点位 1 130 个,其中普采 1 034 个;共布设植物样点 81 个,其中大理市 66 个,洱源县 15 个。

五是按期交送样品,开展统一检测。将所制备好的样品按期送到云南省农业环保站,进行检测反馈。

六是顺利开展普查基础数据录入和审核。

七是完成农产品产地土壤重金属污染防治国控点设置前期调查工作。

7.9.17　大理市农业生态示范园耕地养分调查(2001—2004 年)

2001 年,大理州土壤肥料工作站结合七里桥镇农业生态园建设,开展了耕地土壤调查和农业生产情况调查。通过调查,基本查清了耕地土壤障碍因素和生产中重化肥、轻有机肥、盲目大量施用氮磷化肥等问题。针对存在问题因素,开展小区试验 59 组,同时进行小面积示范验证,不断修正,首次在洱海流域提出"控氮、减磷、增钾、补素,调酸改土"综合测土配方施肥技术。

经大量试验、示范指导和广泛开展技术培训,此项技术已在洱海流域大面积推开,应用面积逐年扩大。2004 年应用推广面积达 41.30 万亩,占作物总播种面积的 65%。实施同田对比监测 208 组,总增粮食 742.38 万千克,增油菜 24.13 万千克,增蔬菜 68.97 万千克。减少纯氮 49.52 万千克,折合成尿素 107.65 万千克;减少五氧化二磷 94.17 万千克,折合成普钙 553.91 万千克。节约化肥投资 409.17 万元。科技投资每投 1 元可获得 30.51 元,农民每亩得益 38.61 元。此项成果的应用推广,既可减少化肥施用量,提高肥料利用率,减少流失,减轻洱海水体富营养化,又可降低生产成本,提高产量,改善农产品品质,达到节本、提质、增效的目标。

7.9.18　大理市耕地地力调查与质量评价(2003—2004 年)

2003 年开展大理市耕地地力调查与质量评价和农业生产情况调查,采用 GPS 定位和地理信息系统数字化成图等先进技术,共采集化验分析土壤、植株、水样等 278 个;进行土壤有机质、pH、全氮、磷、钾、速效氮、磷、钾、镁、硫、锌、硼、锰、钼、铁等项目的测试分析,同时对生产情况、农田水利设施等进行全面调查。通过全面调查与评价,在建立空间数据库和耕地资源信息系统的基础上,形成如下主要成果:

一是建立各图幅属性数据库:主要河流、湖泊属性库(地形图、行政区划图);土地利用现状分类及利用描述属性库(土壤利用现状图);土壤分类系统属性库(土壤分布图);土壤分类系统属性库(土壤分布图);基本农田保护区面积统计属性库等 11 个属性库。

二是形成成果图件:大理市土地利用现状图、土壤分布图;基本农田保护规划图、水利分区图、地貌类型分区图、行政区划图、地形图、坡度分级图、地表数字高程分级图、地表坡向分布图,取样点位图、污染源点位图等具有完整性数据的基础数字化地图。

三是摸清耕地土壤障碍因素:土壤酸化,土壤碱解氮、有效磷富集,钾不足,有效硼、锰、钼等微量元素缺乏。摸清了耕地养分状况和土壤障碍因素,提出了改良措施和对策,为无公害农产品生产提供技术支撑,2004 年 4 月结束,此项目通过农业部评鉴验收,给予很高的评价。

7.9.19　引进九园有机肥有限公司落户凤仪(2003 年至今)

为了有效控制畜禽粪便和有机废弃物流入洱海造成污染,经反复比较论证,引进大理九园有机肥有限公司在大理安家落户。该公司 2003 年 12 月开始建厂,占地面积 16.5 亩,先后购置先进的生产加工机械设备 30 多台(套),建成畜禽粪便无害化处理生产线 3 条,生产工艺先进,主要应用微生物技术将畜禽粪便快速腐熟发酵、消毒、杀菌,生产出优质有机肥料。年生产能力由建厂初期的 1 万吨发展到现在的 2 万吨,产品已由原来单一的精制有机肥发展到今天的精制有机肥、生物有机肥、有机无机复混肥等多种产品。截至 2015 年底在洱海流域累计处理畜禽粪便 45 万米^3,生产各类商品有机肥 17 万吨。该厂的建成投产,有三方面的意义:使洱海流域养鸡专业户、大理养鸡场的鸡粪得到有效处理,减少了畜禽粪便流入洱海对水体造成污染;生产的精制有机肥和有机无机专用肥为洱海流域控制化学肥料施用量、增施有机肥和无公害农产品生产提供优质肥料,使控氮、减磷测土配方优化平衡施肥示范推广落到了实处;改善农村卫生状况、解决农村部分剩余劳动力,增加养鸡专业户的收入,促进畜牧业发展。

7.9.20　缓释 BB 肥试验示范推广（2009—2010 年）

缓释 BB 肥在大理州的示范推广始于 2006 年，由洱源县农业技术推广中心、洱源县环保局和 BB 肥生产企业等单位，共同在右所镇大蒜种植区示范推广。2006 年推广缓释 BB 肥 800 亩，2007 年推广 3 500 亩，2008 年推广 600 亩，2009 年大春水稻推广 500 亩，玉米 500 亩，2010 年小春在大蒜上推广应用 1.7 万亩，其中生物有机肥与缓释 BB 肥配合施用 5 000 亩，缓释 BB 肥 1.2 万亩。经同田对比试验，采集数据主要以纯氮和五氧化二磷的使用量、次数进行比较，对采集的各种数据进行经济效益分析：价格成本较高，与施用普通化肥相比，控释 BB 肥价格成本较高，大蒜、水稻、玉米 3 种作物施用缓释 BB 肥比常规施肥每亩施肥成本分别高 64 元（高 19.1%）、26.05 元（高 61.12%）、54.68 元（高 42.51%），但投入产出比低，施用缓释 BB 肥的大蒜田，平均每亩增产 531.9 kg（增 20.73%），由于商品蒜的价格受市场波动影响较大，蒜农种植收益不稳定。施用 BB 肥的水稻投入产出比为 1∶13.22，低于常规施肥投入产出比 1∶21.32；施用 BB 肥的玉米投入产出比为 1∶3.46，低于常规施肥投入产出比 1∶5.32。

7.9.21　实施测土配方施肥技术试验推广（2006—2015 年）

以洱海流域行政村为单元，按不同地域、不同土壤类型、不同生产水平等进行布点采集土壤样品，累计采集土壤样 7 901 个，植株样 304 个，调查和填写农户施肥情况调查表 7 901 户。对各类样品进行土壤有机质、pH、全氮、磷、钾，速效氮、磷、钾、镁、硫、锌、硼、锰、钼、铁等项目的测试分析，取得 37 888 个基础数据，摸清了土壤情况，基本查清了耕地土壤障碍因素及导致耕地土壤障碍因素的主要原因。根据土壤酸化、氮磷富集、氮磷钾三大元素比例失衡、有效锰锌硼等微量元素缺乏等耕地土壤障碍因素，边调查边开展测土配方施肥试验示范，累计完成 395 组试验。在开展试验的同时，进行施肥配方校正试验，不断筛选修正施肥配方，探索"控氮、减磷、增钾、补素、调酸改土、增施有机肥"的综合配套测土配方施肥技术措施，在生产中发挥了显著作用，得到了州委、州政府的高度重视，并将此项目作为大理州洱海保护农业面源污染治理的一项主要骨干措施加以大力推广。2006—2010 年，累计推广应用测土配方施肥 610 万亩，举办中心示范样板 174 万亩，总节本增效 51 300 万元，社会效益、生态效益和经济效益十分显著。

7.9.22 科技成果

洱海湖周水稻应用磷素活化剂 2.78 万亩效益显著,2003 年 5 月获云南省农业厅科技推广二等奖。

洱海湖滨地区农村面源污染综合控制技术试验示范,2006 年 12 月获国家环保总局环境保护科学技术二等奖,2007 年 3 月获云南省人民政府科技进步三等奖。

大理州农业污染源普查,获国家污染源普查办公室二等奖、云南省污染普查办公室三等奖。

洱海流域推广应用测土配方施肥技术增效显著,2010 年 6 月获云南省农业厅农业技术推广二等奖。

认定 322 万亩无公害基地成效显著,2012 年 8 月获云南省农业厅农业技术推广二等奖。

洱海流域农业污染控源减排技术集成与生态补偿模式研究与示范,2012 年 11 月获大理州科技进步二等奖,2013 年获云南省人民政府科技进步三等奖。

第 8 章

洱海保护的宣传教育

洱海的保护、治理，不仅需要工程措施、生物措施和各种科技措施，还需要做好开展广泛、深入、细致的宣传教育工作。近年来，随着经济社会的快速发展，洱海保护治理面临的形势越来越严峻，保护治理的任务越来越艰巨。通过扎实的宣传教育，进一步巩固洱海保护取得的成效，强化广大人民群众保护洱海的意识，营造保护洱海的良好氛围。同时，通过扎实有效的洱海保护治理宣传工作，呼唤每一个人从点滴做起、从小事做起，动员城乡群众和一切关心、热爱大理的人们，都积极参与到洱海保护中来，人人都树立起"美丽洱海、幸福大理"的理念。

8.1 实施洱海保护宣传教育

为了进一步抓好、抓实洱海保护治理工作，州委、州政府决定在实施洱海保护"2333"工程治理的同时，深入实施洱海保护宣传教育工程。

一是实施以主流媒体为载体的宣传报道工程。加大州、县、市级媒体的宣传力度；建立健全洱海保护的举报、监督、查处机制；积极争取中央及省级主流媒体的支持；完善洱海保护新闻发布制度；丰富宣传载体和平台；制作系列宣传品；开展洱海保护宣讲活动；加强洱海保护调查研究。

二是实施以生态文明示范区为载体的精神文明创建工程。创建各类生态文明示范区；扎实推进"美丽乡村"建设。

三是实施以群众文化活动为载体的农村宣传教育工程。广泛开展洱海保护群众文化活动；创作一批以洱海保护为主题的文学艺术作品；广泛开展洱海保护专题宣传教育活动;加强洱海保护法制宣传教育。

四是实施以学校为载体的学生宣传教育工程。进一步抓好洱海保护进课堂工程;深入开展洱海保护"五个一"活动;积极开展"小手拉大手"活动;积极开展法制宣传教育进校园活动;积极开展洱海保护社会实践活动。

五是实施以酒店、客栈为载体的旅游从业人员和游客宣传教育工程。加大对旅游从业人员的宣传、教育、培训力度;加大对游客的宣传教育力度;拓展宣传内容和宣传方式。

六是实施以"洱海保护、志愿服务"为载体的志愿服务工程。加强洱海保护志愿者队伍建设;积极开展洱海保护志愿服务;深入开展"洱海保护、巾帼行动";充分发挥各级群团组织的作用。

七是巩固完善以部门和单位挂钩联系为重点的挂钩包村工程。进一步坚持和完善部门与单位挂钩洱海保护的工作制度;扎实推进"环洱海党建长廊"建设工程;充分发挥新农村建设指导员的作用。

8.2　加强宣传教育能力建设

州委、州政府以及相关的市县,都把加强洱海保护治理的宣传教育工作放在重要议事日程,高起点谋划,从人力、财力、物力等方面予以支持,为洱海保护治理的宣传教育工作打下坚实的基础。

一是抓顶层设计,落实人员经费保障。根据州委、州政府的有关决定精神,州环保局会同州编办、财政局、流域局等部门,共同全面推进全州环境宣教能力建设达标,从源头上破解制约环境保护宣教能力建设的瓶颈难题,为加快和创新推进环境宣教能力建设提供更高更宽的工作平台。同时,确立了总体目标、阶段目标,确定了组织机构建设、手段平台建设等四大主要任务,以及环境宣教机构标准化建设工程、环境宣教体制机制完善工程、环境宣教队伍能力提升工程等六大重点工程。明确了全州环境宣教能力建设分"三步走":2002 年,建立环保宣教机构和配备人员,有编制,有经费保障;2013 年,着重提升人员素质,筑牢队伍建设制度根基。目前,州环保局(含州流域局)共有 6 名专业人员在职在岗,负责环保宣教及相关工作,全州环保宣教工作者达 21 名。州级有行政管理,专业有支撑,县市有环保宣教机构,有编制、有人员,岗位职责明确。已建成"一竿子"到底的宣传教育组织体系。

二是抓资源整合,促进工作落实。环境宣教能力建设工作涉及面广、协调难度大,要想把环境保护的宣传教育工作抓出成效,就必须整合资源,统一部署,协调一致。作为牵头单位,大理州环保局高度重视环境宣教能力建设,把抓落实作为环保能力建设的重要内容,与环境监测、监察、信息化能力建设同规划、同部署、同实施,并且先后将宣教能力建设纳入环保系统目标任务考核予以强力推进。

三是抓业务培训,提高人员素质。打铁还需自身硬,在机构、编制、人员、经费落实的前提下,抓业务培训,提高人员素质,是十分重要的一环。不断加强宣教队伍培训,着力打造一支有较高素质的专业化人才队伍。将环保宣教纳入全州环保干部培训课程体系,对全市环保系统干部、企业环保人员实行 1 年 1 训,累计培训 1 万余人次。为不断提高全州环保宣教队伍和各级环保领导干部的媒体素养,每年定期举办环保新闻发言人培训班和新时期领导干部媒体素养培训班。通过有目的、有计划的学习培训,州、市、县各级的环保宣传教育的能力水平不断提升。

四是抓工作创新,提高宣教能力水平。在州委、州政府的领导下,大理州环保宣教工作创新工作思路、创新工作方法、创新工作机制,各项工作取得较好的成效。抓机制建设,构建环保宣教大格局;抓能力建设,实现环境宣教新突破;抓新闻宣传,形成舆论引导立体化;抓舆情管理,树立环保部门好形象;抓工作创新,成立互联网信息办公室导控舆论;抓平台拓展,打造有影响力的官方环保微博、微信;抓全民教育,提升公众环保意识。通过卓有成效的宣教工作,实现了宣教能力水平、全民环境意识、环境保护公众参与度等各方面的提升,形成了人人参与环保、人人支持环保的良好社会氛围。

8.3 全方位、多形式加强宣传

8.3.1 利用报刊加强宣传

大理州每年在《中国环境报》专版刊载大理环境保护工作情况,同时,在各种报刊上积极主动撰写环境保护方面的文章,积极报道洱海保护治理取得的成效,宣传全州在环境保护方面的新理念、新进展。2013 年至 2017 年,共发布 34 则署名文章,在省、州主要媒体发布信息,公布重点工作进展。世界环境日刊登大理州专版,刊登环境公报及环境保护大事记,宣传大理州环境保护工作,宣传大理州、大理市、洱源县在洱海保护治理方面的好经验、好方法。目前,已在各级纸媒发表文章 15 篇,其中《人民日报》5 条,《云南日报》10 条。并且,在各级电视台播出电视新闻 17 条,其中中央电视台 6 条,云南电视台 11 条。

8.3.2　采用群众喜闻乐见的形式

州、市、县各级宣传部门,围绕大理州的环境保护宣传教育,围绕进一步加强大理洱海的保护治理,深入实际调查研究,编写、创作不同形式、不同题材的舞蹈、歌曲、说唱等文艺节目,来进行环保宣传。以大理人民对洱海母亲湖的依念和浓浓深情为情感启发,以大理环保人为洱海母亲湖默默奉献的感人事迹为蓝本,为表达大理环保人对洱海的一片赤诚之心,创作了洱海保护题材音乐作品《洱海情》,并制作成光碟,向社会发行 2 000 套。同时,通过高强度、多频次的播放,让清波荡漾的洱海在音乐中流淌,大理人对洱海母亲湖的一片衷肠在白州大地上广为传唱,大大增强全民保护洱海的意识和积极投身洱海保护的热情。以该音乐为基础,州环保局编排、制作并发行的《洱海情》广场舞,以此为纽带,积极在绿色创建单位中开展推广活动,并以创建单位牵头向社会推广,在《洱海情》广场舞的推广中,共向社会分发 2 000 盘教学碟片,对 4 家推广成效突出,成果显著的单位给予奖励。《洱海情》的歌声响彻白州大地,《洱海情》的舞蹈,在大理州的城市乡村、大街小巷遍地开花。大理州人民以音乐为媒,以舞蹈为形,把环境保护的主题融入洱海保护的宣传和行动中,将环保理念转化为群众喜闻乐见的形式,触发群众的环保情感。大理州的绿色创建以一种鲜活的方式进行着,大大增强了全民保护洱海的意识,激发了人们积极投身洱海保护的热情。

8.3.3　建立新闻发言人制度

不断提高全州新闻舆论引导水平,及时建立健全环境新闻发言人制度。大理州政府建立了每季度召开一次的例行新闻发布制度,均安排有环保专题新闻,常态化向社会、向媒体主动发布通报我州环保工作情况和社会关注的热点情况。环境保护新闻发言人由历届大理州环境保护局党组书记、局长亲自担任,负责大理州环境保护方面的重要新闻对外发布。同时,充实信息发布团队力量,明确局办公室主任担任新闻发言人联络员,并为新闻发言人和信息发布团队开展工作提供必要条件。在此基础上,还利用新闻发布会、媒体通气会、背景吹风会和网上访谈等多种发布形式,主动设置议题,为群众解答环境问题。注意在关键时间节点策划发布环境新闻信息,着力提高环境新闻发布的影响力、传播力和吸引力,牢牢把握突发事件媒体应对的主动权和主导权,确保新闻传播及时、准确、权威。

8.3.4　建立"大理环保"官方微博

在注重通过传统媒体做好环保宣传工作的同时,大理也积极主动地采用新媒体来强化宣传教育。大理州环境保护局及时建立了局官方政务微博"大理环保"。通过微博,在网上及时准确发布涉及民生的权威信息,妥善回应网民关切与诉求,沟通社情民意,接受社会监督。微博的开通,搭建了问政于民、问需于民、问计于民的新型网络互动平台。截至 2017 年底,"大理环保"官方微博关注量超过 4 万,发贴近 10 000 个,回复评论 5 000 多条。依托全州环境监管力量,整合了相关职能部门的资源,在微博上开展环保便民服务,解决群众投诉的环境问题 84 个(共受理解决影响群众生活的噪声污染 32 件,建设单位扬尘等不规范施工的整改 18 件,其他环境投诉 34 件),切实为群众排忧解难。

8.3.5　利用"世界环境日"开展宣传

每年的"世界环境日",都开展各种活动,宣传世界环境日的意义,并结合大理州的实际与洱海保护与治理工作,利用图片、宣传册、宣传画等形式,帮助广大人民群众进一步树立环保意识,进一步突出广大群众在洱海保护治理中的主体地位,大力开展洱海保护治理宣传教育,传播和弘扬生态文明理念,提高环境保护的自觉性。2014 年世界环境日活动,由大理州环保局、大理市环保局、大理创新工业园区联合举办,州文化局、共青团大理州委、州环保局全体干部职工及大理市有关单位共 3 000 多名干部群众积极参加。活动会场在大理市人民公园,活动内容包括发放《大理州洱海保护管理条例(修订)》,文艺演出,环保知识宣讲等。此次活动以一台公益演出为载体,现场发放小折页、招贴画及《大理州洱海保护管理条例(修订)》20 000 多份;发放印有环保举报方式和环保知识的环保袋,设置法律咨询、环保知识咨询服务点,为老百姓提供全面的环保咨询服务,向社会发布环保短信,引导社会各界人士践行人与自然和谐共生的绿色发展理念,动员和引导群众加入环境保护中,特别是全州、全市人民要积极行动起来,从自己做起,用实际行动参与洱海保护治理,共同履行环保责任,建设幸福美丽家园。

8.4　加强环保法律法规的学习、宣传

新修订的《中华人民共和国环境保护法》于 2014 年 4 月 24 日经全国人大常委会审议正式通过。州委、州政府十分重视对新《环保法》的学习、宣传和贯彻落实。大理州环保局牵头,组织相关部门,围绕新《环保法》中的新提法、新内容、新要求,持续深入学习新《环保法》,展开全方位宣传,在全州范围内迅速掀起学习、培训和宣传高潮。

一是全州主要领导干部领导率先带头学习新《环保法》。2014 年 12 月 11 日下午,州委、州政府举行新《环保法》专题培训电视电话会议,要求各级各部门高度重视,学深学透,贯彻落实好新《环保法》,做好全州的环保工作,推动经济社会与生态文明建设协调发展。特邀环保部政策法规司副司长别涛作专题培训。州级有关部门主要负责人,大理市主要负责人,州、市环保局全体班子成员和各科室负责人,控制重点污染企业负责人在主会场;各县主要负责人,各乡(镇)长,各街办处主任,相关部门负责人,辖区内部分重点污染企业负责人在各分会场收听收看了此次培训讲座。

二是全州环保系统业务骨干及重污染企业负责人深入贯彻新环保法。为做好新《环保法》的学习、宣传和贯彻实施工作,大理州环境保护局于 2014 年 12 月专门开展针对全州环保系统业务骨干及有关企业的业务培训。培训班邀请国家和省级权威专家授课,280 名州县环保业务骨干参会,目的就是要推进新《环保法》的学习,全面了解和掌握新《环保法》中环保部门的职能要求、监管范围。

三是从 2015 年起,大理州环保局围绕新《环保法》的新提法、新内容、新要求,全体干部职工认真学习和宣传新《环保法》和配套办法,并把国务院办公厅下发的《关于加强环境监管执法的通知》作为学习的重点。同时,全面普及新《环保法》及配套办法,增强广大人民群众和企业事业单位对新《环保法》及配套办法的学习和了解,并积极发动人民群众向污染宣战。同时,还将实施按日计罚、查封扣押、限产停产、行政拘留作为查办环境违法案件的重点,抓典型、严查处、摸经验、建规范,以点带面,不断提高执法能力和业务水平。

8.5　大理市中小学深入开展洱海保护宣传教育

大理市中小学深入贯彻落实习近平总书记考察云南时的重要讲话和对大理工作的重要指示精神,紧扣洱海保护及生态文明建设要求,坚持"教育为主,积极宣传"的方针,充分发挥学校教育宣传的主阵地作用,广泛开展洱海保护宣传教育活动,并以"小手拉大手"的方式,带动家庭、影响社会,共同参与洱海保护行动,形成了常态化、长效化的工作格局。

一是加强领导,建立长效机制。市教育局成立工作领导小组,定期研究洱海保护相关工作,并实行挂钩包校责任制,推动活动有序开展。每年召开的全市教育工作会议上,市教育局与市属中小学、乡镇中心校、教办签订洱海保护目标管理责任书,将洱海保护工作列入学校教育教学目标管理考核内容,将活动开展情况作为评选绿色校园、文明学校的重要依据。年末,进行检查考核,考核成绩突出的学校在下一年的教育工作会上进行表彰奖励,对开展洱海保护宣传教育不够重视,工作不力,责任不落实的学校进行通报批评。

二是立足课堂,用好乡土教材。各中小学将洱海保护知识的教育宣传融入课堂教学,让"洱海保护"宣传教育进教材、进课堂、进头脑。市教育局先后编印了《洱海保护》《家在大理》两本地方循环教材供学生学习使用,明确要求将两本乡土教材的教学列入课程表,明确小学四年级上《洱海保护》、五年级上《家在大理》,课时从地方课程中安排,每周 1 课时,每学期 20 课时,从 2015 年春季学期起,将教学情况列入期末考查范围,与其他科目考试同步安排,做到有目的,有计划、有针对地组织教学。

三是丰富内容,抓实主题活动。紧扣洱海保护"听一堂环保讲座、发一份倡议书信、写一篇主题征文、开一次主题班会、组织一次知识竞赛"的"五个一"活动的内容,进一步丰富内容,不断增强洱海保护宣传教育的针对性和实效性。每年春季学期开展的手抄报制作活动在家长的指导参与下完成,通过"小手拉大手"的方式,带动家庭、影响社会,培养良好的环境道德意识。号召全市中小学组织通过多媒体教室观看大理州举办的"我心中的洱海"演讲比赛,唤起师生热爱家乡、保护洱海,共建美丽幸福新大理的情怀。开展"美丽洱海,幸福大理"主题征文活动,组织评选产生小学组、初中组和高中组一、二、三等奖和优秀奖,通过征文活动进一步增强了广大中小学生生态文明观念和洱海保护意识。

四是创新载体,深化活动内涵。在宣传教育活动中,加大创新力度,坚持知行合一,将洱海保护融入学生的日常学习、生活中,延伸到社会,宣传到家庭。从 2014 年春季学期起,全市中小学坚持每学期初组织开展以"美丽洱海,幸福大理"为主题的"开学第一课"主题活动;通过黑板报、宣传标语、手抄报、校园广播、学校网站、校讯通、微信公众平台、宣传展板、集体宣誓、"红领巾志愿者服务队"和"五四青年志愿者服务队"等载体,不断丰富洱海保护宣传教育内涵;进一步调整充实由 60 名教师组成的洱海保护宣讲团,在全市中小学校及农村开展洱海保护专题讲座近 300 场;同时,在学校组织召开的家长会上,采取家长现身说法、教师讲解等方式,将洱海保护宣传教育延伸到家庭。

截至目前,在全州 1 008 所小学、196 所中学组织 60 万名学生开展"洱海保护治理"为主题的新学期"开学第一堂课"活动;已创建了省级"绿色学校"54家;省级"绿色社区"24 家;环境教育基地 3 家。

8.6　旅发委"六步走"做好洱海保护宣传

大理州旅游发展委员会高度重视洱海保护宣传教育工作,以高度的责任感和使命感积极开展行动,实施"六步走"的对策,发动旅游行业全员参与,带动广大旅游者积极参与洱海保护治理"七大行动"。

一是制作并发放了宣传海报、宣传台卡、宣传车贴等宣传品,张贴、摆放到景区景点、旅行社、购物店、星级宾馆、客栈等旅游者集聚地,动员和号召广大旅游从业人员和旅游者积极参与洱海保护"七大行动"。截至目前,景区景点、旅行社、购物店、星级酒店、客栈等旅游企业,在醒目位置共张贴保护洱海"七大行动"宣传海报 1 000 多份,摆放宣传台卡 2 000 多份,旅游车、观光电瓶车车贴800 多份,并通过宣传标语、电子显示屏进行宣传 800 多块(次)。

二是通过大理旅游官网、大理旅游微信公众号、《大理旅游》杂志及相关旅游企业网站,通过标语、新闻、旅游攻略等开展洱海保护、文明旅游宣传。

三是组织工作人员到州旅发委洱海保护治理网格化管理挂钩村大建旁村,开展卫生环境整治和进村入户宣传,发动广大村民像爱护自己眼睛一样爱护洱海,从小事做起、从自己做起,保护环境、清洁家园。

四是把洱海保护治理相关内容融入大理州新导游岗前培训和导游协会学

习培训重点,呼吁全体导游员用实际行动积极参与洱海保护治理,把洱海保护治理知识融入导游讲解,带动广大游客文明旅游、低碳旅游,共同保护我们的洱海母亲湖;组织导游人员通过发放宣传品、面对面讲解等形式,每天向近 3 万人次旅游者进行爱护环境、保护洱海的宣传教育。

五是指导大理客栈联盟、大理客栈协会、大理州客栈民宿行业协会,开展“保护洱海”签约行动,积极参与洱海保护治理相关活动。指导“美丽公约”在母亲节组织志愿者开展“保护洱海,文明旅游”志愿者活动,通过捡拾垃圾,宣传洱海保护、文明旅游知识,纠正不文明行为,树立文明旅游、保护洱海的自觉行动。

六是在 5 月 19 日中国旅游日,围绕“旅游让生活更幸福”主题,以洱海保护为重点,因地制宜开展了形式多样、特色鲜明的宣传教育活动,不断扩大洱海保护“七大行动”在旅游行业、旅游者中的知晓度和参与率,动员每个大理人和到大理的旅游者从小事做起,从身边事做起,保护洱海,保护我们赖以生存的环境。

8.7　丰富多彩的自我教育活动

在州委、州政府的领导下,加强洱海保护治理的宣传教育活动取得了初步成效。州市宣传部门及时总结经验,不断创新宣传教育方式,用广大人民群众喜闻乐见的文艺形式,来强化宣传教育。先后编写了以洱海保护为重点的地方环保教材,制作了一首洱海保护治理主题歌曲,编排了群众喜闻乐见的洱海保护治理文艺节目,在洱海流域村寨巡演,这些节目不仅有法律法规的宣传,还涵盖洱海保护的村规民约,让大家通过观看文艺节目,逐步建立起自我教育、自我管理、自我服务、自我约束、自我奖惩的长效机制。同时还开展了“百名专家宣讲员开展千场洱海保护治理知识宣讲数万人受教育活动”“保护洱海·巾帼行动”“环保志愿者行动”等。丰富多彩的宣传教育活动,引导和发动全社会积极参与、投身到洱海保护治理的行动当中。

大理市湾桥镇古生村,是习近平总书记视察大理洱海的地方,古生村历史悠久,文化古朴。自从习总书记在古生村对洱海保护作出重要指示以来,古生村的古戏台上就常常歌声悠扬,舞姿翩翩,《情系洱海》专题文艺演出,不定期地会在这里倾情上演。村民演员们用一个个精彩的节目,抒发着大理人民对洱海“母亲湖”的真挚情感,诉说着保护好洱海“母亲湖”的坚定意愿。

洱海流域环境综合整治工作开展以来,大理市以各种形式集中宣传洱海保护治理成效,组织辖区400多家各级文明单位、文明社区、文明乡镇开展以"洱海保护"为主题的道德讲坛活动;以群众喜闻乐见的形式宣传洱海保护的意义,组织了30场"情系洱海"专场文艺演出,云南省京剧院"文化大篷车"在大理市沿湖乡镇开展以洱海保护及环保宣传为主题的慰问演出共计12场次;发动全市洱海卫士志愿者开展十多次洱海保护志愿服务活动,参与志愿者达6万多人次。其中大理市的"关爱山川河流——保护洱海志愿者服务"项目在北京入选2015年全国100个最佳志愿服务项目;编排了白族大本曲《习总书记到我家》,在市电视台进行连续播出,并将其列入洱海保护宣教巡演计划;积极开展洱海保护进校园系列活动,通过征文比赛、演讲比赛等形式,增强全市中小学生爱护大理美好家园的责任心,使"洱海保护"真正进教材、进课堂、进头脑。

各级宣传部门进一步创新宣传方式,通过发放宣传材料、播出洱海保护公益短片、开展现场法律咨询、制作大型户外公益广告、公交车站牌广告、灯杆广告等形式,大力传播和弘扬生态文明理念,宣传洱海保护的重要性、紧迫性。据统计,2015年以来,全市各相关部门共出动宣传人员5 500多人次,发放洱海保护各种宣传材料10余万份,宣传面达30多万人次;在各乡镇板报、橱窗、墙壁等宣传阵地张贴宣传标语2 000余条,进行了150余期板报宣传。

与此同时,大理市努力构建"政府—媒体—公众"的沟通桥梁,及时向社会公布洱海流域综合整治的相关信息,开展网络舆情监测和新闻舆论监督,促进洱海流域环境整治工作开展。市级新闻单位从2015年4月起,开设洱海保护相关新闻专栏,并根据洱海保护治理阶段性成果,创新宣传报道形式。至2016年3月,市级三家媒体共刊播洱海保护宣传稿件1 180余条(篇),刊播宣传标语、公益广告2 500多条次。同时,大理市主动联系中央媒体到大理市进行采访,邀请《人民日报》《光明日报》记者对大理市洱海保护和双廊环境综合整治进行采访报道。截至2016年3月底,中央、省、州级主流媒体刊播洱海保护新闻361条(篇),其中中央级主流媒体刊播53条、省级主流媒体刊播133条(篇),州级主流媒体刊播175条(篇)。

8.8 云南省首届高原湖泊生态环境保护宣讲活动

云南省首届高原湖泊生态环境保护宣讲活动是由云南省政协人口资源环

境委员会、省环境保护局、省政府新闻办公室联合举办的一次大型环保公益宣传活动。2005 年 8 月 23 日,此次宣讲活动到达大理。大理州十分重视此次活动,州委、州政府及早做出安排,有关部门踏实工作,制订具体的宣讲活动计划,积极参与宣讲活动;借此机会,宣传保护洱海,保护高原湖泊生态环境。在大理的活动主要有三项:

一是"生态保护与可持续发展"主题讲座。8 月 23 日上午,主题讲座在大理国际会议中心举行,参加人员有州、市党委、政府领导,州、市环保局干部职工,相关部门、企业负责人等。通过讲座,大家认为,做好高原湖泊生态环境保护,是落实党的十六届三中全会提出的以人为本,全面、协调、可持续的科学发展观,贯彻实施省委、省政府确定的"建设绿色经济强省"的发展战略目标和"突出重点抓生态""生态建设产业化,产业建设生态化"发展思路的具体行动,是顺应时代发展要求、普及环境知识、倡导生态文明、弘扬环境文化的最大举措。大家表示,一定要下决心,保护好洱海,保护好大理的生态环境。

二是参观洱源县循环经济试点。宣讲活动组委会人员、部分环保志愿者、当地环保人员等,深入洱源县,参观洱源县农业循环经济试点,了解洱源县湿地保护情况,向当地群众发放保护生态环境的宣传资料 50 多份;同时,采集湿地水样;向当地捐赠 10 个环保沼气池等。其目的是加大环保宣传教育力度,营造全社会了解环保、认识环保、关心环保的良好氛围。

三是开展高原湖泊生态环境保护宣传。由组委会工作人员、有关企业志愿者团队人员组成的宣传车队,从大理古城大理镇出发,经上关镇、海东镇至下关城区,围绕洱海行驶一周,沿途进行生动活泼的高原湖泊生态环境保护宣讲活动;进行生态资源环保知识宣传,发放宣传材料 3 000 多份,讲解保护湿地、保护洱海的重要性;举办高原湖泊生态环境保护万人签名活动;动员广大人民群众,环保从我做起,减少白色污染;开展节能、节水等环保小知识宣传;等等。

第**9**章

洱海水污染综合防治督导行动

大理州洱海水污染综合防治督导组,承担着大理州委、州政府下达的"大理州洱海水污染综合防治督导"的重任。督导组的人员多数都是原来在州委、州人大、州政府、州政协任职的老领导,还有大理市和洱源县人大常委会老领导等。他们不遗余力,发挥余热,努力履行好督导职责,协助州委、州政府,检查、督促大理市、洱源县和州级有关部门认真落实州委、州政府对洱海水污染综合防治工作的决策和部署,努力协调推进落实治理工作中存在的困难和问题;督促责任单位做好洱海水污染综合防治规划及项目建设工作,重点抓好洱海流域生态环境综合防治的督导、检查、指导和协调工作;参与州委、州政府组织的水污染综合防治目标责任书的检查考核。

督导组按照与专员办"两块牌子一套人马"的模式,在密切配合省政府"九大高原湖泊水污染综合防治专家督导组"开展对洱海保护的督导项目工作的同时,分别对大理市、洱源县和 26 个州级责任部门落实每年与州委、州政府签订的《洱海流域保护治理目标责任书》的实施情况进行督导检查,每年分别于年中、年末两次进行全面检查,及时反馈在明察暗访过程中发现的漏洞、不到位、不作为的问题,提出有针对性的整改意见、建议。通过及时督促,帮助查缺补漏,不断推动责任书内容落到实处,为洱海保护起到了很好的督导作用。

9.1　组织机构

为进一步加强对洱海流域水污染治理工作的监督检查,扎实推进洱海流域生态文明建设,2010 年 12 月 29 日,州委、州政府决定,大理州洱海水污染综合防治督导组成立。督导组下设办公室,办公室主任由洱保办主任兼任,副主任由洱保办副主任兼任,负责督导组的日常工作。督导组主要职责是:协助州委、州政府督促大理市、洱源县和州级有关部门认真落实州委、州政府对洱海水污染综合防治工作的决策和重大部署,协调推进落实治理过程中存在的困难和问题;协助州委、州政府督促责任单位做好洱海水污染综合防治规划及项目建设工作,重点抓好洱海流域生态环境综合防治的督促、检查、指导、协调工作;参与州委、州政府组织的水污染综合防治目标责任书的检查考核;配合省政府九大高原湖泊水污染综合防治督导组对洱海水污染综合防治工作开展督导;完成州委、州政府交办的其他事项。

9.2　全面动员,积极行动

9.2.1　召开督导会议

为进一步加强洱海流域水污染治理工作的监督检查,加快推动洱海保护治理工作。2011年5月,大理州洱海水污染综合防治督导组召开关于对《中共大理州委、大理州人民政府关于进一步加强洱海流域保护治理和监管工作的意见》的贯彻落实督导会。督导组就进一步贯彻落实好州委、州政府的有关文件精神,强调做好以下几方面的工作:一是进一步提高认识,加强贯彻落实工作及加大执行贯彻力度;二是各部门要采取强有力的措施,着重抓好贯彻落实工作及加大执行贯彻力度;三是尽快落实州洱海保护治理领导组办公室工作机构及人员编制等;四是做好前期调研,尽快把修订《大理白族自治州洱海管理条例》列入自治州五年立法规划;五是按计划、方案继续加大洱海保护治理宣传力度;六是年内要加快制定《大理白族自治州洱海管理条例》相配套的原有规范性文件的修改及新规范性文件、村规民约;七是结合自治州情况,落实好成立州法院环保法庭、州公安局水务分局的相关事宜。

9.2.2　对洱源县洱海保护治理重点项目进行督导

督导组深入洱源县城生活垃圾处理场及配套设施建设工程、邓川集镇污水收集设施工程、凤羽集镇污水收集设施工程、牛街集镇污水收集设施工程、三营集镇污水收集设施工程以及草海湿地建设工程等项目实施地进行调研,听取洱源县政府关于洱海保护重点项目实施情况的汇报。针对存在的困难和问题,督导组提出如下意见及建议:一要加强领导,完善体制机制,形成统一指挥、综合协调、有序推进的洱海保护治理组织领导机制。二要各部门共同协作,进一步调动各部门的积极性,形成整体攻坚合力,扎实推进项目进度。三要进一步加强管理,制定相应的运行管理办法,采取切实有效的措施,确保已建成环保设施充分发挥其效益,真正做到"建成一个、验收一个、发挥效益一个"。四要完善相关手续,规范项目管理。

9.2.3　对大理市洱海保护治理重点项目进行督导

督导组深入大理古城片区排水系统建设完善工程、周城集镇污水收集处理设施工程、上关集镇污水收集处理设施工程、双廊镇污水收集处理设施工程、大理市第二(海东)垃圾焚烧发电工程等项目实施地进行调研,听取大理市政府关于洱海保护重点项目实施情况的汇报。通过看现场、听汇报,全体督导组成员对大理市洱海保护的工作,提出几点意见及建议:大理市要倍加珍惜并紧紧抓住国家实施面向西南开放的桥头堡战略和国家将洱海作为全国湖泊生态环境保护试点的重大机遇,进一步加强组织领导,进一步调动各级各部门的积极性和主动性;喜洲、周城、上关和双廊集镇污水收集处理设施建设项目,必须在明年春节前完成工程验收,波罗江整治工程、大理古城排水系统建设工程两个项目必须在三月街民族节前完成工程验收,机场路湖滨缓冲带生态建设工程必须在年底前开工,加快灵泉溪清水入湖示范工程、垃圾焚烧发电厂及下关北片区生态修复扫尾等项目进度;大理市要力争将周城集镇污水收集处理设施工程,打造成洱海生态环境保护试点项目的示范工程。

9.2.4　提交年度《督导报告》

2011 年,州洱海水污染综合防治督导组先后深入洱源县、大理市,开展督导行动 4 次,分别对洱海水污染综合防治"十一五"规划 6 个调整项目的实施情况、《中共大理州委、大理州人民政府关于进一步加强洱海流域保护治理和监管工作的意见》贯彻落实情况,以及 2011 年洱海生态环境保护试点项目实施情况进行了督促检查。一年来共印发《督导专报》4 期,形成"水污染综合防治督察"和"洱海保护治理重点项目督察"年度《督导报告》两份。

9.3　突出重点，专项督导

督导组在总结 2011 年工作的基础上，提出"突出重点，专项督导"的督察、督导工作方针。2012 年，重点对洱海流域环保设施操作运转情况专项督导督察，进一步促进洱海流域环保设施正常运转，加大洱海流域垃圾、污水、畜禽粪便监管力度。

9.3.1　洱海流域环保设施操作及运转情况

督导组成员经进行实地走访、现场查看、查看痕迹记录等，认为大理市、洱源县已把洱海流域污水、垃圾和畜禽粪便收集处理补助经费，全部用于洱海流域污水、垃圾和畜禽粪便的收集处理及设施运行上，专款专用，无截留挪用现象发生。

根据实地了解及情况汇报，大理市农村污水处理系统环保设施 2012 年 9 月由市环保局移交大理洱海保护投资建设有限责任公司运行管理，同时，按照"整合资源、管理到位、强化监管、保障运行、发挥效益"的原则，以"确保环保设施正常运行、改善洱海入湖水质"为目标，加强对环保设施的监管力度。

9.3.2　围绕《目标责任书》，强化措施落实

州洱海水污染综合防治督导组明确了督导工作重点是紧紧围绕州委、州政府与大理市、洱源县和州级部门签订的《洱海流域保护治理目标责任书》进行督导检查。督导组分别召开了两次会议，听取 21 个州级责任单位(均与州政府签订《洱海流域保护治理目标责任书》)领导抓好落实情况的汇报，包括各项目标进展情况、采取的各种措施、资金落实到位情况、存在的困难和问题等。为了进一步了解实际情况，掌握第一手资料，督导组成员多次深入到湿地建设、村落污水处理系统、截污管道建设等现场，与当地领导、施工工人、农民群众一起座谈交流，听取汇报，查看进度，了解困难。

9.3.3　强化督导、协调，推进网格化管理

为认真贯彻落实州委、州政府关于"洱海流域保护网格化管理责任制实施办法"的通知精神，州洱海水污染综合防治督导组，把推进此项工作责任制落实

的督导,作为督查工作的重中之重,确保洱海流域保护网格化管理工作责任制落实到位。督导组深入大理市、洱源县的基层进行调研、督察,详细听取了关于洱海流域保护网格化管理责任制落实情况的汇报。督导组提出,实行网格化管理目前要注意:任务要落实到村、到组、到人,做到保护洱海的措施全覆盖,无盲点;网格管理员要落实保洁治污、违规整治、宣传教育、监督管理的职责,一抓到底;要与《洱海流域保护治理目标责任书》结合起来,从实际出发,依法、依规推进网格化管理,逐步实现全流域的精准化管理。

9.3.4 促进督导成果转化

督导工作,不仅仅是调查了解,掌握实情,发现问题,更重要的是要解决问题,推进工作。从 2011 年至 2016 年,州洱海水污染综合防治督导组,把每一次的调研情况以及督察报告,都及时报送州委、州政府,同时送达大理市和洱源县的相关单位,督促他们针对督导组提出的问题及建议,尽快拿出整改方案,并立即行动,解决问题。这才是督导工作的初衷,是督导、督察的出发点和落脚点,也是督导成果转化的具体体现。督导成果的体现,一是大理市政府和洱源县政府的反馈,即"整改落实情况报告";二是于第二年再次到督察项目建设实施地点进行督察、检验,看督导组提出的问题是否真正得到解决,看各项整改措施及建议是否落实到位。

第 **10** 章

洱海治理相关研究机构：上海交通大学云南（大理）研究院

湖沼学诞生于 1901 年，是一门基于水文、气象、地质、化学、生物、生态等多领域的交叉学科。湖泊的保护和治理是一项系统工程，污染治理、生态修复、水资源调度等方面的工作也需要各行业的专家共同参与。全国乃至世界范围内的多家研究机构的专家都参与过洱海研究工作，其中包括上海交通大学的多名师生。上海交通大学云南（大理）研究院的诞生与发展都与洱海息息相关。研究院充分发挥了上海交通大学多学科优势和高水平人才集聚的特点，已经成为洱海保护研究工作学科交叉的综合平台之一。

10.1　成立背景

上海交通大学云南（大理）研究院成立于 2014 年 4 月。前身是上海交通大学"十一五""十二五"国家重大专项洱海项目团队。2006 年，洱海保护被纳入了"十一五"国家水体污染控制与治理科技重大专项，国家专门设立"富营养化初期湖泊（洱海）水污染综合防治技术及工程示范"项目，上海交通大学洱海项目科研团队扎根大理，开始洱海保护治理研究工作。2008 年、2012 年，上海交通大学先后牵头实施了"十一五""十二五"国家重大专项洱海项目。为进一步巩固洱海治理成果，发挥科学治理作用，大理州人民政府于 2013 年向与上海交通大学提出共建科研院所，同年双方签署共建研究院战略合作协议。2014 年 4 月 24 日研究院正式成立。2016 年经云南省科技厅认可升级为省级科研机构，是云南省科技厅、大理州人民政府、上海交通大学三方共建的大理州人民政府直属差额拨款事业单位，也是上海交通大学在云南科研教育的总体管理单位。

研究院在长期参与洱海保护治理研究积累的丰富成果基础上建设了洱海湖泊生态系统野外科学观测研究站,并于 2019 年先后经教育部、上海市科委、云南省科技厅批准建设。2021 年 10 月正式获科技部批准建设云南洱海湖泊生态系统国家野外科学观测研究站,推动洱海研究进入更高水平。

10.2　机构设置

研究院设管理委员会,管理委员会是研究院最高决策机构。研究院实行管理委员会领导下的院长负责制,院长由上海交通大学直接提名任命。管理委员会主任单位是上海交通大学,副主任单位是云南省科学技术厅和大理州人民政府。管理委员会委员分别由大理白族自治州人民政府、云南省科学技术厅和上海交通大学委派。研究院聚焦省、州重大科技需求,主动融入和服务发展大局,积极探索校地合作、政产学研新模式,下设院部机关、高原湖泊污染控制研究中心、网络安全和信息化研究中心、民族医药发展研究中心以及培育孵化中心,进行应用技术研发和相关技术成果的转化推广。

10.3　开展的主要工作

上海交通大学云南(大理)研究院以洱海保护治理相关研究为核心任务,从现状分析、基础研究、人才培养、技术开发、工程示范和科普教育等多方面开展工作,推进建设了云南洱海湖泊生态系统国家野外科学观测研究站,建设洱海保护生态系统数据库,形成了一批支持洱海治理的研究成果。

(1) 在洱海水质变迁及生态系统变化跟踪研究方面,研究院围绕湖泊水体及入湖河流,从湖内变化和人类活动如何影响湖泊变化两个方面入手,开展水质及水生态监测和分析。研究院自成立起就开始每周一次持续对洱海湖区定点监测分析,按照湖泊野外站的相关要求,观测内容覆盖了水质、气象、底质、水生态等方向。针对入湖河流和重要的沟渠研究院重点从水资源与污染负荷变化的角度进行跟踪研究,研究数据除服务于相关研究之外,也为大理流域污染控制提供科学指导,为洱海精准治理提供数据支撑。

(2) 在湖泊生态系统研究方面,研究院围绕泥水界面、河湖关系、湿地建设、湖内物质循环以及藻类演替等课题,初步形成特色研究方向,尤其针对不同类型的高原湖泊(重度富营养、中营养和清水稳态)的对比研究开展大量工作，在抚仙湖、星云湖、杞麓湖以及四川邛海等都开展了科技攻关。

(3)在服务地方工作方面，从实施前期可行性研究直至实施后的效果评估，研究院全程参与了多个治理项目，在入湖河流治理、农村污水处理、藻华防控以及底泥疏浚等方面形成了技术储备，评估了项目的持续效益，整合了一些相关做法，初步形成了湖泊保护治理的技术体系。

(4)在实际工程项目实施方面，研究院结合洱海保护治理面临的低污染水处理、近岸藻类聚集等问题，研发了以污水处理和湿地修复为核心的多项实用技术。重点实施工程项目包括龙凤大沟污染控制与近岸湖湾水环境改善工程、罗时江水质改善与应急除藻研究项目、弥苴河河尾湿地技术提升改造工程、仁里邑北库塘技术提升改造工程、海潮河湾强化控藻试验示范项目等，为实现湖泊水质优良与水生态健康做出了积极的贡献。

(5)在人才培养和科普服务方面，研究院建设了云南省科普基地，建设了科普展厅，实验设备设施向公众开放，与多家科研院所和高校等单位合作，开展"科普进校园"、社会公众开放日、义务科普宣讲等一系列活动，充分发挥科学治湖、人才培养和科普服务职能。

10.4 成效和荣誉

上海交通大学云南(大理)研究院洱海研究成果被列为"十一五"期间国家水专项标志性成果之一，获云南省科技进步一等奖；合作完成的"洱海流域污染控制创新与地域发展"项目，获得国际水协会(IWA)"第 13 届 IWA 项目创新奖(PIA)"银奖。研究院在参与洱海保护治理过程中发挥了独特的作用，也收获了多方认可。2017—2022 年连续 6 年被评为"大理州洱海保护治理先进集体"，先后被评为"全国民族团结进步模范集体""大理州民族团结进步示范单位"。洱海野外科学观测研究站党支部获"上海市先进基层党组织""上海市教卫工作党委系统先进基层党组织"称号，被教育部遴选为"全国党建工作样板支部"培育创建单位。